文集

——城镇建设的理论与实践研究

过 杰 著

西南财经大学出版社

图书在版编目(CIP)数据

天府春来早——城镇建设的理论与实践研究文集/过杰著.—成都:西南财经大学出版社,2014.1
ISBN 978-7-5504-1319-1

Ⅰ.①天… Ⅱ.①过… Ⅲ.①城市建设—中国—文集 Ⅳ.①F299.2-53
中国版本图书馆 CIP 数据核字(2014)第 002163 号

天府春来早——城镇建设的理论与实践研究文集
Tianfu Chunlaizao —— Chengzhen Jianshe de Lilun yu Shijian Yanjiu Wenji
过杰 著

责任编辑:李特军
助理编辑:李晓嵩
美术编辑:杨红鹰
责任印制:封俊川

出版发行	西南财经大学出版社(四川省成都市光华村街55号)
网　　址	http://www.bookcj.com
电子邮件	bookcj@foxmail.com
邮政编码	610074
电　　话	028-87353785　87352368
照　　排	四川胜翔数码印务设计有限公司
印　　刷	郫县犀浦印刷厂
成品尺寸	170mm×240mm
印　　张	21
插　　页	2
字　　数	405 千字
版　　次	2014 年 1 月第 1 版
印　　次	2014 年 1 月第 1 次印刷
书　　号	ISBN 978-7-5504-1319-1
定　　价	48.00 元

1. 版权所有,翻印必究。
2. 如有印刷、装订等差错,可向本社营销部调换。

热烈欢迎'97成都商贸发展战略研讨会代表下榻我店

济学会中等城市经济研究会第十三次年会暨"民营经

四川省第九次社会科学优秀成果颁奖大会暨省社科联四届五次理事会

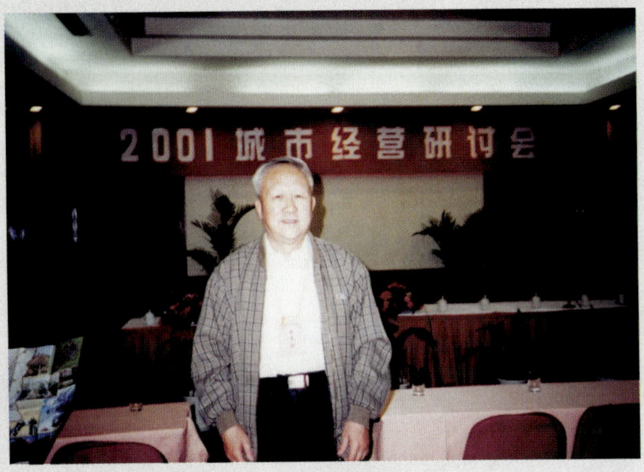
2001城市经营研讨会

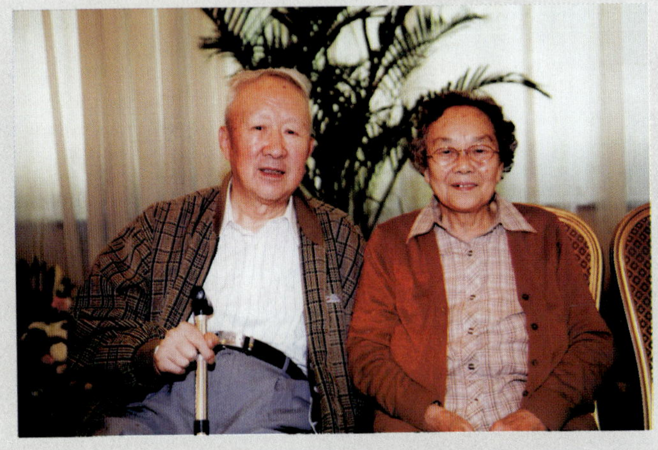

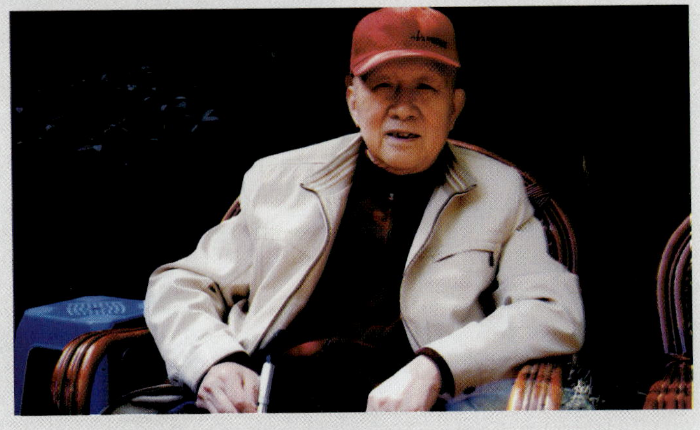

自序

1978年12月，党的十一届三中全会纠正了新中国成立以来相当长时间内"左"的错误，明确提出把工作重点转移到社会主义现代化建设上来，进行经济体制改革，开辟经济建设新局面，学术研究也迎来了春天。

"水旱从人、不知饥馑、沃野千里"的天府之地也经历了重灾之后的拨乱反正，解放思想。在总结历史经验的过程中，中共四川省委以及成都市委的领导达成共识，上下呼应加强"二线"，健全和强化各级研究机构，加强政策研究，决策过程注重调查研究和科学论证；鼓励学术活动，举办多种形式的研讨会，广开言路，吸纳专家学者参与。尤其是当时四川省委的主要领导深入调查研究，定期与专家学者座谈，听取各种见解，采纳激活经济的对策，调动了各方面的积极性，形成前所未有的自由活跃的学术研究氛围。在1978年那一段时间里，经过反复酝酿论证，逐步展开以家庭承包为内容的农民生产自主权试点和以利润分配为特点的企业扩大自主权试点，积累了经验，成为城乡经济体制综合改革的重要起点。在那一段时间里，四川省委倡导的经济体制改革理论与实践的研究成为全国风气之先。

在纪念改革开放30周年的时候，我曾强调进入改革开放时代，造就了我学术生涯中一段值得回忆的美好时光。这次出版这本文集，以"天府春来早"命名，追述那一段时间的情景及其影响，表达我十分珍惜、十分怀念那一段时间那一段时光。我亲临其境受到熏陶，激发热情、启迪思路，为我在1978年后延续的学术研究开了好头。

这本文集，是我从1978年到2004年搁笔为止，20多年里在报刊上发表的论文与研究报告130多项中，选出39篇，编成文集，纯属我晚年生活的"自得其乐"，以此文集送学友、笔友、挚友，作为纪念，还请大家同以往一样不吝指正。

过 杰

2013年12月

前言

在我的这本文集即将出版的时候,我非常乐意把我的文章写作的背景、新意和发表后的社会反响向各位及读者朋友进行一个简略的介绍。

党的十一届三中全会纠正了新中国成立以来一个相当长时期内的"左"的错误,明确提出把工作重点转移到社会主义现代化建设上来,进行经济体制改革,开辟了经济建设崭新局面。改革开放新时代也造就了我学术生涯中一段值得回忆的美好时光。

在改革开放之初,我就以极大的兴趣进行调查研究。当时,我在中共成都市委工作,从事调查研究既是工作任务,又有比较好的条件。可以结合改革实践,从多视角考察激活经济的经验,提出了一批调查报告供领导参阅,并进入决策层。其中也有一些针对性比较强,又有学术价值的研究成果,受到社会的重视。

1978年,我在参加省里筹备的社队企业工作会时,接触到不少调研资料,就颇有心得的撰写了《试论社队企业在国民经济中的地位和作用》一文,可是当时我忽略了"天府天来早"还是"乍暖还寒"的季节,据说对农村小型工业仍有来自高层的"以小挤大"的非议。此稿寄出后竟被省内一家刊物婉言退稿。对此,我不服气,干脆加强对"以小挤大"非议的批评,改投省外刊物,被国内知名经济刊物《中国经济问题》很快采用,并且排版靠前刊登在1979年第5期,这是我在改革开放之初发表的第一篇学术论文。这篇文章围绕主题从多方面论证的同时,理直气壮地批评"看待社队企业,只看到企业规模小一些,设备简陋一些,生产分散一些,就以为无足轻重,可有可无的观点,是非常片面的,不切合实际的,因而也是错误的"。明确指出"农村小型工业是大工业不可缺少的助手,社会主义工业体系的一个组成部分"。除这篇文章之外,还有关于军工企业组织民用产品生产的调查研究、工业企业要重视产品结构的调查研究,在省内刊物刊登之后,又被中国社科院主办的《经济研究参考资料》于1980年第9期、1981年第38期全文转载。

1983年前后,我的学术研究活动有了新的进展。1983年,国务院批准重庆市综合改革试点,以及成都市与温江地区合并,实行市领导县体制,发挥中心城市作用提上议事日程,改革的发展态势推动我把研究的注意力相对集中到中心城市的综合改革和诸多城市经济问题上来。当时,由于1979年在大连举办的中心城市经济问题座谈会,成都市未被邀请参加,干部队伍对此有些思想混乱,市委书记米建书同志委托我对成都市经济地位进行调查论证。接着我又参加林凌、蒋一苇牵头的国家"七五"规划的项目——中心城市综合改革研究课题。先后到武汉、重庆、沈阳调查研究,策划改革规划和咨询服务。改革呼唤理论,与沿海大中城市的学术交流,打开了一扇窗户,引起我对新兴城市经济学的强烈追求。在积极参加全国中心城市经济问题讨论会的同时,由成都市社科所邀请北京、上海、天津、大连等地的城市经济学专家入川讲学,并着手系统的理论研究。经过三年酝酿提纲,两年半的写作,我于1988年年底完成《城市经济学》初稿,1989年6月由四川人民出版社正式出版。《城市经济学》是我的第一部专著。我国著名经济学家、中国城市经济学会副会长林凌同志,在为城市经济学写的序言中给予了我很高的评价:"过杰同志积几年的研究成果编撰的《城市经济学》一书,是一部颇有新意的著作。作者力图把我国丰富的城市改革实践和深层的理论探索结合起来,以中心城市理论对策为主要内容来建立城市经济学的体系。揭示城市化过程的经济规律,作者十分重视城市经济学基本范畴的论述。在阐明城市经济学的基本范畴和一般原理时,作者很注意吸取我国学者的研究成果,并对不同的见解进行了比较研究。在揭示城市产生和发展的一般规律时所提出的'经济本源论',在阐明城市在国民经济中的地位和作用时所提出的'城市经济中心论'在对城市经济结构的特点进行分析的基础上提出的'中心产业论',在阐明城市环境经济时提出的'环境资源论',在论述城市对外联系时提出的'经济网络论',以及对'城市聚集经济效益论'的内涵分析等,都是一些颇有见地的概括。"

　　1987年5月,四川省"七五"哲学社会科学规划重点项目——"广元市经济发展战略研究"课题下达,由我牵头组成课题组,经过半年多时间调查研究,在各子课题完成后,由我执笔提出综合报告。1988年2月29日,由省社科联和广元市人民政府主持,在成都召开的评审会上该文受到好评,通过专家评审,同时,也被广元市人民政府采纳。广元课题1990年由省政府授予优秀社会科学研究成果二等奖。"广元市经济发展战略研究"课题是由我牵头第一次组成团队开展研究的成功尝试。我历来认为为经济建设服务是经济研究工作者的本分。自从完成"广元市经济发展战略研究",被四川省学术界肯定为地方经济服务成功的课题研究之后,我始终乐于接受委托,并组成团队主持过一批项目,如绵竹市国民经济跨世纪发展战略研究，以及荥经经济、邛崃经济、合江经济、古蔺经济等县域经济发展战略研究。这批课题研究的重要特点就是引进先进理念，从分析市场化、工业化、城镇化的趋势入手，给当地经济发展以科学定位，从经济发展的不同阶段提出切合实际的发展思路和对策，同时把经济发展和城镇发展结合起来规划。

进入20世纪90年代，随着农村改革和城市改革的试点逐步展开，城乡经济出现了新中国成立以来少有的繁荣。农村剩余劳动力转移，也从"隐性"逐渐转向"显性"，"民工潮"涌动，促使我以经济学者的使命感和责任感重视对我国城市化问题的研究。我于1992年向国家哲学社会科学规划办申报"我国中小城市发展模式与城乡关系趋势研究"项目获得批准。对改革开放以来我国城乡关系的变化、新兴中小城市不同发展模式的比较、城市化的理论和实践进行比较系统的研究，提出研究报告，这是我第一次承担并牵头国家级课题。随后，我还完成了另一项国家级课题"我国现阶段农业剩余劳动力转移和小城镇建设问题研究"，再一项是四川省"九五"哲学社会科学规划项目——"四川省农村剩余劳动力转移和城市化问题研究"。我还在1989年牵头完成成都市工商局委托项目——"成都市个体私营经济考察报告"之后，又于1997年参加完成了宋宝瑞省长委托研究项目——"四川省个体私营经济发展战略研究"。该项目由宋大凡同志牵头，高宏德、过杰、陈高林为主研人员，在省内调查之外，还前往浙江、福建的十个城市实地调查比较研究，提出对策，该项目完成得较好，得到领导的首肯。"四川省个体私营经济发展战略研究"获得1998年四川省政府科技进步三等奖。

从1978年起到2004年因病搁笔为止，我先后在报刊发表和完成的委托项目130项以上。这里选出了39项结集出版，留作纪念。回想起来，在我的学术生涯中，不乏可圈可点之处，但在前进的路上深感城市经济学比较研究还很不够，对进一步的理论创新，还有许多不足，还请各位师长、学友和读者朋友们指正。

过杰
2013年12月

目录

1 企业的权责必须结合——川棉一厂扩大企业自主权试点情况调查 …（1）
2 试论社队企业在国民经济中的地位和作用 ……………………（4）
3 发挥优势 促进四化——对军工企业组织民品生产问题的调查研究
 …………………………………………………………………（10）
4 军民结合是军工企业发展的必由之路 …………………………（14）
5 国营企业实行自负盈的客观依据 ………………………………（17）
6 地区性经济中心初探——兼论成都的经济地位 ………………（23）
7 企业经济责任制的实质 …………………………………………（31）
8 关于城市流通结构的初步研究 …………………………………（35）
9 成都实行市管县体制的调查研究 ………………………………（41）
10 振兴四川经济要十分重视流通 …………………………………（45）
11 关于城市基础设施有偿使用与管理的探讨 ……………………（49）
12 中心城市要加强产业政策的研究 ………………………………（55）
13 广元市经济发展战略研究综合报告 ……………………………（60）
14 进一步完善市领导县体制 ………………………………………（88）
15 我国城市经济结构合理化的探索 ………………………………（94）
16 20 世纪 90 年代我国大城市产业结构调整的思考 ……………（101）
17 试论我国现阶段私营经济的产生和发展 ………………………（105）
18 城市基础设施建设资金的筹集与管理 …………………………（114）
19 经济现代化与城市现代化 ………………………………………（120）
20 城市建设综合开发之管见 ………………………………………（124）
21 农业产业化是振兴农村经济的重要途径 ………………………（127）
22 把成都建设成国际大都会的几个问题 …………………………（133）
23 略论沿边大城市第三产业经济的振兴 …………………………（137）
24 四川乡镇企业发展：挑战与新思路 ……………………………（142）

25 城市国际化与建设国际城市的思考 …………………………………（146）
26 "以商兴市"的理论与实践——流通启动型城市发展模式浅析 ………
　………………………………………………………………………（151）
27 我国中小城市发展模式与城乡关系趋势研究………………………（155）
28 坚持发展与管理并重——成都市个体、私营经济考察报告………（179）
29 四川农村劳务输出新阶段及其对策…………………………………（192）
30 世纪之交中国农村剩余劳动力的转移………………………………（197）
31 四川个体、私营经济发展战略思考…………………………………（203）
32 水系整治：城市现代化的必然选择——成都市府南河综合整治工程的几点启示…………………………………………………………………（212）
33 四川省农村剩余劳动力转移和城市化问题研究报告………………（215）
34 荥经经济跨世纪发展战略研究报告…………………………………（225）
35 西部大开发与邛崃经济跨越发展战略研究…………………………（246）
36 我国城市化态势和城市化形式探析…………………………………（258）
37 大城市近郊加快城市化对策研究——高碑村经济非农化及其发展思路
　………………………………………………………………………（264）
38 经营城市 开创城市建设新局面——达州经营城市方略研究 ………（277）
39 古蔺县域经济发展战略研究报告……………………………………（293）
　后　记………………………………………………………………（325）

企业的权责必须结合
——川棉一厂扩大企业自主权试点情况调查

四川第一棉纺织印染厂是我省一个大型纺、织、染联合企业。1979年年初，省委、省革委确定川棉一厂作为百个试点企业之一，开展扩大企业自主权的试点工作以后，有力地调动了企业和职工的积极性，全厂上下，热气腾腾，一个以高产、优质、多品种、低消耗为中心的增产节约运动，蓬勃兴起。1979年上半年与1978年同期相比，全厂产值上升11.5%，利润上升21%，棉纱、棉布、印染布的产量都完成了年计划的55%以上，棉纱、棉布的入库一等、一级品率，分别达到99%和98%，花色品种由原有的100左右增加到208个，每件纱的用棉量比1978年同期减少2.48千克，每百米布的用碱量减少0.2千克。最近，该厂在总结前一段工作的基础上，经过普遍酝酿讨论，进一步提出了增产节约的奋斗目标，进一步挖掘企业内部潜力，在1979年拿回一个川棉一厂，办成一个"嘉丰"式企业，即实现利润3 000万元，比1978年增加1 000万元，加上税金，相当于建厂投资总额，产品质量要像上海嘉丰厂那样过硬，信得过，在更高的起点上奔向工业现代化。

川棉一厂试点工作的实践，令人信服地说明了企业权力和责任之间的关系是辩证统一的关系。在国家统一计划的指导下，扩大企业的自主权，能够使国家、企业和个人三者利益密切结合，使工厂和工人群众从物质利益上积极关心完成对国家和人民承担的经济责任。不仅不会削弱社会主义的物质经济基础，而且促进了企业生产情况的全面发展和提高。进一步加强了社会主义的物质经济基础。过去，经济管理体制虽然经过几次改革，但只着眼于企业的隶属关系，放了又收、收了又放，只注意行政管理部门的作用，而不重视扩大企业的自主权，发挥企业的主动性。因此，企业经济权利和经济责任脱节的问题始终没有很好地解决，由此产生了许多弊病，严重妨碍了生产的发展。扩大企业自主权，使权责密切结合起来，使企业不再是靠外力拨动的"算盘珠"，而成为靠内在动力运转的大机器，这是社会主义制度下发展生产的客观要求。

川棉一厂是怎样运用扩大的企业权利，实现增产增利的呢？

第一，大力调整产品结构。过去的生产计划上级层层下达，产品由商业部门统购包销，产销"不见面"，工厂"不操心"，品种单调，花色陈旧，货不对路，往往造成产品大量积压。现在，企业在生产计划上有了较大的回旋余地。

在保证完成国家的总产值、产量、利润等主要指标的前提下，企业主动研究市场，调查社会的供求，在品种花色上努力适应人民的需要。他们一方面以提高产品质量，增加花色品种为主攻方向，切实改进产品设计，另一方面调整生产设备，截长线产品，补短线产品。在不要国家投资的情况下，迅速扭转了长期以来高密织物少、花型少、大花少的落后状况，使花色品种增加了一倍，化纤产品从占总产量的5%增加到41%，群众喜爱的花放鸟鸣大花哔叽跃为全国的优秀产品。他们不仅在花色品种上适应市场需要，质量上为消费者着想，并且从广大群众目前的消费水平出发，设计了短涤混纺的新产品——4个2支涤棉卡其和42支涤棉平布。这种产品同60支涤和60支涤平相比，既具有的确良竖牢耐穿、光洁美观的优点，而价格又便宜30%左右。上市以来，群众竞相选购，深受欢迎，省内各地纷纷要求订货，企业有了自主权，就有了主动权，企业可以充分发挥现有设备的作用，适应市场需要，灵活机动地安排好生产，为把经济工作搞活迈出了可喜的一步。

第二，狠抓革新、改造。川棉一厂在20世纪50年代建厂时，设计上有不少缺陷，生产过程中主机和主机、辅机和主机之间的不平衡，水、电、气的供应和生产之间也不平衡，速成用工多，效率低，尘埃重，噪音大，质量差。过去，企业对原有设计的一切设备无权自行改动，就是大修理也只能复原，搞点革新都是不允许的。扩大企业权以后，就能调动企业自身的力量去办更多的事情，为有计划地实行技术改造创造必要的条件。一是企业有了固定资产的更新权，可以主动地组织生产设备的更新和技术改造，简化了层层上报、批准的一套烦琐的手续；二是由于建立企业基金，增加固定资产折旧基金的留成比例，因而扩大了更新、改造资金的来源；三是打破了过去"打酱油的钱不能打醋"的框框，企业基金、固定资产折旧基金和大修费用可以综合使用，财力集中了；四是把企业内部长期闲置、等待报废的设备变活，加以改造利用；五是实行必要的奖励办法，组织内部的技术力量搞更新、改造，能做到费省效宏。1979年以来，川棉一厂从内部筹集了资金430余万元，相当于前十年用于更新、改造资金的总和。他们针对生产上突出的薄弱环节，着手实施今年的技术改造规划，包括以提高棉纱条干质量为中心采取的一系列"双革"措施，以有效控制车间温湿度、改善劳动环境为中心对通风降温系统进行全面改造，以新添设备、建设的确良印染生产线为中心，填平补齐，充分挖掘生产潜力。半年来，他们已经实现了革新，改造290多个项目，生产效率和产品质量大为提高，新增的年产1 000万公尺（米）的确良印染能力已部分投产，取得了显著的经济效果。如果这一年的技术改造规划全部实现，一年内就可以收回全部投资，达到增产节约的奋斗目标。扩大企业自主权，确是促进现有企业通过挖潜、革新、改造，

企业的权责必须结合——川棉一厂扩大企业自主权试点情况调查

逐步实现工业生产现代化,并为国家积累更多建设资金的主要途径。

第三,进一步健全经济核算制。扩大企业自主权,实行利润留成制度,促使企业的领导和群众主动关心企业经济活动的效果,为健全经济核算制提供了可靠的基础。川棉一厂按照把生产效果和个人物质利益相结合的原则,将国家规定的各项经济技术指标,化为77个中指标,500多个小指标,从厂部下达,层层落实到车间、轮班、小组、机台和个人,做到大指标化小,小指标保大,层层承担经济责任,层层讲求经济效果。同时把评奖改为计奖,坚持多超多奖,少超少奖,不超不奖,这样,就在全厂范围内,开展了群众性的经济活动分析,人人学会算账,处处精打细算,一切讲求效果,使国家规定的经济责任真正落到了实处。1979年,原棉调高价格,产品成本比1978年提高,但是由于他们加强了企业管理,健全了经济核算制,在增加产量、提高质量的同时,努力降低消耗,产品成本仍然比计划要低1.2%。

川棉一厂运用人、财、物、产、供、销等方面扩大的一部分自主权,放开手脚挖掘企业内部的潜力,不但使生产、技术、管理都提高到一个新水平,而且可以为国家提供更多的积累。这个厂如果今年实现利润3 000万元,按省委、省革委扩大企业自主权试点的有关规定,除以自筹资金新增设备而新增的利润不上交以外,大体上企业从计划利润和超额利润中可提取230万元,同时,向国家上缴的利润可达2 420万元,比1978年增加620万元。可见扩大企业的自主权,建立一定的企业基金,这并不是分散了国家的建设资金,而是在促进生产发展的基础上扩大了国家建设资金的来源。假设照过去的办法,财政上的统收统支一成不变,利润全部上缴,亏损国家补贴,企业要办一些事情缺乏机动权利,生产受到种种限制,国家的财政收入就不可能以这样大的幅度增加。而且,给企业一点机动的权利,搞一点革新、改造,比国家新建生产能力,经济效果要好得多。由此可见从扩大企业自主权入手,使企业的经济权力和经济责任结合起来,确是改革经济管理体制中必须解决好的一个重要问题。

(本文原载于《社会科学研究》1979年第4期)

试论社队企业在国民经济中的地位和作用

把全党工作重心转移到社会主义现代化建设上来，摆在我们面前的首要任务，就是要集中主要精力把目前还很落后的农业尽快搞上去。为此，认真研究一下农村人民公社社队企业产生和发展的必然性，它的经济活动的特点，它在国民经济中的地位和作用，对于进一步办好社队企业，促进它健康地发展，有着重要的意义。

（一）

社队企业是随着农村人民公社集体经济的壮大而发展起来的。我国现阶段农村人民公社实行"三级所有，队为基础"的根本制度，以生产队为基本所有制，公社、大队只是部分所有制。公社、大队的所有制，在农村社会主义集体经济内部所占的比重目前虽不大，但是它的公有化程度比较高，代表着人民公社的伟大希望和前途。社队企业这一经济组织反映了农村人民公社内部大集体与小集体、集体与社员之间特定的经济关系。在小农经济一家一户个体经营的条件下，手工劳动生产力极度低下，基本上是自给自足的生产，农民即使在务农之余饲养家禽家畜，搞些手工劳动，它只是以从属于个体经济的家庭副业而存在。农业集体化，农村经济的性质发生根本变化，虽然还没有改变手工劳动的状况，但集体劳动的经营方式，较之个体经营有更高的劳动生产率。在农业集体化过程中，广大农民"组织起来，向一切可以发挥自己力量的地方和部门，向生产的深度和广度进军，替自己创造日益增多的福利事业"[①] 的这种趋势已经出现。在初级社、高级社阶段上，不少地方的合作社开始把农业生产上多余的劳动力组织起来喂猪、养鱼、烧窑、磨粉、搞运输等，发展集体副业。但是，由于合作社的规模比较小，人力、资金都有限，没有条件举办小型工业，集体副业的发展也不能不受到限制，所以，一般只经营农业。人民公社的建立，不仅为农林牧副渔的全面发展，还为举办小型工业等其他生产部门创造了条件。

广大农民通过合作化、人民公社化，走上了共同富裕的道路，对渴望彻底摆脱贫困落后的局面，建设繁荣、富裕的社会主义新农村，蕴藏着极大的社会

---

① 毛泽东选集：第5卷[M]. 北京：人民出版社，1977：353.

主义积极性。这种愿望和要求是和社会主义经济发展的客观规律相一致的。为了满足整个社会日益增长的物质和文化生活的需要，必须把社会主义的生产转移到高度发展的技术基础上来，不断扩大生产规模，迅速发展社会生产力。对农村来说，建设现代化的社会主义大农业，一方面要逐步摆脱手工劳动实现农业机械化，进而达到农业现代化；另一方面要逐步改变单一的农业经营，促进农、副、工综合发展，进而实现公社工业化。举办公社、大队这种大集体所有制的企业，有利于克服生产队人少、地少、资金少的小集体所有制的局限性，发展多种生产部门和生活福利事业，符合农村经济发展的客观要求。

　　充分认识人民公社社队企业兴起的必然性，就是要打破长期以来小农经济所产生的狭隘局限，从建设现代化的社会主义大农业的目标出发，在实践中把握住社队企业产生和发展的主要趋势，并正确地总结20年来兴办社队企业过程中正反两方面的经验，积极地、有计划地发展社队企业。

（二）

　　社队企业的兴起，标志着农村经济在集体化基础上新的发展。马克思在谈到小生产及其特点时曾经指出："这种生产方式是以土地及其他生产资料的分散为前提的。它既排斥生产资料的积聚，也排斥协作，排斥同一生产过程内部的分工，排斥社会对自然的统治和支配，排斥社会生产力的自由发展。它只同生产和社会的狭隘的自然产生的界限相容。"①马克思的精辟分析，揭示了小农经济自给自足社会种种特点及其历史局限性。从小生产的特点出发，不难理解在农业集体化基础上要消除它的全部影响，是一个相当长时期的发展过程。社队企业的产生和发展，从根本上来说，对促进农业现代化，壮大农村集体经济，逐步消除长期以来小农经济造成的社会后果，具有积极的作用和深远的影响。

　　社队企业对农村经济的变革，一方面是带来经济结构的变化，社队企业进一步促进了农村的社会分工，工业性的劳动从以前和纯粹农业劳动自然结合的形态中继续分离出来，农业劳动自身的专业化也有了发展，建立起多种生产事业，它们相互补充、相互促进，有力地推动农村社会主义经济的迅速发展，与此同时，逐步形成了国民经济的许多部门向广大农村延伸的趋势。另一方面是促进农村经济发展水平的提高，社队企业兴起，进一步改变闭关自守、狭隘的地方性经济，商品生产和商品交换逐步扩大，为农业、为人民生活服务，也为大工业、为外贸服务，交换关系从县内外到省内外，使农村经济活动同整个社

---

　　① 马克思恩格斯全集：第23卷[M]. 北京：人民出版社，1972：830.

会的联系更加密切。在对待社队企业上，只看到它规模小一些，设备简陋一些，生产分散一些，就以为无足轻重、可有可无的种种观点，显然是非常片面的，不切合实际的，因而也是错误的。

社队企业的发展，有力地促进农业的高速度发展，农、副、工综合发展，是建设现代化的社会主义大农业的必由之路。

农业对国民经济的基础作用，经过30年来社会主义建设的实践，越来越被人们所认识。实现新时期的总任务，农业这个基础非加强不可，农业上不去，工业也上不去，整个建设速度快不了，势必拖四个现代化的后腿。高速度发展农业，要逐步实现农业机械化，要大规模地进行农田基本建设，要从各方面改造农业生产的条件，资金问题非常突出。积累是扩大再生产的源泉。农村人民公社扩大再生产的资金，除国家有计划的投资外，主要还是靠农村集体经济内部积累。然而，在现阶段完成农业技术改造以前，劳动生产率不高，农副产品商品率不高，人民公社的收益分配，不能不实行少扣多分的原则，积累率是比较低的。广大农民早有"以副养农"的经验，在实践中进一步认识筹集农业扩大再生产的资金，发展集体副业和社队工业是一条行之有效的路子。现在发展起来的社队企业，包括农业（种植业、养殖业），工业，建筑业，运输业，一般有较高的劳动生产率，除农业有生产的自然界限外，其他社队企业常年生产，经济收入多，积累率也就较高。目前，社队企业发展较好的地方，它的积累越来越成为农村集体经济内部积累的重要来源。

农业自身是以粮食生产为主，包括农、林、牧、副、渔的多部门经济，人民公社化，不仅为农、林、牧、副、渔全面发展，并且为举办小型工业创造了条件。农业内部各部门之间，农业与工副业之间都有其内在的经济联系。如果只抓"以粮为纲"，不搞"全面发展"，只抓农业，不搞工副业，不可避免地会束缚生产力的发展，既不可能改变农村贫困落后面貌，更谈不上农业现代化。农、副、工综合发展，是社会主义大农业的特征。以经营农业为主，以工促农，以副养农，农、副、工在经济发展中互为条件、互相促进，在一定程度上反映了国民经济有计划按比例发展的客观要求。大量的实践表明，谁不能认识这一点，谁就长期处于"吃饭靠集体，花钱靠自己"，生产徘徊不前的境地，谁认识了这一点，谁就能促进农业的高速度发展，走上建设社会主义大农业的康庄大道，为人民谋利益。

农村集体经济兴办的小型工业，是大工业不可缺少的助手，是社会主义工业体系的一个部分。

社会主义工业对国民经济的主导作用，不仅是因为它向社会提供大量的日用工业品，更主要的是因为它为农业和国民经济其他部门提供技术装备，促进农业的技术改造，促进国民经济的高速度发展。随着农村集体经济的发展，兴办了一批小矿山、小水电站，小型工厂，使社会主义工业从少数城市、县、区，进一步延伸到广阔的农村。目前这一部分工业的生产能力和技术水平，同现时代的大工业相比是很落后的，但是，从我国农村的实际情况出发，就不能低估了它对振兴农村经济，促进农业技术改造，根本改变农村经济面貌所起的作用。

在一些农业机械化步伐迈得快一些的地方，大体上形成了农机修配网，大队有农机站，公社有农机厂，做到小修不出队，中修、大修不出社，还能够生产一部分农业机具和农业机械的零配件，这批农机修配力量事实上已成为农机工业体系中必要的辅助力量。我们看到，直接为农业技术改造服务的一部分社队企业，从当地农业生产的实际出发，灵活机动，需要什么就生产什么，它们所起的作用往往是目前城市中生产农用产品的工厂所不能办到的。在农业劳动生产率逐步提高，多种经营不断发展的前提下，许多地方的农副产品的加工正在成为社队工业的基础。农副产品在农村加工，有利于改变往返运输等种种经济上的不合理现象，有利于农副产品的综合利用，一部分副产物及时用于农业或畜牧业，方便生产，有利于提高农副产品的经济价值，壮大集体的经济力量，社员增加收入，有利于进一步调动群众的积极性，发展多种经营，促进农副业生产。马克思对刚从农业中独立出来的农副产品加工这种工业性劳动，曾经明确指出它是"纯农业劳动的必要的相互补充"[1]。农副产品加工在农村中的发展，是恢复和发展农业生产的重要手段。

社队企业的兴起，对整个国民经济的发展，具有深远的影响。工业的生产方式是近代科学技术发展的产物。当它向广大农村扩展时，科学技术知识也随之传播，并逐步在农业上应用，必将促进农业现代化。工业和农业在广大农村中逐步结合，农业中的劳动力有计划地转到社队工业上来，不但带来农村劳动力结构的变化，还将进一步改变旧制度造成的不合理的生产力布局，改变多少年来形成的城乡分工，而出现一批又一批工农结合、城乡结合的小城镇，形成农村政治、经济和科学文化的中心，从而逐步缩小三大差别。

（三）

社队企业是国民经济的重要组成部分。兴办社队企业，发挥它在社会主义经济发展中应有的作用，必须充分考虑农村人民公社经济活动的基本内容和社队企业反映的特定经济关系所产生的客观要求。正确认识社队企业经济活动的

---

[1] 马克思恩格斯全集：第25卷[M]．北京：人民出版社，1975：714．

特点，对社队企业的健康发展至关重要。

社队企业必须坚持为农业服务的基本方向。农村人民公社一般以经营农业为主，农、林、牧、副、渔全面发展。社队企业的产生和发展，既是农业生产进一步发展的需要，也为农业劳动生产率的提高创造了必要的条件。所以，为农业服务是兴办社队企业的出发点。"围绕农业办工业，办好工业促农业"是各地办好社队企业的共同经验，它十分明确地回答了农业与工副业之间的相互关系和社队企业发展的基本方向。把社队企业看成是"摇钱树"，不仅在理论上是片面的，并且在实践上也容易产生消极影响。目前就有少数地方出现不顾农时把劳力拉出去包工揽活，与农业争劳动力等情况，这是必须加以引导解决的。当然，我们说为农业服务，并不是只办农用工业、农副产品加工等直接为农业服务的企业，为人民生活服务，为大工业，为外贸服务的企业能够为农业扩大再生产积累资金，也是要发展的。

社队企业必须坚持因地制宜，立足于利用本地资源。社队企业分布广、门类多、特别是在国民经济中的地位，要把它的产、供、销一齐纳入国家的统一经济计划，是不可能的。根据产品的不同情况，有的直接纳入国家经济计划，有的间接纳入国家经济计划，也有的就地在集体经济内部销售，不必纳入国家经济计划。社队企业的发展必须立足于开发和利用本地资源。许多地方的经验都说明这一点，立足于利用本地资源，原料有保证，产品有销路。社队企业就越办越兴旺。如果搞"无米之炊"，经常"找米下锅"，停停打打，浪费就很大。只有立足于利用本地资源，才有利于在国家统一经济计划指导下，分工协作，各得其所。不适宜大工业集中开发的资源，社队企业就分散地进行利用，大工业集中生产大宗的产品，社队企业则广泛利用资源，生产小宗的多种多样的产品，大工业产生的边角余料、废旧物资，社队企业就变废为宝，综合利用，有条件的地方，社队企业还承担大工业的零部件加工或工艺协作，促进生产专业化。总之，无论是靠山或是靠水，平坝或是山区，城市近郊或是边远地区，社队企业只要因地制宜，充分利用自己的有利条件，就能发掘各种资源，满足社会上多种多样的需要。

社队企业的发展必须放在自力更生的基点上。兴办社队企业主要是靠集体经济自己的力量，而不是国家的投资。开始时，办一些"吹糠见米"的生产事业，然后"下蛋"，再"滚雪球"，办一个成一个，逐步扩大。把农村的"五匠"、回乡的退休工人组织起来，成为社队企业的技术骨干。社队企业都有自己艰苦奋斗创业的历史。依靠集体经济自己的力量办社队企业，在人民公社内部也要处理好相互之间的经济关系，采取平调生产队的人力、物力、财力的办法是错误的，那样会挫伤农民的积极性，是不利于巩固集体经济的。自力更生大办社队企业，并不是不要城乡协作。为了社队企业较快的发展，城市工业要以自己的潜力帮助社队企业的发展，同时在处理经济关系上要坚持等价互利的原则。

社队企业的发展必须同生产队、社员的物质利益密切结合。社队企业是公社、大队范围内全体劳动人民所有，它的经济性质，必须在分配上得以体现。因此，除了及时把务工社员的劳动报酬返回生产队外，社队企业的纯利润要合理地加以分配。要在提留社队企业扩大再生产的资金（包括老企业改造和兴办新企业）、用于农田基本建设的资金和用于农业机械化的资金、扶持穷队的资金之外，以一定数量的利润分配给生产队，其中一部分成为生产队公积金，一部分纳入社员年终分配。凡是这样做的地方，生产队和广大社员都从发展社队企业中得到实惠，他们非常关心和支持社队企业，为社队企业的不断发展提供了良好群众基础。当然，社队企业纯收入的分配中各部分的比例，要按具体情况来定，有些社队企业兴办的初期，收益很有限，还不能拨出一部分利润给生产队和社员的情况也会存在的。但是，以不同的形式给生产队以实际帮助，还是必要的。

大力发展社队企业，是高速度发展农业，促进四个现代化的重要措施之一。我们必须从我国农村经济的实际出发，端正思想，提高认识，城乡通力协作，从各方面给予支持帮助，使社队企业有一个大的发展。

（本文原载于《中国经济问题》1979年第5期）

发挥优势 促进四化
——对军工企业组织民品生产问题的调查研究

四川是祖国的战略后方。多年来，国家在这里建设了具有相当规模和较高水平的国防工业。这是我省的一个优势。认识这个优势，发挥这个优势，对于加快四化建设具有重大意义。

军工企业在国防现代化建设中，曾经作出了很大的贡献。但是，就生产潜力来说，远远没有发挥出来。设备、人员的利用率普遍比较低。据成都市军工企业（不含军办企业）的统计，虽然拥有相当数量的高精度机床、数控机床，但每台金属切削机床的平均产值比民用工业低64%；全员劳动生产率比民用工业低54%。从资金的使用情况来看，军工企业每百元产值占用的流动资金比民用工业高1.4倍；每百元产值占用的固定资产比民用工业高1.5倍；每百元产值实现利润比民用工业低64.3%。当然，组织军品生产的资金使用效果，不能同民用工业特别是轻工业相提并论，不过，资金使用的情况仍然是反映军工企业经济活动的重要指标。我们用许多资金建设了一种封闭式的、"大而全"或"中而全"的企业，却只生产很少的品种，批量又不大，这样怎么能发挥企业的综合生产能力呢。有识之士早就对单一军品生产所造成的社会浪费有议论、有认识，他们说："这是一种沙里淘金的办法。"有一些军工企业，一方面亏损，另一方面大量人力、物力和比较先进的设备闲置，群众说得好："端着金饭碗讨口！"实践表明，现有军工企业必须从单一的军品生产逐步转变为军品、民品双重生产结构。军民结合，势在必行。

近年来，成都市一部分军工企业，在按质按量完成军品生产任务的前提下，千方百计，广开门路，发展了一批民品生产，为军工企业增产增盈积累了经验。据不完全统计，1979年纳入企业计划进行批量生产和正在试制的民品达80多个项目。接下来具体谈谈主要办法。

（一）发挥生产工艺的特点，发展民品生产

不少企业的生产工艺过程，往往只生产少数几个产品，因此有较好的条件发展同一序列的其他民品，以及发展工艺技术比较接近的民品。例如，一个生产无线电仪表之类产品的企业，就生产了工艺技术接近的，医疗上用的超声波

诊断仪、心脉功能诊断仪，工业上用的数字式频率机，文化生活上用的立体声电唱机等多种产品。这是军工企业搞民品的主要方向。

（二）生产与民用工业配套的产品

过去，由于单一的军品生产，尽管本地军工企业可以生产民用工业的一部分零部件，但还是千里迢迢向省外订货。现在，把军工企业的生产能力发挥出来，发展了一批与民用工业配套的产品，经济上很合理。例如，民用工业的一个电视机厂，在电视机零部件的31个大类、370个零件中，原有11个大类的100多个零件在外地订货，军工企业生产民品后，只需本地3个企业就可以承担了。

（三）利用设备潜力，支持民用工业的发展

军工企业的机械加工能力都比较强，而目前民用工业特别是轻工业的技术后方比较弱，在增加花色品种、提高质量、升级换代上困难不少，不能适应灵活多变的市场需要。过去，在地方上组织拖拉机会战、自行车会战、电视机自动生产线会战中，军工企业都出色地完成了加工成套模具的任务，支持了民用工业的发展。不少企业正在继续从这方面发挥它的积极作用。除了机械加工外，一些企业充分利用闲置的注塑设备、印刷设备等，开展来料加工业务，取得了显著的成效。例如，一个企业的印刷车间，搞来料加工后，它的收入可以做到自负盈亏；又如，一个企业给外商加工塑料安全帽，为国家创造了外汇收入。

（四）发挥技术优势，研制和生产适用的民品

军工企业在掌握现代技术上处于有利的地位，在新技术的应用和普及方面发展民品生产是一个重要方向。例如，有一个企业在一项电子元件——热敏电阻上下功夫，研制和生产了粮食仓库使用的"粮温自动测量仪"、汽车上使用的"热敏电阻式水温塞"、工业上使用的"电机热敏电阻保护装置"等。还有一些企业把军品中参数不合要求的产品用来发展民品。这类产品解决生产、生活上许多问题，很受用户欢迎。

（五） 利废利旧，综合利用各种物资，发展民用产品

一些企业用边角余料、积压物资，生产了小五金和日用消费品，包括微型绞肉器、电热梳、茶杯盖、变色眼镜、衣柜、碗柜、写字台等，满足了市场多方面的需要。

军工企业从单一的军品生产转变为军品、民品双重生产结构，这是工业管理上的一项重要改革。实现这个转变，从思想上、组织上、管理上都有一系列新问题要研究解决。

由于长期以来单一的军品生产和经营管理上"供给制"的影响，一些主管部门的领导干部，往往只注意它是军需生产单位，而不注意按企业化的要求组织生产和管理，不注重经济效果，因此对军工企业搞民品就以为是"不务正业"，还担心"乱摊子"。基层的一些职工中，存在"旱涝保收"、安于现状的情绪，把搞民品看成"额外负担"。这些观念在不同程度上束缚着军工企业搞民品的积极性。军工企业要实现生产结构上的改革，必须在思想上特别是领导干部的思想上来一个转变。军工企业要不要讲求经济效果？什么生产结构更符合经济合理的原则？怎样按照客观经济规律的要求进行管理？这些问题必须从思想上弄明白。

企业内部建立军品、民品双重生产结构，在生产的组织和管理上势必要有相应的调整和改进，这是要认真做好的。保质保量完成军品生产任务，是军工企业组织生产和管理时要考虑的一个基本原则。军品生产任务要优先安排，军品的原材料不能任意占用。对纳入计划进行批量生产的主要民品，为了便于在制品的管理及便于核算成本，一般要同军品生产分开，建立民品生产线。建立民品生产线，要立足于挖掘企业内部潜力。民品的成本核算是一个需要研究的问题。如果在工时、原材料、管理费用等项目上，同军品一样计算，显然是不利于鼓励发展民品生产的，是会削弱民品在市场上的竞争能力的，但是也决不能从军品生产搞"平调"。是否可以这样计算，管理费用只算车间一级；原材料中如果是本企业军品生产筛选下来的元件，可适当降低价格，主管部门要给企业在这方面有一定的权限。军工企业搞民品，要不要把企业经营民品的成果同物质利益结合起来，这也是个要研究的问题。看来，如果搞不搞民品，或利不营利都是一个样，是不利于发展民品的。对在发展民品上作出优异成绩的职工，也有必要制定适当的奖励办法。不过，一定要对军品、民品作统筹考虑，不能因鼓励搞民品而冲击军品生产。为了更好地发展民品生产，要在管理部门中进行调整，建立相应的职能机构，加强组织领导，负责组织民品的试制和生

产，并从民品的特点出发，研究市场的变化，做好供、产、销的平衡等工作。

　　建立军品、民品双重生产结构，在供、产、销上带来很大变化，这是目前比较突出的问题。军工企业的主管部门一般只下达军品生产任务，并按计划分配原材料。发展民品生产后，销路怎么打开？物资供应渠道怎么疏通？这不仅是向企业，更是向上级管理部门和计划部门提出的新课题。一些企业的同志说，搞军品是"上面下任务，下面管生产，物资有保障，销路不发愁"，民品生产要适应市场的需要而经常变化，"起步要高，质量要好，造型要美，价格要低"。不切实搞好供、产、销的衔接，就不能确保从民品中增产增盈，搞民品就不能坚持下去。目前主管部门不关心民品，地方计划部门也不大过问军工企业民品生产的状况一定要改变。要采取积极有力的措施鼓励军工企业发展民品，给予企业在发展民品方面以必要的权限，疏通供、产、销的渠道。供、产、销的问题，实质上涉及管理体制的问题。在经济改革中，是否能这样考虑：对某些工业部门，打破军工和民用界限，组成一个地区的或跨地区的专业公司。这种专业公司是人、财、物，产、供、销相统一的，接受军品和民品的订货，以充分发挥这些企业在现代化建设中的作用。

（本文原载于《国内外经济管理》1979年8月21日 第72期）

军民结合是军工企业发展的必由之路

军工企业发展民用产品的生产，这是贯彻国民经济"调整、改革、整顿、提高"方针，打好实现四化第一个战役的迫切需要，也是关系到军工企业发展方向的一个重要问题。新中国成立以来，特别是20世纪60年代以后，国家在我省建设了具有相当规模和较高水平的军事工业。这一大批军工企业的技术装备和生产工艺，大都反映了比较先进的工业技术水平，同时，还培养了一支较强的技术队伍，在引进国外的先进技术方面也积累了丰富的经验。但是，目前军工企业技术上、设备上的优势，都远远没有发挥出来。生产能力的利用率相当低，开工不足、设备闲置、技术荒废的现象相当严重。一些企业还长期靠国家补贴过日子，造成人力、物力、财力的大量浪费。之所以造成这种状况，只从目前工业管理上的一般缺陷去解释，还不能说明问题，必须从军工生产的实际出发，在工业结构上分析其原因。

从个别企业去考察，由于我们建设的军工企业是一种封闭式的，"大而全"或"中而全"的企业，在单一的军用品生产情况下，带来了一系列的矛盾：一是品种过少、批量不大，综合生产能力不能发挥；二是因产品而异，在生产的各个环节上设备的利用极不平衡，一部分设备开动率高，另一部分设备开动率低；三是在产品的研制和批量生产的不同阶段上，专业生产和辅助生产的各个环节上生产能力利用也不平衡，经常有多余的能力；四是因部队装备变换而产品任务改变，生产上往往发生"青黄不接"的现象；五是平时和战时不一样，生产任务少；等等。在我们社会主义国家里，这些矛盾的解决，显然不可能从做军火生意上去找出路，只能把单一的军用品生产转变为军品、民品双重生产结构，生产多种多样的、适销对路的民用产品以满足社会需要，充分利用企业的生产能力。

从工业部门去考察，单一的军用品生产，人为地割裂了工业内部企业之间、部门之间必然的经济联系。它一方面限制了工业生产专业化与协作的发展，如一部分工业产品的零部件，虽然当地军工企业能够生产，却不能做到就近配套，某种同类的产品虽然军工企业已经长期"吃不饱"，国家又往往用很多人力、物力和财力，甚至在同一个地区新建一些民用企业去生产，建起来后也"吃不饱"，等等；另一方面，单一的军用品生产又限制了工业内部的技术交流。军工企业一般来说是技术比较先进的骨干企业，而民用企业特别是地方工业，生产

军民结合是军工企业发展的必由之路

技术水平比较低，产品升级换代要费很大的劲，技术改造遇到的困难更多。可是，军工企业掌握的比较先进的技术，有相当一部分没有及时普及到民用工业上去。像这样把军用品生产和民用品生产对立起来的工业结构，经济上是极不合理的，是完全不适应我国国民经济发展的客观要求的。

大家知道，工业各部门是相互联系、相互依赖的有机整体，绝不是各个部门、各种生产简单的总和。在社会再生产过程中，要求工业内部各部门之间在生产上保持一定的比例，以利于共同协调地、迅速地向前发展，否则，生产力就会遭到破坏，这是不以人们的意志为转移的。军用品生产不可能脱离工业其它各部门孤立地进行，军民结合这条路子非走不可。军工企业在确保完成军用品生产任务的前提下，多生产一些民用产品，帮助民用工业进行技术改造，为农业、轻工业和人民生活服务，促进经济建设事业的发展，这绝不是"额外负担"，而是军工企业自身发展的要求。

现在世界各国，除苏联以外，工业的组织与管理，一般都是军用品生产和民用品生产相结合的体制。工业企业既从事民用品生产，又接受军用品订货，包括承担最新武器系统的研制任务。在第二次世界大战期间，由于战争的需要，一些主要的资本主义国产的军事科学技术有很大的突破和发展。第二次世界大战后，它们及时地把一批军事工业转上民用品生产的轨道，并且把军事科学技术上的许多成果，应用到民用工业上来，有力地推动了工业部门结构的改组，促进了战后科学技术和工业生产的大发展。这些国外的有益经验，我们完全是可以借鉴的。

在向四化进军中，从我省的实际出发，必须足够重视一大批军工企业的作用，充分发挥它们的优势。近年来，我省军工企业认真贯彻军民结合的方针，闯出了一些路子，这是很可贵的。军工企业结合生产民用产品要注重发展技术比较先进的产品、耐用的消费品、可供出口的产品，以利于发挥军工企业技术上的优势，做到同手工业、一部分地方工业分工合作，各得其所。要打破行业的界限，广泛开展技术交流和工艺协作，采取各种灵活的方式，为民用工业提高产品质量和产品升级换代而生产整套工艺装备；为民用工业技术改造而设计、制造整套设备；还可以承担民用产品的研制任务或提供"软件"，包括某些产品的样品、图纸、成套工艺装备。这样做，既发挥了军工企业技术力量强的长处，又弥补了民用工业特别是地方工业技术力量弱的短处，有助于提高整个工业的生产技术水平。实践表明，军工企业发展民用品生产，既是非常必要的，又有着广阔的发展前途。

现有军工企业实行军用品和民用品结合，从单一的军用品生产转为军用品、民用品的双重生产结构，必须贯彻物质利益原则，正确处理国家、企业和个人三者之间的利益关系。企业无自主权，毫无经济利益，搞不搞民用品一个样、多搞少搞一个样，是不行的。企业之间的技术交流和工艺协作，也不能只讲"风格"而不讲互利。军工企业发展民用品生产所得的利润，应留给企业一部分，以利于企业充分挖掘潜力和调动职工的积极性。同时，要在企业的生产组织和管理上进行必要的调整，特别是要重视市场的调查和研究。生产民用产品特别是生活消费品，不但要求质量好，并且要求造型美，牢实耐用，价格便宜，否则，在市场上就会失去竞争能力，产品不适销对路，就不能实现增产增盈。

　　建立军用品和民用品相结合的工业体制，要大力加强领导。生产民用品，不仅军工企业要有积极性，上级管理部门也要有积极性。目前军工企业纷纷试制和生产民用产品，但多数是自找门路，本厂配套，效率较低，成本偏高，这样下去是不行的。对经过试制，又是适销对路的产品，要按照专业化协作的原则，发挥各企业的特长，组织专业化生产。还要协助疏通供、产、销的渠道，使企业的民用品生产逐步纳入国家的统一计划。大力加强领导，这是军工企业发展民用品生产的重要条件。

（本文原载于《社会科学研究》1980年第1期）

国营企业实行自负盈亏的客观依据

我省从1980年以来,以扩大企业自主权为发端,采取的一系列经济体制改革的措施,已经取得初步成效。在经济体制改革的实践中,目前为人们所关心的重要论题之一,就是国营企业能不能实行独立核算、自负盈亏,是不是扩大企业自主权的发展方向;国营企业实行独立核算、自负盈亏,有没有它的特点等。探讨这些问题,我认为必须从社会主义经济的本质特征出发,区分商品经济的共性和特性,才能避免片面性,使我们的认识建立在科学的基础上。这里,我谈一谈自己的粗浅意见。

自负盈亏是商品经济通行的经营原则

国营企业能不能实行独立核算、自负盈亏制?首先要弄清的问题:什么是社会主义经济的本质特征,自负盈亏作为经营管理的原则和方式,究竟是私有制的产物,还是商品经济的客观要求。

长期以来,人们认为社会主义制度和商品经济是不相容的,甚至把商品经济的经济范畴和私有制混同起来,这种看法是不正确的。从历史上看,诚然商品经济不是人类社会一开始就有的,它是随着社会分工的发展,私有制的产生和发展而逐步发展起来的,但是商品经济的存在和发展主要不是私有制所决定的。我国社会主义建设的实践也充分证明了这一点。我国现行的经济体制基本上是20世纪50年代从苏联搬来的,是一种高度集中,以行政管理为主的体制。20多年来,这套体制虽然经过几次改革,但是一直局限在中央与地方管理权限的划分上,在"条条"和"块块"的行政管理以谁为主上打圈子,始终没有从根本上解决问题,即如何发挥直接掌握生产力的企业和劳动者的积极性。这套体制,它不仅严重地束缚地方和企业的主动性、积极性,并且影响部门之间和地方之间横向的经济联系,很不利于国家对经济生活进行有效的管理。究其原因,主要是长期以来我们不承认我国现阶段的经济是商品经济,不承认价值规律的调节作用,把社会主义制度和商品经济对立起来了。因此,否认社会主义制度下商品经济的存在和发展,在理论上是完全错误的,实践上是非常有害的。我国现阶段的社会主义经济,其本质特征是生产资料公有制占优势的多种经济成分并存的社会主义商品经济。全民所有制的国营企业是社会主义商品经济存在的重要形式。从社会主义经济的本质特征出发，国营企业不仅是国民经济的生产和管理的基层单位，同时也是社会主义商品经济的细胞组织。因此，承认企业商品生产者的地位，使之成为经济权利、经济责任、经济利益相统一的，富有经济活力的经济主体和法人就成为着手经济体制改革的重要环节。1980年以来，以利润分成为特点的扩大企业自主权试点是经济体制改革中把企业从部门和地方行政机构的附属物改为相对独立经济单位的初步尝试。为了实现经济体制改革的目标，势必还要逐步过渡到独立核算、自负盈亏制。

自负盈亏不是私有制的产物，也不是凭"长官意志"任意采取的一项政策，而是与商品经济相联系的经济范畴，是价值规律的客观要求。我们知道，商品是使用价值和价值的统一，使用价值是价值的物质承担者，而商品的价值量取决于生产商品的社会必要劳动时间。在商品经济中，任何个别的生产者，要作为商品生产者独立经营，都必须严格核算收支，以期营利。这是因为，生产商品所耗费的社会必要劳动时间决定商品价值量的规律，是经济发展中不以人们意志为转移的。商品生产者生产商品的个别劳动耗费，如果低于社会必要劳动时间，就能得到社会的承认并获得额外利益，它的生产也可能在原有基础上扩大；如果高于社会必要劳动时间，就不能得到社会的承认和补偿，它的生产就会难以继续进行。价值规律的这一客观要求，在生产同类产品的不同生产者之间充分表现出来，它强制个别的生产者精打细算，革新技术，改善管理，提高劳动生产率，力求较好的经济效果。凡是存在商品经济的场合，无疑都要按照价值规律的要求办事，自负盈亏则就是商品经济通行的经营原则。至于"共负盈亏"，那是同生产资料所有制直接联系的概念，是由所有制派生的经营原则，合股经营的股份公司等就是"共负盈亏"的组织形式。所以，"共负盈亏"与自负盈亏是具有不同性质的两回事。

承认自负盈亏是商品经济的共性，就不能因为全民所有制的国营企业的特性而拒绝实行独立核算和自负盈亏制。国营企业并不排斥独立核算和自负盈亏。早在苏联新经济政策时期，根据列宁的指示，用粮食税代替余粮收集制，恢复商品交换的同时，在工业管理中重新调整国家与企业的关系，改变按照"共产主义原则"实行包罗万象的集中管理，就开始实行经济核算制。1921年7月5日苏联颁布了实行经济核算的第一个法令，规定国营企业要实行经济核算制，进行独立经营，企业不仅要对生产计划、产品质量、财产管理负完全责任，而且以收抵支，取得盈利，保证企业不亏本。在商品经济的条件下，认识和运用价值规律，促进社会主义经济的发展，必然要求在经济管理中实行商品经济通行的经营原则。列宁清楚地谈到："国营企业实行所谓经济核算制，同新经济政策有着必然的和密切的联系，在最近的将来，这种形式即使不是唯一的，也必定会是主要的。在容许和发展自由贸易的情况下，这实际上等于国营企业在相当程度上实行商业原则。"① 他还说："如果我们建立了实行经济核算制的托拉斯和企业，但不会用精打细算的商人的方法充分地保证我们的利益，那我们便是地地道道的大傻瓜。"② 按照列宁所说的"商业原则"和"商人的方法"，企业独立核算、自负盈亏，就可以把国家、企业和职工个人的物质利益正确地结合起来，使职工从个人物质利益上关心企业的经营成果，"把国民经济的一切大部门建立在个人利益的关心上面"③。我们多年来经济工作中由于否认商品经济的存在和发展，干了不少蠢事，同时近年经济体制改革的实践表明，承认企业商品生产者的地位，扩大企业自主权，实行利润分成制，而不进一步实行独立核算，财务自理的自负盈亏，就不能彻底克服"大锅饭"、"铁饭碗"带来的种种弊端。扩大企业自主权是实行独立核算、自负盈亏的必要步骤，独立核算、自负盈亏则是扩大企业自主权发展的趋势。

国营企业实行自负盈亏的若干特点

自负盈亏作为商品经济的共性，是价值规律的客观要求。这种经营管理的原则、方式是随着商品经济的产生而产生，并随着商品经济的存在而存在的。但是，正如斯大林曾经指出的："决不能把商品生产看作是某种不依赖周围经济条件而独立自在的东西。"④ 在人类社会的发展史上，商品经济从原始社会的末期产生，经历了漫长的时期，包括奴隶社会、封建社会、资本主义社会、社会主义社会，是在不同的社会经济制度下逐步发展，并为不同的社会经济制度服务过。这就是说，自负盈亏作为商品经济的特性，是由不同的生产方式，生产资料所有制的性质所决定的。因此，在社会主义制度下，全民所有制的国营企业实行自负盈亏，由于反映的生产关系不同，必然具有它自身的特点。只承认自负盈亏是商品经济的共性，承认价值规律的一般要求，而不考虑在一定经济条件下实行自负盈亏的特性，就不可能促使这一制度的完善。全民所有制的国营企业实行独立核算、自负盈亏，我认为有以下几个特点：

第一，以国家统一经济计划为指导。

社会主义商品经济是社会化大生产的实现形式，我们知道，在商品经济的条件下，社会生产因分工的发展而形成相互独立的生产领域之间，按比例地分

---

① 列宁全集：第33卷 [M]. 北京：人民出版社，1958：158.
② 列宁全集：第35卷 [M]. 北京：人民出版社，1958：549.
③ 列宁全集：第33卷 [M]. 北京：人民出版社，1958：51.
④ 苏联社会主义经济问题 [M]. 北京：人民出版社，1961：11.

配社会总劳动,是价值规律的又一要求。马克思指出:"不仅在每个商品上只使用必要劳动时间,而且在社会总劳动时间中,也只把必要的比例量使用在不同类的商品上。"① 在生产资料私有制为基础的商品经济中,按比例地分配社会总劳动,是在市场中通过平衡的不断破坏和恢复自发地形成的。生产资料公有制的确立,劳动在不同程度上开始具有直接的社会性,社会生产的各个经济组织之间出现了全社会联合的因素,也具备了一定社会条件,从而社会主义经济就使商品经济开始进入一个有计划发展的阶段。在我国现阶段,社会统一计划调节的职能,是无产阶级专政的国家承担的。实行国家统一计划指导是社会主义经济建设健康发展的要求,也是全体人民的共同利益所在。坚持国家计划的指导,同国家的行政干预,并不是一回事。国家统一经济计划是反映社会需要发展的趋势,社会劳动在各个生产领域进行比例分配,并规定一定时期内要实现的经济目标等。实行独立核算、自负盈亏之后,在经济生活中要达到"活而不乱、管而不死",更为重要的是国家计划的指导,这是按照社会化大生产的原则组织整个经济必不可少的条件。因此,既要注意扩大企业计划安排上的自主权,更要重视改进国家机关的计划工作方法,提高计划管理水平。从自负盈亏的试点实践来看,坚持国家统一经济计划指导首先要有比较完备的中长期计划,同时要加强市场的预测工作。

第二,国家统一领导下的相对独立性。

我国现阶段社会生产力的性质和生产社会化程度不高的实际情况,决定了我国现阶段全民所有制的国营企业一般地不可能在全国范围内统一生产和统一分配,构成统一核算、统负盈亏。多年来统收统支的财政体制,已经使我们吃够了苦头。这些经验教训使我们懂得,"统一领导,分散经营"仍将是国家对全民所有制企业进行管理的主要方式,全民所有制的国营企业实行独立核算、自负盈亏制,生产资料的所有权归国家,而赋予企业的劳动集体以必要的经营管理权,独立自主地组织生产和经营,这是社会主义经济发展的需要。如果我们从历史的各个社会形态上去考察,就可以发现所有权与经营管理权不是不能分离的。马克思曾在分析资本主义经济发展,出现借贷资本家和产业资本家分离的情况时指出:"主人一旦有了足够的财富,他就会把干这种操心事的'荣誉'交给一个管家。"② 接着他还说:"资本主义生产本身已经使那种完全同资本所有权分离的指挥劳动比比皆是。"③ 在社会主义制度下,所有权和管理权的

---

① 马克思恩格斯全集:第25卷 [M]. 北京:人民出版社,1975:716.
② 马克思恩格斯全集:第25卷 [M]. 北京:人民出版社,1975:433.
③ 马克思恩格斯全集:第25卷 [M]. 北京:人民出版社,1975:435.

分离情况也是存在的。列宁在俄国第一次革命中的土地纲领中指出："所有权、占有权、支配权、使用权等概念"是有区别的。[①]他明确提出无产阶级夺取政权后实行土地国有化，土地所有权归国家，而交给直接生产者使用，并相应地制定使用和支配这些土地的规则。这就是说，生产资料的所有权和占用权，支配权与使用权之间既有紧密联系，又是可以分离的，而这种分离并不是以经营管理权去否定所有权，恰恰是以有利于巩固生产资料的所有权为前提的。国营企业在国家统一领导下实行独立核算、自负盈亏制，它的地位只具有相对独立性。因为它只是国家的委托，在国家规定的方针政策限度内占有、支配和使用一定的生产资料，体现生产资料所有权的经营成果的分配，企业的权限也是相对的，它同集体所有制企业根本不一样。但在这里必须指出，企业在国家统一领导下进行的经营活动，并不是强调党政机关的直接管理，而主要是由国家制定正确的方针政策，通过经济机构管理经济。

第三，企业在生产资料占有关系上的平等地位。

国营企业作为一个劳动集体，它对生产资料的全民所有制具有双重身份，既是所有者，又是占有者。就生产资料的所有权来说，各个劳动集体处于平等地位。但是，由于各个国营企业在客观上形成的生产资料的数量和质量不同，各个劳动集体占有的生产资料，事实上是不相等的。这样就会产生不同的企业，如果经营管理水平大体相同，由于生产资料的数量和质量不同，经营效果就有差别。这种矛盾的正确处理，关系着承认不承认企业在生产资料占有关系上的平等地位，从而直接影响企业的主动性、积极性。如果不承认生产资料占有关系上的平等地位，就是承认企业靠客观条件而不是靠主观努力去取得较好的经营成果；如果承认生产资料占有关系上的平等地位，就应当主要从经营管理的主观努力去考核一个企业的盈亏，鼓励企业努力改善经营管理，提高经济效果。这就是说，在实行独立核算，自负盈亏时，必须从利润上进行一定的调节。不搞调节，由于客观条件形成的"胖"与"瘦"，就会胖的越胖，瘦的越瘦，显然是不合理的。对企业由于资源、技术装备、价格等客观条件形成的极差收入实行调节、测定利润水平时，我认为应从不同的工业部门进行，因为同行业不仅在生产资料的数量上，并且在质量上才有可比性。目前对级差收入实行单一的税种，笼而统之测算利润水平，往往不能科学地反映级差收入的实际情况，因此企业在认识上也容易产生消极因素。这里，还必须强调对企业由客观条件形成的级差收入，实行调节时要留有余地。这是因为在占有同样数量和质量的生产资料的企业之间，由于不同经营管理水平，经营的效果也是不一样的，因

---

① 列宁全集：第13卷 [M]. 北京：人民出版社，1958：314.

此要实行有利于鼓励企业合理地利用它所占有的生产资料的政策。

第四，企业独立的经济利益。

长期以来，在国家与企业的关系上，由于认为生产资料全民所有制的国营企业，所有权与管理权是不能分离的，劳动具有直接的社会性，因此只强调领导与被领导的关系，否定了生产关系实在的经济内容。恩格斯曾明确指出："每一个社会的经济关系首先是作为利益表现出来。"[1] 在社会主义制度下，一般来说，国营企业所创造的纯收入归全民所有。但是，现阶段生产力的发展水平还没有达到由社会占有、支配和使用一切生产资料，使整个社会成为统一的生产和分配单位的条件，劳动的性质虽然发生了根本变化，但是仍然是谋生的手段，每个劳动者既要为社会需要进行劳动，同时又要为自己的需要进行劳动，并且在社会化大生产过程中，个人的劳动必然要通过企业的经营成果表现出来。作为社会主义商品经济细胞组织的国营企业，无论是同其他经济成分，还是在全民所有制内部进行劳动交换，都必须遵循商品经济的等价交换原则，不允许"一平二调"。因此，无可非议地要承认在各项经济活动中企业和职工个人的经济利益。国营企业实行独立核算、自负盈亏制就是促使国家、企业和个人的利益紧密地联系起来，彻底改变干好干坏一个样，盈利亏损一个样，靠着国家吃"大锅饭"的局面，就是充分发挥企业内在的经济动力，使它在国民经济中真正成为一个能动的有机体。这里还要说明，国家与企业的利益关系，集中表现在对纯收入的分配上，国家是以生产资料所有者的身份参加，而企业则是以生产资料占有者的身份参加，并且对纯收入的分配也是在国家统一领导下进行的。国营企业纯收入的分配，除要求首先保证国家多收，国家所收的部分一般大于企业所留部分之外，从国民经济综合平衡考虑，企业所留的部分多少用于生产、多少用于消费，怎么用等有许多问题值得研究。这些问题涉及国家、企业、个人之间整体与局部，长远与眼前的利益，是决不能忽视的。

综上所述，我们从国营企业实行自负盈亏的特性去考察，这种独立核算、自负盈亏具有相对性，不是完全意义上的自负盈亏。但是它同利润分成制（包括全额分成）的扩权比较，已经发生了质的变化，企业已开始成为经济权利、经济责任、经济利益相统一的经济主体和法人，企业对国家负有完全的经济责任。总之，只有既认识商品经济经营活动的共性，又把握了国营企业的特性，才可能逐步建立完善的独立核算、自负盈亏制。

(本文原载于《四川财经学院学报》1981年第1期)

---

[1] 马克思恩格斯全集：第18卷 [M]. 北京：人民出版社，1964：307.

地区性经济中心初探
——兼论成都的经济地位

建立经济中心问题，是经济管理体制改革在理论和实践上一个重大的突破。认真研究这个问题，对走出一条发展我国经济的新路子，促进社会主义现代化建设具有重要意义。本文拟就地区性经济中心的形成和发展以及有步骤地建立经济中心、发展地区经济联系等，发表一些探讨性的意见。

（一）

经济中心是随着社会分工的发展，商品生产和商品交换的扩大，逐步形成和发展起来的。由于历史上工商业劳动和农业劳动的分离，在工商业劳动集中的地方从事商品生产和商品交换，这就使人口密集的城市逐渐成为经济中心。马克思曾经明确地指出："一切发达的、以商品交换为媒介的分工基础，都是城乡分离。可以说，社会的全部经济史，都概括为这种对立的运动。"[①] 从人类社会经济发展的历史进程去考察，经济中心是商品生产和商品交换发展到一定水平才出现的，而随着商品经济的发展，在它的各个不同阶段上，经济联系的范围、交换的规模和组织形式等，都呈现许多差异。尽管如此，经济中心进行的一系列经济活动，总是同城市结合在一起的。特别是资本主义商品经济的发展和统一市场的形成，一些大城市以其雄厚的产业基础，发达的内外贸易，先进的科学技术以及健全的金融机构、灵敏的信息系统等，成为与各个地区信息相通，交往频繁，经济上密切联系的全国的经济中心。现在有一种看法，以为经济中心只是商品生产和商品交换的场所，这显然是很不够的。诚然，经济中心是以城市为依托的，但是从经济中心进行的经济活动的内容和方式以及从它发挥的作用来看，应当说不仅是商品生产和商品交换的场所，并且是建立在经济内在联系基础上的经济组织的形式。我们认为，现今探索建立经济中心，组织与发展社会主义经济，必须从研究社会主义制度下城市的地位和作用入手。同时，要把研究全国的经济中心和地区的经济中心联系起来，而地区性经济中心则是"全国一盘棋"的组成部分。

---

① 马克思恩格斯全集：第23卷[M]．北京：人民出版社，1972：390．

在社会主义制度下城市的地位和作用。斯大林在总结苏联社会主义建设的经验时曾谈到，社会主义制度的建立，消灭了城市和乡村之间的对立，不应当引导到大城市的毁灭。"不仅大城市不会毁灭，并且还要出现新的大城市，它们是文化最发达的中心，它们不仅是大工业的中心，而且是农产品加工和一切食品工业部门强大发展的中心。"[1] 这是马克思主义在实践中得出的新结论，是对政治经济学的又一重要贡献。在新中国成立前，毛泽东同志也曾指出："从现在起，开始了由城市到乡村并由城市领导乡村的时期。党的工作重心由乡村移到了城市……必须用极大的努力去学会管理城市和建设城市。"[2] 新中国成立以来，我们改造和建设了一批旧的城市，还涌现一批新的城市。这些城市对发展社会主义的建设事业都起了重大的作用。但是，由于理论上的一种束缚，使我们对我国现阶段的社会主义经济是有计划的商品经济这一经济特征认识不足，因此在坚持社会主义计划经济的同时，对社会主义制度下商品经济运动的客观规律缺乏认真的研究，在经济管理体制上，就机械地搬用外国的经验，国家对生产单位、对地方只强调统一性，而忽视了与统一性相联系的独立性和市场调节的作用，建立了高度集中的以行政管理为主的一种体制，并把它看成是社会主义经济固有的模式。这种体制妨碍了城市经济中心的作用。"条块分割"不同的行政隶属关系，限制了城市里企业间的生产协作、工商协作、科技部门和生产单位的协作，还限制了城市同其周围经济区域内各种形式的经济协作和物资交流。总结经验教训，从我国的实际出发，必须在公有制基础上实行计划经济，同时发挥市场调节的辅助作用，大力发展社会主义的商品生产和商品交换，要根据生产力发展的要求，创造与之相适应的经济组织形式。

在统一规划和集中指导下，建立经济中心，组织与发展社会主义经济。就地区性经济中心来看，这些地区中心城市由于自身形成和发展的历史及其客观条件，具有许多特点。现在对经济中心有一种看法认为必然是以工业为主体的生产城市，而忽视一个城市的商业地位，另一种看法则认为经济中心具有广泛的综合性，包括综合发展的工业中心、国内外贸易中心、科学技术中心以及金融中心等。应当说，这些理解是很不全面的。从历史上看，我国的城市，有的是以开发某种矿藏资源为主而逐步发展起来的；有的是农副产品集散地，进而发展了一部分农副产品的加工而发展起来的；有的则是交通上的特殊地位，从对外贸易的口岸发展起来的；还有的是历史上的通都大邑，城市里聚集了一大批手工业者，经过许多年的演变和改造而形成的。因此，地区性经济中心，一

---

[1] 斯大林选集：下册 [M]. 北京：人民出版社，1979：558.
[2] 毛泽东选集：第4卷 [M]. 北京：人民出版社，1960：1 428.

地区性经济中心初探——兼论成都的经济地位

般来说,无疑要有比较发达的工商业基础,但并不一定都是综合性的,尤其不能要求每一个城市都有综合发展的工业结构,而恰恰由于城市形成过程的客观条件不同而各有特色,包括它在一定经济区域内结合而成的经济优势。在研究地区性经济中心的时候,一定要实事求是地分析城市的经济地位,采取适当的措施,在发展中加强地区的经济联系,逐步达到经济组织合理化。

（二）

成都这个城市,出现于公元前311年秦惠文王时,距今已有2200多年的历史。这座以文化古城著称的我国内地城市,它的经济地位往往被人们所忽视,以为从来只是政治、文化中心,而不是经济中心,这种看法是不符合实际的。成都位于四川盆地西部,成都平原中心,土地肥沃,河渠如网,气候温和,雨量充沛。由于这些得天独厚的自然条件,所以开发很早。秦统一六国以来,一方面加快了蜀郡与秦陇、汉中地区、荆楚地区的经济文化交流,促进了成都地区经济发展,农工商贾甚为繁荣;另一方面李冰父子组织劳动人民在灌县附近修筑鱼嘴大堰,川西一带得都江堰自流灌溉之利,成了"水旱从人,不知饥馑,沃野千里"的"天府",农业颇为发达。西汉末年,除京城长安之外,成都和洛阳、邯郸、宛城、临淄等一样成为全国五大都会城市之一。自汉以来,历经各个朝代,成都一直是四川的手工业中心和农副产品的重要集散地。魏晋时代,成都还曾一度成为西南的商业中心。但是,从鸦片战争以来,在半封建半殖民地的旧中国,同沿海城市和内河的通商口岸城市相比较,成都近代的资本主义工商业不仅发展较迟,并且始终不够发展。据记载,至清光绪末年（1908年）,周孝怀入川任警察总监并兼劝业道,推行一套从日本学来的"新政",方才有按近代资本主义经营方式兴办的"陆军被服厂"和"劝业场"。辛亥革命之后,四川又在很长一个时期处于军阀战乱之下,在方圆几十里的成都市,就有军阀邓、田、刘三方割据的所谓"防区时代",极不利于工商业的发展。抗日战争爆发,一部分民族资本主义工业内迁重庆一带,陆续才有投资于成都,兴办近代产业的纺织厂、面粉厂等。不过规模都比较小,以申新、裕华,宝兴三家纺织厂为例,总共只有15 000纱锭,360多台布机,职工1 500余名。在商业上,由于成都是川西一带农副产品、畜产品的集散地,因此逐步形成的工业门类还只限于纺织、丝绸、面粉、制革、皮毛、造纸、卷烟等行业。整个城市的工业、商业以及生活照明等用电量在1948年仅1 500多万度,这也可见工商业发展的基本状况。1949年成都解放时,就工业而言,仅有34家私营企业和15 490多户手工业,工业产值总共4 000万元而已。新中国成立以前的近百年间,资本主义商品经济发展不够，在一定程度上削弱了成都的经济地位。

新中国成立以来，成都这个城市发生了深刻的变化，社会主义制度的建立，使千年古城揭开历史的新篇章。1949年12月成都解放，在党和人民政府领导下，迅速地肃清帝国主义残余势力和恢复国民经济，在此基础上进行生产资料所有制的社会主义改造和有计划的经济建设。在我国社会主义建设的进程中，为了改变生产力的布局和建设祖国牢固的战略后方，国家用了较多的力量建设这个城市，逐步加强了它的经济地位。据1980年统计，成都市3 861平方千米的土地面积，仅占四川省全省面积的0.68%，人口389万，仅占四川省全省人口的3.97%。而全市全民所有制和集体所有制独立核算的工业企业拥有的固定资产原值达48.9亿元，占四川省全省的16.84%，全市工业总产值达50.27亿元，占四川省全省的19.12%，商业部门国内纯购进（包括二级站）21.89亿元，占四川省全省16.99%，社会商品零售总额（包括农民对非农业居民零售额）14.08亿元，占四川省全省9.27%；地方财政收入6.42亿元，占四川省全省18.54%，工业每百元产值实现的利润为16.37元，比四川省全省平均数高2.71元。成都的工业总产值，在四川仅次于重庆，占了川西（包括凉山、甘孜、阿坝三州，温江、乐山、雅安、绵阳四地区和成都市）的49.38%（按报四川省的口径计算），而地方财政中的工业企业收入，则占川西的83.62%。

30多年来，成都已建设成为西南铁路交通枢纽和西南的航空中心，公路交通更是四通八达。成都是宝成、成昆、成渝（延伸至贵阳）铁路三条西南大动脉的枢纽，全年的货物吞吐量达1 000多万吨，进出旅客在500万以上，航空的空运货物吞吐量达6 000多吨，进出旅客在25万人以上，公路的专业运输部门的货运量也在500万吨左右。发达的交通，进一步加强了成都农副产品、畜产品集散地的地位，促进工商业的发展，还扩大了同省内、西南各地和国内其他地区的经济联系。

30多年来，成都的工业有较快的发展，建立了一系列现代工业的门类，已成为具有相当基础的工业基地。以1980年各主要工业部门的产值分析，机械工业（不含电子工业）占四川省全省的25.19%；冶金工业占四川省全省的23.73%，化学工业占四川省全省的22.83%，纺织工业占四川省全省的20.4%，轻工业（不含纺织工业）占四川省全省的15.14%，电子工业占四川省全省的47.51%。工业的建设已从根本上改变了以手工业和农产品加工为主的状况，转到较为先进的物质技术基础上来。

30多年来，成都这个历史上的教育文化中心有了很大发展，集中了一大批科学技术力量。仅就各类专业研究单位统计，即有74所，拥有科研人员6 200多人。无论从科研的力量还是学科、门类之广泛，在四川和西南都居前列，是

地区性经济中心初探——兼论成都的经济地位

一个重要的科研基地,对经济的发展非常有利。

从成都在新中国成立前后经济地位所发生的变化中,我们看到,地区经济中心形成和发展的客观条件,一是要以交通上的便利为前提条件,交通不便,势必影响它的商品生产和商品交换规模,以及与其他地区的经济联系;二是要以发达的工商业为基础(有些城市由于特殊原因,可能贸易上的地位重于工业),发达的工商业,是形成一定区域的经济联系的物质条件;三是自然资源对其经济发展有着直接的制约作用,历史上城市的产业大都是从就近开发和利用自然资源(包括矿业的、农业的等),逐步发展起来的;四是历史和政治上的原因也有重要影响。

至于一个城市在多大范围内可能成为经济中心,这就还得进一步分析城市工商业的结构和发展水平。成都的工业是新中国成立以后兴办的,是一个以工业为主体的城市,它的工业生产力的布局是在全国统一经济计划指导下形成的。它的工业结构和发展水平的主要情况是轻工业大体上是根据地区的需要,而重工业在相当大的程度上是根据全国的需要发展起来的。轻工业各部门的原材料特别是农业原料的大部分取自川西地区,产品的绝大多数品种也主销这个地区,重工业各部门的原材料只有一部分取自川西地区,多数要靠省内其他地区和省外供应,产品除少部分是供应川西地区外,大多数是供应省内外其他地区或者为全国配套。从这样的特点出发,我们可以看到以成都为中心的经济联系有"内圈"和"外圈"之分。现在通常称它是地区性的经济中心,主要是从四川特别是川西这个"内圈"说的;而就"外圈"来说,指的是一部分重工业具有特殊地位,对省外其他地区有较多的经济联系。我们认为,一个城市,不论它是以工业为主体,或贸易地位重于工业的,在一定发展阶段上,总是以某一个地区范围内的经济联系较为密切,同时又在更大范围内与其他地区有着特定的经济联系,这是社会主义商品经济有了相当发展后出现的普遍现象。而经济中心的地域概念,则一般应以目前经济联系较密切的区域为范围,但也不排斥甲城市为中心的区域联合和乙城市为中心的区域联合之间经济联系上的交叉。至于以某一个城市为中心的区域联合,势必有一个发展的过程,可能在一定条件下进一步扩大经济联系,从而形成更大规模上的区域联合。划分"内圈"与"外圈"的意义在于,建立一定规模的以城市为中心的区域联合,要用较多的力量巩固和加强"内圈"的经济联系,同时,从实际出发,有步骤地发展"外圈"的经济联系。

（三）

前面分析了地区性经济中心形成和发展的一般过程及其客观条件，现在，我们还必须进一步寻求建立经济中心的途径。

从社会主义商品经济和社会化大生产的要求出发，经过企业联合、行业组织和经济中心达到经济组织合理化，建立以城市为中心的区域联合，领导、协调和管理社会主义经济，加强国民经济的计划性，这样的组织形式较之纯粹的行政管理体制，效率更高，效益更好，有利于把搞活微观经济和加强宏观经济的控制有机地结合起来。

社会主义制度下建立以城市为中心的区域联合有两个基本特点：一个特点是在生产资料公有制基础上，企业之间、行业之间、各经济组织之间、城乡之间的根本利益是一致的，联合符合共同的利益，也是经济发展的客观要求。当然，各个生产单位或经营单位，作为商品生产或交换者，都有它一定的独立的经济利益，但只要采取适当的政策，是完全可以得到协调的。另一个特点是社会主义商品经济是有计划的商品经济，国民经济发展的计划性是社会主义经济制度优越性的表现。地区性经济中心的建立不是自发的过程，而是从全局出发，充分发挥中心城市在社会主义现代化建设中的作用，有计划地实现的。

近年来，在经济调整和改革过程中，冲破种种束缚，涌现多种形式的经济联合体，表现了旺盛的生命力。这些经济联合体的产生和发展，给我们探索地区性经济中心的启示是很重要的。我们认为，以城市为依托建立地区性经济中心，在实践中必须注意以下几个问题：

第一，有利于发挥地区经济优势，以提高经济效益为目标。1981年上半年，中央提出了在国家计划指导下"发挥优势，保护竞争，推动联合"的重要决策，促进了各种形式经济联合的蓬勃发展。现在看来，凡是从社会需要出发，有利于扬长避短，发挥优势，经济效益又好的联合体，都迅速得到巩固和发展，而少数带有一定的盲目性，经济效益不那么好的，联合则空有其名，流于形式。建立以一定规模的城市为中心的区域联合，同样不能不注意这个问题。要综合分析这个区域内的自然条件、经济条件、技术条件等，在国家计划指导下，从发挥地区的经济优势入手，发展各种经济联合，只有这样，才能有较好的经济效益。现在，当分析优势时，往往只看到有利因素，而忽略不利因素，只看到局部，而忽略整体。其实，优势总是多种有利条件有机的结合，才是现实的优势，并在相互比较之中具有更好的经济效益，才符合全国经济发展的整体利益。以一个工业城市为例，现在谈论它的优势时，一般是就加工能力而言。当然，

地区性经济中心初探——兼论成都的经济地位

由一系列企业协作配套的综合加工能力是重要的，但是没有必要的能源、原材料，就不能发挥作用。例如，为能推动一些加工工业就近同原料产地建立经济协作和联合，就能有效地发挥地区的经济优势。总之，经济中心在推进区域联合的各项经济活动中，都必须围绕提高经济效益这个目标，贯彻经济合理的原则。

第二，既要重视城市拥有先进的物质技术基础，又要重视城市的商业地位。长期以来，我们对社会主义城市的看法，是把"从消费城市转变为生产城市"视为一种模式，而在实践中不同程度地忽视商业活动对生产的积极作用。诚然，中心城市一般工业比较发达，拥有多部门的工业和较好的技术装备，专业化程度比较高，协作面也较广泛。毫无疑问，它是实现区域联合的物质技术基础，也是我国实现四个现代化的"前进基地"，这是必须肯定的。但是，中心城市的商业地位同样非常重要。回顾近年来经济联合的形势，最初是从生产领域开始的，继而又扩展到流通领域，出现了产销的联合、销售的联合等。这是因为社会再生产过程是生产和流通的统一，组织商品交换的商业活动，是扩大再生产和满足人民消费需要不可缺少的环节。中心城市的经济交流广泛而且活跃，商业活动频繁，不但是工农业产品的销售市场，并且经过商业活动及时提供市场信息，推动生产的发展。要坚持生产和流通相统一的观点，加强中心城市的商业地位，在组织以一定规模的城市为依托的区域联合时，只强调工业改组是不够的，还要有商业的改组。中心城市人口集中，消费量大，固然要增加商业网点，组织好商品供应，但是更重要的是要建立一套同区域联合相适应，能有效地组织生产资料的流通，促进城乡物资交流的商业组织形式，这是不能不研究的。

第三，在推动区域联合中，要实行统筹兼顾、互利互惠的原则。以城市为中心的区域联合，大量的经济活动是横向联系，企业之间、行业之间、生产单位和科研单位之间、工商之间、城乡之间，涉及不同的所有制形式，不同的隶属关系，不同的核算单位，在根本利益一致的基础上，还有独立或相对独立的经济利益。在区域性联合体内部，公司与基层之间，同样也有相对独立的经济利益。在建立经济中心时，当然我们要看到自给自足的自然经济思想的影响是深刻的，在一定条件下采取国家行政干预无疑也是必要的，但是，制定正确的政策和措施，协调各方面的经济利益，是紧要的。我们决不能一方面在消除自然经济的影响，另一方面又在违反商品经济的原则。在社会主义的商品生产和商品交换中，等价交换仍然是经济活动的一般准则。在推动多种形式的经济联合和实现区域联合的发展过程中，必须实行这一准则，这样才能做到互惠互利。

第四，要把由上而下的组织、指导和由下而上的经济联合结合起来。从企业联合、行业组织到形成经济中心,是合乎逻辑的发展过程的。但是,不同的地区,经济发展是不平衡的,在全国经济发展中的地位也是有不同的情况的。就个别企业、行业来说,也往往只了解局部的需要或考虑局部的利益。因此,由下而上的推动多种经济联合,决不能离开组织与指导。这就提出了这样一个问题,在地区性经济中心建立的过程中,由谁来承担组织与指导的职能呢?我们认为,过去我国有协作区的经验,现在又有经济联合体的经验,都有可供借鉴之处,在一定区域内的企业联合、行业组织还没有得到比较充分发展之前,看来还是要有这个区域内的中心城市和相邻地区的综合经济部门,召开协作会议或成立其他形式的协调中心来承担。在条件成熟的时候,再建立区域联合的协调机构。

(本文原载于《四川财经学院学报》1982年第2期)

企业经济责任制的实质

近两年来,随着工业战线上逐步推行经济责任制,经济学界正在开展对这一问题的研究。总的看来,当前工业战线实行的经济责任制,方向是对的,效果是好的。对改善经营管理,调动广大职工的积极性,把经济搞活,完成财政任务,已经起到了积极的作用。现在的任务,就是要研究实行经济责任制以后出现的新情况、新问题,逐步完善经济责任制。但是,对于什么是企业经济责任制的实质,经济学界的论述是不尽一致的。例如,实行企业经济责任制,是生产关系的变革,还是管理制度的改革;是经营成果的分配包括劳动报酬的具体形式的改革,还是企业管理体制的改革。由于对企业经济责任制的实质认识不一致,对完善经济责任制也就有不同的理解。对此,本文想谈些不成熟的看法。

什么是经济责任制？企业经济责任制的实质是什么？

我认为,探讨这两个问题,决不能离开我国经济体制改革的基本理论和基本实践。毛泽东同志早在《论十大关系》中指出:"把什么东西统统都集中在中央和省市,不给工厂一点权力,一点机动的余地、一点利益,恐怕不妥……各个生产单位都要有一个与统一性相联系的独立性,才会发展得更加活泼。"[①] 贯彻这一指导思想,虽然曾几经曲折,但是实践反复表明它是完全正确的。特别是在党的十一届三中全会以来,由于清除了经济工作中"左"的错误的影响,使我们在经济改革上逐步明确了方向。

现在,我国进行的经济体制改革,就是要改变统得过多、管得过死的状况,实行政企分工,把一定范围的微观经济的决策权下放给企业,使企业成为相对独立的社会主义经济单位。因此,扩大企业自主权,实行经济责任制,就其内容来说,劳动者和生产资料在公有制基础上直接的结合方式,并没有发生质的变化,而只是坚持统一领导下企业的独立性,是企业管理体制的一项重要改革,把它看成是生产关系的变革,是没有根据的。至于经济责任制的含意,我认为应该包括如下三个方面:

一是实行经济责任制以提高经济效益为目的。讲求经济效益,是我国经济体制改革的出发点和归宿,也是推行和完善经济责任制的中心问题。多年来,

---

① 毛泽东选集:第5卷 [M]. 北京:人民出版社,1977:273.

包罗万象过分集中的管理体制所造成的严重后果，就是企业不关心、不重视经济效益。重发展、轻管理；重生产、轻经营；重基建、轻挖潜；占用的资金越来越多，而其效益则越来越少。必须明确，现在实行的经济责任制，既不是一般的岗位责任制、技术责任制、生产责任制，又不是等同于劳动报酬的具体形式，而是着眼于费用与效用的比较，在国家计划指导下，不断地提高经济效益。能否提高经济效益，这是判断经济责任制是否完善的客观标准。

二是责、权、利三者之间的有机结合。实行经济责任制，不是对扩大企业自主权试点工作的否定，恰恰相反，是扩大企业自主权试点工作的继续和深入，把一部分微观经济的决策权下放给企业以及承认企业在经济活动中相对独立的经济利益，使责、权、利三者结合，这是使企业成为相对独立的社会主义经济单位的必要步骤。国家赋予企业一定的经济责任，不能没有相应的经营管理决策权为前提，而只有使经营成果和劳动者的利益结合起来，才能给生产的发展以经常的动力。因此，要避免一切片面性，必须全面地看问题。责、权、利三者的有机结合，这是经济责任制的特征。

三是实行经济责任制，必须有健全的经济核算体系。过去，在高度集中的统收统支的管理体制下，虽然对企业还是强调经济核算制，但是对盈亏没有明确的责任，所以经济核算制往往流于形式。扩大企业自主权的试点实践，使责、权、利三者间开始结合起来，这样才逐步扭转片面追求产值、产量，忽视品种、质量，生产不问消耗，经营不计盈亏的倾向。创造了指标分解、计分评奖、奖惩结合等办法，促使经济核算制趋于完善。显然，把经济责任制同经济核算制对立起来，甚至以经济责任制去否定经济核算制，在理论上是站不住脚的，而对实践是有害的。可以说，经济核算制是企业经营管理的科学体系，是经济责任制的主要内容。

鉴于以上对经济责任制所要达到的目的、基本特征及其主要内容的认识，我认为，企业经济责任制的实质就是以经济核算为基础的盈亏责任制。

为了说明这个看法，让我们回顾一下苏联实行新经济政策时期列宁的有关论述。在列宁领导下的苏联建国初期，为了改变由于工业高度集中的管理所引起的矛盾曾经被迫实行新经济政策。1921年7月，列宁领导的苏联颁布了实行经济核算制的法令，要求企业在国家统一经济计划指导下独立经营，不仅要对生产计划、产品质量、财产管理负完全责任，而且要以收入抵支出，取得利润，不得亏本。从过分集中的管理体制到实行经济核算制，这是经济体制的一次重大改革。列宁认为：第一，实行经济核算制，使企业的一切经营活动都建立在劳动者自觉的关心上面，这是社会主义经济发展的客观要求。他非常强调："不是直接依靠热情，而是借助于伟大革命所产生的热情，依靠个人兴趣、依靠个

企业经济责任制的实质

人利益、依靠经济核算……否则,你们就不能把千百万人引向共产主义。"① 第二,实行经济核算制,就是在存在商品生产和商品交换的情况下,必须认识和运用价值规律,促进社会主义经济的发展。他说道:"在容许和发展自由贸易的情况下,这实际上等于国营企业在相当程度上实行商业原则。"② 第三,实行经济核算制,就是要求企业在经营管理过程中讲求经济效益,提高工作效率,有严格的经济责任制,对盈亏负责。他说道:"我想,各个托拉斯和企业建立在经济核算制基础上,正是为了要他们负责,而且是完全负责,使自己的企业不亏本。"③ 列宁阐明的这些思想,毫无疑问,对我国正在进行的经济体制改革,对我们认识企业经济责任制的实质,具有非常重要的现实意义。

实行以经济核算制为基础的盈亏责任制,必须有一个循序渐进的发展过程。这是因为:一方面企业自身要逐步做好管理的基础工作,管理工作人员业务水平的提高有一个过程,各行各业的各个实行不同企业还要从实际出发,在实践中寻求合理而有效地实行经济责任制的具体形式;另一方面,责、权、利三者结合,使企业成为相对独立的经济单位,也不是孤立地进行的,把微观经济搞活同宏观经济的控制和指导必须统一起来,企业管理体制的改革必须以整个经济管理体制改革的同步、配套为条件。总的来说,扩大企业自主权,实际经济责任制,要同宏观经济改革的步骤相适应。因此只能逐步推行,不能一哄而起,更切忌"一刀切"。实行以经济核算制为基础的盈亏责任制,还要从切实做好企业管理的基础工作入手,建立和健全经济核算体系。我们知道经济核算制是在国家的统一政策和计划指导下,利用价值形式,通过统计核算、会计核算和业务核算,对企业在生产经营的过程中所消耗的物化劳动、活劳动和生产经营成果,进行精确地计算和严格地监督,力求最佳的经济效益。经济核算制有一整套指标体系、核算方法和规章制度。这样严格的经济核算制,是适应社会化大生产过程的,从而是科学的经营管理制度,而其达到的经济效益则是综合的效益。只有在经济核算制基础上以收抵支,取得盈利,才是综合地反映企业的经济效应。从贯彻物质利益原则来看,也只有求得企业的综合经济效益,然后,决定企业留用多少,劳动者个人如何奖励,才有科学的依据。如果承认企业是相对独立的经济单位,而企业又缺乏健全的经济核算制体系,即使国家赋予企业的经济责任很明确,还有可能在突破"吃大锅饭"的体制之后,企业又出现"吃二锅饭"的局面。如果企业管理的基础工作薄弱,经济核算体系不健全,

---

① 列宁全集:第33卷 [M]. 北京:人民出版社,1958:39.
② 列宁全集:第33卷 [M]. 北京:人民出版社,1958:156.
③ 列宁全集:第35卷 [M]. 北京:人民出版社,1958:549.

就不可能真正克服平均主义,实现按劳分配。因此,完善经济责任制,只片面强调研究分配制度及其具体形式是断然不行的,单纯从教育着手,要求企业明确自己的经济责任、努力完成包干任务,也是很不够的。

(本文原载于《社会科学研究》1982 年第 2 期)

关于城市流通结构的初步研究

一、流通在城市形成和发展中的地位

中心城市是各种经济活动的聚集体,而流通则是城市重要的经济功能之一。从社会再生产的一般过程考察,以交换为目的的商品生产,交换是它的必要条件,而流通是交换的总体,流通过程是生产过程的继续,社会再生产过程是生产过程和流通过程的统一。从这个意义上说,虽然生产决定流通,然而流通的规模、范围和速度将直接影响商品生产的发展。如果从城市的发展史考察,城乡分离,即起源于商业和手工业从农业、畜牧业中分离出来。最早的城市出现于地理位置比较优越、交通比较方便的地方,便于周围地区的物资在此集散,从事商品交换。这里虽然是交换关系比较简单的初级市场,但是作为各种商品交换的场所,流通的功能就产生了。在城市发展过程中,流通的功能对于分工的发展、城市之间的经济技术交流以及对城市自身特殊(优越)产业部门的形成,都起到了积极的推动作用。18世纪60年代发生在英国的产业革命,通过蒸汽和机器的使用使近代工业代替了工场手工业。与此同时,也是交通运输工具的革命。近代产业的兴起,不仅使大工业生产向城市集聚,并且靠比较先进的交通工具,使城市的流通功能大大地加强。这一点,马克思曾经清楚地指出:"城市工业本身一旦同农业分离,它的产品一开始就是商品,因而它的产品的出售就需要有商业作为媒介,这是理所当然的。因此,商业依赖于城市的发展,而城市的发展也要以商业为条件,这是不言而喻的。"[①] 显然,城市的流通功能是伴随着商品经济的发展而加强的,任何忽视流通在城市形成和发展中地位的观点,都是不正确的。城市从它的简单形态发展到现代形态,社会制度尽管经历了一系列变革,然而城市经济的发展,始终既是一个商品生产不断发展的过程,又是一个商品交换逐步扩大的过程。在这个发展过程中,城市对外的经济联系也从较小的区域扩展到更为广阔的范围。乃至于出现了全国性、世界性的商业城市。所以,我们认为,流通作为城市经济发展的必要条件,城市经济中心首先是流通中心。

---

① 马克思恩格斯全集:第25卷 [M]. 北京:人民出版社,1975:371.

历史的经验教训告诉我们，新型的社会主义城市，无论是组织城市的经济生活，还是发挥其区域性经济中心的作用，都必须十分重视加强流通功能的建设。在社会主义条件下，城市经济中心首先是流通中心，对发展有计划的商品经济，有特殊的意义。一般地说，流通的顺畅，是社会生产两大部类保持相互适应的必要条件，是各部门内部行业之间、生产单位之间专业化协作和保持连续生产的必要条件，也是实现分配和消费的前提。发展有计划的商品经济，实行计划调节和市场调节，都要通过流通以及运用其有关机制去实现。从中心城市在国民经济发展中的枢纽地位上说，连接宏观经济与微观经济的经济活动，连接城乡之间、城市之间、地区之间、各行各业之间与国内外之间的经济活动，靠什么去实现呢？还是首先通过流通。现在，一批城市综合改革的试点经验，有靠"两通"（交通、流通）起飞的，也有"以流通为先导"，带动了城乡经济发展的，还有敞开城门、多渠道、多形式搞活流通的，许多经验表明，凡是在综合改革中比较重视流通的改革，并采取有力措施发挥了城市商品集散中心作用，城市经济就发展得更快一点，效益也更好一点。因此，我们又认为，中心城市的经济枢纽地位首先是由流通来体现的。城市的综合改革，在进一步从微观放开搞活的同时，加强宏观的控制与指导，势必还得从流通入手，充分运用经济杠杆并通过流通过程去调节。从经济枢纽点上组织和推动区域经济的发展，中心城市必须进行一系列改革，加强流通功能。

二、城市流通结构的特点

任何社会的生产都是依次通过生产、分配、交换（流通）、消费四个环节周而复始的过程，因此，流通结构是社会经济结构重要的组成部分。至于流通结构的内容，从狭义的流通而言，主要是商品流通；从广义的流通而言，流通则包括商品流通、劳务流通和货币流通等。我们的研究将从商品流通开始，并把侧重点放在商品流通领域的结构上。中心城市的流通结构，一般地说，仍是流通过程和一定地域空间的结合，属于区域流通结构的类型。城市流通结构的主要特点有四个。

（一）经营活动的集中性

从商品经济的运动去考察，城市是一个大市场。中心城市的人口密集，生产也集中，无论是生产的消费，还是生活的消费，都引起了频繁的交换和庞大的商品流通量。这是同生产和生活比较分散的农村的小宗的、零星的交换大不一样的。当然，经营活动的集中性，在城市这个大市场，不仅表现为商品流通量的集中，更重要的表现为城市自身以及区域经济发展中，流通环节上所具备的经济扩散和经济吸引功能的集中，从而使它成为名实相符的商品集散中心。以往，在商品经济备受抑制和流通渠道比较单一、以行政管理为主的体制下，商业活动似乎只有面向消费者的商业网点的概念，城乡之间、城市之间商品流通的合理流向很不正常。城市流通环节上经营活动的衰落，不同程度地表现为城市经济的衰落，从而带来商品积压、产销脱节、供求失调等严重后果。城市作为商品集散中心，经营活动集中，有可能及时反映商品的流向，沟通市场不同的需求和加速商品的流转，也才可能起到市场的导向作用，推动生产部门、生产单位努力发展优势产品、优质产品、名牌产品和调整产业结构。

（二） 经营范围的交织性

在城市这个纷繁复杂的大市场，经营活动集中，引起了经营范围的交织。可以设想，个别生产部门生产上的某种需求而引起的商品流通，它的构成是比较单一的。在城市这个工厂群集，居民众多的特定区域内，商品流通的构成就复杂得多：既有生产资料的流通，又有生活资料的流通；既有工业品的流通，又有农副产品的流通；既有内贸，又有外贸。从地域上看，还有内外交织，周围农村和其他城市、地区大量的商品持续地流进这个城市，而这个城市又有另一部分商品源源不断地销往各地。城市流通过程经营范围的交织性，是社会化大生产基础上城市经济发展的客观过程。如果忽视了城市流通中特有的交织性，就不能纵观全局，对流通体制进行系统的改革。当然，经营范围的交织性，对不同类型、不同规模的经济中心城市，在量的方面还会表现出一定的差异。例如，沿海的港口型城市，进出口贸易引起的商品流通所占比重就比较大，开发型的工矿城市，生产资料的需求可能对商品流通带来较大影响，位于发达的农业区附近的城市，农副产品流通量显然要多一些。这些情况，也是在改革中必须注意的。

（三） 经营组织的层次性

城市的流通功能能承担庞大而又经常不断的商品流通，它是通过从事商品流通的企业群体的经营活动去实现的。商品流通的企业群体，由经营的范围的不同，区分为一系列各不相同的经营部门，而经营任务或服务对象不同，则形成经营组织的层次性。这里必须指出，在原有商品流通体制和物资供应体制下，经营组织的层次往往受行政区划、行政系统的制约，条块分割同样见之于流通过程，致使流通渠道不畅，商品迂回运输、相向运输，影响流转速度，也造成费用的浪费。近几年许多贸易中心冲破一、二、三级批发层次，创造了一种有利于产销见面，有利于打破条块分割，有利于发展统一的社会主义市场的组织形式，调整了经营组织的层次。在改革中，按照商品经济发展的内在要求，以城市为中心组织商品流通，大体上形成了三个经营组织层次，即零售市场（商店）——批发市场（商店）——贸易中心。零售环节，无论是工业品的销售还是农副产品的销售，都是面向消费者的，而承担大宗的商品流通，包括城乡之间、城际之间、内外之间的交易，贸易中心成为主要形式，也是当前要进一步发展和继续完善的经营组织形式。当然，零售市场——批发市场——贸易中心的经营组织层次，并不排斥不同的经济形式，不同的经营方式，在不同的商品流通环节上发挥相互补充的作用；相反，对不同的商品流通环节、不同层次的经营组织，要有选择地发展必要的经济形式和经营方式，便于在加强宏观管理的情况下搞活流通。

（四） 经营方式的多样性

城市庞大而又纷繁复杂的商品流通，要适应生产和生活的消费需求，不仅要发展多种经济形式，开辟多种商品流通渠道，更多要注意采取多种经营方式，而多种经营方式可以调动商业职工的经营积极性，发挥现有商业企业、商户的作用，改进它的供应方式、销售方式，以加速商品流转和节约流通费用。从这个意义上说，适应市场的变化经常地改进经营方式，使经营方式多样化，是以"内涵"的方式促进商品流通，比增加网点的"外延"方式更为重要。显然，居于一定区域的商品集散中心地位的城市商品流通，除购销方式、销售方式之外，经营方式还包括服务方式，诸如提供商品信息，为用户牵线搭桥，为销户宣传产品，为供需双方组织配套供应、代办运输、函电委托、业务咨询以及承办订货会、调剂会、展销会等。经营方式多样化，是搞活流通，发展城市流通必须坚持的重要方向。

从中心城市流通结构的主要特点出发，系统地进行流通体制的改革，当前要注重解决好商品集散中心的流通功能与区域经济发展不相适应，生产资料的流通与城乡商品生产的发展不相适应，经营组织与城市开放的要求不相适应，经营方式与市场需求变化不相适应等矛盾。

三、 城市流通结构合理化的对策

我国现阶段的经济体制改革，是要打破同社会生产力不相适应的僵化的模式，建立起具有中国特色、充满生机的社会主义经济体制。实现这样的目标，围绕增强企业活力这个改革的中心环节，要有各方面改革的配合，而城市流通结构合理化就是重要内容之一。

从微观看，城市流通结构合理化是增强企业活力的外部条件，一方面，顺畅的流通才能使企业获得必要的生产资料，同时提供多种渠道、多种方式使产品进入市场销售以及从市场提供经济技术信息等；另一方面，同行业产品在开放市场的竞争中，给以必要的压力，促使企业努力改善经营管理，注重技术进步，提高质量，增加品种，降低成本，实现产品升级换代等。

从宏观看，城市流通结构合理化是实现国民经济良性循环，提高经济效益的重要条件。显然，工业、农业的产业结构状况，产品结构状况，对经济循环具有决定性影响，但是，流通渠道顺畅不顺畅，流向合理不合理，流转速度是迅速还是滞缓，都会关系到国民经济循环能否正常地、有效率地运行。

总的说，发展社会主义商品经济，必须充分发挥城市流通的作用。城市的综合改革，毫无疑问，要把城市流通结构合理化放在应有的位置上来。实现城市流通结构合理化，当前要注意研究以下对策：

（一）坚持开放是中心城市流通结构合理化的一项大政策

多年来，我国经济体制的僵化模式，强调行政层次的纵向管理，使经济发展的部门之间、地区之间形成了分割和封锁的局面。与社会化大生产的要求背道而驰的封闭格局，对城市经济的发展，发挥经济中心的作用，是一个致命的问题。城市，尤其是中心城市对外的经济技术交流越好，横向的经济联系越多，城市经济也越发展，同时，城市经济在统一的社会主义市场中，是非常重要的组成部分。因此，在城市综合改革过程中，城市流通结构合理化的重要目标之一，就是要从封闭向开放转变。建立开放式的城市流通结构，要在一系列政策上进行必要的调整，然而关键还在指导思想上的转变。过去，从局部、眼前的利益看问题，一些城市限制本地厂商向外地订货、限制外地商品进入本地市场，曾以为这是保护本地经济发展的万无一失之计，实践却证明，那样做是保护了落后，限制了城市经济自身的发展，到头来吃了大亏。可见自然经济观的影响以及小生产的狭隘眼界，是建立开放式的城市流通结构的思想障碍。

（二）要充分运用经济调节机制，促进城市流通结构的合理化

发展有计划的商品经济，要使宏观经济的运行进入良性循环，无论是市场调节还是计划调节，都要十分重视价值规律的作用，这是从多年来正反两方面的经验得出的结论。城市流通结构，是经常不断处于运动之中的动态系统，在城市综合改革过程中，以城市为中心，建立开放式、网络型的流通结构以及整个城市流通结构的合理化，主要不再是靠行政的方法，而是靠经济的方法，发挥经济杠杆的作用，运用经济调节机制促使它实现。在城市流通过程运用经济调节机制，重要的是价格机制，价格不合理，直接影响市场供求的基本平衡、商品的流向、流转速度，最终将影响商品的正常生产。改革过分集中的价格管理体制，要给予中心城市在价格管理方面必要的权限，以便适应市场的供求变化，及时地运用价格的调节手段，对商品流通实行诱导、刺激、奖励或压抑、限制的作用。除价格机制外，还可运用税收、信贷等其他经济杠杆。城市流通

结构合理化，要认真研究建立灵敏而有效的经济调节系统。

（三） 改善城市的流通设施，是城市流通结构合理化的重要条件

城市流通结构不合理，是同以往经济体制的僵化模式分不开的。然而，重生产、轻流通的倾向所造成的后果，不仅表现在体制方面，还反映在设施方面非常落后，不能适应商品集散地发展流通的要求。不少城市缺乏贸易活动的场所，不得不挤占旅馆、招待所，商品的贮存设施极少，许多商品不得不堆放在露天仓库，商品的运输环节不顺畅，延长了商品停留在流通过程的时间等。多年来，曾经把流通环节的一切设施都视为非生产性的，致使城市建设中流通设施的欠账很多。因此，城市流通结构的合理化，既要围绕搞活流通，采取必要的政策性措施，又要注意加强流通设施的建设，改善它的物质条件。

（四） 提高流通领域职工的素质，是城市流通结构合理化的保证

搞活流通，城市对外开放，首先是指导思想上的转变。但是，从长远看，还有领导班子和职工队伍素质的问题。过去实行统购包销、凭证供应或产品调拨以及企业内部分配上的"大锅饭"，销蚀了领导和职工的进取性，使他们不求效益、不善经营、不会服务。随着城市经济的发展，流通领域领导班子和职工队伍素质，越来越成为一个突出的矛盾，要在健全经营责任制的同时，有计划地培训职工队伍，包括政治培训和技术培训。同时，建立一个开放式、网络型的城市流通结构，加强中心城市的流通功能，还有必要培养一支经纪人队伍。经纪人是资本主义经济的产物，还是商品经济的产物，历来是有争议的。以往批判资本主义制度，同时批判经纪人，经纪人在人们头脑中的形象总是不好。其实，城市流通过程中，千头万绪的商品交换活动中，经纪人的功能始终是存在的，诸如提供商情、牵线搭桥、业务咨询、沟通有无、调剂余缺等，就是这种功能的表现。不过，在商品经济不太发达的情况下，对经纪人队伍的需要是不迫切的，而商品经济越发达，对经纪人队伍就会感到越需要。社会主义的经纪人，应当是熟悉市场、信息灵通、精通业务、为产需双方提供各种方便的专业人才。他们的劳动应当得到社会的尊重，并给予适当的报酬。同时，对经纪人也必须加强思想教育，使他们遵纪守法，具有社会主义的经营道德，自觉抵制新的不正之风，更好地为城市流通，为发展社会主义的商品经济服务。

（本文与阎沁芬合作完成，曾在全国第三次中心城市经济问题讨论会上交流，原载于《社会科学研究》1985年第5期）

成都实行市管县体制的调查研究

成都市是蜀中首府，新中国成立以后，经过30多年建设，经济实力大为增强，经济地位更加重要。成都市周围包括原温江地区的农村，位于"天府"的腹心地带，农业资源开发极早，有得天独厚的自然条件，是我省重要的粮食、油料、生猪的商品生产基地。从历史渊源、地理位置、经济往来等各方面看，温江地区同成都市都有着密切的联系。但是，过去由于行政区划的限制，人为地造成城乡分割，地区封锁的局面，严重地束缚社会生产力的发展。这一矛盾，随着城乡经济的发展，越来越突出。

温江地区同成都市合并，是在我国经济体制改革的发展进程中实现的。1983年5月实行地市合并后，成都市辖县、区，增加到12县，5区，土地总面积达12 600平方千米，总人口有850万人。实行市管县行政管理体制的改革，是在贯彻执行党的对外实行开放，对内搞活经济的方针，城乡关系发生了很大变化的情况下提出来的，根本出发点仍是促进城市的开放，发挥城市经济中心的作用。具体地说，就是在新的形势下，要以城市为中心，以农村为基础，以场镇为纽带，实行城乡结合，发挥两方面的优势，促进城乡经济和科学文化事业的协调发展。成都市在总结经验，明确指导思想的基础上，及时地提出了以下发展方针：

——依托中心城市，面向川西。

建立城乡结合的各种经济实体，不断提高城市的经济实力，增强对周围地区的经济辐射力和吸引力，发展经济。

——控制大城市的建设规模，发展卫星城镇。

今后新建项目，一般不放在城市。把有条件的县城建成各具特色的卫星城，把重要的场镇逐步建设成小型城镇。

——统筹规划，把城市逐步建设成为生产—科研型城市。

中心城市要发挥工业的主导作用，同时，又要把农业摆在重要位置上。农村要进一步实行专业分工和发展产前、产后的联合，服务、促使农业由自给半自给经济向较大规模的商品经济转化，由传统农业向现代化农业转化。

——城市两方面的优势结合，发展多种形式的经济联合。

要从本地区的实际出发，发挥城乡各自的优势。城乡两方面优势结合的途径是建立各种经济网络，发展不同类型、规模、层次的经济联合体。

一年多来，执行这些发展方针，成都市开始从封闭式向开放型转变，城市同周围地区的经济联系逐步扩大，经济中心地位有了明显的加强，突出的表现在以下几个方面：

从搞活流通入手，发挥城市商品集散中心的作用，促进了农村商品生产的发展。

成都历来是川西地区最重要的商业中心，尤其是这一带农副产品的集散地。为了适应农村"两个转化"，适应农副土特产品的发展要市场、要"窗口"、要信息的要求，1983年8月成立了成都市农副土特产品联营中心。这个联营中心坚持改革开放的原则，打破地区界限。联营从市辖县、区向川西、全省发展，目前参加联营的除成都市郊13个县、区外，还有广汉、什邡、绵竹县和宜宾地区、阿坝藏族自治州，市场从省内向全国开拓，联营中心批零兼营，目前已同北京、上海、福州、秦皇岛、奎屯、衡阳、大同、武汉等地互设"窗口"，建立了经济联系。一年来，联营中心为加入联营的县、区销售农副土特产品1 100多万元。由于坚持开放，各地农副土特产品源源不断进城，农贸市场购销两旺，空前活跃。城区50多个农贸市场1983年总的成交额达到1.1亿元，比1982年增长57%。这些作法有力地推动了农村商品生产发展，据有关部门资料概算，市辖各县、区1983年农村商品收入占农村总收入的比重在1982年60%的基础上进一步上升到66%。

市管县建立后，对工业的组织和管理，从过去只抓城市工业转变到统筹全市城乡工业；从过去只抓直属企业转变到统筹全行业的企业。

在生产布局、基本建设、技术改造、产品方向等方面统一规划，制定发展城乡工业的战略目标。并且采取各项措施，促进县、区、乡镇工业的发展，从生产上帮助找门路，物资上帮助找来路，产品上帮助找销路，还帮助县、区、乡镇工业在城市设"窗口"。与此同时，运用城市工业的技术优势、管理优势和智力优势，为县、区、乡镇工业提供各种服务。由于打破行政区划的限制，发展了城乡之间的多种经济联合。曾获得部、省优质奖的成都市轮式装载机，就是由成都工程机械厂牵头，城乡14个工厂组成装载机协作经济联合体生产的。

以科研为后盾，组织城乡科技力量，开展多种形式的科技协作，科研和生产的结合有了新的发展。

成都市对城乡经济发展中要解决的重要课题，组织力量，协作攻关。1983年下半年开始，着手城乡结合的科技协作交流和情报网络体系的建设，同时，发挥城市科技力量集中的优势，采取多种形式，促进县、区的技术进步。

加强城乡经济联系，交通事业有了较大发展。

随着市管县体制的建立，客运进一步打破地区限制和改变独家经营的状况，成都周围各县（包括非市辖县）的运输公司、车队相继进城设站。市内的交通运输、公共交通部门纷纷向市郊以外延伸线路，发展了以城市为中心的交通运输网。

一年多的实践证明，在成都实行市管县体制，成效是显著的。1983年，成都市全市工农业总产值完成98.7亿元，比地市合并前的1982年增长14.2%，其中工业总产值73.6亿元，增长15.9%，农业总产值25.1亿元，增长9.5%。财政收入完成8.8亿元，比1982年增长16.1%，一举扭转了两年的财政赤字局面。从成都的实践中，我们认为，既要进一步完善市管县的体制，又要防止形成新的"块块"，必须解决好以下几个问题。

第一，要把各项工作的目标放在经济区的形成上。

我们知道，城市和乡村之间、工业和农业之间的依存关系是客观存在的。在城乡经济发展和社会主义城市化的进程中，这种依存关系具有加强的趋势。以往按市管工业、县管农业的考虑建立起来的行政管理体制，以行政区划抑制经济的自然流向，限制各种经济交往，形成封闭状态，不利于地区经济优势的发挥和社会主义商品经济的发展。克服这些弊病，显然不是行政区划变动一下或者靠行政管理体制自身的某些改革就可以解决的。从根本上说，按照社会化大生产的要求组织生产和流通，发展统一的社会主义市场，是经济体制改革的任务。从成都的实践看，实行市管县，促进了城市开放，推动了城乡商品生产和商品交换的发展。现在，进一步完善市管县体制，目标不应该仅仅是为了巩固这个"块块"，而是要放在经济体制改革的方向上，促进以城市为依托的经济区逐步形成。把各项工作的目标放在经济区的形成上，有两方面的含义：一方面，要根据经济发展的内在联系去组织各项经济活动；另一方面，城乡的经济联系不应受现在行政区划的限制。要注意从实际出发，发展不同层次的城乡关系，促进经济区的逐步形成。市管县范围内的城乡经济发展，有条件的应实行统一规划市管县范围以外的城乡经济联系，目前不具备这样的条件的，主要是靠制定灵活的开放政策，发展多元化和经常化的经济技术协作，推动区域性的经济联合。

第二，要把工作的重点放在提高中心城市的经济实力上。

实行市管县体制，加强了城市同周围农村地区的经济联系，为建立以城市为依托的经济区创造了更好的条件。从这个意义上讲，市管县体制的改革，是促使经济区逐步形成的重要步骤。然而，中心城市同周围农村地区在多大的范围内产生密切的经济联系，在多大规模上形成经济区，其决定性的因素是什么呢？决定性因素是城市经济的发展状况以及中心城市的经济实力。这一点，已越来越被人们所重视。社会主义现代化建设要坚持以城市为中心，城市领导乡村，把工作的重点放在提高中心城市的经济实力上。这样做，并不意味着放松对农村工作的领导，而是为了在新形势下更好地促进农村经济的发展。成都的实践给予我们重要的启示：中心城市同周围农村的经济联系，要受城市性质的制约，从而要求不同的城市要建立各具特色的开放体制。像成都这样的多功能的中心城市，同工矿开发专业化生产城市或商业城市相比较，前者对外经济联系势必是多元化的，而后者对外经济联系则是比较单一的。应当充分考虑城市的性质，制定出体现一定特点的体制，以利于加强经济中心的地位。

第三，在市和县的关系上要给予县必要的经济管理决策权。

成都实行市管县的经验中，很重要的一条是给予县（区）必要的自主权。市管县一方面要求打破行政区划、行政部门的界限，促进经济的发展，不允许在新的范围内继续搞封锁；另一方面要求改变过于集中、管得太死的状况，给予县（区）必要的自主权。这样做，有利于防止形成新的"块块"，有利于县（区）因地制宜，因地制宜指导农村经济的发展，有利于县（区）发展横向的经济技术协作，有利于县（区）领导获得总揽经济全局的主动权。从实践看，邛崃式的财政、粮食和二类农副产品的"三大包干"，是给予县（区）必要的自主权的开端。在落实"三大包干"中，市上对县（区）不是争利，而是让利，调动县（区）的积极性，把县（区）经济搞活，促进农村经济的发展。但是，随着农村经济的发展和县（区）经济体制综合改革的要求，县（区）领导的经济管理决策权，在一些方面无疑还要相应的扩大，这就是完善市管县体制的重要内容，是必须进一步研究的。

第四，要十分重视城镇体系的建设

中心城市是以经济网络的形式对外进行经济联系的。但是，无论是生产还是流通，无论是科技还是金融、信息、交通等，所有这些经济网络式的经济联系，都要依存于以城市为中心，城镇、乡镇相结合的城镇体系。

成都实行市管县以后，就把这个问题提到重要议事日程上来，组织力量对一批城镇、乡镇进行规划。现在，进一步完善市管县体制，不仅要对不同的城镇、乡镇根据其发展方向，加强功能建设，还要有计划地对一些重点城镇进行综合开发，促进川西地区城镇体系的合理化。必须看到像成都这样的大城市和城镇、乡镇之间，缺乏中、小城市，是影响城镇、乡镇经济较快发展的不利条件。因此，随着城乡经济的发展，要把调整生产力的布局同城镇体系合理化结合起来，逐步解决这个问题。

（本文与贾自亮合作完成，原载于《财经科学》1985年第12期）

振兴四川经济要十分重视流通

振兴四川经济，现阶段要十分重视流通，从进一步搞活流通入手，实行以城市为依托的多中心、分层次、分区开发。

为什么要采取这样的路子呢？这是因为党的十一届三中全会以来我国经济建设的基本实践告诉我们，我国经济现代化进程中，广泛采用现代科学技术，发展专业化、社会化、提高社会生产力水平，是必须同商品经济的发展同步进行的。经济现代化的过程，同时也是发展社会主义商品经济的过程，没有商品经济的充分发展，要迅速提高社会生产力水平，是不可设想的。对我们四川来说，与沿海地区相比，经济发展比较落后，社会生产力水平不高，症结之所在是商品经济不发展，近几年之所以有起色，"旧貌换新颜"，也在于商品经济开始活跃。振兴四川经济，重要的是大力发展商品经济，或者说，就是发展商品经济，以促进专业化、社会化和广泛采用现代科学技术，不断提高社会生产力水平。四川经济的繁荣，四川人民的富裕，归根到底，有赖于商品经济的发展，这是必须明确的基本观念。因此，必须把注意力放在商品经济（包括许多应商品化的领域实现商品化）这一点上，要把经济发展的战略目标和经济体制改革的战略目标统一起来。

从发展商品经济的基点出发，振兴四川经济，流通这一个环节极为重要，尤其是当前，流通领域能否进一步搞活，将直接影响全局。从农村看，现在农民愁的是什么？愁的仍然是生产找门路、产品找销路一类的问题，"卖难"、"买难"的情况经常发生。开拓市场、发展市场，是农村产业结构调整的大问题。从城市看，进一步搞活企业，除了坚持扩大企业自主权，改善经营管理，提高素质之外，市场问题越来越突出，原材料供应困难，产品积压、滞销以及工商企业之间支付锁链等流通堵塞的现象，已经带来很大的矛盾。如果进一步从资金运动看，四川流动资金的周转天数，1985年达到120.9天，比全国101天高19.9天；而百元工业产值实现的利税，1985年仅19元，比全国20.59元低1.59元，这不仅是企业管理的问题，还反映商品流转迟缓影响经济效益。综观四川经济，对流通领域里，"放不开、流不动、不够活"，制约经济发展的状况，要有足够的估计，集中一点力量，花一点时间去解决是完全必要的。从发展商品经济的基点出发，有一个观念上的转变，必须明确经济开发要围绕市场转，调整产业结构，产品结构要由市场导向，我们的论证不能只停留在资源优

45

势在哪里，技术加工优势在哪里，去说明我们坐在"金山"、"银山"上，现在重要的是从市场着眼，以建立商品优势为目标组织我们的力量，否则，优势再多也不是现实的，更不可能加强四川在全国统一市场中的地位。进而论之，四川是一个地处内陆、相对封闭的地区，搞活流通这一条，无论是对促进产业结构调整，发展经济交往，还是对扩大商品流转，改善经济循环，都是必须予以十分重视的一着。

振兴四川经济，全省要有统筹，包括制定全省的经济社会发展战略、国民经济发展的规划、产业政策以及各方面的重要决策。但是，四川是一个大省，川东与川西、川南与川北，经济发展状况存在很大差异，中部地区与川西北广大待开发地区的差异就更大了。如果事事求统一，显然是不现实的。近几年，省委、省政府加强分类指导，如平原地区和丘陵地区的农村发展问题，山区以及少数民族地区的开发问题，在进行一系列调查研究的基础上，制定了相应的政策，这是很有成效的。不过，这样做还不够。经过30多年的经济建设，四川已经涌现了一批城市和一大批城镇，就以19座建制市来说，分布四川各地区，形成了大、中、小不同层次的城市体系。这批城市，是四川的工业基地和工业中心，同时也是流通、科技、教育和文化中心。如果说，四川以其地理的、历史的和经济发展的不同状况划分为若干区域的话，那么城市经济构成了四川经济的骨骼系统，而对不同的区域，城市又是它经济活动的枢纽点。我们从商品经济的运动考察，城市经济中心的机制，仍是商品经济的市场机制在空间运行的特殊形式。发展商品经济，要依托城市开发区域经济，是不以人们意志为转移的客观过程。在四川，由于一批城市的发展，依托城市实行多中心的分层次、分区开发的格局事实上已经形成。我以为省委、省政府总揽四川经济全局，在必要的统筹这个前提下，制定区域经济社会发展规划，组织和指导若干的城市经济区发展，不失为一项战略决策。以城市为中心分层次、分区开发，就是充分发挥城市在经济建设中的主导作用，以市场为导向，把网式开发和链式开发结合起来，发展商品经济。具体一些说，网式开发，是要发展。城市同周围地区多元化的经济网络，促进城乡结合，带动区域经济的发展；链式开发，则是以发展若干产业链，加强横向的经济技术协作，组织优势产业，开拓优势产品，带动区域经济的发展。多年来，经济工作上传统的分工方式，省委抓农村工作，省政府抓城市工作，恐怕那样是不适应发展商品经济的新形势的。我们提出这种看法是就总揽经济全局而言，并不是说农村经济领域中存在的许多问题不必去做调查研究，着手解决了。实行以城市为中心的分层次、分区开发，农村工作仍然要放在重要议事日程上。

从进一步搞活流通入手，依托城市，实行多中心的分层次、分区开发，要

注意研究和采取以下几个方面的措施:

1. 建立和发展区域性市场

依托城市以及城镇,因地制宜,建设和发展各有特色的区域性市场,是促进商品经济发展的重要形式。以农村为例,随着经济的发展,农村互通有无,调剂余缺的集市已经发生变化,正在形成和发展一批农副产品的批发市场和专业市场。

这种趋势意味着随着农村商品生产的发展,场镇的集散功能迫切要求加强。大家知道,崇州的道明镇,是川西最大的竹编市场,各地客商常年到此采购,周围农村以竹编为家庭手工业,人均每户收入在200元以上,成为当地一大产业;郫县的花园镇,多年以前就是传统的麻市,为川西之首,近几年由于麻市的衰落,使它周围地区重新调整产业结构。必须看到区域性市场的兴衰,将影响一定区域产业的兴衰,要引起重视。大中城市,一般都是重要的流通中心,综合功能也比较强,但各有自己的特色,像成都,建立具有全国意义药材市场就比其他城市的条件好,重庆建立西南最大的"机、电、仪"工业品市场又比其他城市条件好。每一个城市以及城镇,都要从实际出发,恢复、建立和发展一批区域性市场,适应商品经济的发展,更好地发挥它们应有的集散功能。在建立和发展区域性市场的同时,进一步加强城市流通功能的一系列功能设施的建设,并进一步改革流通体制,探索有利于发挥集散作用的流通组织形式,等等。

2. 规划好城市经济区的中心产业

发挥地区经济优势,是商品经济发展的客观要求,也是加强四川在全国统一市场中地位的必由之路,振兴四川经济,要发展若干具有优势的产业部门和一大批优势产品。否则,总是输出的少,输入的多,资金流入外地,又怎么富起来? 这几年,上上下下讨论优势的不少,但必须指出在许多场合,即使看到了资源上的优势,技术加工上的优势,并没有成为商品优势。发展优势产业、产品,全省要有一定的统筹,并且要把产品输出为主的产业、产品放在重要位置上来,既有一定的发展优势,又是以输出为主的,是要扶持和鼓励发展的中心产业。以建筑材料为例,今后若干年将是很有发展前景的,

可是它的消费倾向在四川区域内,不是以输出为目标而生产的。从输出为主的意义上看,机械电子就比建材强。全省的优势产业、产品,就其空间分布的规划而论,要落实到各个城市经济区。各个城市经济区则要围绕中心产业,建立和组织产业体系。吸取以往的经验教训,中、小城市切忌追求门类齐全的路子,也不能只考虑产值上翻番,哪里翻得过去就从哪里翻。即使是大城市,虽然产业已形成多部门或综合发展,也要注意自己的优势,建立中心产业。产

业结构合理化，对城市来说，还有一个提高素质的问题，包括改造传统产业，发展新兴产业等，城市经济区的中心产业要不断地在技术进步的基础上求发展。

3. 赋予不同层次的城市必要的经济管理权和经济决策权

搞活城市与搞活企业是相辅相成的，搞活企业要有必要的外部条件。城市要在组织、调节、服务等方面发挥作用，必须要有相应的经济管理权和经济决策权。现在，研究完善市领导县的体制，要给中心城市扩点权，这是一个必不可少的前提条件。如果没有这一条，依托城市的分区开发，必然是寸步难行。当前，尤其要考虑给点政策，在财权上有所宽松，让城市能加强自我改造和自我发展的能力，使城市建设也能同其经济中心的地位相称。在财政上，对现行"分灶吃饭"的办法要有所改进，实行递增包干是可以考虑的措施之一。采取扩大城市的权限，是为搞活城市创造条件。城市也要给县、县也要给镇扩点权，不改变权力过分集中，搞活就是一句空话。

（本文曾在省委召开的振兴四川经济研讨会上交流，原载于《振兴四川经济政策选编》一书，该书由四川人民出版社于1986年10月出版）

关于城市基础设施有偿使用与管理的探讨

城市基础设施是城市经济结构的重要组成部分,城市基础设施的不断完善,是提高城市经济效益的客观要求。当前,经济体制改革正在不断推向深入,城市工商企业由此而获得的巨大能量与简陋落后的城市基础设施之间的矛盾日益尖锐,严重制约了城市工商企业活力的发挥以及经济效益的提高。因此,按商品经济规律办事,在城市基础设施的建设、管理上引进商品经济法则,加快基础设施建设的步伐,就成为摆在广大理论与实际部门工作者面前的重要课题。本文拟就对这个问题提出一些看法,和大家一起研究。

党的十二届三中全会以来,有计划商品经济模式的确立,在理论和实践上都突破了传统模式的禁区,尤其是生产资料商品属性的确认,使社会主义商品经济理论大大向前发展了一步,使得人们敢于进行在更大范围、更深层次的探索。鉴于长期以来城市基础设施严重落后于城市经济发展的事实,在城市基础设施建设、管理中引进商品经济法则的呼声日渐强大,已成为目前经济体制改革的热点之一。要在城市基础设施的建设与管理中运用商品经济法则,首先必须确认城市基础设施在商品经济中的地位。

城市基础设施是一种特殊的商品,且具有商品的一般属性。长期以来,我们只承认城市基础设施所具有的使用价值属性,而不承认其具有的价值属性。因而将其视为服务性的公共福利设施,国家包揽了建设和维修支出的一切费用。在全国可动员的资金本来就有限的情况下,为了高速发展,不得不把绝大部分资金投向放在各产业,尤其是第二产业的扩张上,拿不出多少钱来用于城市基础设施建设,致使本来应该超前发展的城市基础设施从来就处于落后状态,严重制约了经济的发展。"一五"时期至"五五"时期,我国城市建设(不含住宅)的投资如表1所示:

表1 (单位:%)

时间	"一五"时期	"二五"时期	调整时期	"三五"时期	"四五"时期	"五五"时期
占全国投资的比重	2.6	2.16	2.23	1.44	1.15	2.03

从表1中可以看出,在"五五"时期以前,国家对城市基础设施的投资水

平一直很低。理论上的偏差以及由此而连带的投资方向上的偏差，是导致我国城市基础设施落后，严重超负荷运行的直接原因，显然，有必要对城市基础设施的性质重新进行更深层次的认识与归纳。

我们认为，城市基础设施在商品经济运行之中必然表现出商品的一般属性，即它不仅具有使用价值，而且具有价值。这是因为：

第一，城市基础设施虽然是国家无偿投资形成的，但是，国家财政资金的形成，来源于全社会剩余产品的聚集，国家投资形成的城市基础设施，显然是其中一部分剩余产品的转移，从这个意义上讲，城市基础设施的商品属性不言自明。

第二，城市基础设施在经济活动之中也创造价值。我们知道，商品价值的最终构成应包含该商品全部的活劳动与物化劳动，显而易见，单靠某个企业是不能提供全部的活劳动与物化劳动的。城市基础设施如供水、供电、交通运输、通信等从生产到交换，自始至终参与了商品价值实现的全过程，因此，在商品价值的最终构成中必然包含着城市基础设施创造的份额。商品通过交换而实现其价值的同时，也包含了城市基础设施所创造的价值的实现。我们讲城市基础设施是一种特殊的商品，无非是指其价值的实现必须借助于其他商品价值的实现而实现。之所以特殊，就在于价值实现必须通过其他商品而表现出来，而且难以确切计量。

以上分析说明，城市基础设施创造的价值虽然难以计量，但是，对于其创造了价值这一点是不能否认的。城市基础设施既然是商品，我们就必须以商品经济法则对待之。

城市基础设施的商品一般属性在理论上的明确，才使我们有可能对其基本属性进一步界定，即城市基础设施究竟是生产性还是非生产性的？这是多年没有搞清楚的问题，也是直接导致城市基础设施落后的原因之一。长期以来，人们从一种直观的感觉出发，认为只有各生产部门才直接提供了物质产品，因而是生产性的。而城市基础设施没有直接创造物质财富，因而是非生产性的。作为这种认识的结果，在国民经济计划的安排上，对物质生产部门的重点项目从资金设备，材料等全力以赴；而对城市基础设施则作为非生产性的设施，在资源短缺的条件下，往往以拆东墙补西墙的手法来保住重点工程，使城市基础设施的建设处于一种可有可无的境地，以致形成如今的住房难、行路难、供水难、供电难、通信难等一系列社会问题，

那么，城市基础设施究竟是不是非生产性的，显然，这涉及对马克思再生产理论的全面理解。马克思在阐明社会再生产理论时，把整个社会生产分为两大部类，第一部类是生产资料生产，第二部类是消费资料生产。通过两大部类

的划分，揭示了社会物质生产过程基本的比例关系。但是，并不是说关于两大部类划分包括了一切物质生产领域，包括了社会生产力的全部内容。换句话说，不仅仅是工农业才是物质生产部门。马克思在从社会再生产过程中考察运输业的性质时曾谈到："商品在空间上的流通，即实际的移动，就是商品的运输。"运输过程是产品的追加生产过程，是生产过程在流通中的继续。运输虽然不能对产品的规格、性能和构造进一步加工，不能改变产品的实物形态，但它为完成产品位置移动所消耗的社会劳动，同其他生产领域的劳动一样也创造新的价值，并把这种新价值追加到所运输的产品中去。对此，马克思更明确地说道："除了采掘工业、农业和加工工业以外，还存在着第四物质生产领域，这个领域在自己的发展中，也经历了几个不同的生产阶段：手工业生产阶段，工场手工业阶段，机器生产阶段。这就是运输业，不论它是客运还是货运。"既然运输业是"第四物质生产领域"，与运输业相联系的城市对内、对外交通一系列相应物质设施，毫无疑问，不能说因为没有提供物质产品就认为是非生产性的。城市基础设施相当大的部分，事实上是由于社会分工的发展，许多生产环节不断从各个生产领域逐步分离出来，而形成的特殊部门，诸如城市的供排水、交通、能源等设施。一个企业，如果远离城市，则必然需要自己修路解决交通问题，自备水源解决供水问题等。因此，可以说，城市基础设施本身是生产社会化的产物，反过来又成为生产社会化的物质条件。城市基础设施的特殊在于它在提供生产的物质条件的同时，又为广大人民提供了生活条件，应该看到，城市基础设施虽然一般不直接提供物质产品，但却以各自特定的方式参与到企业的生产过程之中。有的以生产要素直接参与物质生产，有的则为物质生产提供了一般条件。统计资料表明，我国大中城市目前70%的自来水，50%的煤气是用于工业生产的；道路桥梁上行驶的车辆，有70%用于生产的目的；排入下水道的污水，大量是工业废水；公共交通、邮电通信、防洪等设施，都是保证工业生产正常进行的重要条件。城市基础设施，即使是用于满足人民生活需要的部分，也不能简单地视为"非生产性"的。因为，从劳动力再生产需要的意义上讲，它仍然是物质生产的条件之一。

对于城市基础设施其基本属性在商品经济宏观大背景之下的重新认识，使之在经济活动之中运用商品经济法则，实行建设与管理的有偿使用成为现实的可能，从我国目前的现状来看，城市基础设施的建设，投资不足是最主要的问题。从1952年至1983年，全国城市基础设施的投资在全国基本建设总投资中的比重平均只有2.03%。而同期国外的正常比例一般为5%～10%，如美国为5.98%～10.23%，日本为6.24%～12.3%，联邦德国为7.3%～9%，法国为7.23%～9%，英国为4.6%～15.6%。由于投资不足，我国城市基础设施普遍

"欠账"太多,不少设施长期超负荷运行,在各类基础设施数量不足的情况下,还来不及补充,而原有的设施又出现严重的老化现象,迫切需要改造和更新,与城市经济的发展形成了尖锐的矛盾。资金短缺已成为城市基础设施建设的瓶颈,而且,试图依靠国家大量投资,把投资重点转移到城市基础设施上来,由于基础设施初始投资巨大而不太可能,这一问题要从根本上得到解决,必须按商品经济规律办事,实行多渠道筹集城市基础设施建设资金,国外经济发达国家的一些方法,很值得我们借鉴。

第一,各级政府拨款。西方国家,如美、日、法、英和西德等,它们的各级政府把承担和参与基础设施的建设和管理,作为国家干预经济的一个重要方面。美国联邦政府1979—1981年对基础设施的补助拨款占投资的40%。虽然各国的各级政府在不同时期因国情不同对基础设施的投资比重有所变化,但是,这些国家从来就是城市基础设施投资的主体,这些国家各级政府拨款的来源主要有:各种税收,其他税外收入(如政府的专卖、经营、财产等收入),发行公债等,而其中税收所占比重最大。

第二,政府和银行的低息投资贷款。该项投资在基础设施总投资中占相当的比重。日本,在20世纪50年代就建立了由大藏省直接掌握的财政投资贷款制度,其资金主要来自邮政储蓄和各种社会福利保险金,目前财政投资借款相当于国家财政预算收入的50%,其中一半以上用于基础设施建设。法国在给排水的建设方面,由银行提供长期(15~20年)低息贷款,其金额占给排水总投资的30%。

第三,城市基础设施的经营收入。这是国外城市基础设施建设投资的主要来源之一。国外对城市基础设施经营管理是非常重视的,建立了比较完善的有偿使用收费制度。对重要的道桥、隧道设立关卡,实行有偿使用。对污水排放,如生活污水一般则按用水量计算收费,收费水平一般为供水费用的33%~100%倍。联邦德国用水每吨收费1.92马克,其中0.72马克为污水费;法国巴黎每吨用水收费1.5法郎,其中0.5法郎为下水道费用。

国外上述采取各级政府共同承担部分投资和民间资金相结合对城市基础设施的建设与管理实行有偿使用,从而多渠道获得稳定的基础设施建设与经营费用来源的方法非常值得重视。基础设施建设投资量巨大,长期以来,我国城市基础设施的建设资金全靠国家拨款,这样做,不但国家负担过大,也使不少可能利用的民间资金没有利用起来。随着经济体制改革的推进,商品经济原则在社会主义经济中的不断扩展,势必要走开辟多渠道筹集建设与管理资金的新路子。一般来讲,除了中央财政给予必要的支持以外,城市政府要集中更多的财力、物力用于市政、公用等城市基础设施的建设和维护,同时,要把多层次、多渠道筹集建设资金以及有偿使用基础设施的问题提到议事日程上来。关于这个问题，目前在全国有的城市已经开始着手试验，并取得了较好的效果，有必要大面积推广。这些试验的主要方法如下：

第一，适当地进行社会集资。各地在坚持自愿、受益、合理负担、资金来源正当和不挤占国家财政收入的前提下，集资修桥铺路等都已有成效。重庆嘉陵江石门大桥是形成中环道路的连接点，对改善城市交通有很大作用，但投资缺口大，该市按照"谁受益、谁投资"的原则进行筹集，预收汉渝路南北段改造过路费，弥补了投资缺口。成都一环路的改扩建工程也取了类似的措施，对全市机动车加收一部分费用解决资金不足，使一环路改造进展迅速，目前已近尾声。地处成都闹市的"未来号"人行天桥，更是采用了向全社会集资的办法，有钱的出钱，有力的出力，连中、小学生也广泛进行了捐款。

第二，建立城市公用事业发展基金。该基金的建立，可以保证一部分城市基础设施具有稳定的建设资金来源。基金可以由城市维护建设税中安排发展公用事业资金，自来水、公共交通、轮渡等公用企业的公用事业附加费，对公用事业采取扶持政策返还的税款，能源交通建设资金，按规定征收的水源设施建设费，超计划用水加价的收入等组成，走"以水养水"、"以车养车"的道路。

第三，实行城市综合开发。所谓综合开发，就是在城市的新区开发或旧城改造中实行统一规划、统一征地、统一施工。商品建筑与基础设施施工同时进行，配套成龙，待建成后按商品建筑的综合造价向社会出售商品房，为城市基础设施的建设积累资金。这种方法不仅可以集中使用有限的资金，而且有利于向社会筹集资金，节约建设资金，保证基础设施的配套以及城市按统一规划的方向发展。

第四，城市基础设施实行有偿使用。多年来，对建成的基础设施，我们一直将其视为服务性的福利事业，不注重经营管理，实行无偿使用，在造成长期亏损，靠国家补贴的同时，又难以得到用于基础设施建设与维护的资金，加剧了城市基础设施短缺的矛盾。因此，改变这一窘境的唯一出路是确立城市基础设施的商品经济地位，纳入商品经济轨道，变无偿使为有偿使用。全国的一些城市在这方面进行了积极的探索。广州市1985年建成的珠江三桥为了归还建桥的5 000多万贷款，于当年6月开始对广州地区所有跨江大桥征收机动车辆过桥费，到当年年底就收得过桥费1 200万元，取得了较好的效果。但是，由于城市基础设施商品经济的特殊属性，确定其收费标准和价格标准难度较大。例如，各类基础设施固定资产的折旧直接影响收费标准，折旧期长，显然收费可以低一些，但会增加无形损耗而影响基础设施更新。折旧期短，则收费标准必然很高，又会增加社会团体和个人的负担。因此，必须加以认真研究。当然，收费标准和价格标准不是以解决合理补偿为唯一目的，还要发挥它的经济杠杆作用，对城市基础设施使用的方向进行引导，如供水、供电、供气紧张的城市，可以规定使用限额，超限额加倍收费，以达到限制使用的目的。总之，对城市基础设施实行有偿使用是改善城市基础设施经营管理的重要内容，对于在实行过程中可能出现的各种问题，则需要在实践之中不断探索加以解决，重要的问题是迈出步去。

（本文与吴火星合作完成，原载于《城市改革理论研究》1988年第4期）

中心城市要加强产业政策的研究

　　党的十一届三中全会以来，随着经济调整和经济改革的逐步深入，充分发挥中心城市的作用，越来越受到广泛的重视。全国经济发展战略的转变，尤其是一个巨大的推动力，它促使中心城市面向现代化、面向开放、面向改革，重视思考自己的发展战略。为了开创城市经济的新局面，从沿海到内地，越来越多的城市组织起自己的研究力量，探索正确的经济发展战略，无论是理论还是实践都获得了重要的成就。当前，城市经济发展战略的继续完善，我们以为要进一步加强产业政策的研究。

　　城市是一个国家或地区产业相对集中的地域，产业的形成、发展及其构成则是城市经济活动的主要内容。产业政策是否得当、是否完备，对城市经济在提高经济效益的基础上稳定和健康发展关系很大。回顾这几年，随着我国经济发展战略的转变，城市经济发展曾面临一系列战略的抉择，其突出的问题之一，就是城市的产业结构。以往，我国经济建设中片面突出重点的不平衡发展战略，曾给城市的产业结构带来深刻影响，即片面强调优先发展重工业，而忽视消费品工业的发展。之后，又曾出现片面强调"建立完整的工业体系"，把门类齐全看成城市经济实力的体现，而否认城市之间的分工。一个城市片面追求高速度，不顾客观条件，盲目地发展重工业，或者盲目地追求门类齐全的"完整体系"，都不可避免地导致经济比例失调、经济效益降低和城市盲目膨胀，环境恶化。总结历史的经验教训，促使人们开始考虑城市经济要消除工业发展中的盲目性，势必要调整产业结构，否则就不能走上健康发展的轨道。这是指导思想上的重大变化，它意味着经济增长传统理论的突破，城市经济要在优化结构基础上求发展的新观念逐步树立起来。近几年，城市产业结构的调整取得了很大的成绩，开始注重扬长避短，发挥优势，从实际出发，建立自己城市的支柱产业，把城市的技术加工优势和周围地区的资源结合起来，积极发展经济联合，逐步形成地区经济优势，以城市的优质产品为龙头，组织跨部门、跨地区、跨所有制的产业链，在市场上形成产品优势，等等。但是产业结构仍然存在不少问题。

　　为了说明问题，请允许我以成都市的调查材料，对1986年城市工业生产出现的"滑坡"现象进行一些剖析。与全国大中城市比较，成都不仅"滑坡"幅度大、时间长，而且回升速度慢，直至1986年6月底，全市工业生产总产值仍比1985年同期下降0.5%，不含村及村以下工业总产值比1985年同期下降1.9%。成都成为工业生产总值"滑坡"最严重的城市之一。当然，这种现象的成因是多方面的，既有非经济因素的影响，又有经济因素的影响。可是，结构性的矛盾，则是影响工业生产稳定发展最重要的因素。城市工业结构当前面临的新问题，主要是由以下因素决定的：

第一，工业增长周期性的变动使结构矛盾成为制约工业发展的主要因素。我国的工业增长与结构变动是紧密联系的，工业在持续若干年的高速增长后，必然出现一个低增长时期。而这种低谷时期，就是工业结构面临或处于较大变动的时期。成都市从1953年到1985年，工业年平均增长率为12.95%。33年里有6次周期性变化，除1966—1969年、1975—1977年这两次间距较短外，大致6~8年形成一个波动时期。第一次是1953—1959年；第二次是1959—1966年；第三次是1996—1969年；第四次是1969—1975年，第五次是1975—1977年；第六次是1977—1985年。每个周期形成一个"U"字形。一个周期里，在1~3年的高增长后，必有1~3年的低增长时期。这种波动周期的形成，投资因素的影响是主要原因。我国工业建设多年来走的是一条外延扩大再生产为主的路子，工业基本建设投资和增长速度成正比例，一轮投资高潮一般能引起一轮工业增长。但因过度的增加投资，又必然会引起生产和建设方面的比例失调，国民经济就要被迫进行调整。1984年年底以来我国出现的"四过一降"，总需求超过总供给，激化了能源、交通和原材料的矛盾，从而使城市工业结构的调整成为突出的问题。

第二，产品滞销积压严重，反映工业结构的矛盾趋于扩大。近几年，产业结构经过调整，工业扩张主要由过去投资品需求带动变为由消费品、投资品双重需求带动，实现了轻重工业协调发展。但是，在市场体系尚不完备、价格体系扭曲状况还未改变的情况下，行业、产品结构上供求矛盾仍然很大，工业结构的调整任务还远未完成。1984年年底以来，全国出现经济"过热"现象，宏观失控，社会需求空前膨胀以及产业结构趋于轻型化，能源、交通、原材料的供求矛盾日益尖锐。在国家实施紧缩政策，加强宏观控制时，问题就暴露出来了，产品滞销，大量积压。据市属国营工业企业的统计，1986年6月末与1985年同期相比，产成品资金占用额增长38.9%，工业及物资部门的贷款余额增长51.3%。企业成品资金增多，结算资金过大，尽管有多种原因，但主要还是产品质次价高、品种单调，不适销对路和缺乏竞争能力。可见，比较突出的资金短缺的矛盾，不过是产业结构、产品结构不合理的表现而已。

第三，工业发展的经济环境有较大变化。"七五"期间，国家宏观控制的基本方针是努力保持总需求与总供给的基本平衡，需求膨胀将继续受到遏制，需求结构发生变化，市场的买方化正在逐步发展。这种状况要求工业结构进行系统改造，包括改造行业结构、产品结构和品种结构。从成都市的情况看，虽然事实上存在社会需求不足的问题，但并不是工业生产下降最突出的原因。首先，1986年上半年完成投资在1985年上半年比1984年同期增长49.3%的基础上，又上升45.8%。其次，1986年上半年贷款额比1985年同期增长26.2%，1986年6月末工业贷款余额比1986年年初增加5.7亿元，增长31.4%。再次，1986年上半年社会商品零售总额比1985年同期增长7.2%，幅度也并不小。最后，1986年6月末城镇居民储蓄存款和农民储蓄余额，比1985年同期分别增长39.89%和21.9%。这是在消费基金控制情况下增长的，说明购买力并没有下降，只是持币待购。由此可见，工业生产下降并不是主要由于社会需求不足带来的后果，而在很大程度上是经济"过热"产生的结构缺陷，以及与之相联系的实现问题所带来的。

我们不厌其烦地引证成都市的调查材料，是因为它揭示工业结构性矛盾面临的新问题，以及结构性矛盾与工业生产"滑坡"现象之间的内在联系，仍是宏观经济存在的这类矛盾在一个城市的反映，带有普遍性。虽然这里提供的调查材料还不是产业结构的系统分析，但足以说明我们的经济建设要坚持长期稳定发展的方针，避免国家经济的大上大下、大起大落，必须着力于经济结构的合理化，城市经济的发展尤其如此。现在提出加强产业政策的研究，其目的就在于促进经济结构的合理化。我国的第七个五年计划，在总结经济建设历史经验的基础上，对产业政策进行了一系列规定，这是"七五"计划的一个重要特点。它既包括了产业发展的战略问题，又有一系列的发展政策，"七五"期间，国家宏观干预和调节手段都将在产业政策的指导下约束下发挥作用。认真贯彻已经规定的产业政策，发挥产业政策在经济发展中的引导作用，对逐步实现经济结构的合理化和提高社会经济效益具有重大意义。这里，必须指出的是，我们国家国土辽阔，地区之间发展极不平衡，采取"一刀切"的产业政策是不可设想的。过去，无论是"以钢为纲"，还是什么"完整体系"、"洋跃进"的"一刀切"，都吃了不少亏，必须记取那些教训。我们国家要从国民经济发展的全局出发，因地制宜，研究和制定地区性的产业政策。

我们知道，建立在社会化大生产基础上的国民经济体系，是一个社会劳动分工的体系。展现在我们面前的这个体系，在一般分工和特殊分工的场合，产生了国民经济的部门结构和产业结构；在个别分工的场合，产生了企业（内部）结构；在地域分工的场合，则产生了地区经济结构等。在国民经济这个多层次的体系里，城市经济结构乃是地区经济结构的特殊形态。产业是城市经济的主体。城市产业结构的状况，一方面要受城市自身和城市所在区域条件的制约，具备什么样的条件,有可能发展那些产业部门,能够发展到多大规模,都与区域条件有密切的关系;另一方面要受商品经济运动规律的制约,那就是商品经济条件下普遍存在的竞争,促使城市产业的发展,包括发展什么部门,发展那些产品,要从自身具备的条件和市场状况,权衡利弊进行必要的选择。这样,就形成了产业发展在城市之间的分工。产业在城市之间的分工,是商品经济发展不以人们意志为转移的客观过程。如果忽视城市之间产业的分工,出现这样那样的盲目性,都是同城市经济发展的客观规律背道而驰的。当前,认真贯彻我国"七五"计划规定的产业政策,研究城市产业政策,特别要注意以下几个问题:

第一,要集中必要的力量,建立城市的战略产业。

制定城市的产业政策,要依据各个城市在全国经济发展中的地位、城市体系中的分工以及城市经济发展的特殊条件,选择重点产业、延缓和限制某些产业,从而促进产业结构的合理化。然而由于多年来单纯追求速度,忽视经济效益的倾向还未彻底消除,产业发展在许多城市仍然不同程度地存在着盲目性。当前工业产品大量积压,就是突出的表现。一些地方不顾城市自身发展的条件,不了解市场发展的趋向、容量,发展什么行业,发展那些产品,往往是一哄而起,甚至一面积压一面增产,造成了严重的后果。这种状况,固然有供过于求的生产规模引起的矛盾,更多还是货不对路,产品结构不合理的矛盾。要真正转到在提高经济效益的基础上求速度,势必要以建立城市的战略产业为中心,促进产业结构的合理化。城市的战略产业,一般地说,是有资源优势,或者技术加工优势,或者两者结合上具有优势,并能得到相关产业的有效配合,而它的产品在市场上又具有相当的竞争力。它是以城市分工为前提的优势产业,也就是一个城市经济发展的支柱产业。城市战略产业,通常由一个或几个具有优势的特定产业门类,或者由若干具有优势的产品系列所组成。因地制宜,发挥优势,建立城市的战略产业,有利于调动地方的积极性和发挥中心城市在组织经济中的作用,促进全国经济的发展。

第二,要十分注重技术进步,提高城市产业的素质。

积极运用新技术改造传统产业、传统产品,有重点地开发知识密集和技术密集型产品,努力开拓新的生产领域,有计划地促进若干新兴产业的形成和发展,是我国产业政策的基本要求。城市经济尤其是中心城市,在全国,经济发展中的重要地位,不仅因为它集中了一大批产业,拥有相当的经济实力,更为重要的在于它们是社会先进生产力的凝聚点。如果忽视技术进步,不去采用新技术改造传统产业、传统产品,不去促进新兴产业的兴起,那就要削弱中心城市应有的经济地位。现在,一些城市存在工业产值不低而优势产品不多这样比较突出的矛盾,在低效益的基础上求速度,与此同时,货不对路,滞销积压的现象经常存在，其重要原因就是产品的性能和质量、产品的工艺和技术、产品的花色和品种等都不能适应市场需求的变化。很显然，城市工业应根据市场的发展变化，加速技术改造和产品升级换代，形成强有力的拳头产品，从而提高产品在市场的竞争能力。依靠技术进步，而不再是靠乱上项目，乱铺摊子，片面追求产值，那就是走内涵扩大再生产路子是一条在提高经济效益的基础上求速度的新路子。研究和判定城市产业政策，在择优发展的原则下，促进产业结构合理化，一方面要以建立战略产业为中心，调整城市的产业结构，另一方面要依靠技术进步，运用新技术，优化城市的产业结构。

第三，要重视第三产业，促进城市经济的协调发展。

对城市经济的运行进行系统考察，尽管工业在城市发展中地位重要，然而没有第三产业与第二产业的协调，整个城市经济不可能有良性循环，也不可能在提高经济效益基础上稳定地发展，这是多年来的实践反复证明了的。这几年，城市第三产业得到较大发展是可喜的，据一部分中心城市统计，"六五"期间第三产业增长的幅度大体上是 6~8 个百分点。"七五"期间，加快为生产和生活服务的第三产业的发展，仍然是我国产业政策的重要内容。多年来，城市第三产业往往被认为是非生产性的、服务性的部门，不予重视，造成较为落后的状况。现在，要改变，除了思想上重视之外，尤其要研究和制定有利于促进城市第三产业发展的产业政策，采取必要的措施和调节手段，鼓励和支持它们发展。

第四，要更多运用经济杠杆，促进产业发展战略目标的实现。

我国目前正处于新旧体制的转换时期。在过去，我国并不是没有任何产业政策，而是某些方面不得当、不完备，与原有的经济体制相适应，产业政策又以直接干预的形式出现。随着经济体制改革的深入，在坚持必要的直接干预之外，要研究借助市场机制，更多运用经济杠杆的间接干预来实现。同时，必须注意到城市的产业政策要研究资金、物资和人力的投向，要在一整套经济政策的有效配合下，使人财物等各种资源得到合理利用以增进经济效益。因此，制定城市产业政策，还必须综合运用经济杠杆，包括金融、财政、价格等诸种调节手段的配套运用。

产业政策既是全国经济发展战略的具体化，又是经济发展与改革重要的结合点。中心城市政府的经济管理部门，在政企分开的原则下，把主要精力逐步转向主要搞好统筹规划、掌握政策、组织协调、提供服务、运用经济调节手段和检查监督方面来，研究和制定城市产业政策应该成为它们的主要任务之一。

（本文曾在第四次全国中心城市经济理论讨论会上交流，原载于《城市发展战略与管理》一书，该书由甘肃人民出版社于 1988 年 12 月出版）

广元市经济发展战略研究综合报告

依托城市，发展不同层次的经济区，形成各具特色的区域经济，各展所长，互补互济，促进共同繁荣，它是我省经济发展战略的重要内容，也是广元市经济发展战略研究重要的指导思想。

一、广元是川陕甘结合部地区的经济中心

广元地处大巴山南麓，雄踞嘉陵江上游，毗邻川陕甘三省，扼水陆要冲，为南北咽喉。它是历史上秦蜀古道之重镇，又是当今一座发展中的工商业城市，其经济活动维系川陕甘结合部广大地域城乡经济的发展。

1985年2月，经国务院批准，广元成为四川的一个省辖市，市域辖一区（市中区，即原广元县）、四县（旺苍、剑阁、青川、苍溪），实行市领导县体制。据1986年年底统计，广元全市总人口276万（城镇人口32万、农村人口244万），辖区面积16 306平方千米。全市国民生产总值133 894万元，其中市中区49 700万元，工农业总产值150 926万元（工业产值76 961万元，农业产值73 965万元）。全市按三次产业分类现状，一次产业为54 651万元，二次产业47 619万元，三次产业31 609万元，其中市中区一次产业为13 628万元、二次产业21 218万元，三次产业14 854万元。

广元建市以来，市与县区的关系逐步理顺，城乡经济逐步发展。对外经济联系逐步扩大。

一是工农业生产较快地发展。工农业总产值不断增长，1985年、1986年、1987年，三年平均年递增率为8.1%，其中工业生产增长幅度较大，1985年比建市前增长26.7%，1986年比1985年增长10.7%，1987年比1986年增长10.9%，三年平均年递增率为12.04%。农业虽然连年受灾，粮食有所减产，但多种经营和乡镇企业有较大发展，农业总收入仍呈增长的趋势。

二是流通领域更加活跃。1985年、1986年、1987年，商品购销总额连年增长，市场繁荣，川陕甘边境贸易成效显著，仅"川陕甘农副产品贸易中心"一家，建市前年吞吐物资总额仅有8 000万元左右，1987年已达11 000万元。建市以来，物资部门购销总额增长了一倍多，1987年达到12 405万元。城乡集体、个体商业、服务业和城镇商品流通网络都有较大发展。

三是交通运输不断加强。公路客运线路扩展，定期每天从广元发车70多班（节假日增加到130多班），通达川陕甘三省结合部20个县包括45个城镇。公路货运量不断增长，1985年为253万吨，1986年增加为294万吨，1987年达到362万吨。四是城市建设显著进步。

广元建市以来狠抓道路建设，城市的进出口通道获得很大改善；城市新建的建筑物达30万平方米左右，超过了新中国成立以来建筑的总面积，除市中区嘉陵镇外，各县主要城镇的街道也有不同程度的改造。城市（包括城镇）建设的成就，改善了城市的形象，加强了城市的功能，安定了人心。

几年的实践表明，广元建市是非常必要的。从历史上考察，广元几经兴衰，总是与川北、川陕甘边境的农村地区舌齿相依，休戚相关。川北农村曾有这样一首民谣："呼噜船，摇广元，到了广元好挣钱；广元吃的包谷面，还是回我的南部县。"很显然，对比较封闭的川北农村和川陕甘边境地带交通不发达的山乡，广元是它们重要的商埠。广元经济发展依存的腹地在川北一带，而川北农村经济的振兴，乃至整个川陕甘毗邻地区脱贫致富，都要求建设好广元。对比广元建市前后的变化，回顾川陕甘毗邻广大农村地区至今比较贫困的原因，有识之士曾谈到："新中国成立几十年，放松了广元，结果丢荒了一大片。"这样的见解不是没有道理的。当然，现在广元建市才3年，从经济实力看，带3~4个县就不那么轻松，城市基础设施也很落后，然而广元经济辐射和吸引的范围，是超越它的行政区辖的。广元建市，不仅能够改变以往绵阳专区的行政区辖过大、鞭长莫及的现象，更为重要的是扶贫山区，振兴农村，发展商品经济，势必要以一定规模的城市为依托，扩大城乡交流，实行城乡互补，走一条以城市带动农村，城乡经济一体化的新路子。

广元成为嘉陵江上游，川陕甘结合部地区的经济中心，是由诸多客观条件所决定的，其区位优势尤为重要。广元，它远离成都、重庆、西安、兰州等大城市，处于这些大城市经济辐射圈的边缘。它与其他中小城市，也有相当远的距离，距宝鸡390千米、距汉中225千米，距南充294千米、距绵阳220千米。在嘉陵江上游，川陕甘三省毗邻的地域，从南到北大约有450千米的辽阔地带，谁能成为这一地域的经济中心，承担组织城乡商品经济发展，沟通内外经济交往的职能呢？唯有广元。广元的地位是其他城市所不可能替代的。

第一，广元历来是我省南北通道的咽喉之地，川陕甘毗邻地带水陆交通的枢纽。这里，现有宝成和广旺两条铁路，嘉陵江干流航道以及川陕、川甘、广达等三条国道、省道公路在此交汇，对内沟通广元与川陕甘边境地带的联系，对外沟通广元与全国各地的交往。它已经形成以铁路、公路运输为主、水路运输为辅的综合交通模式，成为今后发展的重要基础。

第二，广元是我省在川陕甘毗邻地带包括川北相当一部分地区传统的商品集散地。商贸活动依托这里的交通运输条件，既可向外辐射又可向内辐射，市场广阔，流向合理。在川陕甘毗邻地带、川北农村的农副土特产品从四面八方汇集广元，输往全国各地，这里农村需要的工业品包括生产物资和生活消费品，又源源不断从全国各地往广元输入。广元拥有一大批能基本承担商品集散功能的商贸组织以及必要的仓储设施。这里，从商贸活动的现状、发展前景和其他环境分析，有进一步发展成为川陕甘结合部地区流通中心的基本条件。

第三，广元拥有丰富的林业资源、多种矿藏资源和能源资源，工业有了一些基础。有色冶炼、电子、煤炭、食品和纺织工业等初具规模，在省内同行业中占有一定的地位。这里，从现有的工业基础和拥有丰富的自然资源以及能源基地建设的状况，将发展成为我省重要的工业基地。

总之，广元具有成为川陕甘结合部地区经济中心的必要条件，而建设好广元这个经济中心城市，对开发川北和发展我省同大西北的经济交往，具有重要的战略意义。

二、经济发展的起步阶段是广元发展战略的重要依据

广元是一个发展中的城市，从它承担嘉陵江上游、川陕甘结合部地区经济中心的功能而论，将发展成为经济比较发达、文化比较昌盛、城乡比较协调、环境比较优美，具有鲜明特点和风格的中等城市，这应该是广元人民为之奋斗的战略目标。广元经济振兴的战略步骤则要适应全国、全省经济发展战略的基本要求，从实际出发，有步骤、分阶段地实现。

广元经济的发展，既有这样那样的优势，又有这样那样的劣势。在我们为实现发展战略目标，选择总体战略的时候，重要的是综合分析有利条件和不利条件，对广元经济发展的阶段作出基本判断，这是制定发展战略的依据。如果只看到有利条件，往往容易急于腾飞，而欲速则不达；只看到不利条件，往往容易安于现状，而不求进取。必须强调，从地理的、历史的、自然的、经济的诸多条件考察，广元势必是嘉陵江上游、川陕甘结合部地区的经济中心。然而，一个新型的工商业城市在这里崛起，带动区域经济起飞，无疑要经过不同的发展阶段。在广元，近代的工业虽然已经出现，尤其电子工业有一定规模，但是，那种"嵌入式"的产业，与地方经济的融合度比较低，并没有迅速改变这里经济发展的落后状况。近几年，这个四川有名的"老、少、边、穷"地区，在改革开放的推动下，虽然城乡经济开始发生变化，但总的说是起步迟、起点低。这突出地表现在如下几个方面：

一是农村商品经济极不发达。经过多年的发展，全市农副产品商品率仅30％多一点，近几年乡镇企业发展虽然比较快，但至今农业人口平均占有乡镇企业的产值仅103元。商品生产不发达，农民生活水平低。目前，全市农村1/2的面积，1/3的人口处于贫困线下，1/10乡的农民温饱问题还没有真正解决。市郊农民的人均收入仅215元，比全省低100元，比全国低164元。

二是工业发展相对迟缓。多年来，工业发展投资不足，除"三线建设"兴办的一批军工企业之外，地方工业没有多大发展，老企业设备落后，厂房陈旧，得不到必要的改造，形成低投入、低产出、低效益。目前全市工业规模仅7亿多元产值，大体上同农业产值是对半开，产值利税率仅10.73％，资金利税率9.97％。全市工业的结构，重工业与轻工业的产值结构为62.7：37.3，重工业的比重相当高，以本地农副产品为原料的轻工业为数较少，致使城市工业与区域经济发展的关联度降低。

三是城镇基础设施比较落后。城镇基础设施的建设，长期以来没有得到应有的重视，虽然近几年开始注意，经过不同程度的改造，但仍然比较落后。仅就城市建设（不包括市辖县）方面1986年年底统计，人均铺装的道路面积仅0.4平方米，每万人拥有的公共汽车仅0.2辆、每百人拥有的电话机仅1.6部、每万人拥有的下水道长度仅0.8千米、年人均生活用水（自来水）量仅36.5吨、每万人拥有的服务业网点仅12.4个、每万人拥有的医院床位数仅26.34张。这些城市建设的主要指标，远远落后于邻近20万人口以下的小城市，如汉中、南充、达县。

四是城镇化的水平低下。广元市域范围内，城镇人口占总人口的比重仅12％左右，相当于1954年全国的城镇化水平。中心城——嘉陵镇的城镇人口聚集规模也仅9万，市域内，平坝和山区的经济发展极不平衡，平坝大体20千米左右有一座场镇，而山区大体40千米左右才有一座场镇，这些场镇三天一场、五天一场的集市难称繁荣，而多数还没有工业，自然村落尤其在山区广泛存在，传统经济还居重要地位。

从城市发展和区域经济的统一进行考察，广元经济发展的阶段性特征比较显著，它虽然已经突破自给半自给的传统经济，向商品经济过渡，并且，由于近代工业初步形成若干生长点以及交通的建设，也已经不同程度地打破穷乡僻壤的封闭状态。但是，整个工业规模比较小，商品经济不发达，仍属城镇化欠发达地区。广元目前只是工业化的初期，开始由一个农商型的城镇向工商型城市转变的时期。要把广元建设成为经济比较发达，文化比较昌盛、城乡比较协调，环境比较优美，具有鲜明特点和风格的中等城市，现在还处于起步阶段。

建设广元，实现战略目标，根据实际情况，经济发展大体要经历了如下三个战略阶段：

第一阶段——起步阶段。这个阶段的主要任务是完成起飞的必要准备，着重是"两促"，即以发育和开拓市场，促城乡、内外的物资交流，活跃和繁荣城乡经济；以大力改善投资环境，促城乡产业的开发，以及改造一批现有企业，发展一批新的企业，从而推动城乡经济发展，提高城市经济实力。

第二阶段——成长阶段。这个阶段是将在经过必要准备的基础上转入起飞。着重要建立"两个体系"，即以市场为导向，形成具有地区经济优势的主导产业，发展一大批在区内外市场有竞争力的"拳头"产品，逐步建立起城乡协作、工农结合的工业体系，适应市场的发展，进一步改善投资环境，大力发展第三产业、逐步建立既为生活服务又为生产服务，功能比较齐全的城镇服务体系，从而增强城市经济辐射和经济吸引的能力。

第三阶段——发达阶段。这个阶段是把经济进一步转变到现代化基础上来的发展阶段，主要有两方面的任务：一方面是依靠技术进步，逐步改造传统的产业部门，有步骤地发展新兴的产业部门，提高经济发展的水平；另一方面是进一步完善市场体系，不仅要有发达的商品市场和其他生产要素市场，尤其要有发达的科技市场等，逐步形成为川陕甘结合部地区的金融中心。

以上不同的战略发展阶段，是互相衔接，不断递进、逐步发展的。每个战略发展阶段是一个过程，不同战略发展阶段不能超越，而每个过程则将受主客观条件的影响延长或缩短。据乐观的估计，广元将于20世纪末或"九五"期间转入成长阶段——起飞，而在21世纪的中期开始进入发达阶段。

目前，广元还没有列为我省资源开发的重点地区，但国家在开发水能资源，发展边境贸易和扶贫山区等方面，提供了一些条件，还是比较有利的。要充分运用和继续争取各方面的有利条件，大体用10~15年时间，完成起飞前的必要准备。为实现战略目标，到2000年，力争达到以下各项指标：

——人口得到有效的控制。要继续贯彻人口计划生育的基本国策，人口的年均自然增长率不超过11‰，全市总人口控制在323万。

——实现初步的小康生活水平。要把国家对贫困地区的一系列特殊政策和优惠措施落到实处，在"七五"期间和"八五"初期，基本解决温饱问题。"九五"结束，全市人平消费水平达到700元左右（1980年不变价计算）。

——经济实力有较大增强。全市国民生产总值达到42亿元左右，人均国民生产总值达到1 296元左右；工农业总产值达到55.5亿元；国民收入达到30.7亿元，人均国民收入达到950元左右。

——第三产业的比重有显著提高。城市的基础设施建设有较大进展，投资环境有所改善，第三产业包括交通运输、邮电通信、商业、物资供销、饮食业和其他服务业，在全市国民生产总值中的比重提高到20%以上。

——科学技术和文化教育有较大发展。要坚持贯彻"经济建设必须依靠科学技术，科学技术必须面向经济建设"的方针，围绕现有企业的改造，组织课题攻关，围绕科技扶贫，在农村推广适用技术，同时通过多种形式大力培训各类科技人员。教育事业要努力提高九年义务教育的普及率，同时，积极发展成人教育，全市高中（含中专）生，在职工队伍中达到40%以上。

——城镇化的水平有较大提高。一批交通要道的主要城镇，基础设施显著加强，市场设施比较完备，交通设施基本改善，中心城的功能分区基本形成，城镇人口在总人口中的比重达到25%左右。

——城乡环境质量得到改善。要继续实行资源开发与保护相结合，经济建设、城镇建设和环境建设相结合的方针，中心城以及主要城镇普及自来水，充分利用靠山临水的天然条件，绿化城镇的生活环境，全市森林覆盖率进一步提高，从1985年的25.86%提高30%以上。与此同时，要切实控制工业"三废"污染，按环保要求达标。

有步骤分阶段实现经济发展的战略目标，起步阶段至关重要。这一阶段上，总的指导思想要坚持改革开放的基本方针，经济发展和经济改革密切结合，依靠经济改革的不断深化，促进经济发展战略的逐步实现，同时，改革的部署和实施又必须为经济发展服务。使改革和建设相互适应，相互促进，有力地推动广元城乡商品经济的发展。

三、"基础战略"是现阶段广元经济发展总体战略的必要选择

对一个处于起步阶段的新建市——广元，在经济发展的总体战略上将作何选择，采取"起飞战略"还是"基础战略"？"起飞战略"和"基础战略"是两种不同类型的发展战略，它们在不同的城市都会有具体的内容。从经济发展的进程考察，它们则是不同阶段上实行的战略。近几年，在我国各地升起的一批"明星城市"，它们的发展战略尽管有这样那样的表达方式，但大凡都采取"起飞战略"。这批"明星城市"，它们经历了一定的发展阶段，形成了一定的经济规模，拥有了一定的基础设施，具备了一定的发展条件，它们就不失时机地实行经济发展的新战略。毫无疑问，"明星城市"的发展道路及其丰富的经验，对其他发展中的城市都会有借鉴之处。将在明天腾飞的广元，尤其要认真学习和研究"明星城市"的丰富经验。广元今天还处在起步阶段，还不可能以"起飞战略"为经济发展的总体战略，而要选择"基础战略"。采取"基础战略"看起来似乎发展慢些，事实上，脚踏实地、少走弯路、稳步前进，并不会

慢，有相当数量宜耕、宜林、宜牧的土地资源，种类繁多的生物资源，这是与广元现阶段经济发展的状况适应的。"基础战略"的内涵就是为起飞积聚力量、打好基础、创造条件。具体地说，它有以下主要内容：

（一） 大力加强农业基础，把振兴农村经济放在重要位置上

广元农村地属我省盆周北部边缘贫困山区。近几年实行改革，发生了许多变化，给长期贫困落后的农村，带来了生机和希望。但是，这里的落后状况尚未根本改善，"贫困"帽子也没有摘掉，农村耕作仍然粗放，水土流失严重，自然灾害较多，生产很不稳定，粮食产量从1985年开始，连续三年下降，1987年回复到1984年的水平。农业生产力落后，无论是人口增长需要提供的食物，还是工业发展需要，提供的原料，都将缺乏承受的能力。广元农业基础比较脆弱，至今面临着严峻的形势。

广元农村，其地貌以低山、中山为主，气候、植被垂直差异比较明显，错综复杂的山地为农村经济的发展提供了多种多样的自然资源。它包括拥有较为丰富的矿物资源，此外，人力资源也较充裕。尽管如此，社会资源却比较贫乏。具体表现在如下几个方面：

一是生产手段落后，水利设施不足。长期以来，这里的夏旱、伏旱、冬春旱发生的频率分别高达79%、51%、55%，而全市仅有各类中小型水利工程设施4.57万处，蓄、引、提总设计供水能力4.6亿立方，控制灌溉面积116.6万亩，只占总耕地面积的34.9%，有效灌溉面积只有70余万亩，仅有的这些水利设施，还有相当大一部分年久失修。

二是自有资金匮乏，耕地集约化程度低。这里农村经济发展水平低，农民人均纯收入比全省平均水平低1/3，农民的收入用以购置生产资料、生产性固定资产的部分，占生产性支出的比重还不足1/3，农村缺乏自我发展能力，生产资料的集约程度，除现有的有效灌溉面积比较小、拥有农机总动力比较少之外，农用化肥施用量每亩仅47.1千克，为全省平均水平的2/3。

三是农村劳动力的素质比较差。农村劳动力至今还有一半是文盲、半文盲，初、高中毕业生仅占1/10，实用人才（能工巧匠）也很缺乏，仅占劳动力总数的8.9%。此外，农业发展的外部条件也比较差。例如，支农工业落后，乡镇企业的农副产品加工环节较为落后；能源供应不足，发展乡镇企业和生活照明都非常困难；交通运输不畅、市场发育程度低，发展商品生产既愁卖又愁买。

总的说，自然资源丰富，社会资源贫乏，是广元农村商品经济不发达的症结所在，也是广元农村脱贫致富，经济振兴要着力解决的矛盾。

从现状出发，加强农业基础，振兴广元农村经济，既不能"头痛医头，脚痛医脚"，而要全面谋划，综合治理；又不会旗开得胜，一蹴而就，而要讲求实

效，稳步发展。振兴广元农村经济的基本思路是要从改善市场、技术、资金等条件突破，解决农民温饱问题起步，开发山区资源、逐步形成以有控市场导向的耕地经营集约化、产业发展多元化、生产流通一体化的开放型农村商品经济新格局。以此为思路，逐步建立农村商品经济发展的新格局，有大量工作要做，涉及城乡经济、科技、文化许多方面。其主要对策如下：

——指导思想，要坚持富民裕县，效益第一。广元农村贫困户的面大，扶贫任务非常突出，解决贫困农民的温饱问题，是当务之急。脱贫致富，富民裕县，为贫困山区不断增进"造血"机能，提高自我发展能力，发展商品经济，从根本上说也是繁荣城乡经济的基础。富民裕县，要以提高农民的收入、地方财政的收入为主要发展目标，以效益为中心规划农村经济的发展，切不可盲目追求产值，要坚持效益第一、产值第二，效益和产值相统一。

——产业结构，要以粮食生产为基础，实行多元发展。广元农业落后，粮食生产更是一个薄弱环节，商品率仅17%左右，近几年自然灾害频繁，粮食产量连年下降，引起的矛盾比较突出。从我省的发展趋势看，城镇人口不断增加，而耕地被占用越来越多，粮食种植面积逐渐减少。显然，拥有可耕地数量较多的广元，不可能寄希望于从区外调入，而应该把基点放在扩大稳产高产的耕地，增产粮食，力争自求平衡上。发展多种经营，在山区既有较好的自然资源条件，又是提高农副产品商品率的重要途径，而畜牧业、林果业、乡镇企业是广元农村经济的三大支柱。实现产业多元化，对市场有发展前景的产品，要有所选择的重点扶持，形成批量，扩大区内外的交换，提高区际商品率，以增加农民收入和地方财政收入。

——经营方式，要重视集约经营，增加投入。广元的农业经营方式，带有浓厚的传统农业色彩，历来比较粗放，生产性的投资又不足，严重地影响有效地提高土地生产率。改变这一状况，从粗放经营向集约经营转化，要逐步发展开发性农业，尤其要重视技术集约。技术集约是以增产增收为目标，以采用新技术为主要内容，融物化劳动和活劳动为一体的经营方式。技术集约，它是为产业政策服务的，从区外引进新技术，建立精干的小规模示范基地，通过它向周围农户辐射，改造传统的农业经营方式。在发展中扩大效应逐步形成生产规模，并以此为基础发展加工工业和销售网，实现农工商一体化。这样的技术集约方式，是行之有效的。广元有必要运用扶贫的有利条件，在发展开发性农业时，有步骤地推行技术集约经营方式。

——空间布局，要实行"中间突破，联系南北"。广元市域依其资源分布和区位特征，大体可划分为中部、南部、北部三个区域。"中间突破，联系南北"是依托中心城，促进市域内的区际分工，发挥各自优势，振兴农村经济的路子。南部地区要重点发展粮食、油料、生猪、水果和其他经济作物以及相应的农副产品加工；北部地区要重点发展林业、牧业和矿产业以及为保持嘉陵江上游的生态平衡作出贡献；中部地区，即中心城及其周围地区，要建立肉、蛋、奶、鱼、果、花等生产基地，以及发展为城市经济生活配套、服务的企业。中部地区处于中心城周围，有发展"城郊型"农村经济，比南部、北部先富起来的社会条件，同时也有可能带动南部、北部农村经济的发展。

——乡镇企业，要统筹规划，积极发展。建市以来，广元乡镇企业发展较快，目前年总产值已达到2.5亿元以上，年实现利润也在0.8亿元以上。工业在乡镇企业总产值中的比重达到52%，煤炭、食品和建材已成为广元乡镇工业的三个主要部门，占乡镇工业总产值的75%以上。但必须看到，乡镇企业占社会总产值的比重仅为16.6%，低于全省的水平，与先进地区比较，差距更大。从结构上看，目前仍缺乏重点骨干企业，而产品的品种单一，又多为初级产品，附加值比较小。

广元在发展乡镇企业的指导思想上，要强调把扶贫工作和发展乡镇企业很好结合起来。这是因为贫困地区脱贫致富的根本出路在于发展生产，而不是靠救济。合理运用扶贫资金，发展那些投资少、见效快、效益好的项目，是符合群众利益的。从广元贫困地区的实际出发，发展乡镇企业，国家给以一定的扶持，从区外引入资金、技术和人才等，改善发展经济的条件，也是完全必要的。然而，能否充分运用现实的条件，促进乡镇企业迅速而健康的发展，还在于采取正确的对策。现阶段广元发展乡镇企业的对策，尤其要注意以下几方面：

第一，在所有制结构上，以集体经济为主体，集体、个体和集资经营"三驾马车"并驾齐驱，发展多种经济成分。

第二，在经营层次上，提倡乡、村、联户和户办企业"四个轮子"一起驱动，发展多种经营方式。

第三，在产业结构上，要发展一批重点骨干企业，使骨干企业和配套企业结合，形成相当批量，提高产品质量，逐步培育出在区内外市场有竞争力的产品，组织原料基地、初加工和深度加工的"一条龙生产"，促进生产企业和市场直接开通。

第四，在贫困地区，面向市场，发展乡镇企业，提高农副土特产品的附加值，把多种资源优势转化为经济优势，加快脱贫致富的步伐，还要因地制宜制定一系列具体政策，总的精神应该是政策要更加放宽，办法要更加灵活。

——体制改革，要实现微观完善，宏观配套。自从农村实行以包干到户为主要形式的经济责任制以来，家庭已成为农村经济的经济细胞。对农业生产力比较落后的广元农村，分户经营这一农业经营基本形式，尤其应长期稳定。当前，继续深化农村的改革，要进一步搞活农户家庭经营这个经营细胞，并从发展庭院经济入手，大力发展重点户、专业户和户办、联办等形式，包括探索提高土地规模经营、增进效益的新路子。与此同时，要建立和健全专业性区域性合作组织，充分发挥其规划、管理、服务等职能，包括强化为农业提供产前、产中、产后的服务等。农村县的政府职能，要在改革过程中逐步将主要精力转移到制定中长期经济发展规划，以及制定产业政策、实施产业政策上来，下功夫切实解决经济发展的一些症结性问题。要适应新的形势，学会运用经济杠杆，以市场为中介，指导和引导农业生产健康发展。

（二）充分利用本地资源发展优势产业，逐步增强城市的物质技术基础

新的中国成立以来，广元工业有较大发展，1985年工业在全市社会总产值和国民收入中的比重，已分别达到45.63%和28.34%。一些主要工业门类如有色冶炼、电子、煤炭、食品（包括饮料、烟草）、纺织工业等，已形成一定规模。但是，从总体上看，工业发展只能说有了一些基础，它还低于全省的平均水平。这里，必须看到，长期经济比较落后的广元，在"三线建设"的特殊环境下虽然建设了一批企业，同时也给工业经济带来了明显的弱点。具体表现如下：

一是二元结构"反差"强烈，拥有现代技术的"三线企业"与地方经济的融合度极低。广元在新中国成立后工业有较大发展，主要是"三线建设"时期在此兴建了一批具有现代技术水平的工业企业。但是，在农业基础薄弱，生产方式落后的贫困地区，"嵌入"一批相对先进的大工业，并没有改变广元工农之间、城乡之间二元结构的"反差"，由于"三线企业"与地方经济的融合度极低，"反差"更为突出。

二是主导专门化产业与非主导专门化产业之间的关联度低。广元工业发展形成的五个主要行业（有色冶炼及压延加工工业、食品饮料烟草制造业、电子通信设备制造业、煤炭定采业、纺织工业），除煤炭开采是基础产业外，其他都是加工工业。在加工工业中，"三线企业"多属封闭运行，民品比重至今很小，而纺织工业的原料又取之区外，这就导致主导产业的模糊。

三是轻工业发展缓慢，轻重工业发展不协调。广元轻工业在工业总产值中占的比重仅37.3%，同全省轻工业在工业总产值中占的比重47.1%相比，要低10个百分点。造成这种状况，尽管有客观的原因，但轻工业发展缓慢，不仅降低了工业与地方经济的关联度，还意味着减少资金积累而影响工业进一步发展，对处于工业化初期的地区尤其是不利的。

四是中央、省属工业企业比重过大，增大区域内部协调发展的难度。广元

全民所有制工业企业总产值中，中央、省属企业的产值占62.3%，这在我省省辖市范围内是少有的现象。这种状况，在现行体制尚未根本改革之前，很不利于统筹规划和协调发展。

广元工业经济的格局是历史形成的。它的内部结构不合理，影响了整个效益的发挥和建设的速度。但要在短期间改变这种格局也是不现实的，它必须有一个过程。从现在起，到20世纪末，广元工业发展的基本思路是以培育主导产业为中心，促进各产业之间的协调发展，逐步提高工业经济效益。其主要对策如下：

——能源开发先行，加强电力建设。广元的能源资源在川西、川北都有明显的优势，结构也比较理想，特别是电力建设有先天的条件。现阶段加强电力建设的意义不仅在于突破当前制约经济发展的"瓶颈"，而且是为广元经济发展增添后劲；不仅在于电力是国民经济的基础产业，而且在于电力是直接作为需要发展的高耗能产品（如电解铅和原材料工业）必备的前提条件。它有着资源供给和高需求弹性的双向推动作用。因此，要对电力工业建设制定专项规划，进一步放宽办电政策，确保办电者的经济效益，吸引更多资金以加快电力建设。

——适应市场需求，加快轻工业的发展。1985年，广元重工业和轻工业每百元固定资产原值的产出，轻工业为234元，比重工业高5.3倍，轻工业的全员劳动生产率，比重工业高一倍多。可见，要培育财源，在一定时期内必须把发展轻工业放在优于重工业的地位。从市场需求和拥有的生物资源看，这里，以林产品、畜产品和野生生物资源为原料的造纸、木材综合加工、果品和肉类加工、林牧副产品加工等都有着广阔的发展前景。广元要根据区内和区外市场需求，有重点的规划好轻工产品生产，分期分批地形成批量生产能力。鉴于广元的农业基础脆弱，粮食生产的商品率非常低，以粮食为转换原料的食品工业，要把重点放在深度加工和综合利用上。

以农副产品为原料的轻工业的发展，既要建设若干骨干企业，更要重视发展乡镇企业，甚至有一些产品的加工适宜家庭经营的，放手发展家庭手工业。不拘一格求城乡工业的发展，在贫困地区尤为重要，政策上要给予鼓励。

——充分发挥现有工业的作用，重点改造电子工业。广元的电子工业有相当的基础，拥有职工10余万人，固定资产值2.08亿元，产值1.4亿元。按西部电子工业城市的分工，它是规划中的收录机和音响设备生产基地。但是，由于开发民品起步迟，还没有形成在市场上有竞争力的"拳头"产品。要使广元的电子产品在日益剧烈的竞争中占有一定的份额，充分发挥现有工业基地的作用，重点要抓好技术改造和工业改组联合，通过生产要素的优化组合，形成规模经济，否则就不能适应市场的竞争态势。鉴于电子工业企业刚下放，广元建市又不久，财力物力极其有限，电子工业的改造由中央及省的有关部门给予支持和帮助是非常必要的。

从工业发展方面，除"两个加强"（电力建设和轻工业）、"一个改造"（电子工业）以外，其他建材、冶金、化工、机械等工业，必须根据具体条件，因地制宜有取有舍地发展。建材工业是广元有较好发展条件的一大产业，除了技术要求较高而需要集中发展的一部分外，应主要依靠乡镇企业发展。鉴于广元的农村经济发展水平低，农业的集约化程度低，农用生产资料的短缺又比较严重，因此规划工业的发展，必须充分重视支农工业在全市工业体系中应有的地位。支农工业的效益，要从直接效益和间接效益统一起来看待问题，切忌片面性。农业发展需要，本地又有发展条件的支农工业，即使盈利水平低一些，也要支持它们发展。

——深化企业改革，提高盈利水平。近几年，广元工业企业的改革有许多进步，成效显著。但是，工业发展还没有真正转到提高经济效益的轨道上来，据1986年统计，产值利税率和资金利税率，分别比全省的平均水平低7个百分点和8个百分点，比全国平均水平就更低了，这是必须引起重视的。坚持两权分离的原则，转换企业的经营机制，是当前深化改革的中心环节。要认真贯彻《中华人民共和国全民所有制工业企业法》，在保持国家对国有资产所有权的条件下，赋予企业完整的经营权，使企业承包制逐步配套、完善、深化和发展。要把竞争机制引入承包，包括择优选择经营者，多种形式的企业兼并使生产要素得到优化组合，以及推行租赁制、股份制等。所有改革的成效，必须从经济效益上反映出来。因此，在深化改革过程中，应把提高盈利水平作为衡量企业活力的一项重要指标。在政策上要给效益好的企业、出口创汇产品的企业、拥有名优产品的企业，从能源、资金、物资等方面优先扶持。

（三）有步骤地加强基础设施建设，改善投资环境

广元的地位虽然比较重要，可是1985年前，只是县级建制，与相邻的其他专区所在地小城市相比，长期缺乏投资，旧城面貌三十多年一贯制。这个四川北部的门户城市，川陕甘结合部地区的经济中心，无论投资环境还是生活环境都很差，投资引不来，人才留不住，城镇发展缓慢，川北经济的发展，以及我省同大西北的经济交往都受到严重影响。

加强基础设施建设，交通设施应该是重点。贫困地区，商品经济不发达，社会生活比较闭塞，其重要原因之一就是交通不便。近几年，广元在国家的扶持和帮助下，交通设施有很大改善，1985年全市各种交通线路总长度已达到4 818千米。其中宝成、广旺铁路在市内的长度为214千米，车站为24个，包括二级站一个；公路现有里程为3 908千米，密度为每万人14.3千米，每百平

方千米23.9千米，对外有6条跨省公路，16条跨地、市公路；水路以嘉陵江和东河为航运主干，有6条通航河流，通航里程达696千米，广元港车风坪码头铁、公、水衔接，旺苍港区码头也有公路衔接码头，都有比较好的联运条件。但是，由于这里山区，丘陵占90%以上，地形复杂，交通工程艰巨，费工费时，财力、物力又有限，因此，交通的改善仍跟不上商品经济发展的需要，与广元的战略地位更是不相适应，乘车难、运输难的问题比较突出。铁路方面，宝成线输送能力饱和，运输紧张；广元站编解作业能力不足，经常发生堵塞；广旺线煤运困难，积压待运时有发生。公路方面，现有公路的路况差，弯急坡陡、危桥险渡多，通常所说的等外公路达66.82%，同时，公路数量不足，断头路多，有1个区14个乡不通公路，132个乡不通客车。水路方面，水运航道条件差，水位落差大，水浅、滩多、流急，船舶航行困难，嘉陵江航道在1981年受特大洪灾冲毁的部分工程，至今尚未恢复，而航道出现淤塞，通航能力已经降低。除以上诸多方面的问题之外，还有交通管理薄弱，服务设施简陋以及运输企业负担过重等问题。当前广元交通运输的主要问题是对外主要通道不畅和基础设施质量太差，影响山区经济开发和城市功能的发挥。

从现在起，到20世纪末，有步骤地加强广元市域的交通建设，其基本思路是要改善现有交通线路为主，逐步提高技术等级，增强输送能力，同时适当新建一些必要的线路，联通断头线路，联网线路和改善港站设施。在发展布局上，要以铁、公、水交汇的嘉陵镇为综合交通枢纽，以宝成、广旺铁路，国道、省道公路和嘉陵江航道为骨干，以县乡公路和支小河流为脉络，建成干支结合，水陆相连，内外畅通的综合交通网。根据这一思路，从广元的交通地位、交通资源和经济发展对交通运输的要求出发，本着既积极又可行的原则，在有关方面帮助下，已经提出各种运输方式初步的发展规划，实现这一发展规划，以改革带动交通建设，广元市应采取以下对策：

——要实行新建与改建相结合，以改善、提高为主的方针。广元现有交通线路无论从数量还是质量上，都远远不能适应需要，而质量问题尤为突出。发展交通的侧重点要放在充分发挥现有线路的作用方面，加强现有交通干线的技术改造和养护管理。扩建广元火车站，加强宝成铁路的能力，改善广旺铁路的运输；整治嘉陵江和东河航道的主要滩险；改建、沟通与川陕甘边境相邻地区的公路，接通断头路，建设联网路，抓配套完善，改善港站集散条件。争取在20世纪内，广元的对内对外交通得到较大改善，基本适应运输增长的需要。

——加强综合交通管理，促使各种运输方式协调发展。广元交通建设具有发展综合交通运输模式的有利条件，但综合交通运输的功能能否很好发挥，除设施的配套建设外，取决于管理。适应发展综合交通运输的要求，建议在改革过程中考虑设立一个由市政府领导，能承担综合交通管理职能的交通委员会，包括制定综合发展规划、协调国民经济和交通运输之间、各种运输方式之间关系，搞好地方交通建设。

——拓宽思路筹集交通发展基金，促进综合交通发展。发展商品经济，交通先行，资金是关键。解决这个问题，要贯彻"政策扶持，增加收入，民办公助，多方集资，自身集积"的方针，以充分调动各方面的积极性。在交通建设任务重而又是贫困地区的广元，应按改革投资体制的精神，实行国家投资扶持为主与多方集资相结合，走共同办交通的路子。

——发挥县（区）、乡（镇）的积极性，加强公路养护工作。发挥现有公路的效用，重在养护，修好路、养好路、提高好路率。为此，建议以改革精神逐步调整省、县、乡三级养路的体制，将省养公路和机构下放给各县，按线路等级、行车密度、统一标准、统一质量、定任务、定资金、由各县统一管理，包干养护。在养路费的收入管理上，根据车辆多少，工程大小，定收支基数，实行收支挂钩，超收分成，节约留用的办法。养路段还要实行事业单位企业化的管理，包括探索引进竞争机制等。

——加强宏观指导，做好协调工作，提高运输经济效益。近几年，在改革开放方针指导下，广元地方交通实行了国营、集体、个体和联户车船一齐上，发展了山区运输业，但也出现车多货少燃料缺，效益下降，企业经营困难的问题。针对这一情况，建议市、县交通主管部门要加强行业管理和宏观指导，根据改革中出现的运输企业结构变化，统筹规划，协调安排，包括通过贯彻国家方针政策，会同有关部门，运用经济杠杆，指导行业发展。要大力组织联营，包括完善经营责任制，搞活运输企业，发展互相配载的横向经济联合和产、供、运、销之间的联合，合理组织运输，以提高运输经济效益。

加强基础设施建设，改善投资环境和生活环境，对新建市的广元来说，除交通建设外，其他方面也要根据需要和可能，分别轻重缓急，有计划有步骤地进行。邮电通信方面，广元市与205微波干线接口，建设新站，涉及征地、拆迁、供电、专用公路建设等，广元要积极配合，这项工程建成，将显著改善邮电通信。鉴于广元的中心城和其他主要城镇，均属沿江分布，地势较低，因此防洪设施尤其要引起重视。防洪方面，一方面要在市域所有山区强调造林、护林，防止因水土流失而导致河道淤塞；另一方面沿江主要城镇的河堤工程，要放在城市总体规划的重要地位，按防洪堤标准规划，分期分批建设，以保证城市的生命财产免遭洪水袭击。城镇的道路设施、住宅设施、给水排水、公共绿化等，也都要按城市总体规划的要求逐步建设。总的说，经济建设和城市建设要同步发展，而基础建设的超前，将有力地促进经济建设的发展。

（四） 重视智力开发，努力发展文化教育和科学技术事业

新中国成立后，经过几十年的发展，广元的文化教育和科学技术，发生了显著的变化。目前已拥有一定规模的中小学教育，包括一定数量的师资队伍。近几年，在贫困山区普及了小学教育，学龄儿童入学率达到97.5%，年巩固率达到96.2%，毕业率达到92.2%，大体上已接近全省平均水平。此外，农业、职业中学和中等师范教育也有所发展。根据人口普查资料分析，广元每万人口中有大学文化程度的25.6人，高中生312.1人，初中生1 346.4人。根据专门人才普查资料分析，广元拥有专门人才（中专以上学历、技术员以上职称）20 783人。尽管随着文化教育和科学技术事业的发展，以往极端落后的状况有较大改变，可是劳动者文化素质低，人才缺乏，仍然制约着广元经济的发展。

广元每万人口中的文盲与半文盲，占总人口的比重达到28.6%，比全省的23.7%、全国的23.5%都高，而每万人口中有大学文化程度和高中生、初中生的比重又比全省、全国的平均水平都低。专门人才，初级、中级职称的人员多，而高级职称的人员少；专门人才的分布，教育、卫生部门占70%以上，工程技术人员主要集中在几个"三线企业"，农业发展急需的科学技术人员仅占5.9%，其他急需的能源、建材、食品等方面的科技人员非常缺乏。提高人口素质，培养人才，虽然已经引起各级领导的重视，但贫困地区集资办学很不容易，地方财政支出一半要靠财政补贴，而教育经费已超过市财政收入的一半；普通中学的师资每年的补充太少，至今初中教师达到规定学历的仅占22%，高中教师达到规定学历的仅占45.4%；中等技术教育除中师和刚批准成立的财贸学校外，尚无一所中等专业学校，职业高中在校生仅占普通高中在校生的18.8%，大大低于全省平均水平。科学技术方面至今还缺乏专业的科研机构。广元和其他贫困地区一样，经济落后，文化教育和科学技术缺乏自我发展的能力，从而影响劳动者科学文化素质的提高和人才培养，而劳动者素质低，人才缺乏，反过来又制约经济的开发。要从这样的恶性循环解脱出来，势必对智力投资，人才开发要有足够的重视。发展文化教育和科学技术事业，是振兴广元经济的重要基础工作之一。

从现状出发，到20世纪末，广元发展文化教育和科学技术，加强人才开发的基本思路是坚持为社会主义建设服务，为地方经济服务的方针，面向未来，立足当前，既要积极发展，又要量力而行，既要普遍扶持，又要有所侧重，既要依靠本地力量，又要借重外地力量，逐步协调人才开发与经济、科技和社会发展之间的关系，走上健康发展轨道。其主要对策如下：

——继续抓好基础教育，大力加强中等职业技术教育。基础教育和普及科学文化知识，是百年大计，必须重视。广元虽然已经普及小学教育，但亟待巩

固，尤其是极少数地区还没有普及小学教育，普及九年制的义务教育也有待创造条件，付之实行。诚然，振兴广元经济所需的人才，是多方面，也是多层次的。从广元现阶段经济发展水平看，需要大量中、初等层次的专门人才（包括技术人员和管理人员）。可是，广元的教育结构，中等职业技术教育在校生数量少，工科中等专业学校，尤其是一个十分薄弱的环节。从现在起，要采取有力措施，从结构上调整，加快中等职业技术教育的发展，努力为本地脱贫致富，经济建设和社会发展培养适用对路的合格人才。

——采取多种形式，发展成人教育，提高劳动者素质。职工教育的技术培训在于提高广大职工文化技术水平和实际操作技能，职工教育的重点，要从脱产学历培训过渡到岗位职务培训，包括各种技术培训和各种短训。在农村则要因地制宜，以推广农村适用技术为主，与脱贫工作紧密结合，普及农村科学技术知识，有步骤地对农村劳动者进行培训。与此同时，要发展电大、函大以及自修大学，与大城市的成人教育联网，并在各县设辅导站，逐步提高在职干部、职工的素质。

——发展文化教育，要着力充实和提高师资队伍水平。广元发展文化教育，当前要立足于提高现有师资的素质，以业余为主，脱产为辅，加强在职教师的培训工作。现有师范学校，仍然是补充师资的重要来源，要充分挖掘潜力，扩大办学规模。中学教师，争取每年增加一部分统分名额的同时，适当选拔一部分青年委托省内院校代培，以及创造条件在本市建立培训基地，招收部分师专生。提高教学质量，发展文化教育，充实和提高师资，是广元的当务之急，要有统一规划，逐步地加以解决。

——科技发展取向，要以基础技术为主、新、高技术为辅。现阶段广元科学技术的发展，同文化教育一样是非常紧迫的，但又必须与经济发展水平相一致，从现有的基础出发。现阶段广元经济的发展，从专门人才的结构看，更需要大量中、初级科技人员；从技术结构看，更需要大量适用技术。发展基础技术，不仅是广大农村脱贫致富的要求，并且是城乡经济稳步发展的必要条件。这些基础技术，包括农业生产技术、食品加工、保鲜技术、建筑工程技术、建材生产技术以及能源生产技术、交通运输工具修理技术、服务设计生产技术、包装设计和印刷技术、房屋室内装饰技术等。至于城市工业，在进行技术改造和产品更新换代中，有条件的则要采取新技术，以加强产品在市场的竞争力。

——建立和健全农村科技服务体系，积极发展农业科学技术。广元农村脱贫致富，发展开发性农业，农业科学技术的普及是重要前提。有必要逐步地把农业的科研、技术、推广和教育培训等组织起来，合理分工，协调一致，为振兴农村经济提供有效的服务。广元市要加强农科研的建设，各县逐步建立农村科技服务中心,乡逐步建立科技服务站,以及扶持一批农村科技示范专业户,指导农村适用科学技术的推广。

——发展科技网络,集聚科技力量。对广元来说,无论是适应当前的需要还是求今后的发展,发展科技网络,培育本地科技人员,集聚科技力量,始终是十分重要的。要围绕"星火计划"的实施,促进科技网络的发展和科技力量的培养。实施"星火计划",要在发展区域式密集区的同时,发展辐射式密集区。培育科技力量,发展科技队伍,要不失时机地发展多种形式的科研机构,尤其要注重发展民间的科研所和技术经营机构,包括厂办的、集体经营的和个体经营的,走发展科技的新路子。

——借重外地科技力量,发展科学技术。广元依靠科技进步,振兴地方经济,在有计划地培养地方科技力量的同时,要借重其他的力量。它包括两支重要的力量,一支力量是本地"三线企业"拥有的科技力量,通过把科技人员请出来参加某些课题任务,或者送进去,把某些适合厂内完成的课题任务,委托他们完成;另一支力量是外地的科技力量,可提出一批本地经济发展中急需解决的课题,邀请省内外大专院校、科研机构参与或承包,甚至还可以同外地科技力量联合,在本地举办多种形式的科研机构。在本地科技力量不足,科技队伍还未成长起来的时候,借助外地科技力量是完全必要的。要做到这一点,必须制定若干吸引外地科技力量的政策,根据个人的与集体的,在职的与退休的,短期的与长期的不同情况,给予必要的鼓励和优惠待遇。

综上所述,大力加强农业基础,充分利用本地资源发展优势产业、改善投资环境、努力发展文化教育和科学技术等,是广元现阶段积聚力量、打好基础,为起飞创造条件的必要准备。

四、以商兴市是广元当前要采取的重要战略方针

广元经济的振兴,它将同近代产业城市的发展史一样,终于要以工业的兴起为标志,然后,在科技进步的基础上进一步现代化。但是,现今的广元刚刚起步,一个新型的工商业城市还在孕育之中。这里,资金、技术、人才都比较贫乏,城市发展的物质技术基础比较薄弱,尤其是周围农村包括整个"腹地",是商品经济不发达的贫困地区。面对这样的状况,振兴广元经济从何入手呢?以商兴市,"两通"(发展交通、搞活流通)开路,不失为一项可供选择的良策。

广元,秦蜀道上的咽喉之地,古代曾是"一大都会"。虽然随着历史的变迁,几经兴衰,可是由于地理环境所赋予的区位优势,利于配置交通,使它始终居商品集散地的重要地位。在这里,以商兴市,发展交通、搞活流通,不仅

是周围农村并且是整个"腹地"的共同要求。这里的农村贫困，不是穷在物产不丰富上，而是穷在商品经济不发达、社会的闭塞上。近几年，随着市带县体制的建立，打破城乡之间、地区之间的封锁，实行开放，扩大了经济交往。而川北以及川陕甘结合部的许多县、市和地区政府，都纷纷前来设置办事处，其主要职能是联系运输和协调商务。他们搞活经济迫切需要改善外部条件，宣传商品要"窗口"，销售商品要口岸，大宗货物的进出要中转，都寄希望于广元提供条件，搞好服务。广元建市以来，采取积极措施，办交通、畅流通、兴市场，受到欢迎。对广元来说，吸引各地前来经商，万商云集，繁荣市场，势必刺激第三产业发展，成为农村剩余劳动力转移的重要场所，也能为城市居民提供更多就业机会。尤其当前广元起步，资金紧缺，商贸活动提供的积累是一大来源。仅就广元近年的情况分析，在全市社会总产值中商业产值低于其他产业，职工也少于其他产业，而财政收入直接来自商业税利的比重却高于其他产业，达40%以上。可见，以商兴市，它是在当前资金紧缺情况下，投入少、见效快，能加速经济建设的一条重要路子。

以商兴市，发展交通、搞活流通，从根本上说，是重视流通的先导地位，发挥城市流通中心作用，从商品经济运动中介环节突破，围绕市场，组织城乡经济，避免以往在产业发展上重生产轻流通，导致国民经济发展陷入恶性循环带来的后果。抓住流通这一环节，带动工农业生产，乃是促进广元经济稳定而又健康发展的重要途径。实行以商兴市，"两通"开路的方针，其主要内容和要求如下：

——要以大力发展川陕甘结合部的贸易为特色，开拓多层次的市场。发挥市场交换功能，增强商品集散中心的地位，广元市场将以靶环发展模式多层次的发展。其一是市内市场，包括中心城及市域主要城镇，它是广元商品流通的立足点，服务的基本对象；其二是市外市场，它是广元区域性流通中心的重要组成部分，充分利用四川北大门这个口岸，沿铁路、公路和水路的主要通道，扩展同周围地区的经济交往，大力发展转口贸易；其三是省际市场，要充分估计"开放、搞活"形势下商品交换规模和经济技术交流的范围将不断扩大，借助省际市场，把省内丰裕产品推销出去，省内短缺产品采购回来，实行近购远销，远购近销，把广元市场与省外的、全国的市场联系起来。以商兴市，要开拓多层次的市场，而发展川陕甘结合部的边境贸易，具有得天独厚的潜在优势，要善为谋划，放手发展。

——要以商品市场为主，培育和发展多元化的市场体系。适应城乡商品经济发展的客观要求，广元要充分发挥商品流通联结生产和消费的桥梁与纽带作用，进一步发展商品市场，（包括生活消费品和生产资料），促进城乡之间，区内外之间的物资交流。以商兴市,从它的发展看,显然不仅要建设好广元这个传统的商品集散中心,在国家宏观调控下,逐步形成一个开放型、自由购销为主,城乡畅通,区域交流,繁荣发达的商品市场;在进一步发展商品市场的同时,要注意培育和发展其他生产要素市场,逐步建立一个多元化的,能约适应区域经济发展的市场体系。

——要继续发展多种经济成分,平等竞争,相互补充,发展城乡流通网络。充分发挥广元区域性流通中心作用,组织城乡商品经济的发展,逐步建立和扩大城乡一体,区内外结合的流通网落。实现这一目标,要根据不同行业、不同层次、不同渠道和不同环节等诸多特点,发展不同的贸易组织形式和经营方式,还要发展多种经济成分。要满腔热情地支持多种公有制形式的商业,包括允许相互参股,法人承包,企业兼并;要继续发展集体的、合作的商业,适宜于集体商业,合作商业经营的行业和环节,就让它们去经营;还要继续鼓励和引导个体商业以及运销专业户发展。以商兴市,调动各方面的积极因素,建立以国营商业为主体,辅以集体、个体的商业结构,平等竞争、相互补充,是发展城乡流通网络的必要措施。

——要深化流通体制改革,"软硬兼施",增强流通中心的凝聚力。为了发挥以川陕甘贸易为特色的区域性流通中心作用,要"软硬兼施"提高它的凝聚力。即一方面要从实际出发,制定灵活变通的开放政策,提供优质服务,吸引各地客商,前来经商和投资,为客商改善"软环境";另一方面要采取多种方式加强市场建设和相应的交通设施、通信设施、流通设施的建设,为客商提供好的口岸,改善"硬环境"。实行开放政策和改善经商的环境条件,必须结合起来。以商兴市,广元要把深化流通体制改革列为工作重点,成为我省流通体制改革的试点城市。深化流通体制改革,要充分运用放开广元市场价格的有利条件,促进边境贸易的更大发展;要着重抓批发体制改革,增强商品集散功能;要按照"两权分离"原则,在国有企业推行租赁、承包等经营责任制,进一步提高企业活力。

——要采取有效措施,努力提高对外经济贸易的发展水平。在对外实行开放,对内搞活经济的前提下,对外经贸发展水平是衡量一个地区经济发展状况的重要标志。广元对外经济贸易长期徘徊不前,建市以来才有较快发展。可是至今出口收购总额仅3 000万元,低于省内其他地市的发展水平。努力提高对外经贸的发展水平,要立足本地资源,有重点地开发若干项能在短期内进入市场又有长远意义的产品,以启动全局;要从食品、轻纺、化工、机电和冶炼等方面,有步骤地建立出口商品生产基地,保证货源;要制定一套切实可行的措施,为发展对外经贸提供一个良好的政策环境;要更新观念,培养人才和改革外贸体制。广元已被国务院列为贫困开发区，也是经贸部的扶贫点，要充分运用这一有利条件，提高对外经贸发展水平。

总的说，发展交通、搞活交通，是以商兴市的前提条件，而以商兴市则是当前振兴广元经济重要的突破口。这一指导方针付诸实施，还要采取多种形式，包括走文贸结合、旅贸结合、技贸结合的路子。广元自秦以来，即建"葭萌县"（今广元昭化），是川北历史文化古城，又拥有丰富的自然风景资源；以广元为依托逐步建立技术市场，吸引川陕甘大中城市科研机构、大专院校进入市场，经营技术商品，也有较好的条件。三个结合，乃是以发展商贸为中心，相互渗透，相互促进，带动多种产业的发展。广元这个发展中的城市，其周围农村正在从自给半合给的传统经济解脱出来，是贫困和愚昧并存的欠发达地区，冲破封闭的、墨守成规的观念和文化，甚王比发展交通，搞活流通更为深刻。通过以商贸为中心"三个结合"，扩大对外的经济、技术、文化的交往，在城乡传播科学文化知识、商品经济知识，以新的观念、新的文化改变陈旧的观念和文化，为商品经济催生，对广元的社会主义现代化建设有着深远意义。

五、组团结构是广元城市发展的正确方向

以城市带动农村，城乡互补，工农结合，达到共同繁荣，广元要以城市总体规划为基础，有步骤地建设好城市，逐步完善城镇体系，不断提高城镇化水平。城镇化，乃是当代中国经济发展的大趋势之一，广元，现有建制镇29个、集镇29个，以嘉陵镇为核心的城镇网络略具规模，大部分城镇水资源良好，分别拥有初步的基础设施，有一定的社会服务能力，能为发展生产和商品经济服务。但是，从总体上看，按全市辖区面积计算，平均每560平方千米有建制镇一处，密度偏低，而大多数城镇仍处于待开发状态，发展迟缓，城镇体系发育程度不强，具有明显的封闭特征。长期以来，由于实行以行政管理为主的经济体制，少数城镇（县城等）因为是行政机关的所在地，相应地设立各项经济事业机构，它们经常对县、区经济和社会发展作出决策，在此投资也相对集中，逐渐成为县或区的经济、社会活动中心。这些城镇、其交通运输、邮电通信、文化教育和商业贸易等社会服务设施，与其他城镇相比较相对好一些。显然，使这些城镇具有一定规模和较为齐全的社会服务功能，能对地区经济、文化发展起到领导和基地作用，正是由于受行政管理体制影响较大，商品集散、物资流向大都在上、下级城镇间转输运行，而同类城镇之间的经济联系反而不强。"三线建设"中形成的部分骨干企业、重点厂矿。为了解决自身的生活供应等，逐步建成若干工业镇，服务设施的一般水平虽然较高一些，但自成一家。这类

由"三线企业"扩展而成的工业镇，不仅企业办"小社会"，额外负担增重，并且企业与地方经济缺少联系。可见，与商品经济发展相悖的封闭性，是导致广元城镇体系薄弱的重要原因。近几年，随着改革和开放，城乡商品经济的发展，已成为完善城镇体系和提高城镇化水平的强大动力。

建设广元，完善城镇体系，根据各城镇在地域空间的有机分布，大体有四个层次：中心城——县城与重要工业镇——中心场镇和重要乡镇——一般乡镇和村镇。全市以中心城作为经济、社会核心，对外与其他城市和地区发生更多交往，同时在各县城与重要工业镇之间协调配合，使它们的发展各具特色和各有侧重。并依靠交通、信息等联系，组合成为城镇网络的基本骨架，其他各级乡镇，都在城镇网络中具有不同的职能作用和相对独立的服务范围。全市通过星座式的城镇体系，将建立与农村的广泛联系，逐步形成"群马拉车"之势。

中心城的城市规划区，以嘉陵镇为基础，与宝轮镇、三堆镇以及荣山镇共同组成，发展上统一规划、经济上密切联系，布局上彼此分离，其间有主要交通轴线连接，形成多中心的组团结构格局。以嘉陵镇老城一带至宝轮镇的区间可成为城市发展的基轴，沿嘉陵江及滨江公路一带兴建扩展，使铁路客运车站、货站货场与公路车站、水运码头间协调配合，同时扩大横向经济联合，组织城市第三产业，从多方面发挥城镇综合功能。工业布局，则可分散到老城以外和其他主要城镇上去，使中心城交通枢纽和流通中心的功能加强。广元按组团结构规划中心城，既是从实际出发，以现有城镇为依托，充分发挥它们的作用，又可避免目前仿效大城市发展模式造成的盲目性。城市发展中，不少大城市在布局上过于集中，单心放射不断向外延伸，不仅引起城市经济效益下降，并且城市环境效益和社会效益也受到严重影响，矛盾重重。按照那种模式发展起来的大城市，都在为此苦恼而力图摆脱困境，应该说，它也不是新建城市的发展方向。就广元来说，由于"三线建设"等原因，宝轮镇、三堆镇已成为初具规模的工业镇，又与交通要道相连，有较好的条件以老城区为中心，联系相近的工业镇，形成一个既有集中又适当分散的布局，无论从经济效益还是环境效益、社会效益，都是比较合理的。

建立以中心城为核心，县城和重要工业镇为骨干，中心场镇和重要乡镇为纽带、乡村场镇为基点的城镇体系，同时，依托城镇群体，对内对外开放，发展广泛的经济和技术的横向联系，使具有较强的辐射和吸引能力。完善城镇体系，要有步骤有重点地进行，现阶段着重要规划和建设二级镇——县城和重要工业镇，包括剑阁县—普安镇、苍溪县—陵江镇、旺苍县—洪江镇，青川县—乔庄镇以及嘉川镇、元坝镇、普济镇等。这些城镇大体上沿河谷地带和主要交通干线分布，城镇间要继续加强联系，相互依托，合理开发和利用本地资源，使城乡生产力不断发展，市场进一步活跃，逐步形成次一级的地区性经济和社会活动中心；与此同时，要依托这些城镇，沟通流通渠道，发展流通网络，与中心城之间互为市场，互补优势，使城镇经济能够比较协调地发展。除二级镇以外的其他乡镇、村镇，现阶段要根据不同的情况，积极改善交通条件和加强市场建设，发展一批乡镇、村镇的生产企业和商业、服务业，为场镇经济积聚力量。建设广元，完善城镇体系，加强城镇建设，要注意研究以下几个问题：

第一，要认真研究符合本地实际的城镇化道路

城镇建设的重要性，已经越来越被人们所认识，但是按现代化建设的水平，城镇建设所需资金相当大。无论是由国家投资还是由地方自筹，都不可能完全由一方承担。即使国外比较发达的国家，大都是由国家投资，地方政府拨款和受益者集资等方面结合起来解决的。这就是说，它涉及在城乡经济发展基础上，社会投资有多大能力，必须深刻认识广元的实际，从实际出发，确定城市建设逐年的规模等问题。

第二，要经过充分论证制定一个城市总体规划

制定一个有长远设想与近期安排相结合，又具有"弹性"的总体规划，以协调各方面建设，避免各搞一套，各行其是，重复建设等浪费现象。城市总体规划一经批准，就要维护其权威性，这一点，在广元非常重要。所谓"弹性"规划是指突出城镇功能分区，合理布局，又能在建设中留有发展余地。应根据全市经济社会的发展战略，农业区划及城镇体系布局等，经过科学论证，确定城市、城镇的性质，规模和发展方向。每个建设项目的安排，要考虑最大限度发挥经济效益，同时注意节约用地，合理布局，努力做到经济效益、环境效益和社会效益的统一。

第三，要在中心城由政府指派的开发公司实行统一开发建设。

按照广元城市规划确定的近期建设区，要进行统一征购、统一拆迁安置、统一开发。对经过批准的企事业单位的生产用地按开发价格销售，对住宅及住宅区内配套设施、生活服务设施等。由开发公司统一组织建设，再由计划部门统一出售，把房屋、土地联系起来，把城市基础设施建设的效益与投资回收联系起来，以扩大地方财源。这也是值得研究的问题之一。

第四，要争取按大城市比例征收城市建设维护税。

由市政府组织专题，研究有关征收土地使用费问题，逐步实行有偿利用城市土地，而对外地客商投资，有偿利用土地也可制定优惠政策。与此同时，城市公共设施，也要研究一套有偿使用的办法。

总的来说，加强城镇建设，既是当前非常重要的任务又是必须长期努力才能完成的任务，尤其需要群策群力，"人民城市人民建"仍是一项重要方针。

六、 规划广元经济区，分层次辐射发展

鉴于广元的战略地位，它对开发川北，繁荣川陕甘结合部的城乡经济，具有不可推卸的责任。广元在川陕甘结合部的经济中心地位，也是在对相应地区经济辐射和经济吸引的过程中，逐步形成和不断加强的。改革和开放，打破条块分割和地区封锁，发展横向经济联系则是中心城市发挥应有作用的前提。就广元中心城市在这一地区发挥作用，将大体上分为如下三个层次辐射：

第一层次，广元市域，即现在市带县的行政区辖范围，包括旺苍、苍溪、剑阁、青川等4个县和市中区；

第二层次，广元"腹地"，即广元经济发展依存的主要区域，包括南江、巴中、平昌、通江、旺苍、苍溪、阆中、南部、仪陇、青川、剑阁、文县、武都、略县、宁强、南郑等16个县和广元市中区；

第三层次，川陕甘毗邻的广大地域，大体上是广元、绵阳、天水、宝鸡、平凉、庆阳、陇南、汉中等8个地区、市的行政区辖范围。

从广元中心城市与其周围地区的经济联系紧密程度分析，第一层次的广元市域范围，事实上是广元"腹地"的一部分，由于市带县体制的确立，在全市统一计划指导下发展经济，使它成为与中心城市经济联系的紧密层。第二层次的广元"腹地"，虽然它是广元经济发展依存的主要区域，与中心城市的经济联系十分密切，但是由于体制上的原因，目前只能成为联合层。第三层次的川陕甘毗邻广大地域，与广元传统的经济交往非常频繁，又是南往北来，东进西出的必经之地，特别由于新中国成立后川陕甘毗邻地区工业的兴起和近几年城乡商品经济的发展，经济联系有了进一步加强，使它成为中心城市的协作层。

从广元中心城市与周围地区经济联系的不同情况，为了进一步完善市带县体制，他们把建设以广元中心城为核心，星座式的城镇体系带动市郊农村为目标，已经做了许多工作；同时，他们与川陕甘毗邻8个地、市，以及兰州、宝鸡、成都、安康4个铁路分局共同组成颇有特色的"经联会"，也做了卓有成效的工作，这些都是非常必要的。现在，分层次辐射发展，要进一步加强广元与自己"腹地"的经济联系，抓中心城市联合层的工作。积极创造条件，把规划广元经济区提到议事日程上来，以广元市为依托，联合"腹地"16个县1个区，规划的广元经济区，它将成为我省的二级经济区。广元经济区，仅据我省省内部分统计，约有人口860万，土地面积34 514平方千米，工业总产值16亿元，农业产值24亿元。规划广元经济区，是为了中心城市能更好地为区域经济服务。采取更为有效的措施，发展中心城市与"腹地"的经济联合，包括多种

形式的经济联合体，把城市经济与区域经济结合起来，逐步形成地区经济优势。发展中心城市与"腹地"的经济联合，既符合中心城市的利益，也符合各县区的利益。它是争取城乡经济共同繁荣，形成强大经济实力，跻身国内市场乃至国际市场的重要途径。

规划经济区，目前国内尽管有多种类型，但大体上是两种方式：一种是由上而下进行组织，由国务院或省政府授命规划办公室，着手规划工作；另一种是由下而上联合，由各地政府协商、讨论，产生相应的机构，承担组织规划的任务，人们曾称之为"地方国营"的经济区或经济协作区。规划广元经济区，在省政府没有授命的情况下，通过协商、讨论，与各方发展联合，形成"地方国营"式的经济区，应该是目前可取的方式。

分层次辐射发展，大力发展横向经济联合，近几年广元市已经在实践中积累了不少经验，值得很好总结。当前要进一步研究以下几个问题：

第一，进一步完善政策体系的问题。

近年来，广元市政府就鼓励横向经济联合制定了一些政策，各县也相应地制定了若干具体政策，取得了成效。现在要进一步把经济联合扩展到促进经济区的形成和发展，将更多的涉及各方面利益，会更复杂一些。其他地区的经验都表明，能否坚持平等互惠的原则和开诚布公的协商办事，至关重要。发展横向经济联合进入一个新的阶段，如果没有正确的认识和政策上的完善，就不会有经济区的形成和发展。

第二，与重点建设和改造项目结合的问题。

横向经济联合，经过提倡和鼓励，广元近几年已经与外地客商洽谈，签订和发展了一批项目。但在不少场合往往意向性的协议多，落实兑现的少，成效显著的也不太多。现在的问题是，当经济发展规划提出了产业结构、产品结构调整的方向，以及现有企业制订了技术改造的计划之后，发展横向经济联合就要围绕和突出若干重点项目，促使它们能够取得效果而影响全局。当然，重点建设项目，技术改造项目也要分期分批付诸实施，这将是一个组织的问题。

第三，促进技术商品化的问题。

广元发展横向经济联合，相对地说，在物资协作、贸易联营等领域多一些，而联合开发要少一些，即使在交易会期间，技术商品的成交额也相当小。总之，技术市场不发达，技术商品化是一个薄弱环节。诚然，这种状况是同整个经济发展水平分不开，也同当地拥有较高技术的企事业至今处于封闭运行分不开的。进一步发展横向经济联合，要注意以技贸结合为指导方针，采取灵活多样的形式，培育技术市场，吸引外地技术商品流入，同时，从改革入手，鼓励和推动当地高技术企事业的民用技术商品进入市场。

第四，立足川陕甘结合部面向全国的问题。

川陕甘结合部地区是广元中心城市发挥作用的主要舞台，但是从发展来说，还要积极发展与"三北"（西北、华北、东北）地区和沿海地区的经济联系、经济联合。广元近几年与上海联合开发服装生产、与新疆联合开发葡萄酒生产等项目已经开始，通过联合开发引进技术，形成产业，是内地城市较快地发展经济的一条捷径。广元不少种类的农副土特产品也有相当的优势，以及随着一些原材料工业的发展，将成为与沿海地区加强经济技术交往的重要内容。充分利用自己的优势，进一步发展与"三北"地区、沿海地区的经济联系、经济联合，提高开放度，是广元市努力的方向。

七、广辟财源，搞活资金，解决城乡经济发展"瓶颈"问题

广元是一个新建市，同时，又是一个在贫困地区的城市。建市以来，由于经济发展水平比较低，商品经济还不发达，以及现有工业企业的盈利水平普遍不高，不仅百废待举，地方财政收不抵支的状况也相当突出。广元是市领导县的体制，全市财政收入，1986年仅7 591.02万元，相当于当年财政支出的51.59%，其余要由省上补助，所辖的5个县（区），有4个靠补贴过日子。资金缺乏严重地制约了城乡经济的发展。

除预算财力外，广元市城乡经济发展的资金还有预算外财力、银行和信用社贷款、来自上级主管部门的各种专项补助、通过横向联合或其他方式的各种引入资金，以及城乡集体所有制企业、城乡个体劳动者和居民、农民的资金和劳动积累。据建市以来1985年和1986年两年统计，全市每年投入的全民所有制及城乡集体和个人的固定资产投资，平均每年为37 727万元，预算财力年均投入仅1814万元，只占投资总额的4.81%；预算外财力为3 234万元，占8.57%；各种专项补助及引入资金为数也相当有限。因此，银行及信用社贷款和集体及个人的资金和劳动积累，是建市两年中投入建设资金的主要来源。今后，随着各项改革措施逐步完善，预算外财力的势头将会减缓。解决资金问题的主要途径，应在用好用活有限的预算内外财力的同时，把着眼点摆在城乡集体所有资金和劳动积累，以及银行及信用社贷款上。除此之外，要力争外援，在可能和可行的前提下，争取各种专项补助和引入资金。即使这样，据预测，到20世纪末，全市规划期内从上述各个方面可以获得的固定资产资金来说，约为459 256万元；同一期间，所需全社会固定资产投资约为539 727万元，缺口为15%左右。按需求量计算平均每年40 979万元，相当于1986年全市财政收入7 591万元的5.4倍。在经济发展水平不高，自身积聚能力又十分有限的情况

下，要缓和资金供需矛盾，在经济建设和城镇建设上坚持量力而行，尽力而为，以求稳步发展，就显得更加必要。

资金不足是广元经济建设和城镇建设的"瓶颈"之一。解决资金问题的对策，应当根据资金来源，从资金投向、集资方式等多方面通盘考虑，在面向市域综合平衡，区别轻重缓急，兼顾各方需要的前提下，广为开辟财源，积极搞活资金，把提高经济效益和搞好调节融通作为基本出发点，并着重研究和解决好以下几个问题：

第一，要统筹兼顾，合理安排，加强综合平衡。

广元在起步阶段资金可供量和投资需求之间矛盾突出，能否充分利用有限财力进行经济建设和城镇建设，重要的是根据这一阶段经济发展的战略部署和战略方针，统筹兼顾，合理安排，达到综合平衡。广元经济农业的比重相当高，贫困农户的面相当大，靠财政补贴的农村县又占多数。如果农村不能较快地脱贫致富，县区经济始终摆脱不了被动局面，市财政的活力也就不能不受到严重制约和影响。因此，在搞好综合平衡的前提下，兼顾城与乡、市与镇的迫切需要，相对集中资金力量，有计划有步骤地把有限的资金，安排用于县区的资源开发和主要城镇建设，是财力分配上应当注意解决的首要问题。针对全市产业结构不合理的严重状况，财力分配还要注意促进产业结构的合理调整，充分考虑轻工业发展，以及一批地方工业的技术改造和改善商业设施的必要投资。鉴于目前城乡集体企业和个体企业的发展，处于比较低的水平，还需要进一步扶持和鼓励，以提高经济效益，增加财源。城镇建设方面，急需建设的项目多，投资需求大，更不宜过多铺开摊子，必须注意相对集中财力，分期分批逐步解决。

实行统筹兼顾，合理安排，势必要调整财力的分配结构。预算财力分配结构调整的重点是在全市财政支出总额中，应在一定限度内逐步扩大各县所占的比重；力求生产建设性支出所占的比重上升；农业以及同地方经发展关联度比较高的轻工业、城镇基础设施等支出的比重也相应提高。

第二，要有效地组织社会财力和资金的横向融通。

目前，随着各种专项财政基金的建立，预算外财力的增长和综合财政工作的开展，财政信用正在逐步扩大。根据广元实际情况，可以考虑在市一级建立以财政为主体或财政、银行联合举办的信托投资公司。现有的财政支农基金和各种有偿使用的财政专项基金，以及事业、行政单位和企业及主管部门专户存储的预算外资金，均可作为信贷存款，纳入信托投资公司信托业务范围，成为发放信托贷款的资金来源。信托投资公司应成为经济实体，并积极扩大信托业务的范围，除吸收信托存款、发放信托贷款外，还可根据需要，按照规定承担各项债券和地方债券的发行,办理贴现及贴息贷款等业务,积极参与引入资金的中介工作和各类横向融资的工作。县区一级也要进一步搞好预算外资金,财政支农基金和各种有偿使用的资金的使用管理,统筹安排和调剂融通的工作,从而有效提高这些资金的使用效益。

第三,要进一步完善资金市场,搞活资金。

广元是贷大于存的地区,1987年建立资金市场后,短期融资得到较好开展,拆入大于拆出,从外地拆入的差额经常保持在1.5亿元左右,在一定程度上弥补了贷款资金来源的不足。为适应中、长期融资和大额资金引进以及贷放的要求,可参照外地行之有效的经验,经过必要准备,建立银团组织。在条件成熟的时候,还可逐步建立银团和企业集团的联合,由银团向企业集团投资入股,发展当地的优势产业。进一步完善资金市场,除现在已经形成的行际间资金融通外,还可发展商业信用和民间信用,在更大范围内融通资金。

第四,要深化各方面的改革,提高经济效益。

进一步搞活企业,提高现有企业的经济效益,以增加财源,这对广元来说尤其重要。广元市全民所有制企业的经济效益较差,是一个突出的问题,1986年全市工业企业销售利润率平均仅1.05%,较全省平均8.49%的水平悬殊。许多企业的经营管理水平不高是明显的,当前深化企业改革,要把提高现有企业的盈利水平放在十分重要的地位。近年来,工业企业推行承包经营责任制,已经取得初步成效,但由于承包基数偏低,不利于调动企业各方面的积极性,有进一步完善的必要。引入竞争机制,深化改革,还要推行到市属以外企业和城乡集体企业。

除深化企业改革之外,充分发挥现有企业作用,搞活一批"三线企业",以及更加有效地发挥广元流通的优势,增进经济效益,都是改革方面的重要课题。与各方面的改革步骤相适应,市与县(区)以及县乡之间的财政体制也应进一步改革和完善。

第五,要挖掘资源潜力和重视劳动积累。

广元社会资源贫乏,同时又有相当一部分人才、设备滞积在少数大中型企业内。深化改革要采取适当而有效的措施,把潜在的资财动员起来,使其在当地经济和资源开发中发挥作用。近几年,广大农村采取民工建助、以工代账等修建公路,颇有成效。通过劳务积累解决资金不足,是贫困地区促进经济开发、场镇建设等行之有效的途径,尤其值得重视。

解决城乡经济发展资金供需的矛盾,广辟财源和搞活资金是两个重要环节。广辟财源主要是富民裕县和搞活企业;搞活资金则要完善资金市场和加强资金融通。这两方面,广元已经有了一些经验,在深化改革中总结实践经验,完善各项措施,有条件了也有可能解决这一"瓶颈"问题。

（本文是四川省"七五"社会科学规划重点项目研究成果。研究报告经省科联和广元人民政府召开的专家评审会议通过。报告发表在《广元建设方略》一书,该书由西南财经大学出版社于 1989 年出版。该项研究报告 1990 年获四川省人民政府优秀科研成果奖（二等奖）。本课题组成员有龙光俊、崔新桓、何传贵、丁家学、杨超群、张驰等 12 人,研究报告由过杰执笔完成。）

进一步完善市领导县体制

我省从1983年以来，通过地市合并、撤地建市或调整省辖市的行政区划等途径，在11个城市先后推行了市领导县体制，初步形成以城市为依托发展区域经济，组织社会主义建设的格局。以城市为中心，由市领导县的地区，虽然辖区面积只有全省的1/4，可是，人口却占全省的一半多，工农业总产值、社会商品零售总额以及财政收入等，几乎都占全省的3/4左右。也就是说，它们是省内经济比较发达或相对发达的地区，在全省经济社会发展中有着举足轻重的作用。这些地区，经过少则4年、多则6年的实践，现在对实行市领导县体制进行回顾和反思，是非常及时和必要的。对此，我提出几个问题，同大家一起讨论。

第一个问题，对几年来推行的市领导县体制的评价

1983年和1985年，我省分两批推进市领导县体制，它是适应经济体制改革的要求而进行的行政管理体制改革。从农村来说，1980年以来，越来越多的地区实行联产计划生产责任制，继后又实行"双包"的家庭承包责任制，并逐步成为普遍的形式，与此同时，富有进取和创造精神的各类专业户，又改变"小而全"的生产经营方式，分工分业，综合经营，朝着专业化、社会化的方向发展。由于农村自给、半自给的自然经济同商品经济转化的势头，与按照行政区划和行政系统管理的旧体制之间矛盾越来越突出，农村到处出现"卖难"和"买难"的现象。"卖难"和"买难"，不仅表明适应农村商品经济的发展，流通体制的改革非常必要，还要求城镇特别中心城市在组织和发展商品生产、商品交换中起到应有的作用。从城市来说，早在1978年开始，扩大企业自主权的试点逐步扩大，实行责、权、利相结合的经济责任制，使企业注意经营，重视改造，讲求效益，带来了活力。企业扩权试点突破过于集中的，以行政管理为主的、忽视市场调节的经济管理体制，产生了同行业之间竞争和企业之间要求发展横向联系，即经济联合的趋势。集中起来说，这就是无论农村还是城市，经济体制改革的推进，都迫切要求打破城乡之间、城区之间、部门之间的分割和封锁，按照经济发展的内在联系组织各方面的经济活动。在这样的大背景下，说明推行市领导县体制，虽然是行政管理体制的改革，但绝不是出于偶然的动

进一步完善市领导县体制

机,而是城乡商品经济发展的共同要求。在我省推行市领导县体制的时候,也还考虑了历史条件和现有的管理水平,在撤地建市,由市领导周围的县,适当地划小行政区划,而原有的省辖市经济实力比较强,则相应地扩大行政区划。

推行市领导县体制的地区,尽管有"小马拉大车"或"木马拉小车"之说,但是"拉车"的愿望是共同的,"拉车"的必要性也是肯定的。实行市领导县体制后各方面发生的变化,各地有许多翔实的调查材料,已经进行了很好的说明。据我的观察,必须肯定的有以下几方面:

一是从流通开始,初步形成城乡相互开放的商品市场为特点,逐步地促进了以城市为中心的经济网络的发展。

二是以交通、通信为重点,不断地完善城市的基础设施建设,有力地加强了中心城市以及主要城镇的功能,投资环境相应改善。

三是从市场、技术、资金等方面,积极改善农村经济发展的外部条件,有利于促进开放型农村商品经济的格局。

四是优势互补,城乡结合,有利于解放生产力,促进区域经济的协调发展,提高人民的生活水平。

以上的变化表明在改变城乡分割、地区封锁和抑制商品经济发展的状况,充分发挥城市在组织经济方面的作用,实现城乡经济一体化,迈出了重要的步伐。至于在某个城市它起作用的状况,则与指导思想是否明确,经济实力是否雄厚,具体政策是否对路,组织实施是否跟上等多方面有关系,有主观上的原因,也有客观上的原因,不尽一致。

诚然,评价市领导县体制,我们也不能回避出现的新问题新矛盾。比如,在目前地方财政包干的情况下,某些地方政府往往自觉不自觉地以利益主体身份出现,如果经济关系应该理顺而没有理顺,就会产生矛盾;在经济实力不太雄厚的城市,虽然改革的方向对头,但"马力"不足,而经济实力势必有一个逐步提高的过程,在没有提高之前也会产生矛盾。市领导县尽管是适应经济体制改革而产生的,但市领导县体制不是一切,如果领导县体制建立后,还没有充分运用有利条件,深化经济体制改革,促进生产力发展,也会产生矛盾。总的说,我们认为几年来推行市领导县体制所起的积极作用是必须肯定的。而市领导县体制建立后,还有大量工作要做,要进一步完善,否则就不能达到预期的目标。

第二个问题,关于城市经济与区域经济的关系

市领导县,在辽宁省和江苏省有较早的历史,至于省内的成都、重庆、自

贡等市，20世纪70年代也曾几经调整行政区划，把一些毗邻的县（或区）纳入市管辖。比如，成都市经过多年酝酿，于1976年将双流县、金堂县和简阳的洛带区、仁寿的籍田区调整入成都市的行政区划。不过，当时的背景是在农村商品生产受到抑制，城市副食品供应又比较紧张的情况下实施的，是为了改善城市副食品供应。而1983年实行市领导县体制，是在贯彻执行对外实行开放，对内搞活经济的方针，农村从自给半自给的自然经济向商品经济转化的势头越来越突出，城乡关系发生了很大变化的情况下提出来的，是为了促进城市的开放，发挥城市经济中心的作用，发展商品经济。现在对市领导县体制，通常算"市管县"者有之，称"市带县"者也有之。以我之见，党的十一届三中全会以前，行政的色彩十分浓厚，似乎"市管县"比较确切，而党的十一届三中全会以后，强调城市组织经济方面的作用，"市带县"就反映这种经济上的涵义，但要完整地表达这项改革的内容，称"市领导县体制"是更为确切的。

党的十一届三中全会以来，党中央领导全国人民建设有中国特色的社会主义，在实践中，不仅明确要走一条新路子，同时，还提出了社会主义现代化建设要以城市为中心的重要战略思想，并强调要以经济比较发达的城市为中心，带动周围农村，统一组织生产和流通，逐步形成以城市为依托的各种规模和各种类型的经济区。当然，实行市领导县体制与建立以大中城市为依托的经济区还不能等同，但要求我们从新的形势去认识市领导县体制。就是说要避免以往"就城市论城市，就农村论农村"的陈旧观念，决不能以为城市或农村可以孤立地发展自己，而是要从城市化的客观进程去认识，从城市经济与区域经济的依存关系上去树立城乡经济一体化的指导思想。

城市化，它是从近代工业兴起而开始的普遍现象，是世界性的历史进程，任何一个国家或地区，随着工业化的发展，都要出现乡村城市化的进程。而城市化则是一个国家或地区经济发展水平的重要标志。世界各国的实践表明，城市化的水平（城市人口占总人口的比重）与人均国民生产总值成正比，经济发达的国家一般都有较高的城市化水平，欠发达的国家城市化水平都比较低。我们国家城市经济在国民经济发展中的地位和作用，势必随着工业化城市化而越来越重要，充分体现它的主导地位。

但是，正像工业的发展离不开农业的基础一样，城市的发展、城市经济的繁荣必然依存于它的腹地。所谓腹地，仍是与某一城市具有较为长期的、稳定的、密切的经济联系的区域，是这个城市形成和发展的区域基础，也是城市经济辐射和吸引的范围。城市腹地具备的特定条件包括历史的、地理的、经济的、人口的等，都将对城市的经济结构和空间结构等产生决定性的影响。如果忽视城市经济特别是工业的发展与腹地的农村经济之间联系，生产力配置造成二元结构的强烈反差，将不利于腹地经济的开发。我们进一步从区域经济的角度考察，四川的面积达几十万平方千米，人口也相当多，地区之间的经济发展很不平衡，势必要根据发展的不同条件，以及考虑历史的、环境的、经济的诸多因素，对国土开发进行分区规划。区域经济的发展，城市是"增长极"、"发展极"，是经济中心，其地位十分重要。要依托城市把现代的文明扩散到乡村，改变乡村的传统生产方式和生活方式；要依托城市组织城乡商品经济的发展。显然，如果缺乏有相当经济实力的"增长极"、"发展极"，缺乏有相当组织程度的城市经济，区域经济要较快地开发，也是不可能的。我们认为，在新旧体制转换的现阶段上，市领导县体制建立，认识上要切忌片面性，应该树立区域观念，从城市经济和区域经济的统一，发挥它应有的作用。

第三个问题，中心城市的功能建设与区域性城镇体系的完善

大家知道，中心城市一般都是以一定的经济实力为依据，具有相应的经济功能，并对它的关联地区产生"效应"，就一定的区域经济而言，城市是它的"增长极"、"发展极"。工业的发展是城市作为"增长极"、"发展极"的实力基础，同时，城市作为"增长极"、"发展极"对周围腹地通过生产要素的聚集、扩散和转化，从而带动区域经济发展，聚集、扩散和转化的功能主要依靠贸易、金融、信息、咨询、科技、文教等第三产业。加强中心城市的功能建设，工业的发展是重要的，但以往是只强调工业中心的建设就有片面性，近几年比较注意城市基础设施建设，通畅进出口的通道、建设交通枢纽，成效显著，这必须肯定。现在，认识上还必须明确，加强第三产业的发展，催化生产要素市场的发育，是使现有城市充分发挥"增长极"、"发展极"作用、发挥经济中心作用的关键之一。毫无疑问，市领导县体制的建立，要把加强中心城市的功能建设作为一项重要任务。这里，还要注意的是，加强中心城市功能建设，发挥中心城市作用，对每一个城市要充分考虑自己的特点，综合发展的城市与专业化城市不同，交通枢纽城市与工业基地城市也不一样，等等，要因城而异。

当然，在区域经济发展中，"增长极"、"发展极"按其规模、功能、辐射和吸引的范围不同，客观上形成多层次结构。中心城市是一定区域的"增长极"、"发展极"，中心城市周围不同规模的城市、城镇、集镇，也都是相应区域不同层次的"增长极"、"发展极"。因此，区域经济的发展，要把中心城市的功能建设和区域内城镇体系的完善统一起来考虑，在这个问题上也要防止片面性。只强调中心城市的功能建设，忽视城镇体系的完善，忽视有步骤改善城镇、集镇的功能建设，是一种片面性；只强调某个城镇经济实力相对强一些，

以为可以离开以中心城市为依托的城镇体系发展自己,是另一种片面性。为了促进区域经济的发展,城乡经济共同的繁荣,一些城市强调城乡一体,通盘考察,统筹规划,合理布局,在加强中心城市功能建设的同时,重视周围城镇、集镇的规划和建设;另一些城市强调发挥中心城市辐射功能的同时,以市带县,以镇带村,一层带一层,推动城乡经济协调发展,他们称之为依靠城镇体系"群马拉车",这些思路应该说有一定道理,对我们有启示。

在这个问题上,我们还要进一步探讨,从城乡商品经济的运动考察,城市、城镇、集镇的经济活动,都是与市场密切联系的,城市是一个大市场,以中心城市为依托的城镇体系,它是由规模不同、层次不同的市场组成的。市场的发育程度如何,商品及生产要素的流通是否顺畅,以及区际的贸易状况,将对城市经济、城镇经济和集镇经济,乃至整个区域经济的发展起阻滞或推动的作用。中心城市,一般地说,它是区域市场的依托,然而,区域市场的形成和发展,一方面要凭借城镇、集镇等不同层次市场的支撑和市场网络的形成;另一方面要不断改善区际之间的贸易,谋求全国统一市场中的地位逐步增强。由此可见,从市场的角度,尤其是区域市场的形成和发展,不仅认识上要明确开放是城市的生命线,采取相应的政策,并且要有步骤地完善城镇和体系,包括必要的功能设施,建设、提高商品及生产要素在城市、城镇集镇以及区内外传输的能力。

第四个问题,中心城市的经济职能与政府管理职能的区分

中心城市,由于商品生产和商品交换的不同规模,经济联系的不同范围,构成它在国民经济发展中具有全国的意义或者区域的意义。这就是说,并不是只有全国意义上的城市才称得上中心城市,它也是分为若干层次的。不过,经济比较发达的大城市,具有全国意义或者它们是基本经济区的依托,其地位尤其重要,是国民经济的枢纽。一般地说,中心城市依靠一定的区位优势,占有一定的地域空间,拥有一定的经济实力和相应的规模,这样的中心城市,它们不仅是生产基地或者一般意义上的经济活动场所,而且具有组织协调国民经济活动的经济中心的作用。具体地说有如下几个方面的内容:

一是由于中心城市生产集中,部门较多分工发达,技术先进,经济联系广泛,使它成为在社会化大生产基础上组织专业化协作的据点;

二是由于中心城市交通四通八达,商品交换频繁,商业服务完善,经济信息灵通,市场导向和商品集散的功能都比较强,使它成为组织商品流通的中心;

三是由于中心城市经济发展水平比较高,有长期的技术积累,科学技术人员和文化、教育人才相对集中,便于生产、科研和教育的结合,使它成为提高

科学技术水平和发展文化教育事业的基地;

四是由于中心城市商品生产和交换比较发达,经济现代化进程相对快一些,自身经济活动集中,对外经济网络成熟,使它成为国民经济活动的重要枢纽。

总之中心城市的经济职能是国民经济发展的客观进程所决定的。

实行市领导县体制,其改革的出发点和归宿,是为了充分发挥中心城市的作用,促进城乡经济一体化,发展社会主义商品经济。从改革的目标看,市领导县体制的改革和中心城市的经济职能是一致的。然而,管理经济作为城市政府管理职能的一个组成部分,要受到行政管理体制自身的制约。比如,中心城市依其一定的经济实力、经济辐射和经济吸引密集的区域,形成经济区,而中心城市的政府管理经济则以行政区划为依据。现在市领导县的范围——行政区与经济区并不是一致的,如果不了解这一点,或者虽了解这一点却缺乏相应对策,就会在发挥城市作用的同时,又限制城市的作用并形成新的"块块"。有不少中心城市提出分层次辐射,采取不同对策,促进经济区的形成和发展,这样的构想对我们应该是有启发的。又比如,行政区(市域)范围内,城市政府与县(区)政府就管理经济的职能而言,它们是两个主要的层次,在市领导县体制下,管理经济的职能分工是否合理,关系着中心城市及其城镇体系的作用能否很好发挥,不少城市的实践,已经注意改变以往管理权限过于集中,扩大县(区)的管理权限,这无疑是必要的。但管理权限适当分散的合理界限如何确定,还有待进一步研究,这个问题解决不好,有可能削弱中心城市的作用。再比如,城市政府与县(区)政府在管理经济职能有了明确分工的前提下,在行政区(市域或县域)范围内是否就可以强调行政手段,显然也不允许。发挥中心城市的作用,逐步形成经济网络,势必要根据经济发展的内在联系,更多地采用经济手段,因势利导,才能实现。除了以上这些问题,从改革的前景出发,我们还必须充分估计在政企分开的情况下城市政府的管理职能如何行使,以促进中心城市作用进一步发挥。

(本文原载于《经济问题论坛》1989年第5期)

我国城市经济结构合理化的探索

城市经济结构合理化,是我国城市经济学的学者近几年致力于探索的重要课题之一。充分发挥中心城市作用,城市自身经济结构的合理化与城市对外联系的网络化,是相互联系、相互促进的。城市经济结构合理化,既是一项迫切的任务,又有着广泛的内容。本文将从理论和实际的结合上,对我国城市经济结构合理化的基本问题,提出自己粗浅的见解,供大家研究。

一

城市产生、发展和变化的主要过程是经济发展的过程。近代以来,工业社会的城市是社会先进生产力凝聚的存在空间和多项经济活动聚集的场所,这就使城市经济结构特别是产业结构的研究,成为揭示城市经济规律性运动的重要环节。可是,多年来城市结构特别是产业结构的问题,并没有引起我国足够的重视。1978年党的十一届三中全会以来,贯彻执行"调整、改革、整顿、提高"的方针,走经济建设的新路子。改变片面强调发展速度,忽视经济效益的倾向,把提高经济效益作为考虑一切经济问题的根本出发点,城市经济结构合理化,也就顺理成章地摆到大家面前。

城市经济结构,特别是产业结构,在我国以往的城市经济发展中,通常被认为是国民经济发展的主要比例关系,就是每个城市经济发展要遵循的比例关系。因而全国经济发展的战略重点,也就是每个城市经济发展要确保的重点。这样的认识,不同程度地导致经济工作中的某些混乱。诚然,从国民经济范围考察,城市经济是整个国民经济的重要组成部分。可是,城市经济结构和国民经济结构,既有联系又有区别。建立在社会化生产基础上的国民经济体系,是一个社会劳动分工的体系。展现在我们面前的这个体系,在一般分工和特殊分工的场合,产生了国民经济的部门结构和产业结构;在个别分工的场合,产生了企业(内部)结构;在地域分工的场合,产生了地区经济结构等。在国民经济这个多层次的分工体系里,城市经济结构是地区经济结构的特殊形态。

城市经济结构的特点之一是相对独立性。纵观整个国民经济,分门别类的产业在发展中形成一系列部门经济体系,而由于一批产业部门和企业以相当规模聚集在一定的地域空间,则形成相对独立的城市经济体系。城市,它处在国民经济活动纵向的部门经济体系和横向的地区经济体系的结合部位上。这种特殊位置，给城市经济结构造成纵横交错的格局，使它既不同于部门经济结构，又与地区经济结构有差异。

城市经济结构的特点之二是地域性。城市经济结构依存于一定的地域空间，它的形成和发展受到地域条件的制约。在一般情况下，相当规模的城市经济及其人口的聚集，都要以特定地区内各项条件的满足为前提。从城市产业发展过程分析，随着社会分工的发展和商品交换的扩大，以及不同地区之间的交换促进了地域分工，这种地域分工的形成，即社会生产的逐步专业化和社会化，既是商品经济充分发展的体现，又反映一个国家经济现代化的状况。

城市经济结构的特点之三是组合性。城市经济的各个部门、各个企业在一定地域空间内聚集，不是机构地凑合在一起。它们聚集以及发展，取决于相互依存、相互促进的各部分彼此协调，还要有保障城市经济正常运行的一系列公共设施，形成一个内部互补、内外交流的整体。城市经济是在多方面、多层次的构成要素及其合理组合的状况下发展的。

二

回顾城市发展史，在18世纪70年代开始的产业革命（工业革命）推动下，以大机器工业为主体的城市不断涌现，中世纪的传统的城市不同程度地被改造。近代工业的兴起，不断地改变着社会经济生活的一切方面，对城市经济的发展尤其具有决定性的意义。由产业革命开始的世界性城市化进程，在中国也不例外。不过，在半封建半殖民地的旧中国，受政治经济条件的制约，城市化的进程是缓慢的，甚至也是畸形的。中华人民共和国的成立以后经历了国民经济的恢复，开展有计划的经济建设，逐步走上社会主义工业化的发展道路，城市化的进程才有了一个新的开端。

一个国家或地区的产业都相对集中在一些城市，产业的形成、发展及其构成是城市经济的主要内容。产业结构是在一般分工和特殊分工基础上发展起来的，即按产业部门分类的社会生产结构。城市产业结构的状况，一方面要受城市自身和城市所在区域条件以及需求的制约，包括有可能发展什么产业部门，能够发展多大规模，都与城市自身和所在区域的条件、市场需要有密切联系，不是拍拍脑袋，凭主观愿望就可以决定的；城市产业结构的状况另一方面又要受商品经济运动规律的制约。在商品经济条件下普遍存在的竞争促使城市产业部门以及产品的发展，要从自身具备的条件和市场的状况，权衡利弊作出必要的选择。这样，就形成产业发展在城市之间的分工。产业发展在城市之间的分工,是同商品经济的发展密切联系在一起的。多年来,我们忽视社会主义经济是商品经济,同时也忽视城市之间的产业分工,这是必须吸取的教训。显然,任何一个城市,在经济发展中追求"门类齐全",或者动辄要建立一个"完整体系",是同城市经济发展的客观规律背道而驰的。近代以来城市经济的发展,由于产业结构不同,出现了专业化城市和综合性城市的分类,这是值得我们注意的。产业在城市之间的分工,不仅表现在专业化城市,综合性城市也同样存在。综合性城市虽然多部门发展,但也不可能把"门类齐全"作为追求的目标。

城市分工的出现及其发展是社会生产力进步和商品经济发达的重要标志。我国城市经济的发展中曾出现过不顾城市自身的条件,忽视城市之间分工的倾向。那是1958年"大跃进"的一段时间内,当时"以钢为纲"促使不少城市盲目地发展钢铁工业;20世纪60年代后期强调"备战",不少城市又追求"完整体系"。这些,都曾给经济建设带来严重的后果。1980年,按照中央提出的"八字方针",各地纷纷分析优势,研究优势,发挥优势,着力调整城市的产业结构,城市经济结构开始发生了变化。可是,1984年以后,一些地区的不少城市又出现工业结构雷同的倾向,具体表现在城市工业结构和产品结构雷同,工业在低技术、传统工业范围"近亲繁殖"和反复徘徊;乡镇企业与城市工业结构雷同;传统工业的摊子越铺越大;后起的中小城市热衷于走大城市综合发展的路子等。[1] 显然,现阶段的经济调整和经济改革,仍然要十分重视城市经济结构特别是产业结构合理化的研究。

促进我国城市经济结构的合理化,当前特别要重视"中心产业论"。据我们研究,"中心产业论"的主要内容如下:

第一,产业结构是城市经济结构的主体。任何一个国家或地区,当它走上工业化的发展道路之后,工业部门及其构成的变化,对城市经济的各个方面,将产生决定性的影响,这是产业革命(工业革命)以来给城市经济带来的最显著特点。可以这样说,如果不着力研究城市的产业结构,就抓不住城市经济活动最主要的东西。

第二,城市产业结构要以国民经济范围内城市之间的分工为前提。城市经济的形成和发展,就其主要产业门类而言,不是满足城市自身消费的需要,其产品一般具有较好的市场前景和以输出为目标。构成城市之间交换的基础是分工,由分工而扩大城市之间的交往,必然增进经济效益和带来城市经济的繁荣。如果以这样那样的方式限制城市之间的分工和交换,包括多种形式的经济联系

---

[1] 中国城市导报 [N]. 1988-10-20 (3).

和经济联合，势必抑制城市经济的发展。

第三，城市要坚持扬长避短，发挥优势，建立自己的中心产业。任何一个城市盲目地发展产业，或者提出脱离实际的目标，都会由于结构不合理而带来经济损失。以增进经济效益为目标争取城市经济的繁荣，必须在认清一个城市发展经济的有利条件和不利条件的基础上作出科学的选择，建立中心产业。从宏观角度看，城市建立中心产业，也是生产力合理布局的客观要求。

第四，中心产业是城市形成和发展的动力因素。城市经济的发展，仅仅从产业规模多大、工业产值多高看问题，往往容易产生片面性。从市场角度看，城市经济的发展要着力建立中心产业，提高产品的竞争力，否则就不能增强城市的经济实力而不断发展。为了发展中心产业，要相应地发展必要的配套产业以及一般产业，这也不能忽视。"中心产业论"反映城市经济发展中主要产业和其他产业门类的相互联系，以及主要产业在整个城市经济发展中的重要地位。它应成为指导我国城市经济结构合理化的重要理论。

研究城市经济结构的理论和方法，有一部分学者主张采取主体和基础分类法。他们认为城市经济就同建筑物一样，可分为主体和基础两部分。主体结构部分包括生产、贸易、金融、科研、专业教育、经济管理、行政管理等系统；基础结构部分包括交通运输、邮电通信、能源供应、给水排水、环卫处理、生活服务、安全防卫等系统。这种分类法，虽然认定产业为主体，是决定城市经济发展的主导力量，也比较重视城市的基础设施。但它没有回答城市经济的主体——工业门类在城市之间怎样分工，一个城市的产业结构又如何选择等问题。严格地说，这种分类法主要强调城市的基础结构要同主体结构配套和协调，而主体部分的内涵又很笼统，城市经济事业几乎都包括在内。因此，它不可能成为城市产业结构分类比较理想的方法。另一部分学者主张输出产业和非输出产业分类法。他们把城市的产业分为两类：为满足城市外部需要（全国市场、国际市场）而进行生产活动的产业门类，称之为输出产业；为满足城市的地方性需要（包括与输出产业的生产活动有关的需要、居民日常消费的需要）的产业门类，称之为非输出产业（也称地方产业）。采取这种分类法，主要是为了比较具体地掌握城市成长的过程。输出产业是决定城市兴衰的产业；而非输出产业也不是无关紧要的。当然，随着输出产业的发展，非输出产业也会相应发展，即劳务和产品的消费量也会增大。至于输出产业和非输出产业之间，不是不会转化的，某些非输出产业经过一定的发展，也有可能转化为输出产业。这种分类法及其理论体系，曾是城市产业结构研究的重要成果。其不足之处在于输出产业这个概念，在实践中输出产业和非输出产业往往不是按产业门类就可以截然分开的。

从"中心产业论"出发，它把城市产业分为中心产业、配套产业和一般产业三部分。由于城市分工的发展，各个城市都会有特定的产业门类兴起，并相应地发展一系列其他门类而形成产业群。所有这些产业门类的生产活动，推动着城市和城市经济的发展，然而它们起着不同的作用。所谓中心产业，是某一城市的经济发展中具有一定优势的产业门类，其产品以输出为主，对城市的形成和发展具有决定性的影响。至于不同的城市，中心产业可能是一个产业门类，也可能是若干产业门类。中心产业的形成，将成为城市经济的主要支柱。所谓配套产业，它是围绕中心产业的兴起而发展起来的一些相关产业门类，其产品或劳务主要满足中心产业发展的需要，没有这些产业，中心产业不可能较好地发展。诚然，一个城市发展中心产业所需要的配套产业，也不一定都在本地配置，甚至没有必要都在本地配置，有的可以从外地企业满足配套供应，有的可以从外地订货或采购，如果不顾经济合理的原则，试图"万事不求人"，那是不可设想的。所谓一般产业，主要是满足城市自身居民生活消费需要而发展起来的一些产业门类，这些产业对城市经济生活也是不可缺少的。除此之外，城市公共使用的基础设施，从产业的角度看，它们也是重要的物质生产部门，是整个城市经济正常运行的保障。城市基础设施是城市产业结构的重要组成部分。以"中心产业论"为依据对城市产业进行分类，其意义在于使城市经济的发展，能充分把握自身的发展条件和适应市场竞争，认真选择具有优势的产业，从而加强城市在全国或区域经济发展中的地位，更好的发挥它在国民经济中的主导作用。以建立中心产业为目标，对城市产业分类，在理论上比较完备，实践中也比较可行，应该是现阶段研究我国城市经济结构合理化的方向所在。

三

以产业为中心探索城市经济结构合理化，是从近代以来城市的一般特征出发，采取的一种科学方法。诚然，城市的产业及其构成并不是一成不变的，随着科学技术进步和经济发展，产业结构也不断发生变化。如果从历史的角度进行考察，一个国家或地区，以工业革命为起点，逐步实现工业化以及进一步发展，就客观地形成工业社会和后工业社会的分期。在不同的阶段上，由于一次又一次新技术革命的推动，传统的产业门类不断地被改造，新兴的产业门类逐渐兴起，这就促成工业社会城市和后工业社会城市的不同类型。工业型城市，一般地说工业（第二产业）就业人数以相当的速度不断增长，工业部门在城市经济发展中显得特别重要。而后工业型城市，工业就业人数的增长速度下降，各行各业智力劳动者逐渐增加，商业、各类咨询服务以及生活服务的事业（第三产业）较快地发展。显然，这种趋势的出现，并不是工业在城市经济发展中的作用不重要了，而是由于工业素质的提高，特别是技术先进、自动化程度较高的产业门类涌现所致。因此，我们必须从工业社会和后工业社会经济发展的本质过程，把握城市产业结构的变化。

从工业社会和后工业社会的不同历史时期，探索城市经济结构合理化，值得我们思考的问题是在实现了工业化的经济发达国家，同尚未实现工业化的发展中国家，应该有不同的内容和要求，如果发展中国家以经济发达国家大城市产业结构的模式生搬硬套，那就会脱离实际；在一个发展中国家，城市化比较快的地区的城市以及不同性质的城市，内容和要求也不一样；大城市与中小城市以及不同性质的城市，产业结构不同，城市经济结构合理化的具体目标更不可能一致。用发展的观点看问题，任何城市都要瞻前顾后，但不同发展阶段上的城市、不同性质的城市和不同规模的城市，都不允许超越发展阶段和不顾实际条件去提出城市经济结构合理化的具体目标。以产业为中心达到城市经济结构合理化，对某一城市而言，由于条件的变化，或者其他原因，也会要求相应地调整甚至较大幅度地调整，这是经常会有的。在我们这样的国家，城镇人口大体上只占总人口的27%，虽然早已走上了工业化的发展道路，但还处在社会主义初级阶段，还没有完成工业化的任务，城市化的水平还比较低。况且不同地区的城市化也很不平衡，还应考虑到多年来经济工作指导曾发生的某些混乱所带来的影响。因此，研究我国当前城市经济结构合理化的问题，更需要坚持具体事物具体分析的原则，切忌主观随意性。城市经济结构合理化的主要标志是增进城市经济效益，合理还是不合理，能否提高城市经济效益是根本。

按照城市之间的分工和区域经济发展中特定的地位，有计划地建立城市各自的中心产业，相应地发展其他产业，实现经济结构合理化，要采取以下原则：

第一，择优发展的原则。一个城市要认真选择优势，从这个意义上说，我国的经济调整还没有完成。在调整中建立中心产业，要包括市场的适应性、资源的可靠性、技术的可行性和经济合理性等多种条件的有机结合。选择优势产业，如果只从个别有利条件考虑，往往容易产生片面性。假如说，某种产品的市场容量大，有比较好的发展前景，某一个城市对这种产品的技术加工条件比较好，但资源取得的条件并不好或者拥有的资源虽然具有相当丰度，但技术加工条件并不好，那么，这种产品在这个城市的发展，就不可能成为优势产业。是否重视择优发展，我国许多城市都有正反两个方面的经验。近几年，不少城市越来越重视论证自己的优势产业、优质产品，城市在区域经济发展中的地位显著提高，无疑是可喜的现象，但一些城市不顾实际条件盲目发展的倾向，仍然不能忽视。择优发展，从长远看，还要对新技术的采用持积极态度。在调整基础上不断追求技术进步，优势产业才能在素质逐步提高的状况下增强竞争力，以求长盛不衰。

第二，协调配套的原则。中心产业要得到较好的发展，本地必须有配套产业，还要有步骤发展。一般地说，一个城市发展某种产品，配套能力强，也是该项产品竞争力的体现。例如，一个城市以食品工业为中心产业，拥有一批名优产品，不仅因为它可靠的原料基地和技术加工的良好基础，还有食品化工、食品包装以及拥有一整套现代的食品检测、运输、储存、保鲜、销售等设施。当然，如果某些配套产品或劳务在外地既经济合理又有稳定供应的保证，则并不必须要求在一个城市求全配置。从城市发展的总体上来看，基础设施与经济建设协调发展，也要充分考虑中心产业的建立对城市基础设施建设的特殊要求，这才有利于城市经济的运行进入良好的状态。

第三，合理组织的原则。充分利用现有基础，调整经济结构，择优发展，建立城市的中心产业，还有一个合理组织的问题。一般地说，优势在比较中存在，又在组织中形成。认识优势是一回事，组织、经营优势是另一回事。往往有这样的情况，工业规模不相上下的两个城市，一个城市拥有"名优"产品、"拳头"产品多，辐射功能强，而另一个城市拥有"名优"产品、"拳头"产品少，辐射功能弱。其重要原因之一，就是组织与经营管理问题。近几年，城市相继开放，打破部门和地区界限，以"名优"产品为核心，骨干企业为依托，联合一批中小企业，组织成为企业群体，为增强竞争力闯出了一条新路子。它告诉我们，城市工业改组，不要为改组而改组，而要围绕发展优势产业、优势产品进行，才能取得成效。此外，在选择中心产业时，环境保护是不能不重视的。西方早期工业化进程中，曾因为只注意资源开发而忽视环境保护，破坏了生态平衡，污染城市环境，造成严重危害。一个城市组织与经营优势，决不能只看到眼前的利益，置长远利益不顾，要把眼前利益和长远利益很好地结合起来。

（本文原载于《中心城市综合改革研究》一书，该书由中国城市经济社会出版社于1990年4月出版）

20世纪90年代我国大城市产业结构调整的思考

20世纪90年代对我国来说，是一个非常关键的时期。今后10年，即"八五"计划和十年规划期间，总的要求是实现我国社会主义现代化建设的第二步战略目标，把国民经济的整体素质提高到一个新水平。实现20世纪90年代新一轮的战略目标，大城市肩负着重要的历史使命。

20世纪80年代，曾经是我国历史上城市经济发展最好的时期。党的十一届三中全会以后，实现工作着重点的转移，并在农村改革初步获得成功的基础上，把改革的重点从农村转到城市，围绕增强企业活力这个中心，进行了多方面的经济体制改革，城市经济发生了如下重要变化：

第一，城市的产业结构开始从追求门类齐全逐步转向发展优势产业、优势产品；

第二，城市的功能设施开始从单一化逐步转向多功能建设；

第三，城市与周围农村的关系开始从城乡壁垒逐步转向城乡经济一体化；

第四，城市的对外经济联系开始从封闭型逐步转向开放型。

改革开放，有力地促进了我国城市经济的发展。据统计，建制城市从1978年的189座，增加到1990年的467座，拥有人口2.14亿人（包括设镇人口），占全国总人口的18.96%，截至1990年年末，全国城市建成面积为1.29万平方千米，仅占全国国土面积的1.34%，但全国城市（指市区，不含市辖县）的工业总产值已占全国的69%，国民经济总产值占全国的51.6%，国民收入占全国的51.2%，利税总额占全国的78.2%，财政收入占全国的41%，客运总量和货运总量分别占全国的64.8%和47.1%，社会商品零售总额占全国的53.2%，高校在校生占全国的98.8%，中专在校生占全国的79%，卫生机构占全国的48.7%，医院床位占全国的54%。上海、北京、天津、沈阳、武汉、广州、哈尔滨、重庆、南京、西安、成都等一批特大城市和大城市在全国经济和地区经济发展中的经济中心地位明显增强。20世纪80年代改革开放的伟大实践，开创了我国城市经济的新局面。

20世纪90年代，在结构调整中求发展、增效益，是我国城市经济发展的主题之一，同时也是国民经济持续、稳定、协调发展的要求。在激烈的国际竞争中，我们既有机遇但又面临严峻挑战。为了把握有利时机，迎接挑战，也要求我们根据国内外市场的变动，抓紧进行结构调整，不断提高自身的适应性和竞争力。20世纪90年代我国城市经济的发展趋势，明显地呈现以下特点：

一、城市经济的对外开放将进一步发展

经过20世纪80年代的努力，我国以一批经济比较发达的大中城市为主体，以沿海地带为侧重点的对外开放格局已经形成。多年的实践告诉我们，无论是引进外资、引进技术以缓解要素供给对经济发展的制约，还是扩大市场，促使现代生产达到必要规模，提高效益，以及面向国际市场的竞争，提高企业的素质，在我国经济发展中都发挥了重要作用。对外开放，也使我国一批经济比较发达的大城市的战略地位进一步加强。

20世纪90年代对外开放将进一步发展的趋势是由以下诸因素决定的：

对外开放将从侧重在沿海地带进一步拓展到沿边向周边国家开放；吸引外资的方式也将进一步拓展，包括允许外资银行在国内设分支机构、金融信托机构、在境外发行债券吸引外资、侨资、台资等；一批大中城市相继建立经济技术开发区，继深圳蛇口模式之后，又出现海南洋浦模式、福建厦门模式以及多种模式兼行并用的上海浦东模式等。

20世纪80年代，一些大城市是从论证"内联外挤"的方针起步的。20世纪90年代，大城市特别是一批对外经济技术交流频繁的特大城市，要进一步从建立国际性都会城市考虑问题。

二、城市经济运行的市场体系将逐步发育和逐步完善

20世纪80年代的流通体制改革，由经济比较发达的大中城市统一组织生产和流通，以及城乡经济一体化，对城乡商品经济的发展都是有力的推动。20世纪90年代，一方面由于通过治理整顿，市场秩序走向正常化、规范化，将为市场体系的发育提供一个良好的经济环境；另一方面坚持计划经济与市场调节相结合，经济体制改革进入以经济运行机制转换为特征的新阶段，市场的作用势必进一步获得重视。以经济运行机制转换为主要内容深化改革，城市经济各个领域将率先实现商品化，市场体系也将随之发育和趋向完善，而具有全国意义的大城市的市场体系发育和完善，对我国社会主义统一市场的形成尤其重要。

三、城市经济的发展将经历一番结构性的转换

20世纪80年代我国城市经济实力显著提高，以大中城市为依托的经济网

络和经济区逐步形成。与此同时，经济过热与市场疲软在我国经济生活中交替出现，反映了我国经济生活深层次的矛盾——产业结构和产品结构调整的紧迫性。这个问题，如果从市场角度分析，它告诉我们以解决温饱型生活为目标形成的产业结构和产品结构，已逐步不能适应市场需要；如果从生产角度分析，它告诉我们城市经济一般的速度型的经济增长，以多投入资金、劳动力维持一定的增长速度，而不是依靠技术进步。"高速度—低效益"，这种速度型经济增长是工业化初期经济发展的特征。这一现象告诉我们，当前城市产业结构的调整面临双重任务：不仅要使产业结构失调转向协调，而且要使产业技术结构转到新的技术基础上来，优化产业结构，更为重要的是技术进步。20世纪90年代的城市经济，尤其是科技力量相对集中的大城市，势必要着力于从速度型经济增长逐步转向依靠技术进步的结构型经济增长。

四、城市经济发展中区域性的城市体系将逐步形成

20世纪80年代城市经济的发展，中小城市以及小城镇以较快的速度发展。各地的实践表明，凡是重视城市经济发展的地区，城市的主导作用便得到较好的发挥，区域经济的发展也特别快。就城市的分布而言，虽然东部地带仍相对较多，但中部地带、西部地带城市发展相当快。20世纪90年代，随着城市经济的进一步振兴，以大城市为核心的区域性城市体系将逐步形成，而一批大城市在组织区域经济方面崭露头角，这对有计划商品经济的发展具有深远意义。

分析和认识20世纪90年代城市经济的发展趋势，以及大城市肩负的历史使命，产业结构的调整应该说是一个战略性的问题，或者说是大城市经济发展战略研究中的一个核心问题。

我们认为，"八五"计划和十年规划期间，甚至在更长一段时期内，大城市产业结构调整总的思路是大流通、高科技、集团化。

大流通，就是要对大城市在国民经济发展以及我国对外经济技术交流中的枢纽地位给予应有的重视，把培育大城市的市场体系放在重要位置上。多年来，由于传统观念的束缚，重生产、轻流通，反映在城市经济方面，是只强调城市是工业生产基地，而忽视其流通功能。随着社会主义经济是有计划的商品经济这一观念的确立，在改革的实践中使人们对城市流通中心的地位有了必要的认识。发展社会主义商品经济，实行计划调节和市场调节，都要通过流通以及运用有关的机制去实现。从经济运行角度考察，与现代大经济相联系的具有全国意义或者大经济区意义的经济中心——大城市，它们一般是联系宏观经济和微观经济，联系城市经济和区域经济，联系国内和国外经济技术交流的枢纽点，

而它们的活动又是透过市场体系展开的。或者说,大城市在国民经济发展以及我国对外经济技术交流中的枢纽地位,是依存于多元化的市场体系去实现的。诚然,大流通培育一个多元化的市场体系,对不同性质与不同地区的大城市,会有其各自的特色,有的突出商贸中心,有的侧重转口贸易,有的金融中心地位更为重要,不可能一个模式。

高科技,就是要把城市经济转到新的技术基础上来,进一步提高大城市的经济实力。大城市一般是社会先进生产力的凝聚点,但是它不能只扩大生产规模,而要不断提高技术水平,增强经济素质。在世界科技进步突飞猛进的时代,无论是优化产业结构以适应国内市场的形势,还是促进产业结构的高度化,在国际市场上提高竞争力,技术进步仍是必由之路。从国民经济范围而论,我国经济增长从速度型转向结构型,传统产业无疑要经历一场广泛而又深刻的技术革命。这场技术革命的"火车头"势必由科技力量相对集中的大城市承担。当前,一批有条件的大城市先后建立了高新技术开发区,采取有力措施推进高新技术的研究,加快高新技术的产业化,就是一个好势头,大城市发展高新技术,既有通过高新技术开发、培育新兴产业的任务,又有利用高新技术改造传统产业的任务,两者不能偏废。总结10多年的实践经验,高新技术的发展要走一条新的路子,这就是以技术市场为中心,促进科技产品的商品化,并据此发挥扩散效应。

集团化,就是要逐步打破企业自成体系和缺乏规模效益的格局,按照经济合理原则,适应市场竞争态势,发展强有力的企业集团。由于体制上以及其他方面的原因,"万事不求人"的企业组织结构,多年来就已存在。追求"万事不求人"的全能化,是工业生产效益低下的重要原因。它不仅造成投资的浪费,并且由于专业化、社会化水平低,不可能获得良好的规模效益,甚至在相当程度上影响了城市聚集经济效益。这种状况,使企业越来越不适应市场竞争。产业相对集中并拥有一大批骨干企业和拳头产品的大城市,这几年在打破条块分割中发展起来了一批企业集团,它们在开拓国内外市场、提高企业素质、增进经济效益等方面显示了力量。实践表明,发展企业集团,是大城市搞活大中型企业,振兴城市经济的一条重要路子。

总的说,以发展我国的有计划商品经济的总目标为前提,大流通、高科技、集团化,是大城市产业结构调整的主要方向。实现产业结构的调整,既是大城市经济发展的动态过程,又是大城市进一步开放和经济改革不断深化的过程。

(本文原载于《城市改革与发展》1990年第4期)

试论我国现阶段私营经济的产生和发展

私营经济在中国土地上重新出现，始终是我国实行改革开放政策以来众所关注的经济社会现象。它的产生和发展是倒退，还是进步？是世界"私有化浪潮"冲击所致，还是我国现阶段经济发展的客观要求？这是必须弄清楚的重要问题之一。

私营经济产生的历史背景

1988年6月，国务院发布《中华人民共和国私营企业暂行条例》，国家工商行政管理部门开始接受私营企业的注册、登记，截至1990年年底，注册、登记的私营企业达9.8万户，从业人员70.3万多人，资金95亿余元。

允许私营经济的存在和发展，是党和国家经济政策的一种重要转变。1978年12月召开的党的十一届三中全会，确立了实事求是的路线，果断停止使用"以阶级斗争为纲"这个不适用于社会主义社会的口号，作出了把工作重点转移到社会主义现代化建设上来的战略决策。1979年4月的中央工作会议上，党中央又提出对整个国民经济实行"调整、改革、整顿、提高"的方针，坚决纠正经济工作中的失误，认真清理过去这方面长期存在的"左"倾错误影响。允许私营经济的存在，乃是十多年前提出清理经济工作中"左"倾错误影响，从我国的实际出发调整经济政策顺理成章的发展。

从历史的进程考察，私营经济是随着个体经济的恢复发展而重新产生和逐步发展的。十多年来，个体经济的恢复和发展，大致经历了三个阶段：

恢复发展阶段（1979—1981年）。这一阶段，从零售商业、修理业、服务业开始，各地为解决城镇待业青年和社会闲散人员的劳动就业问题，逐步发展了一批个体工商户。1981年国务院颁发了《城镇非农业个体经济若干政策的规定》，进一步指导自谋职业，发展个体工商业，解决劳动就业问题。在这一阶段，各地纷纷开放集贸市场，也是促进个体经济恢复发展的重要原因。据统计，全国城镇个体工商户在1979年有31万人，1981年发展到105.6万人，年均增长速度为8.1%。

加快发展阶段（1982—1985年）。1982年，党的十二大报告明确指出："农村和城市，都要鼓励劳动者个体经济在国家规定和工商行政管理下，适当发展，作为公有制经济的必要的、有益的补充。"之后，党的十二届三中全会通过《中共中央关于经济体制改革的决定》，明确提出发展多种经济形式，改革计划体制，各地从流通领域着手进行一系列的经济体制改革，为个体经济创造了发展的环境；与此同时，1983年国务院又颁发了《城镇非农村个体工商业若干规定》，规定个体工商户可以有少量帮手、学徒。在这一阶段，鉴于农村联产计酬生产责任制的推行，出现了一批专业户，包括运输专业户、长途贩运户、种植、养殖专业户和搞加工的专业户等。1983年3月开始对农村个体工商户登记。所有这些，促成了个体经济迅速发展的势头。到1985年，全国城乡个体工商户达1 171.4万户，从业人员有1 766.2万人，平均增长速度分别达到64%和77%。

稳定发展阶段（1986—1988年）。个体经济经过三年的迅速发展，1986年起发展速度开始有所减缓。1987年中共中央五号文件进一步指出："在一个较长的时期内，个体经济和少量私人企业的存在是不可避免的。"并明确规定"应当采取允许存在，加强管理，兴利除弊，逐步引导的方针"。这一阶段，从指导思想上进一步明确，政策方针上进一步完善个体经济的发展。到1988年年底，全国城乡个体工商户增加到1 454.9万户，从业人员达2 304.9万人，年均增长速度分别为9.5%和11.7%。

1989年，在治理整顿的初期，由于多方面的原因，个体工商户曾一度有较大幅度的减少，1990年开始又逐步增加。据1990年年底统计，全国城乡个体工商户为1 329万户，从业人员有2 092万人。

私营企业的产生，从全国的情况而言，大多数是由个体工商户发展起来的，它们通过雇工经营，资本积累，扩大经营规模，从而转化为私营企业。少部分则是从合作经济组织演变或个人直接投资兴办。四川省遂宁市经济研究所对1988年247户私营企业的调查发现，私营企业的产生和形成主要来自四个方面：一是从城乡个体经营户或家庭企业逐渐转化而来，这种情况占80%；二是从承包或租赁集体企业逐步演变成私营企业，这种情况占7%；三是多个投资者合伙，共同经营，兴办私营企业；四是向社会集资，由个人经营，兴办私营企业。其中，第三、四种情况只占少数。[①]

随着个体经济的恢复和发展所产生的私营企业，在1982年之前就已出现，当时党和国家采取了既不取缔，又不宣传的这种"看一看"的态度。经过几年的实践，说明在我国所有制改革中重新产生的私营企业，为我国国民经济注入了活力。因而肯定了私营企业存在的意义。中共中央1987年五号文件规定对私营企业"应当采取允许存在，加强管理，兴利除弊，逐步引导"的方针，私营

---

① 遂宁市私营企业调查刊载于遂宁市经济研究所主编的《课题研究报告集》，1989年10月20日。

企业的地位，这才第一次在党中央的文件中得以确立。接着，1987年11月，党的十三大报告在阐述我国经济体制改革，要在公有制为主体的前提下继续发展多种所有制经济时强调指出："目前全民所有制以外的其他经济成分，不是发展得太多了，而是还很不够。对于城乡合作经济、个体经济和私营经济，都要继续鼓励它们发展。"并指出："必须尽快制定有关私营经济的政策和法律，保护它们的合法利益，加强对它们的引导、监督和管理。"1988年3月，全国人大七届一次会议上通过的《中华人民共和国宪法修正案》，把私营经济的合法地位第一次载入《宪法》，明确指出："国家允许私营经济在法律规定的范围内存在和发展。私营经济是社会主义公有制经济的补充。国家保护私营经济的合法权利和利益，对私营经济实行引导、监督和管理。"不过，在《中华人民共和国私营企业暂行条例》颁布之前，划分私营企业的标准尚不明确，私营企业的法规还不健全，在一段时期里，这部分私营企业仍存在于个体工商户或者其他经济形式里。1988年6月，《中华人民共和国私营企业暂行条例》公布实施，确认了划分私营企业的标准。同时，进一步为私营企业的存在和发展提供了法律依据，这才使私营企业进入依法登记注册和管理的阶段。各地工商行政管理部门，通过政策、法规的宣传咨询，并结合开展清理整顿工作，使一批符合私营企业条件的个体大户和合作经济组织，以及挂靠集体实为私营的企业，开始登记注册，按有关法规进行管理。

我国现阶段的私营经济，虽然已经成为城乡发展商品经济的一支重要力量，但就其自身的发展而言，还处于初始阶段。据国家工商行政管理局1987年的摸底调查，从企业规模看，目前私营企业一般比较小，每户平均仅16人，雇工人数在30人以下的占70%~80%，雇工人数超过100人的不超过总数的1%；从拥有资金看，目前私营企业的资金平均每户约15万元，极少数拥有资金几百万元，甚至上千万元；从企业经营状况看，户均年产值、营业额大约在15万元左右，企业全年平均获利在万元以下的有一半以上；从行业分布看，目前私营企业80%的户数集中在工业或手工业、建筑修缮业中，从事商业、服务业、修理业等第三产业的在15%左右；从私营企业的业主看，年龄在30~50岁的中年人占绝大多数，有一定的文化水平，其中初高中文化程度占很大比重，从企业类型看，多数为独资经营和合伙经营，少数为有限公司。这些，就是目前私营经济发展初始阶段的一般状况。

私营经济是以我国实行改革开放政策为前提，在改革开放的进程中产生和发展的。随着我们对中国国情认识的不断深化，有关私营企业的政策、法规也将逐步健全，并使之成为私营经济得以健康发展的必要条件。

允许私营经济存在不是搞"私有化"

私营经济重新产生，引起各方面的关注，从而出现这样那样的议论，这是可以预料的。不过，对那种把允许私营经济存在和搞"私有化"混为一谈的舆论，是不能不引起重视的。他们说"私有化趋势风靡全球"，声称"世界各国私有化的实践不断地证实了私有化可以解放任何社会潜在的创造力和生产力"，断定私营经济的产生"随着世界性的国有企业私有化潮流的冲击和我国经济体制改革的深化，越来越表现其发展的客观必然性"，有的还提出，"16世纪正当西方掀起商品经济浪潮的时候，中国人正陶醉于封建自然经济之中，结果中国落后了；当今，中国若不站在历史发展的高度果断地、积极地参与这一私有化浪潮，是否会越陷越深？"① 对这样一些见解，我们至少要回答两个问题，第一个问题是怎样看西方国家的私有化浪潮？第二个问题是中国私营经济重新产生应不应该成为世界私有化浪潮的一部分？

资本主义国家企业的私有化，是在国家垄断资本主义制度发展到一定阶段后产生的一种社会经济现象。必须指出，资本主义进入帝国主义阶段，随着国家垄断资本主义的发展，资产阶级国家和垄断资本密切结合，资本主义国有经济逐渐扩大，并成为它的一种重要形式。一般地说，资本主义国有经济主要是通过两种途径形成的：第一种途径是由国家财政拨款，投资建立国有企业，或同私人垄断资本合营，建立合营企业；第二种途径是实行"国有化"，即由资产阶级政府通过高价收买或提供补偿的办法，把那些生产技术落后、严重亏损、濒于破产的私人垄断企业收买过来，转归国家所有。从19世纪末20世纪初开始，由于生产资料规模的扩大和交通手段的发展，一些资本主义国家把矿山、铁路、公路、河道、港口、邮政等，直接置于国家经营管理范围之内，建立国有经济。这些国家，国有资本占社会总资本的比重是逐渐上升的。但是在第二次世界大战之前，资本主义国有经济虽然在某些国家有比较大的发展，就整个情况而言，其规模和范围还是比较小的，而多数国家的国有企业主要集中在军工部门。第二次世界大战后，发达资本主义国家生产社会化进一步发展，社会基本矛盾日益加深，孕育着深刻的危机。在这种情况下，发达资本主义国家加强了国家干预经济，使得国家垄断资本主义加快发展。美国通过政府大举投资建立了一批国有企业，而西欧各国则普遍实行了国有化政策。但是，资本主义的国有化，作为资产阶级国家政府调节经济的一种手段，从根本上说，总是为

---

① 参见1988年6月19日《经济学周报》刊载的《私有化的反思》等文。

了垄断资本的利益服务的。当垄断资本的利益结构一旦发生变化，政府的政策取向就会作出相应的改变，国有化运动就可能发生逆转。或者说，一旦国有企业有利可图时，资产阶级国家往往会通过非国有化，把国有企业低价出售给私人垄断资本。第二次世界大战后，尤其是20世纪70年代以来，资本主义国家的经济形势普遍不景气。经历了1973—1975年的世界性经济危机，一些发达资本主义国家的经济先后陷入持续的低速增长，各国政府不同程度地面临着财政困难，原先政府承担的许多社会职能也就难以继续维持了。加之由于种种原因引起的经济失衡，迫使这些国家的政府，对国家干预经济的方式进行调整。这就是20世纪80年代以来的所谓"私有化浪潮"的成因。严格地说，在西方，资本主义国有化和非国有化通常是交替出现的，它们都是垄断资本集团掠夺国库，攫取高额垄断利润的重要手段。

既然把"私有化"说得神乎其神，"可以解放任何社会潜在的创造力和生产力"，我们就不能不对西方私有化浪潮再进行一点考察。英国是率先推行非国有化计划的国家之一，1979年10月开始，英国把数十家大小公司转为私营，借以改善经营，提高经济效益，并在1984年进入加快推行非国有化的阶段。据1979年至1986年2月的统计，英国出售了200亿美元的国有企业资产，国有企业雇用的职工由175万减少到115万；国有企业在国民生产总值中的比重从11.1%下降到6.5%。1984年以来，意大利、比利时、瑞典和法国也相继仿效。近年来，西欧国家的非国有化又波及日本、加拿大等国。这些国家的非国有化，主要是把经过整治后有营利的国营企业变为私营企业，私人垄断资本不愿承担的那些投资多、周期长、风险大、利润低的部门，则继续由国家经营，显然，非国有化政策并非是对国有化政策的否定，非国有化也不是国家垄断资本主义发展上的倒退，而只是它的补充和另一种表现形式。对率先搞非国有化计划的英国，1988年前后，我国的一些学者曾去实地考察，在一篇《英国国有企业私有化问题考察报告》①中，曾披露英国公众对私有化的态度，多数学者认为撒切尔夫人的保守党政府，包括私有化在内的经济政策是不成功的，具体原因如下：

第一，撒切尔夫人的经济政策，只重视经济目标，而不重视社会发展目标。一是这一政策不仅没有缓解较高的失业率，而且使一些地区和城市的就业状况继续恶化；二是使地区之间经济发展差距日益扩大；三是贫富差别的现象日益加深。

第二，私有化与企业提高经济效益没有直接联系。不少人认为国有企业效

---

① 刊载于《江苏经济探讨》1988年第2期。

益不一定都低，而私有企业不一定就高，对经济效益差的国有企业要具体分析。一是有些企业实行国有化之前，就是设备陈旧，获利不多的部门；二是20世纪70年代英国工党执政对国有企业的产品和劳务的定价控制在低水平上，作为反通货膨胀战略的一个组成部分，这就使一些企业不得不依靠政府补贴来弥补成本上升而造成的亏损；三是有些国有企业承担着非营利性的社会劳务。至于一些国有企业私有化后扭亏转盈，除了私人增加投资，改进技术，加强经营管理外，与提高价格也有直接的关系。

第三，国有企业私有化后，不能保证私有企业为公众更好地服务。私人垄断企业往往根据有利可图的原则办事，如城市公共汽车私有化后，不仅提高票价，并且只跑"热线"、只抢"高峰"。

第四，让公众持股，实行所谓的"人民资本主义"，是一场骗局。政府并没有规定把所有权归还给人民的目标，而是把能取得盈利的国有企业，用半送半卖的价格出售了。尽管有近半数的雇员持有股票，但大部分股权则掌握在垄断资本家手中。

第五，私有化企业只注重眼前的竞争，而缺乏长远的发展目标。

对私有化持赞成意见的，多数是访问者接触到的企业家，他们从以下几方面肯定了私有化的必要性：

第一，私有化企业可以享有充分的自主权，即可以按市场经济的法则来开展经营活动；

第二，私有化企业可以把最优秀的企业家选到董事会里来；

第三，私有化企业实行分权管理，使子公司也享有相对独立的自主权。

从以上分析，我们不仅看到西方"私有化浪潮"出现的历史条件，资本主义国家企业私有化的本质，并且可以对西方国有企业私有化进行一个基本的估计。推行非国有化计划尽管在摆脱政府的财政困难，鼓励竞争等方面给经济带来了某些活力，但由资本主义的基本矛盾而形成的种种经济社会问题，虽绞尽脑汁却仍得不到解决。可见，对所谓"风靡全球"的"私有化浪潮"，在盛赞之余，认定是"可以解放任何社会潜在的创造力和生产力的灵丹妙药"，纯属夸张不实之词。

西方的"私有化浪潮"是一回事，中国的私营经济重新产生是另一回事。允许私营经济的存在和发展，决非西方"私有化浪潮"的冲击所致，更不应积极参与"私有化浪潮"。在我国，允许私营经济的存在和发展，与搞"私有化"没有共同之处，借口允许私营经济的存在和发展而鼓吹"私有化"是错误的。

私营经济存在和发展的客观必然性

我国现阶段私营经济的存在和发展，不是西方的什么浪潮席卷了中国，而是社会主义制度自我完善的需要，是我国现阶段经济发展的内在要求。诚然，认识这一点，我们付出了代价，经历了一个过程。党的十一届三中全会以后，中央把建设有中国特色的社会主义的任务提到了全国人民面前，分析国情，认识国情，从国情出发实行一系列发展战略的转变。在总结我们新中国成立以来经济建设的经验和教训时，首要的问题就是要正确认识我国社会现在所处的历史阶段。这在党的十一届六中全会通过的《关于建国以来党的若干历史问题的决议》、党的十二大报告、党的十二届六中全会通过的《关于社会主义精神文明建设指导方针的决议》等重要文献里都作出了判断。党的十三大报告全面阐明了社会主义初级阶段的理论，指出："中国正处在社会主义初级阶段。这个论断包括两层含义，第一，我国社会已经是社会主义社会，我们必须坚持而不能离开社会主义；第二，我国的社会主义社会还处在初级阶段。我们必须从这个实际出发，而不能超越这个阶段。"社会主义初级阶段的理论，为制定我们党的基本路线提供了科学依据。同时，也给我们分析新情况、总结新经验、研究新问题提供了武器。

私营经济的存在和发展，从根本上说，是我国现阶段社会生产力的发展水平所决定的。我们的社会主义是脱胎于半殖民地半封建社会，生产力水平远远落后于发达的资本主义国家，这就决定了我们必须经历一个很长的初级阶段，去实现别的许多国家在资本主义条件下实现的工业化和生产的商品化、社会化和现代化。我国经过40多年的建设，取得了很大的成就，旧中国那样贫穷落后的状况已经发生了深刻的变化。但是，我们仍然是一个发展中的国家，生产力仍然比较落后，这主要表现在如下几个方面：

第一，现代的大生产与传统的小生产并存。尽管工业化的发展，已经建立了一批较高水平的工业部门，包括电子工业等新兴产业的兴起，但是农村人口仍然占全国总人口的4/5，农业劳动力占社会总劳动力的3/4，而农业仍以分散的手工劳动为主，它使用的生产资料仅占全国生产资料的1/5。

第二，商品经济和自然经济并存。一批工商业发达的城市虽然已成为商品经济发达的地区，可是农村一般的商品化程度仅为40%左右，西部边远地区、少数民族地区商品化程度只有10%左右，整个国家的商品经济很不发达，统一市场还未形成。

第三，经济相对发达的地区和很不发达的地区并存。人均国民生产总值，东部上海等地达到1 500美元以上，而西部一些地区则不到100美元。乡镇工业企业，华东6省市，平均每县200多个，产值亿元以上，而西北5省区，平均每县不过30个，产值400万元左右。我国经济发展极不平衡，地区之间的反差较大。

第四，尖端科学技术与大量的文盲、半文盲并存。我国在科学技术方面，少数领域已达到和接近世界水平，如航天技术、电子技术、核技术等，而广大劳动者的文化科学知识还很贫乏，文盲、半文盲占到总人口的1/4。"科盲"的比重就更大。

这种社会生产力的多层次性和不平衡状况，从总体上决定了我国生产资料所有制结构是多样性的，即全民、集体、个体、私营、中外合资、独资企业等多种经济形式同时并存。

社会主义初级阶段的所有制结构，应以公有制为主体，在公有制为主体的前提下发展多种经济成分。新中国成立以来，由于对国情缺乏认识，往往急于求成，盲目求纯，曾经给我国的经济建设带来了诸多曲折。历史的经验告诉我们，不经过生产力的巨大发展，就不可能超越社会主义初级阶段。坚持以公有制为主体，发展多种经济成分，是社会主义初级阶段长期不变的方针。

党的十一届三中全会后，实行改革开放政策，私营经济重新产生，大量地从农村个体经济转化而来，这也是同农村经济体制改革有着密切联系的。随着广大农村联产计酬承包责任制的普遍推行，个体经济也应运而生。就个体经济的一般性质而论，它是以生产资料个人占有和个人劳动为基础的。虽然，个体经济是一种历史比较悠久的经济形式，但是，它从来就不是一种独立的生产方式，在历史的各个社会形态中，它总是依附于占主导和支配地位的生产方式。在我国社会主义的现阶段，个体生产者或个体经营者，也是社会主义劳动者。但就其发展前景看，则存在两种趋向，一种是逐步联合起来成为合作经济或者集体经济，另一种是逐步转化成为私营经济。前者由个体劳动者自愿组织起来，实行互助互利，走集体化或者合作化的路子。毫无疑问，这是应加以提倡的主要趋向。但也不能忽视搞合作化或者集体化需要有一定的条件。尤其要看到以往急于求成，盲目求纯，给农村发展集体经济带来的许多消极后果，为此曾挫伤了农民兴办集体经济的积极性。兴办新的形式的合作经济或者集体经济，势必要在农村生产力发展进程中平衡多方面的利益，并形成共同遵守的契约关系，显然，这要有一个渐进的发展过程。后者由个体劳动者以雇工方式扩大生产经营规模，转化为私营企业，这种趋向也不可避免。这是因为一方面农村推行联产计酬承包责任制所解放出来的大量劳动力，迫切要求就业，而乡镇企业或合作经济又难以全部吸收和容纳；另一方面一部分农村的专业大户和其他个体劳动者，在生产经营中有了一定的货币积累，渴望在原有基础上扩大经营规模，将一定量的货币积累转化为生产性再投入。在我国农村从自给半自给经济向商品经济转变过程中，大量的剩余劳动力和短期内相对集中增长的货币积累，也就成为农村私营经济产生和发展的内在动因。

在我国社会主义的初级阶段，受社会生产力发展水平以及整个社会经济发展状况的制约，不仅存在私营经济产生的土壤——城乡个体经济，并且存在私营经济产生的必要条件，这就导致私营经济的产生和发展不可避免。马克思曾明确地指出："各个人借以进行生产的社会关系，即社会生产关系，是随着物质生产资料、生产力的变化和发展而变化和改变的。"[①] 显然，一种经济成分或经济形式的存在和发展，以及我国现阶段多种经济成分并存的格局，都不是人们主观意志可以决定的，而是社会主义社会在一定发展阶段上的历史必然。允许私营经济存在和发展，乃是从我国现阶段的实际出发所作出的历史性的选择。

（本文原载于《中国私营经济发展与管理》一书，该书由西南财经大学出版社于1991年8月出版）

---

① 马克思恩格斯选集：第1卷 [M]. 北京：人民出版社，1972：363.

城市基础设施建设资金的筹集与管理

城市基础设施维系城市经济生活的各个方面,是城市经济活动的重要组成部分。10多年来,适应改革开放的新形势,改善投资环境,拓展对外经济联系,发挥城市的经济中心作用,各地的城市基础设施建设都不同程度地有所加强,城市建设的落后面貌大有改观,这是必须肯定的。但是,不可否认多年来造成的基础设施与整个经济、社会发展之间的比例失调,尚未很好解决,加强城市基础设施建设以及它的资金筹集和管理,仍然是摆在我们面前的重要课题。

基础设施是城市经济发展的必要条件

在我国社会主义建设中,长期以来人们总认为只有直接提供物质产品的部门才是生产性的,而各项城市基础设施则是非生产性的。表现在国民经济计划的安排上,城市基础设施的项目,往往是"计划安排在后","调整削减在前",确定基础设施的投资数,也就可多可少,带有很大程度的随意性。既然是经济建设中的重点项目,理应全力以赴,然而,城市基础设施也被作为配套工程对待,资金、设备、材料等常常得不到保证。这就导致我国在相当长一段时期内城市基础设施的承载能力与城市规模、经济发展之间出现比例失调。

改革开放10多年,城市基础设施建设虽然有了进步,但是基础设施短缺还相当严重。全国450个城市,供水方面,有近300个城市缺水,其中100多个城市严重缺水,严重影响生产和生活;排水方面,约有40%的建成区没有排水设施,污水直接排入江河和渗入地下,造成水域和城市地下水源的严重污染;公共交通方面,道路面积率为3.8%,仅占发达国家的1/5,发展中国家的1/2,市内机动车辆平均运行速度下降到每小时15千米;燃气和集中供热方面,普及率仅在40%左右;垃圾处理方面,不能做到日产日清,约20%的垃圾粪便不能及时清运出去,垃圾粪便的无害物处理率仅为3.2%。可以这样说,城市基础设施建设是处于"旧账逐步还,新账继续欠"的局面。城市基础设施的"滞后"现象,其原因是多方面的,诸如投资结构不合理,由城市征收的城市维护建设税支撑,扣除人头费和维修支出之后,所剩无几,造成旧账未还清,新账又欠下;投资体制上也有问题,对一个城市来说,中央、省委的建设项目,一般投资额只限于主体设施范围内,不安排为它服务的城市基础设施的"配套",

费用，城市基础设施要地方统筹，"一头热"也导致基础设施投资不足；等等。从认识上分析，10多年改革开放的伟大实践，虽然已经使不少人摆脱"城市基础设施建设非生产性"这个狭隘观念，但是还存在较大的差异，进一步弄清城市基础设施的性质以及它在城市经济发展中的地位，仍然非常必要。

城市基础设施的性质怎么认识，这涉及对马克思再生产理论全面和正确理解的问题。是不是只有工农业生产才称得上物质生产部门？马克思从社会再生产过程考察运输业的性质时，曾强调运输过程是产品的追加生产过程，是生产过程在流通过程内的继续。运输虽然不对产品规格、性能和构造进一步加工，不改变产品的实物形态，但它为完成产品位置移动所消耗的社会劳动，同其他生产领域的劳动一样也创造新的价值，并把这种新价值追加到所运输的产品中去。对此，马克思明确地说："除了采掘工业、农业和加工工业以外，还存在着第四个物质生产领域……这就是运输业，不论它是客运还是货运。"[1] 不难理解，与运输业相联系的城市对内、对外交通一系列相应的物质设施，不能说因为没有提供物质产品就认定他们的非生产性，这是其一。

马克思在分析劳动过程和价值增殖过程时，还曾清楚地说过："广义地说，除了那些把劳动的作用传达到劳动对象，因而以这种或那种方式充当活动的传导体的物品外，劳动过程的进行所需要的一切物质条件都算作劳动过程的资料。它们不直接加入劳动过程，但是没有它们，劳动过程就不能进行，或者只能不完全地进行。"[2] 城市基础设施，就是"不直接加入劳动过程，但是没有它们，劳动过程就不能进行或者只能不完全地进行"的这类劳动资料。可见，从纯粹的生产要素形态上看待城市基础设施，它也不是非生产性的，这是其二。

对城市基础设施，我们应该达成这样的共识：基础设施自身是生产社会化的产物，当它一旦形成，又成为生产社会化必要的物质条件。城市的各类基础设施，它们的相当大一部分，事实上是由社会分工的发展，一些生产环节不断地从各个生产领域逐步分离出来而形成特殊的部门，诸如城市的给水、排水、交通、能源供应等设施。它们作为独立的专业化部门，为整个城市提供社会化的服务，增进城市的聚集经济效益。城市基础设施完备与否，将促进或者阻滞城市经济的发展。从"城市基础设施是非生产性"的狭隘观念中走出来，要树立社会化大生产的观念，明确城市经济是现代大经济的组织与活动形式，基础设施是城市经济发展必要的物质条件。

---

[1] 马克思恩格斯全集：第26卷 [M]. 北京：人民出版社，1975：444.
[2] 马克思恩格斯全集：第23卷 [M]. 北京：人民出版社，1972：205.

基础设施建设资金的筹集与补偿

城市基础设施,一般地说,投资量大,建设周期长,稳定的资金来源是顺利进行基础设施建设的保证。回顾新中国成立以来,我国的城市基础设施,市政设施基本上都是无偿提供社会使用,水、气、公共交通等设施及产品,则以低价提供服务。企业经营亏损或设施管理费用出现赤字,由财政资助、弥补。城市基础设施建设和维护资金的筹集、补偿方式,主要依靠国家拨款,财政补偿。它的显著特点就是建设资金筹集与补偿的渠道单一,这是同过去实行一整套过分集中的经济管理体制分不开的。就国家拨款,财政补偿而形成城市基础设施建设的专项资金来说,也曾经历了发展和演变的不同阶段,即统收统支阶段、城市维护三项费用阶段、三项费用加从工商利润提成5%阶段和城市维护建设税加公用事业附加阶段。经过改革开放的10多年,目前除由城市维护建设税和公用事业附加形成的专项资金之外,已经出现多渠道筹集和补偿城市基础设施建设资金的新格局,在坚持自愿、受益、合理负担、资金来源正当和不挤占国家财政收入的前提下,适当地进行社会集资;对国家新建、改建、扩建和技术改造,而增加城市基础设施负荷量的企事业单位收取增容费和配套费;实行统一征地、统一施工,建设住宅区,通过出售商品住房为城市基础设施建设积累资金;等等。

在突破单一的国家拨款,财政补偿方式,形成多渠道筹集与补偿城市基础设施建设资金的过程中,把市场机制引进城市建设的领域,无疑是一项重大的改革。以往,由于理论上的错误,不仅把基础设施看成是非生产性的,导致基础设施的投资不足,并且还把市政公共设施看成是"福利性事业",成为经营理论上的思想障碍,造成不计成本,长期亏损。在那种情况下,市政公共设施发展越多、越快,城市为此而增加的财政负担越为沉重,经营管理单位也就越缺乏活力,这就加剧了城市基础设施短缺引起的矛盾。在改革开放的进程中,随着社会主义经济是有计划商品经济理论的观点,促使人们重新思考城市基础设施的商品属性。城市基础设施,它本身具有价值。通过相应的交换方式供社会使用,实现其使用价值。把城市基础设施包括市政公用设施,当成"福利性事业"对待,经营可以不计成本,亏损全靠国家补贴,以为无偿地提供服务才算正道的陈旧观念,恰恰背离了商品经济通行的原则。显然,树立商品经济观念,把城市基础设施建设纳入社会主义有计划商品经济的轨道,变无偿使用为有偿使用,改福利型为经营型,是改革的正确方向。

这里,我们还必须强调在树立商品经济观念,探索城市基础设施资金的筹集与补偿新的方式，要充分考虑城市基础设施的特殊性。城市基础设施以提供社会化服务为重要标志，具有服务的公共性和效益的间接性等特点，因此，衡量其投资效果时，往往不可能都以直接的经济效益，或者单一的经济效益作出评价。以一个城市的防灾系统为例，防洪、防地面下沉、防火、防雪、防地震以及防空等设施，不可能以计费或者集资的有偿使用方式向居民提供服务，这类设施服务的公共性具有公益保障的性质，它将以获得的社会效益来体现。这就是说，在按照商品经济原则，把市场机制引进城市基础设施建设领域的时候，对那些不可能或者不宜纳入市场补偿轨道的，就不要实行有偿使用。城市基础设施建设资金的来源，将既有市场补偿又有财政补偿。如果把改革的目标确定为完全的市场补偿，应该说是不现实的，也是不可取的。

当前，要在总结10多年行之有效的经验基础上，为城市基础设施建设资金的筹集与补偿，开辟一些新的路子。对此，有以下几个方面值得重视和研究：

一是将流失的土地收益收归政府用于城市基础设施建设。通过土地收益筹集城市建设资金，一些经济特区城市的行动在先，之后，其他地区的一些城市也采取这方面的措施。在一些城市把规划区内建设用地的单位和个人使用土地交纳的费用、出让金，土地开发单位交纳的收益和房产开发单位交纳的收益等，都集中到政府手里，建立城市土地开发建设基金，用于城市基础设施建设。各地的实践表明，目前由于管理以及其他的原因，土地收益的流失比较严重。增加政府的土地收益，是解决城市建设和土地开发方面资金严重不足的出路之一，也有利于合理利用土地和提高土地使用效益。将流失的土地收益收归政府，对由于城市基础设施建设改善而引起的级差收入，至今还未得到足够的重视，应该说是一个很值得研究的课题。

二是采取灵活方式兴办城市公用事业的企业。在城市基础设施方面，无论是建设还是经营，都由城建系统统筹和管理，具有明显的"垄断"色彩，近几年为了解决"短缺"，开始向社会集资，包括向地方发行债券等，然而一些公用事业的企业，以增强企业的活力为内容的改革，则比较迟缓。在"短缺"的情况下，为了促进一些部门较快地发展，例如，供热、供气的企业，是否可以与其他系统发展经济联合呢。近几年，一些城市与就近的石油矿区联合，以灵活方式增加石油液化气的供应用户，解决了一批居民的"后顾之忧"。城建系统一家办不成的，与其他系统联合办成了，计划价格之内办不成的，议价范围内办成了。这样的现实，对我们探索加快城市基础设施建设的路子是有启发的。

三是理顺城市基础设施可能实行有偿使用的部分价格。城市基础设施，在市场补偿范围内，近几年一般在价格上有所调整，鉴于从无偿使用向有偿使用转变的刚刚开始，对合理的计价又缺乏认真研究和充分论证，一般计价与收费仍然偏低。由于计价与收费偏低使用上的浪费现象仍然相当严重。为提高建设资金的补偿能力,目前需要对水、气、热等产品的合理计价,设置有偿使用的收费种类和收费标准等问题,进行比较系统的研究。

基础设施建设资金的管理

在开辟多种渠道筹集城市基础设施建设资金,以及完善它的补偿机制的同时,城市基础设施建设资金管理体制的改革,是需要探索的一个重要问题。

当前,在我国各地的城市基础设施建设资金的管理,从收入、支出计划、具体项目的支出预算,主要体现财政管理。由于各种城市具体情况的差别,财政管理的深度不同,大体上有四种模式:

一是"共管制",即城建部门有不完整使用计划权,提出资金投向计划,财政与城建部门共同审定,联合下达资金计划。

二是"报账制",即全部由财政部门管理资金分配计划,审定支出预算,城建部门则有权提出要求,并按计划执行。

三是"归口管理制",即在改革城建资金管理体制,解决行政部门职权划分过程中,有的城市将城建资金划归城建部门全面管理。

四是"基金会管理制",即有的城市建立官控民办性质的城建基金会,作为筹集管理城建资金的实质性机构。

这四种管理模式,反映经过改革,城建资金的管理已经出现了某些演化。这些管理模式,当前还是以"共管制"和"报账制"为主。对城建资金的管理体制,近年来在一定范围内已经引起讨论,试图探索改革城建资金管理体制的方向。对此,我们认为改革现行的城建资金管理体制的必要性,是基于这样的事实,多渠道筹集与补偿基础设施建设资金格局的形成,以及城市基础设施变无偿使用为有偿使用,以往单纯的财政管理或者单纯运用财政手段进行管理的体制已经不能适应。至于城建资金管理模式的选择,则不能简单化,"谁用钱,钱就该在谁的口袋里",而要考虑以下原则:

第一,效益原则。管理不是目标,管理是手段,通过管理要使资金发挥最大效益。在"国家拨款,财政补偿"范围内,发挥效益主要考虑用之得当,而现在对"市场补偿"范围筹集的资金,还不能不考虑在用之是否得当以外,利用收入与支付之间的时间差,使之"增殖",发挥效益。

第二,专款专用的原则。城市基础设施建设资金,不论它来自财政补偿还是市场补偿,包括社会集资,都要使用于城市基础设施建设,不得挪为他用。

第三,责权结合原则。根据事权划分财权和按照城市基础设施建设的规划,包括五年规划、年度计划、项目计划，给予城市基础设施建设的主管部门以必要资金支配、使用权。

第四，财政监督原则。城市政府的财政在国家对中央与地方划分财力、财权的范围内，通过预算筹集、分配和使用资金，并对企事业和各部门的财政收支以及其管理活动进行监督。

除以上原则外，由于城市基础设施建设向社会筹集资金，还要在市政府领导下采取必要的社会监督方式。

根据以上的原则，城建资金的管理体制改革，总目标尚不明确，亟待论证。管理体制上，大城市与中小城市的现状差别也大。近几年出现的管理模式又仅仅在个别城市试行。在这种情况下，势必要经过不同步骤、逐步探索新的体制。就当前来说，在市政府领导下，扩大城建主管部门的权限，无疑是必须走出的一个步骤。与此同时，要允许一批城市为探索城建资金管理体制改革进行试点。

（本文原载于《财经科学》1992年第5期）

经济现代化与城市现代化

面对20世纪90年代，面向未来，探索和推进城市现代化，是我国深化改革，扩大开放，进一步发挥城市主导作用，实现20世纪末以及21世纪中叶经济建设战略目标的迫切要求。本文拟就经济现代化与城市现代化的关系，当前城市经济现代化要着力解决的问题谈一些粗浅的看法。

城市现代化，尽管为人们所追求和向往，但是对城市现代化的认识，往往容易从城市外在形态上体察，诸如现代化的建筑物、构筑物，现代化的交通工具、邮电通信，现代化的生活设施、娱乐场所；也往往容易通过人际的交往，感受到思想观念、道德风尚、文化素质、价值取向的差异，对城市发展的主要过程，城市现代化的动因则往往容易有所忽视。近代以来，从传统的农业社会向现代的工业社会转变，就城市而言，它的形态以及内在结构、生活方式的各个方面都发生了深刻的变化。就生产方式与生活方式的关系，马克思曾在《政治经济学批判》一书中指出："在生产的行为本身中，不但客观条件改变着，例如乡村转变为城市、荒野变为清除了林木的耕地等等，而且生产者也改变着，炼出新的品质，通过生产而发展和改造自身，造成新的力量和新的观念，造成新的交往方式、新的需要和新的语言。"① 可见，近代工业社会的一系列深刻变化，其根本原因在于社会化生产的发展，造就了巨大的社会生产力、新的物质生产方式。从历史和逻辑的统一进行考察，城市的发展、城市整体运动的主要过程是经济的发展。

至于城市现代化的动因，经济现代化是城市现代化的逻辑起点。从宏观角度分析，近代经济发展史表明，科学技术的不断进步所引起的经济现代化，推动了城市化。在1800年至1980年的180年间，世界各国城镇人口占总人口的比重从3%提高到41%，而人类社会在此期间经历了三次新技术革命。这就是18世纪70年代开始，以蒸汽机的广泛应用为主要标志，以机器生产替代了手工技术为基础的手工工场生产，开创了一个新的时代，即蒸汽时代；19世纪40年代开始，电机的产生和电力的应用，使蒸汽时代逐渐被电气时代所替代；19世纪90年代开始，以原子能的利用和电子计算机的诞生和发展为主要标志，又进入了一个崭新的时代。以科学技术进步为主要内容的一次又一次产业革命，

---

① 马克思恩格斯全集：第46卷[M]. 北京：人民出版社，1980：494.

它不仅是新技术在某些方面的应用,并且带来了整个社会生产体系的飞跃变化。尤其引起先进社会生产力在一定地域空间内集聚,而促使以聚集经济为特征的城市经济——现代大经济的迅速发展,这也就是经济现代化的渐次发展过程。

科学技术进步带来的城市经济现代化,概括地说体现在两个方面,一方面是社会化大生产的不断发展,社会化大生产不仅结束了手工业的发展阶段,随着科技进步工业生产的部门结构、技术结构以及企业组织结构逐步优化,并且第三产业在城市经济结构中的地位变得更为重要;另一方面是商品经济的充分发展,商品经济作为社会化大生产的存在形式,社会化大生产的不断发展促使城市经济生活的一切领域商品化,以商品货币关系替代自然经济的关系,包括使分工丧失旧时代的最后一点痕迹,逐步形成以市场为中心,确立一整套有效率的、与商品经济自身的运行机制相适应的组织形式和管理方式。应该说,科学技术的不断进步是城市现代化的动力,而商品经济则是社会化大生产基础上现代大经济必要的经济形式,经济现代化包含的内容既有生产力发展自身的变革,又有由生产力发展引起的经济关系的变革。

城市是一个大系统。城市现代化,包括城市经济、城市社会以及城市物质承载体、城市生态环境等诸多方面。在城市现代化进程中,经济现代化贯穿全过程,都是经济现代化对其他方面不断提出新的要求,从而有力地推动城市现代化水平不断提高,而城市其他方面的现代化对经济现代化适应或不适应的不同状态,对经济现代化又会产生促进或者制约作用。

鉴于经济现代化贯穿城市现代化的全过程,又是城市现代化的基础,当今我们探索和推进中国城市现代化,重要的是把握我国城市经济现代化的阶段性特征。不仅要充分认识我国社会主义初级阶段的一般特征,还要认真分析我国社会主义工业化从初期转入中期出现的若干特点,以及改革开放大潮给城市经济带来的发展条件和发展前景,从而提出城市现代化分阶段的目标。从我国现阶段城市经济现代化的一般进程出发,我认为值得重视,并要着力解决的有以下几个方面的问题:

一、 城市经济增长要转到主要依靠科学技术的轨道上来

从战略上着眼,城市经济的实力、城市经济的发展水平、城市经济凝聚力的增强,都要体现在科学技术的应用上。科学技术进步是城市经济发展的动力。可是,目前我国科技进步在经济增长的诸因素中所占比例只有25%,而20世纪80年代我国科学技术获得的大批高新技术成果,真正应用于生产的也只有30%。少数几个实施"科技兴市"战略获得成功的明星城市,几年前科技进步

在城市经济增长诸因素中所占比例都在20%，现在已经提高到35%左右。在发达国家，依靠科技进步在经济增长诸因素中所占比例则达到50%~70%。推进城市经济现代化，当务之急就是要推进科技进步与经济发展结合，要使城市经济增长转到主要依靠科学技术，使目前高消耗、低效益的粗放型经济转变为低消耗、高效益的集约型经济，实现由物质投入主导型经济向科技投入主导型经济的转换。

二、城市产业的发展要经过必要的调整，进而实现结构性的转变

城市是一个国家或地区产业相对集中的地域，产业的形成和发展则是城市经济活动的主要内容。由于历史上的原因，我国城市产业发展曾长期把"生产型"以及"门类齐全"作为追求目标，重生产轻流通，以及不顾城市自身发展的条件，忽视城市之间的分工。这些倾向不仅抑制了城市商品经济的发展，也抑制了城市优势产业的形成以及区际贸易的发展，成为城市经济高投入、低效益的重要原因之一。在改革开放中，不少城市对此已经引起重视，着手调整，这是完全必要的。随着科技进步，经济现代化，城市产业势必经历结构性的转变，其主要趋向是以劳动密集型的产业为主的状况，逐步被技术密集型和资金密集型的产业所替代；高新技术的应用，传统产业将被改造，新兴产业相继崛起；与科技进步、产业结构变动的新情况相适应，第三产业尤其是技术、经济、信息等各类咨询服务以及生活服务的事业将较快地发展；产业的发展，还将从低附加值向高附加值逐步演变等。对此，因势利导，从多方面促进产业的结构性转变，是提高城市经济现代化水平的重要步骤。

三、以市场为中心，按照现代大经济的要求，实现运行机制的转换

城市是商品经济充分发展的地域，也是整个国家经济发展中举足轻重的经济活动中心。但是，由于观念上、体制上的原因，城市经济缺乏活力，城市经济中心也不能发挥它应有的作用。过于集中的，政企不分的经济管理体制，导致工商企业以及其他经济实体"不找市场，找市长"的怪现象。十多年的实践表明，不改革，企业缺乏活力，城市经济也缺乏活力；搞改革，只承认社会主义经济是商品经济，而不重视市场，也不会有活力。我国现阶段城市经济的现代化，不仅有促进城市经济各个领域商品化的任务，并且与商品化相适应要依

循商品经济现代大经济的要求，实现运行机制的转换，进行系统的改革，真正发挥城市经济中心作用。城市经济现代化，按照"国家调控市场，市场引导企业"的模式，以市场为中心，相应地在经济组织、经济调节、经济管理、经济监督以及经济活动准则、经济行为规范等方面建立一整套新的体制，新的秩序。这里重要的是培育与发展城市的市场体系，包括商品市场和其他生产要素市场。使城市经济在全国范围内率先走上社会主义市场经济的发展道路，这是经济现代化必须迈出的一步。

四、从封闭转向对内对外开放，不断扩大经济技术交流

针对原有经济管理体制造成的分割和封锁，妨碍城乡商品经济发展的弊端，"打破封闭，实行开放"成了城市经济发展中共同的呼声、共同的要求。加之沿海一批城市争相开放，城市经济获得了迅速发展的现实，它教育了人们：开放是城市经济繁荣，城市经济现代化的必由之路。然而，开放的实现却是一个过程。由于受生产力发展状况的制约，经济发展不平衡，我国现阶段城市经济现代化水平，国内一般落后于国外，内地一般落后于沿海；还由于经济体制改革不深入、不配套，开放仍然受到这样那样的掣肘，以及基础设施建设滞后，也使开放政策受阻。但是，正是由于城市经济现代化水平，中国城市与国外的城市、一般地区的城市与先进地区的城市存在着差距，实行开放，扩大对内对外的经济技术交流才更成为必要。唯有扩大对内对外经济技术交流，才能较快地实现经济现代化。从这个意义上说，开放是城市经济现代化必不可少的条件，也应该成为城市发展中一项基本政策。当然，实行开放，扩大经济技术交流，绝不是单向的。

（本文原载于《城市问题》1992 年第 6 期）

城市建设综合开发之管见

综合开发把成都市城市建设推向了一个新的发展阶段。综合开发自身在实践中出现了四种模式：以道路建设为主导的综合开发；住宅建设为主的小区开发；以公共设施建设为主体的综合开发；高新科技产业开发区与工业开发区的建设。成都市城市建设综合开发的实践积累了许多宝贵的经验，"八五"期间进一步加强城市建设，认真研究十多年综合开发的实践经验应该引起重视。

一、城市建设目标与经济建设目标的一致性

多年来，我们在城市建设中曾一度忽视规划，搞"见缝插针"，导致布局混乱；还曾以为基础设施属非生产性，投资严重不足，给城市正常的经济生活和城乡经济的正常运行带来障碍。给我们的历史经验就是城市建设与经济建设的同步、协调发展。在"六五"、"七五"期间，在改革开放的大潮中，城市建设在成都市获得了长足的进步，它对增强城市的综合功能，提高城市经济效益发挥了极为重要的作用。

今天，我们强调城市建设目标和经济建设目标的一致性，就是分析20世纪90年代成都市经济发展的趋势，从而了解对城市建设综合开发的新要求。就全国而言，20世纪90年代是一个深化改革，扩大开放的大好时期。深化改革将由以放权让利为主要内容转向以转换机制为主要内容；扩大开放将从着重在沿海地区开放转向沿海及沿边的全方位开放。在这样的形势下，成都市在全国经济发展中发挥它应有的作用，城市经济的产业结构势必要经历新的变化，这就是大流通、高科技、集团化。诚然，实现大流通、高科技、集团化，是从"八五"起步的一项跨世纪任务，具有重大的战略意义。

面对20世纪90年代成都城市经济产业结构的战略性转变，城市建设综合开发要适应经济建设的新发展，还要为经济建设的新发展创造必要的条件。

二、城市建设的宏观目标从一元化转化为多元化的城市结构体系

纵观世界各国，为了摆脱大城市的"城市病"，专家学者纷纷探索大城市空间结构的调整，不少国家已经取得经验。这一点，我国的城市规划专家也早

有觉醒，要改变大城市"摊大饼"式的集中发展。近几年，成都市城市科学研究吸纳各方面专家的意见，集思广益，充分论证，曾经提出许多有益的构想。在1983年实行市领导县体制以后，讨论成都的经济发展战略，有"星座式"城镇体系的构想，1985年以来，又有若干卫星城的方案。所有这些构想、规划、方案，其目的就是要对一元化的城市结构体系进行改造。应该说，城市空间结构的重构，不仅是当前城市发展中增进经济效益的需要，同时也是城市现代化，改善人们生存环境，提高环境质量、增进环境效益、社会效益的需要。今天，讨论城市建设综合开发，一定要充分重视近几年讨论城市结构体系改造的积极成果，包括在城市发展中注意功能扩散，有步骤地建设好已经规划的若干副中心。

三、 旧城市改造和新区开发并重

成都的旧城人口密集，街道狭窄、房屋陈旧，在大城市中是少有的。"六五"之始，为了能使市中心人口迁到府河以外，同时也是为了旧城改造创造条件，城市建设的综合开发也就是从若干住宅小区的新区开发起步。目前，随着住宅小区的开发，城市从原有的旧城区已经大大地向周围延伸，以往亦乡亦城的城乡结合部大批蔬菜地，都已"广厦万间"。以旧城来说，尽管随着干道建设带动了不少街道小巷的改造，但是由于种种原因，旧城地改造相对滞后，矛盾很多。从成都平原这样粮食产地的土地资源节约而言，我们在综合开发中应更多注意旧城改造，提高土地效益；从旧城的功能改善，提高居民生活的环境质量而言，也应更多注意旧城改造。当然，旧城改造无论是住房的拆迁、地下设施的建设，都要比新区开发复杂得多，这一点我们也要看到。但是，旧城改造如果过于滞后，也会对整个城市建设带来消极影响。

四、 正确处理多级开发与集中收益的关系

这几年，我们通过统一征地、统一施工，通过出售商品住房、商业用房等，使综合开发为城市基础设施建设积累了资金。我们必须看到，在改革的进程中，改变以往过于集中的经济管理体制，已经形成多渠道筹集城市建设资金的新格局，这也就是近几年城市建设步伐加快的重要原因。

为了调动各方面的积极性，加快城市建设的步伐，1980年以来，又给县、区下放了权限，使综合开发出现了多级开发的局面。对这几年多级开发的实践怎样估计，我们认为应该肯定。不过，对综合开发存在多级开发体制的情况下，

仍然有进一步完善的问题，一是给综合开发注入竞争机制，更好地利用招标手段，以期节约投资，提高质量；二是集中收益，多级开发，给县、区利益无疑是必要的，但是通过综合开发以筹集城市建设资金是它的初衷，如果多级开发导致收益分散—流失，那就是错误的。我们应该审视当前多级开发的收益分配状况，进而完善管理，防止流失。

五、 城市建设资金管理体制的改革

近几年来，由于多渠道筹集城市建设资金和城市基础设施的有偿使用，使城市建设资金的补偿机制发生了变化，即财政补偿与市场补偿并存。随着就提出城市建设资金管理体制的改革。目前，成都市在城市建设资金管理体制上，大体上就是由城建部门提出资金投向计划，财政与城建部门共同审定，联合下达资金计划。怎么改革呢？我们认为在财政补偿与市场补偿并存的情况下，由财政部门全面管理的"报账制"方式，那样不利于调动多渠道集资的积极性，看来是行不通的。至于由城建部门全面管理，看来也有一些问题，目前城建资金的来源，相当大一部分还是财政补偿，财政部门有管理的要求。看来，建立官控民办性质的城建基金会，可能是目前可以采用的一种形式。

（本文原载于《城市建设综合开发理论与实践》一书，该书由四川大学出版社于1992年12月出版）

农业产业化是振兴农村经济的重要途径

成都平原是四川省率先实行农村改革的地区,也是农业产业化起步比较早、发展比较快的地区。成都市的实践,对推进我省农业产业化,建设社会主义新农村将有所启迪。

一、农业产业化是改革的产物

党的十一届三中全会以来,我国农村逐步实行联产承包生产责任制和把市场调节引进经济生活,成都农村发展社会主义产品生产的积极性也随之显露出来。一系列改革推动了成都农村市场化进程,而市场化进程又促进了农业产业化的转变。经过十多年的萌芽和发展,农业产业化已经成为把农业和农民引向市场的有效组织形式和新型的经营模式。从历史考察,成都农村的农业产业化演进,经历了不同的发展阶段。

第一阶段,20世纪70年代末的"农工商联合公司"。

20世纪70年代末,借鉴南斯拉夫经验,由政府提倡,鼓励一些工商企业向农业的产前产后延伸,组建农工商联合公司,有的县以建立农工商联合公司为主要内容进行经济体制改革试点,一些县以国有农场为基础组建农工商联合公司。但是,由于当时农村改革刚刚启动,整个改革的目标模式并不明确,发展农工商联合公司的宏观环境还不具备,包括同当时农民的要求也有一定距离,加之"嫁接"又往往在原有专业公司之上,行政色彩浓厚,因此,这类经营组织形式当时并没有形成"气候"。不过,它对其后的农业产业化发展,无论从哪方面来说,都是有益的探索,其积极意义不容忽视。

第二阶段,20世纪80年代初期、中期的"专业户"。

随着联产承包生产责任制的逐步推行,成都农村商品生产和商品交换出现发展势头,农民独立商品意识明显加强,生产水平迅速提高。20世纪80年代初开始,一大批以商品生产为主的农村专业户涌现出来,成为当时农业先进生产力的代表。1982年年底,全市已拥有专业户6.03万户占总农户10.4%。这种以户为生产经营单位,积极推广农业适用技术,有一定规模的农副产品生产,具有商品率高,经营收入比率大的特点,其收入要比一般农户高1~5倍,在农村有明显的示范效应。20世纪80年代中期,专业户又有进一步发展,已占全市总农户的26%。这批专业户以市场为转移，大力发展商品生产，又纷纷从种、养业向二、三产业延伸或转移。专业户的涌现是推动农业产业化形成的重要力量。

第三阶段，20世纪80年代后期"四专一条龙"。

随着城乡市场的恢复和发展，一大批围绕市场需求发展农村经济的商品生产者，逐步按照专业化、集约化、社会化要求，专业户、专业基地、专业协会、专业市场相结合，实行生产、科研、加工、销售系列化服务，使得"一条龙"经营的经济运行形式出现。1989年年底，全市已形成83个"四专一条龙"体系，其网络包括48.6万农村专业户，占全市农户27%；156个专业基地，年产值达22亿元；1 321个专业协会，会员7.35万人；82个专业市场，年成交额5亿元以上。"四专一条龙"进一步打破由旧体制造成的城乡分割，产业分割，促进了农村商品生产发展，是现代农业产业化的雏形。

第四阶段，20世纪90年代"公司+农户"。

农村商品经济的发展，在它的新阶段，仍是向现代市场经济过渡。成都农村"四专一条龙"，适应生产力进一步发展的要求，按照经济发展的内在联系，逐渐分离出具有社会主义市场经济机制的农业产业化经营模式——"公司+农户"。1994年年底，全市已初步形成具有一定规模的龙头企业300多个，农产品生产基地210个，连接着35万多农户（占全市农户17.2%），每年为农民增收6亿多元。"公司+农户"是成都农村现阶段农业产业化比较成熟的经营模式。这样的经营模式，一是依靠较大规模的龙头企业，连接生产基地和广大农户，实现生产、加工、销售一体化的运作模式；二是通过协商制定共同恪守的契约，利益共享，风险共担；三是实行产供销、种养加、贸工农和经科贸一体化经营。

实践告诉我们，农业产业化经营，是我国农业从半自给自足经济转向商品经济和现代市场经济，从粗放经营转向集约经营的大趋势。农业产业化，既是改革不断深化的过程，同时也是市场化商品农业逐渐建立的过程。

二、依托优势，走农业产业化自己的发展路子

农业产业化经营模式的形成和发展，它既适合我国现阶段在稳定农村家庭联产承包生产责任制前提下，发展农业的专业化、集约化和社会化，又适应了建立社会主义市场经济体制的要求，实现农业资源配置的机制转换，对解决农业发展中深层次的矛盾具有重要意义。农业产业化，既是农村经营管理体制的改革和创新，也是农业发展新的生长点，从传统农业转向现代化的重要途径。

农业产业化是振兴农村经济的重要途径

从成都农村农业产业化进程考察,我们清楚地看到,农业产业化,既有农业走向市场经济,发展一体化经营的共性问题,又有由于不同的地域,不同的发展阶段,不同的经济发展水平,以及地处城市之郊还是远离城市的个性问题。对此,成都市在坚持积极稳妥方针的同时,十分注重大城市城郊农业经济的实际,依托优势,探索自己发展的路子,从而形成若干特点。

立足市场,建设市场,促进农业产业化,是其特点之一。我国的农村改革,从流通角度看,是从开放集贸市场开始了农业经济市场化的进程。成都农村,从出现专业户,进而"四专一条龙",直至"公司+农户"经营模式,大体上是同市场恢复和发展的进程相吻合的。农业产业化经营,虽然20世纪80年代中期就出现,但数量甚少,机制也不完善。20世纪90年代农业产业化发展比较快,成为比较成熟的经营模式,这是与新形势下市场经济主体的发育和机制转换分不开的。开放市场,建设市场,尤其从当地实际出发建设一个专业市场,就搞活一方经济。崇州是成都传统的生猪产区,1988年建立猪肉及副产品专业市场,由零售到批发,规模不断扩大,猪源从崇州拓展到成都、雅安、乐山等40多个市县,日宰生猪3 000头以上,猪肉及副产品运销全国10多个省、市、自治区。专业市场的繁荣,在促进大批农户发展生猪生产的同时,还兴办起制革厂、肝素纳厂、生化厂、骨粉厂和冷冻库,发展了200多家肠衣加工专业户,100多家猪苦胆、猪油、猪毛等加工专业户,形成养殖、加工、销售一条龙经营模式。改革开放以来,成都市比较早就重视市场问题,建设的一批市场对搞活流通和促进农业产业化都起到了重要作用。

工商企业进入农村,建设基地,带动农业产业化,是其特点之二。成都工商企业相当集中,经济比较发达,市属各县(区)也有较强的经济实力。一大批以农副产品为原料或经营农副产品的工商企业,在经济体制转换过程中,为增强自己的竞争力,纷纷投资农村建设"第一车间"或采购基地,也就成为发展农业产业化的重要动力。邛崃的崃山造纸厂,年产2.5万吨高强韧牛皮纸板纸,属国有中型企业,全国500家最大造纸企业之一。为获得稳定的优质原料,谋求企业新发展,1986年以来以资金扶持和技术服务等方式,投资农村建设竹林生产基地,连接山区15个镇(乡)4万多农户。从而形成以造纸工业企业为龙头,竹林生产基地为基础,农村专业户为依托的农业产业化经营。除一批工业企业进入农村建"第一车间",带动农业产业化经营之外,一批商业企业,如丝绸、茶叶、水产、药材等公司,也纷纷投资农村建基地。新津县丝绸公司,由原县蚕茧站改建而成。为谋求企业的发展,1980年以来,为蚕农提供垫底资金以及种子、肥料、药具等物资,搞好技术服务,发展了栽桑农户3 000多户和一批以蚕桑生产为主要收入来源的农户,建成相当规模的蚕桑生产基地。以商业企业为龙头,连接基地和农户,是依托龙头企业,带动农业产业化经营的又一形式。在工商企业比较集中的城市,对工商企业投资农业、建设生产基地,成都市历来采取鼓励政策。

依托城市、面向城市,拓展农业产业化,是其特点之三。成都的商贸历史源远流长,是西南重要的商贸中心,随着基础设施建设不断加强,国内外贸易有很大发展。同时,成都又是新中国成立以后发展起来的西南科技中心。成都的经济中心地位和功能,是农业产业化发展极好的条件。成都市的城市人口,拥有200万以上常住人口,50万以上流动人口,有着相当高的购置力和消费水平。这样的大城市,不仅有巨大的市场需求,并且有日益发展的新需求。改革开放以来,为了满足市民的生活需求,在肉、禽、蛋、鱼、奶、果等方面的生产、加工、销售一体化经营率先发展,近几年具有文化内涵的新需求又出现,如鲜花成为家庭和人们相互交往的新需求,锦江区三圣乡的花卉公司就应运而生。这个花卉公司集生产、科研、销售于一体,实行社会化系列服务,联系2 600多种花户,花卉种植面积达1 400多亩。日产鲜花80%供应成都市场,其余运销北京、海南等地,年产值在350万元以上,花卉生产已成为三圣乡的支柱产业之一。郫县的永兴园适应城市绿化、美化的需要,以花木生产、科研和承建园林绿化工程相结合,实行产业化经营,为美化城市作出贡献,并被国家列为川派盆景出口基地。成都巨大的和发展着的市场需求,以及成都的科技力量和市场的辐射功能不断地拓展着农业产业化的路子。

依托城市,依托工商企业,依托市场,是城市城郊农业产业化发展的强大优势所在,也是成都农业产业化发展比较快的重要原因。

三、总结经验,谋求农业产业化新发展

农业产业化,为成都农业实现"两个根本性转变"开拓了一条路子。我们在考察中发现,成都农业产业化虽然在优化产业结构,扩大适度规模经营,发展非农产业,提高农业比较利益,促进农业劳动力转移,增加农民收入等诸多方面具有无可置疑的优越性。但是,面对极为分散以户为单位的小生产,以及现阶段经济体制改革进程的局限性,工商企业要增强活力,有许多深层次问题尚等解决,与农业产业化伴生的众多困难和问题的存在,使我们强烈地认识到,成都农业产业化的路子,还有很长的路要走。为继续推进农业产业化进程,应该在总结经验基础上,加强领导以求新的发展。

第一,因势利导,不拘一格推进农业产业化。

多年来成都农业产业化有了较快发展,300多家工商企业发挥龙头企业的

主导作用，形成相当规模。鉴于市场需求变动频繁和竞争态势加强，老企业迫切需要技术改造，新企业需要较多投资，增强企业活力更存在一系列的改革任务，虽然鼓励工商企业进入农村建基地，实行贸工农一体化经营，但龙头企业发展不可能太快。尤其是市郊不同地域经济发展水平，农民素质和管理水平存在较大差异，不仅要继续强调示范，并且要鼓励和支持农业产业化多种形式发展，在没有条件实行龙头企业带动的地方，市场带动、专业协会带动、专业大户带动，以及紧密型的经营组织形式或是松散型的经营组织形式，都要允许。"公司＋农户"是现阶段比较成熟的农业产业化经营模式，适应农业迈向市场化的大趋势，结合成都的实践经验，要坚持因势利导，不拘一格，促进农业产业化发展的正确方针。

第二，依靠科技进步，提高科技含量，推进农业产业化发展。

成都农业产业化经营，相当大部分实行科研与生产、加工、销售的结合，但科技成果转化，仍存在自流和自发状态，值得重视。从实践经验看，科技含量的提高，是农业产业化发展的潜力和希望所在。为此，要加大宣传力度，对农民进行教育，典型引路，扩大示范效应。要加大改革力度，推进科技成果的市场化，使更多科技成果投入农业产业化经营，更多科技人员进入农业产业化经营，搞好技术服务。要进一步鼓励科研机构在农村建立科研基地，同农业产业化经营发展长期的协作。依靠科技进步，提高科技含量，是农业产业化不断发展的重要保证。

第三，正确处理经济利益关系，调动各方面的积极性，推进农业产业化发展。

从成都农业产业化的发展过程分析，实行贸工农、种养加、产供销的一体化经营，涉及找准生长点，确定经营规模以及产业链的形成和内部机制的完善等许多方面，而最重要的是处理好农业产业化经营组织内部的经济利益关系，尤其是处理好与农民的经济利益关系。以往，工商企业在农村规划了一些原材料生产基地，获得农副产品采取随行就市，"多了砍，少了抢"，毫不顾农民利益，那是旧体制的产物。能否处理好经济利益关系，是农业产业化经营成败的关键。成都在实践中，按照市场经济原则，在农业产业化经营组织内部建立一定契约关系，实行"风险共担，利益均沾"，是比较成功的。正确处理经济利益关系，虽然对紧密型、半紧密型、松散型等不同类型经营组织，其具体内容不相同，但处理好经济利益关系，始终是农业产业化经营组织巩固和发展的关键环节。

第四，统一规划，合理布局，有步骤地推进农业产业化发展。

在农业产业化发展中形成各具特色，适应市场需求的区域型规模经济，要实行统一规划，合理布局，有步骤地分批发展。对现有的农业产业化经营组织，要帮助完善其各项规章制度，规范其经营行为，明确各自的责权利，建立新的经营机制，这些方面，成都已取得经验，要坚持下去。统一规划，加强指导，是必要的政府干预，不容忽视。鉴于农业产业化，涉及城乡之间、企业之间、企业与农民之间、企业与政府之间多方面的关系，没有正确的政策指导是不可想象的。为了推进农业产业化发展，政府在政策上给予扶持尤其必要，包括土地利用、资金借贷、物资供应以及税收、信息等。政府必要的干预是农业产业化经营模式健康发展和正常运行的重要条件。

（本文与钟富成合作完成，原载于《社会科学研究》1993年第1期）

把成都建设成国际大都会的几个问题

把成都逐步建设成为一个现代化的国际大都会，是成都人民为之奋斗的宏伟目标。对此，我有以下几点看法：

一、大城市的现代化和国际化，是我国改革开放发展的客观要求

1979 年以来，我国实行对外开放，积极利用国外资金、资源、技术和市场，发展国内外的经济技术交流，现已初步形成全方位开放的格局，并将重新恢复我国在关贸总协定中的地位。我国的改革，经过多年的实践，已经明确要以社会主义市场经济体制为目标模式，正在着手以转换机制为主要内容的综合配套改革。改革与开放，将促使我国城市经济尤其是条件比较好的大城市、特大城市率先与世界市场建立进一步的联系。就大城市、特大城市而言，一般都是全国性的经济中心或者较大区域的经济中心，在全国经济发展中具有举足轻重的地位。面对巩固和发展全方位开放的格局和深化改革，建立市场经济体制的新形势，一些大城市、特大城市不能不重新调整自己的发展战略，把进一步实现现代化和国际化的任务提到议事日程上来。

当前，沿海、沿江、沿边或内陆一些条件比较好的大城市、特大城市，纷纷以建设现代化的国际性城市为目标，探索跨世纪的新战略，显然是十分必要的。成都，虽然既不临海又不沿边，地处内陆，但是多年来曾是我国的重点建设地区之一。1979 年以来又率先进行城市改革，获得了显著的成就。这里，生产要素的聚集已达到相当规模，基础设施不断完善，管理水准明显提高。1991 年在全国国内生产总值超百亿元的 35 个城市中，成都位居第 10 位。1992 年被国家评为"首批投资硬环境 40 优"城市、全国国家级创卫城市排名中，位居第 2 位，在"中国城市综合实力 50 强"中，位居第 11 位。诚然，地处内陆，给成都的对外交往带来诸多不便，但这方面的条件是可以改善的，有的已经改善，有的正在改善。现在，成都是西南最重要的航空港，成都与国内 40 多个大城市之间已有定期航班，还开辟了至香港、新加坡、曼谷的航线；成都的程控通信系统已经建立，电话可以直拨国内外城市；随着成渝高速公路的建成，将为成都通达江海创造新的条件。在科学技术发达的今天，交通运输和通信手段日新

月异。为城市之间、国家之间的交往缩短空间距离创造了条件。那种认为国际性城市只能在沿海出现,内陆不可能建设成国际性城市的说法,是不符合实际的。如果翻开世界地图看一看,就会发现虽然早期实现工业化的经济发达国家有许多国际性的工业城市、贸易城市靠近海岸线,具有港口的优势,但随后发展起来的内陆国家,也出现了国际性城市。远离海岸线无出海港口,并不是建设国际性城市不可逾越的条件。

二、大城市现代化和国际化,其主要内容是以现代化促进投资环境的继续改善,形成国际资本的聚集

城市化、现代化是当今世界经济发展的大趋势。城市现代化一般都从大城市、特大城市开始,其主要标志如下:

第一,高效能的基础设施。它包括信息、交通、给排水、供电、供热、供气等各项设施,以及商业、服务等,都要达到灵敏、便捷、通畅、充足、优良的效能。

第二,高水平的管理工业。城市的规划、建设、交通、商品供应、社会服务、防灾、治安以及人口、医疗保健、劳动就业等,都要实行电子化管理,提高管理效能。

第三,高质量的生活环境。城市居民都在清洁、优美、安静、安全的环境中舒适地生活。

第四,先进、高效的生产经营手段和一整套经营体制。

促进城市现代化,对当前大城市、特大城市来说,其意义在于以现代化促进投资环境的继续改善,因此也可以说现代化是城市走向国际化的一项基础性的工作。

城市国际化与国际性城市的形成是世界经济发展的规律。18世纪60年代从英国开始,欧洲各国先后发生产业革命,这场产业革命以机器大工业代替以手工劳动为基础的工场手工业,使社会分工进一步发展,并创造了前所未有的巨大生产力。发生产业革命的国家,先后实现了工业化。这里,我们还看到由于科学技术的进步,促成了近代交通工具的出现,近代交通工具使商品交换迅速扩大,出现了世界市场,为工业的大发展提供了条件。早期实现工业化的经济发达国家,也是最早实现城市化的国家,在工业化、城市化过程中涌现出一批又一批国际性的城市。工业化、城市化与世界市场的形成和发展,使一批大城市崭露头角。这批国际性城市具有强大的经济实力,不仅是制造业中心,而且是集贸易、科技、金融、通信于一体,更重要的是形成国际资本的大量聚集。

尤其第二次世界大战之后，由于生产力的进一步发展，社会分工走向国际分工，国际资本在更多的城市聚集，使国际性城市获得了新的发展。从根本上说，城市的国际化，实质在于国际资本聚集，国际资本的聚集是国际性城市最重要的标志。由此看来，十多年来成都虽然对外经贸有了较大发展，利用国外资源、资金、技术和市场已经迈出了较大步伐，但毕竟还是开端。无论是达到现代化还是国际化的目标，都必须经过长期的努力。

三、大城市的现代化和国际化，制定城市发展的战略目标，要从实际出发

　　大城市、特大城市，在扩大国际间的经济技术交流中发挥它的作用，以建设现代化的国际性城市为目标，实施城市发展的新战略，必须看到当今世界的国际性城市是有不同层次的，至少分为两类：世界性的与区域性的。我们通常说的伦敦、巴黎、纽约、东京、柏林等，无疑是世界性的。区域性的也有较大区域或较小区域的国际性城市，譬如亚太地区的就是较大的区域，东南亚或东北亚地区就是较小的区域，上海是亚太地区重要的国际性城市，而哈尔滨则是东北亚地区重要的国际城市。以为一提国际性城市，就是世界性的、全球性的，事实上并非如此。

　　在确定成都将建设成为一个现代化国际性城市的时候，还应该看到国际性城市是存在不同性质的。天津依存于华北广阔的腹地，与渤海湾一批城市联结成为经济发展的共同体，拥有良港发展对外贸易，被公认为是渤海湾重要的国际贸易城市。而杭州则由于拥有久负盛名的风景资源，被公认为是国际旅游城市。成都虽然拥有较大规模的工业，但商贸活动历来活跃，联系长江上游广阔的地区，近几年深化改革，发展大流通、大市场、大商业，商贸活动进一步活跃，初步形成我国西部最大的商贸城市。商贸已经带动了内陆市场的繁荣，也促进了对外贸易的发展，把成都进一步建设成以发展贸易为特色的国际性城市是有希望的。鉴于成都自秦汉时代就是有名的商业都市，在西汉末年便成为全国除长安以外的五大商业都会之一，在唐代与扬州并称为"扬一益二"，是全国有名的商业都会。充分考虑成都在历史和传统的特色，"把成都逐步建设成为现代化的国际大都会"提到成都人民面前，能够更为形象而被大家所理解和接受，并自觉为之奋斗。

四、大城市的现代化和国际化，在既定目标之下，重在措施，分步实现

现代化的国际性城市，一般是经济发达地区城市群体的核心城市。因此，当我们在扩大开放，深化改革的新阶段，采取积极措施引进技术，利用外资，拓展在国外市场的同时，要把推进城市现代化建设和区域经济的发展放在重要位置上来，首先要把中心城市的作用与区域经济发展之间的关系处理好。过去十多年里，随着市领导县体制的建立和横向经济联系的发展，中心城市在成都经济区内的地位进一步加强，城市群体发展的态势开始出现，对此，势必要因势利导，以中心城市的现代化和国际化带动城市群体的发展，推进城乡一体化，把区域经济逐步转入现代经济的轨道。要推动产业布局、城市空间布局的进一步合理化。回顾改革开放以来，成都经济发展加快，产业布局有所调整，市中心区的一批工业企业纷纷向外扩散求发展，而市中心区的商贸、金融以及其他服务等第三产业相继崛起。建设现代化的国际大都会，应该因势利导，促进市中心区第三产业的发展，进一步把工业扩散到市外以及卫星城、其他城市、城镇，使产业在城市群体内部的分工更为合理，确以增进经济效益及促进城乡经济协调发展。另外，对城市精神文明建设要提出新的要求。成都是一个历史文化名城，这是城市精神文明建设的良好基础。近几年创建国家级卫生城市活动，使城市精神文明建设上了一个新台阶。当前，应以巩固创建国家级卫生城市成果为龙头，推进精神文明建设，使城市居民生活方式进一步城市化、现代化。

（本文原载于《城市改革与发展》1993年第6期，后于1996年10月被中国城市规划院研究会学术信息中心《研究文汇》转载）

略论沿边大城市第三产业经济的振兴

近几年，我国经济从沿海开放进一步拓展到沿边、沿江、沿线的开放，形成了全方位开放的格局，在2.2万千米的内陆边境线上，东北、西北、西南三大开放带已经形成。回顾几年前，那种仅仅由边境地区参与的、零星进行的易货贸易活动，已经逐渐形成以边贸为先导、以内陆为依托、以高层次经济技术合作为重点、以开拓周边国家市场为目标的沿边开放态势。面对沿边开放的新态势，沿边大城市要充分发挥它在对外开放中的作用，带动腹地的经济发展、第三产业经济的振兴尤其重要。我国沿边大城市第三产业经济的振兴，也是这些城市转入现代化、国际化轨道的重要内容和重要标志。

对我国沿边大城市的历史进行考察，但凡是政治中心，一方面是边疆省的省会所在地，重要的地方行政中心；另一方面又是节制边防的军事指挥中心。新中国成立后，由于受特定政治环境的影响，无论它们处于战略后方或者战略前方，总是把工业城市作为发展模式，尤其强调发展重工业。现在，这些城市已经成为具有相当经济实力的新兴工业城市屹立在边疆。虽然，它们也都是一些较为重要的物资集散地或者商贸中心，如乌鲁木齐是新疆最大的物资集散地，昆明是西南边疆重要的商贸中心，哈尔滨是东北北部的物资集散中心和对外贸易的重要口岸。但是由于新中国成立后对社会主义条件下发展商品经济的偏见，以及重生产、轻流通，对外贸易又实行过于集中的国家垄断体制，导致这些城市商贸功能普遍衰退。商贸功能衰退是多年来沿边大城市第三产业经济不发展的成因之一。据统计，截至1980年年底，第三产业经济在国民生产总值中的比重，昆明仅占23.83%，哈尔滨仅占23.6%。

几年前，哈尔滨的一位城市经济工作者，曾把哈尔滨第三产业经历的繁荣——萎缩——恢复的过程进行了一番分析[1]。

1898—1946年是哈尔滨的畸形繁荣阶段。1898年中东铁路修筑，使哈尔滨开始具有现代城市形态，之后的1905年12月辟为对外开放商埠，1932年后又受日本帝国主义殖民统治。这一阶段是半殖民化和殖民化的经济，第二产业相当薄弱，而第三产业畸形发展。

1946—1978年进入相对萎缩阶段。经过经济恢复，从"一五"时期开始国

---

[1] 参见高滨健撰写的《哈尔滨市第三产业发展的过程分析和战略选择》一文。

家重点建设，工业获得迅速发展，经济实力极大地增强，而第三产业并没有与工业协调发展，受到人为地抑制，出现相对萎缩。第三产业从业人员在就业人员中的比重，由1949年的49.5%下降到1978年的31.3%，第三产业占国民生产总值的比重，1973年也仅为15.8%。

1979年以来转入恢复阶段。改革开放以来，我国经济进入一个新的发展时期，使第三产业相对萎缩的势头得到扭转，并有了一个较大的恢复性发展。

高滨健同志在《哈尔滨市第三产业发展的过程分析和战略选择》一文中对哈尔滨市第三产业的历史考察，揭示第三产业经历的畸形繁荣——相对萎缩——恢复发展，几乎就是我国沿边大城市的典型分析，其他沿边大城市第三产业状况，大体上都有这样的过程。不过，我要补充一些看法：

第一，所谓"相对萎缩"，在较长一段时期，事实上已不是相对萎缩，甚至是绝对萎缩了；

第二，在工业化初期的城市第三产业，繁荣也罢，萎缩也罢，恢复也罢，比较突出地反映在商业、饮食服务业的兴衰，而沿边大城市还突出地反映在对内、对外贸易上。

沿边大城市的边境贸易、对外贸易，都有极为有利的条件。昆明自古以来就与中原内地有比较密切的贸易往来和经济联系，是我国与越南、缅甸、泰国、老挝、印度等国进行贸易往来、商品转口贸易的重要通道，也就是说在我国发展与东南亚的经贸关系中，昆明有其优势。乌鲁木齐不仅是沟通天山南北、沟通新疆与祖国内地联系的交通枢纽，又是第二座"亚欧大陆桥"在我国西部边疆的桥头堡，是我国西出独联体各国和北欧、西欧、中亚、西亚等地的陆空要冲，已成为我国西部与周边国家贸易往来的重要门户。哈尔滨则是东北亚核心地区最大的中心城市，第一座"亚欧大陆桥"的建立，使它迅速发展了与欧洲各国的贸易往来。由于哈尔滨离俄罗斯的西伯利亚、远东地区，以及日本、韩国、朝鲜、蒙古等国都比较近，且依托比较方便的交通，因此，历史上就曾是一座国际贸易城市。当然，不可否认，沿边大城市这样的边境贸易、对外贸易的优势，经常要受政治环境影响，一旦边境形势紧张，烽火突起，贸易活动就被阻隔，这也是屡见不鲜的。因此，边境贸易、对外贸易的兴衰，也就成为沿边大城市第三产业兴衰的重要影响因素之一。

据统计，第三产业在国民生产总值中的比值在"六五"期间，昆明从1980年的23.83%提高到1985年的26.04%；哈尔滨从1980年的23.6%提高到1985年的24.8%。这一段时间，沿边大城市虽然第三产业转入恢复阶段，但是发展还是比较缓慢的。第三产业比重提高的主要原因是鼓励个体私营经济发展，增加城市商业网点，集贸市场的开放，以及旅游业开始发展。"七五"以来，边境贸易相继发展起来，沿边大城市在对外贸易中的组织作用显露头角，带动了第三产业，出现了较快增长的趋势。据统计，第三产业在国民生产总值中的比值，1990年哈尔滨达到40.9%，乌鲁木齐达到42.6%，只有昆明增长幅度较小，仅达到27.64%。

我国沿边大城市，尽管它们城市发展的历史不同，城市的性质不同，但是都把大力发展第三产业作为一项重大措施来抓，这无疑是完全正确的。那么沿边大城市第三产业经济的振兴，与内陆大城市又有些什么区别呢，我认为有以下几个问题值得讨论和研究：

第一个问题：城市经济发展战略与第三产业发展的关系。

内陆城市，一般都是一定区域的经济活动中心，要发挥它们组织区域经济的作用，第三产业为城市经济发展战略的实现服务，它势必面向经济辐射地区，为相应区域的经济发展服务。沿边大城市的情况就不一样，它们有两方面的任务，一方面要依托城市发展边境贸易，发展经济技术合作，以及发展其他的经济文化交往；另一方面要在区域经济发展中发挥经济中心的作用。第三产业为实现城市经济发展战略服务，就必须充分考虑这样的特点。对沿边大城市来说，如果以为第三产业发展只是为城市居民生活服务，是一种狭隘的理解，只是为其经济腹地服务也是一种狭隘的理解。第三产业要为城市的经济生活，为经济辐射区的发展，还要为对外开放服务。乌鲁木齐在新疆对外开放格局中是龙头，沿边境开放是前沿，沿铁路线开放是后盾。在西北边境对外开放中，要发展周边国家的贸易往来和经济技术合作，尤其是瞄准中亚国家的巨大市场。我国东北地区是发展中的东北亚经济圈的核心地带，哈尔滨不仅与欧洲有传统的贸易往来，并且在东北亚区域经济发展中要发挥它应有的作用，哈尔滨已把国际贸易城市确定为自己的战略目标。这些沿边大城市，要在城市经济发展战略的总目标下，指导第三产业的发展。也就是说，第三产业经济的振兴要适应对外开放，使城市在对外开放中能够更好地发挥作用，这是沿边大城市第三产业发展的出发点。

第二个问题：商贸功能在城市发展中的地位。

沿边大城市要建设成为多功能、开放式、网络型的经济中心城市，以适应我国新成长阶段城乡商品经济的发展，这只是我国改革开放以来对中心城市的一般要求。在我国经济新成长阶段，以建立社会主义市场经济体制为目标模式，调整城乡经济关系，发挥城市在组织经济中应有的主导作用，不但要有发达的生产功能，城市商贸功能的建设也极为重要。改革开放以来，我国的一批中心城市包括沿边大城市的商贸功能都沿着这个方向，都经历了一个恢复和发展的过程。当前，面对对外开放的新格局，时代赋予沿边大城市发展外向型经济的重要使命，它们的商贸功能建设势必适应这样的要求，这也是第三产业经济振兴的机遇。商贸功能建设对沿边大城市来说，涉及功能设施的加强、功能布局的调整以及对外交通的建设等。对沿边大城市商贸功能设施的考核，近几年仍然沿用居民千人拥有的商业网点，功能布局的调整仍然满足于城市居民生活形成的商业区的改造，看来这些是很不够的。应该以对外交通建设为基础，从商贸中心以及边境贸易、对外贸易的重要口岸通盘考虑功能布局，加强功能设施，否则就不能担当起发展外向型经济的使命。

第三个问题：适应对外开放，第三产业行业结构的特点。

沿边大城市经过"六五"、"七五"时期的不断调整，第三产业经济尽管有了较大发展，但仍然是恢复性的发展阶段。近几年，我国全方位开放新格局的出现，西南、西北、东北边境三大开放带的形成，成为这些沿边大城市的第三产业经济进入一个新的发展阶段的推动力。虽然这些城市的第三产业经济，随着改革的深化，在发展消费品零售市场的同时，培育和建立了生产资料市场、资金市场、技术市场、劳务市场等，使第三产业的行业结构发生了很大变化。但是，反映沿边大城市第三产业行业结构特点的还是对外贸易与旅游业的迅速发展。昆明在"七五"期间，累计进出口贸易总额达 17.87 亿美元，比"六五"期间增长一倍以上，接待国际旅游者创收 2.33 亿元，比"六五"期间增长 2.87 倍；哈尔滨在"七五"期间，累计进出口贸易总额 9.06 亿美元，提前 2 年实现"七五"计划目标，累计易货贸易签约额 10 亿瑞士法郎，过货额 3.5 亿瑞士法郎，接待国际旅游者创收 1.2 亿元，比"六五"期间增长 5.2 倍。对外开放、对外贸易和旅游业在沿边大城市第三产业经济中的地位将进一步加强，以及与对外贸易和旅游业相关联的其他行业也将随之进一步发展，从而形成发达的服务功能，这也是世界各国大城市现代化、国际化的一大特点。

第四个问题：改善组织结构，提高与世界市场的关联度。

沿边大城市全方位开放格局形成的同时，我国的改革进程已明确建立社会主义市场经济新体制，并经过努力处在"复关"的前夕，在这样的形势下，讨论沿边大城市第三产业经济的振兴，不能不把沿边大城市的市场与世界市场关联度问题提出来。沿边大城市的现代化、国际化，要看它与世界市场的联系上，由资金、技术、商品、信息以及其他生产要素流动的状况来反映。沿边大城市除进出口贸易逐步增长外，引进外资、引进技术装备以及兴办"三资"企业，都已有不同程度的进展。"七五"期间，昆明引进国外先进技术装备改造烟草工业，获得明显效益；乌鲁木齐利用外资、引进先进技术建立毛纺织业，效益也很好；哈尔滨引进外资 1.02 亿美元，兴办"三资"企业 109 户，5 年累计新增产值 4 亿元，创汇 629 万美元，还承包国外工程 38 项，总签约额达 1.16 亿美元，派出劳务人员 3 306 人次，累计创汇 2 319 万美元，此外在境外兴办非贸性合营企业 19 个。这一状况表明我国沿边大城市与世界市场的关联度已经提高，包括第三产业的组织结构也已经适应与世界市场的联系有所变化。在国外，一些发达国家的国际性城市，通常用"跨国银行指数"、"跨国公司指数"衡量其功能。我也以向现代化、国际化迈进，采用一定的指标体系，反映城市第三产业的服务功能是必要的。由于我国现阶段改革开放的进程所决定如跨国银行的分支机构仅在上海等少数城市开始出现，似乎用"跨国银行指数"、"跨国公司指数"，衡量国际性功能、经济辐射力和影响力，还相差甚远，但是判断城市与世界市场的关联度从组织结构角度衡量，采用"跨国银行指数"、"跨国公司指数"才能与国际通行的标准相衔接。

总之，我国沿边大城市要适应对外开放的要求，推进经济现代化，着手产业结构的调整，提高第三产业所占的比重，以增强城市的服务功能，是进一步发挥它们在对外开放中作用的必由之路。各城市要因地制宜进行发展第三产业的规划，包括对行业结构、组织结构以及制定一系列促进第三产业振兴的产业政策，这仍是当务之急。

（本文曾在黑龙江省城市经济研讨会上交流，原载于《城镇经济》1993 年第 6 期）

四川乡镇企业发展：挑战与新思路

十多年来，四川乡镇企业经历了发展——徘徊——再发展的过程，取得了长足进步，进入了一个新的发展阶段。但是，我们仍应当保持清醒的头脑。四川是人口众多的农业大省，又深处内陆，经济基础比较薄弱，农业和农村经济存在不少困难，在当今形势下，还面临着新的挑战。

一是乡镇企业发展不平衡，与先进地区相比，有较大差距。我省乡镇企业在地区之间发展极不平衡，成都、德阳等城市的农民人均乡镇企业产值在800元左右，而相当一部分远离大城市的县，农民人均乡镇企业产值仅300多元。全省84个丘陵县，集中了6 000多万农业人口，几乎占全省的三分之一，可是乡镇企业产值仅占全省46.5%。我省乡镇企业与沿海先进地区比较差距较大，甚至差距还在扩大，原来在四川后面的山东、河南已经超过四川，据1992年统计，全国农业人口平均乡镇企业产值1 937元，而四川仅1 009元，远远低于全国平均水平。四川乡镇企业的素质、经济效益、产品技术含量、出口创汇能力等方面都落后于沿海先进地区甚至中部的先进地区。面对日益激烈的竞争，四川乡镇企业如果不把握机遇，迎头赶上，就会丢失内陆的大片市场及资源优势，难以在竞争中取胜。

二是随着国有企业转换机制，以及其他中小企业发展，乡镇企业的竞争压力将加剧。乡镇企业起步以灵活的机制借助于市场调节而获得发展，当时，国有企业还处在强大的计划经济体制的约束之中。但是，当大多数国有企业随着深化改革，机制转换和现代企业制度的逐步建立，其蓄积力量将获得释放，从而加强在市场的竞争能力。随着市场经济体制逐步形成，多年来扶持乡镇企业的一些优惠政策，也不可能长此以往执行下去。事实上，1994年新的财税、金融政策的推行已使乡镇企业丧失了一些原有的优势。与此同时城乡其他中小企业也会逐渐发展，这就是说，乡镇企业在新形势将会遇到强有力的竞争对手，在市场经济的环境里平等竞争。

三是乡镇企业进一步发展，还必须克服自身的许多矛盾。乡镇企业起步以其灵活的机制借助市场调节获得发展，这是乡镇企业的优势所在。在新形势下，乡镇企业自身的矛盾也将进一步暴露，乡镇企业自身的矛盾，一方面表现为相当大一部分企业的产品档次低、质量差、技术含量少，这是与乡镇企业起步时主要靠农民劳务积累，大量使用手工劳动，企业小型、分散等状况分不开的。

乡镇企业的进一步发展，势必经过一系列技术改造。另一方面表现为相当多的企业产权不清，经营机制退化，这也是与乡镇企业受地方政府的太多干预，甚至政企不分有密切关系。乡镇企业如果不进行相应的改革，经营机制的优势将丧失。乡镇企业必须十分重视自身矛盾的解决，以增强竞争实力。

四是复关在即，将给乡镇企业带来机遇和挑战。复关后，对内陆地区将带来机遇，内陆地区与沿海相比，拥有更多资源，市场和廉价劳动力，来自境外，海外以及沿海地区有实力的投资者，都将看好对这一地区进行投资，这对我省基础较好，发展势头也好的乡镇企业，带来许多合资的机会。对大批乡镇企业来说，更要面对"三资"企业、沿海先进地区的企业，以其拥有的资金、技术、信息、人才优势纷至沓来的竞争。复关后，如何发挥自身优势，在竞争中求发展，将是我省乡镇企业更为重要的课题。

乡镇企业的发展，也同其他产业的发展一样，从起步阶段走向起飞阶段。中间横着一个成长阶段，它也是走向起飞的必经阶段。根据我国宏观环境的新变化和我省乡镇企业成长阶段的新要求，从指导思想而论，要有一个转变。这个转变，必须处理好两个基本问题：第一个问题，在国家扶持和市场竞争的关系上，要立足于市场平等竞争，同时要依靠国家产业政策和其他经济政策，完善乡镇企业经营机制，继续发挥乡镇企业机制优势，增强活力，在市场竞争力取胜。鉴于乡镇企业地区发展的不平衡性，尤其老、少、边、穷地区，必要的扶持还不可缺少，还要争取扶持，当然扶持的手段和方式将有很大变化。第二个问题，在发展与提高的关系上，要在发展中求提高，以提高促进一步发展，克服片面追求数量、追求速度的倾向。面对新的挑战，要充分估计乡镇企业自身的弱点，依靠科技进步，调整和优化产业结构，产品结构，完善组织结构，提高管理水平等，增强乡镇企业整体素质和竞争力。四川乡镇企业要走向起飞，现阶段必须实现以下几方面的战略转变：

在速度与效益的关系上，要从追求产值的速度型，逐步转向在讲求效益基础上求发展，效益与速度同步增长的效益速度型；

在产品结构上，要从以初级产品、粗加工为主，逐步转向提高加工深度、附加值和技术含量，不断开发新产品，提高市场占有率；

在技术结构上，要从手工劳动和机械化、半机械化的一般技术为主，逐步转向采用新技术，大力进行技术改造，提高生产技术和装备水平，实现技术装备的现代化；

在组织结构上，要从小型企业为主，逐步转向适度规模以及通过专业化协作发展不同形式的联合经营，发展企业集团，完善乡镇企业的组织结构；

在产业布局上，要从过于分散的状况，逐步转向乡镇企业连片开发，相对集中，与小城镇建设结合，以带动农村非农产业的新发展。

鉴于我省面积辽阔，经济发展又不平衡，乡镇企业发展在地区上有较大差异，如成都、重庆、德阳等城市周围农村与远离大城市的农村地区差异巨大；"两条线"地带与远离交通干线的农村地区差异巨大；盆地腹心地区与周边山区差异巨大等，可以说乡镇企业都不在同一发展阶段上。至于人多地少，资源贫乏的一大批丘陵县，交通闭塞、经济文化落后的老、少、边、穷地区，乡镇企业发展受到客观条件制约，更有其特点。因此，要把乡镇企业的分区发展战略作为重要课题研究，以推动我省乡镇企业的全面发展。

我们认为四川乡镇企业实现战略转变应采取以下主要对策：

第一，要统筹规划，合理布局，优化产业结构，促进规模经济的形成。

首先，要改变长期以来乡镇企业被排斥于国民经济计划之外，任其自生自灭的不合理状况。根据国家现阶段的产业政策，指导乡镇企业产业发展的方向，并把乡镇企业纳入当地国民经济发展规划，实行统一的行业管理，加强和完善对乡镇企业的宏观指导和协调服务。这是防止乡镇企业在低水平上重复建设和盲目上马，促进其健康而又持续发展的重要保障。

其次，要改变乡镇企业过于分散布局，乡镇企业与城市产业关联弱化的状况。有步骤地调整产业结构和产业布局，在统筹规划基础上引导乡镇企业向基础比较好的小城镇、中心镇以及城市郊区、工业小区适当集中布局，鼓励规模比较大，效益比较好的乡镇企业走出狭小天地，到城市办厂设点，参与城镇的开发建设，强化与城市产业的关联，促进乡镇企业的产业结构优化。

最后，要改变片面强调"船小好掉头"，不讲求规模经济的状况。大力促进专业化协作，对有条件的乡镇企业应通过集团化、联合化，逐步形成规模，减少风险，增强乡镇企业的竞争能力，形成"船大好远航的"优势。

第二，推动乡镇企业的科技进步，提高乡镇企业的管理水平。

技术构成偏低、产品档次偏低是我省乡镇企业发展中一个比较突出的问题，在市场竞争日趋激烈的形势下，尤其要引起重视。乡镇企业跃上新台阶，尽快提高乡镇企业的生产技术水平、技术装备水平和管理水平至关重要。对此，一是要加强与城市的科研机构、大专院校和国有大中型企业的联系。广泛引进技术和人才，采取长期引进和短期指导相结合、引进开发与异地开发相结合、新科技项目引进与熟练技术项目相结合、技术硬件与管理软件相结合的多层次、多渠道的方法。二是注重引进先进的适用技术，即是在项目引进上，必须从乡镇企业现有条件和发展趋势出发，以引进国内外先进、适用技术为主，并做好消化、吸收工作，在此基础上实现创新。三是有步骤地进行技术改造，即采用新技术、新设备、新工艺改造老企业，以此提高技术装备水平、工艺水平和产品质量。四是有节奏的进行人才培训，即在引进人才和技术的同时，继续注重乡镇企业现有人员的培训，造就新型的、掌握一定技术业务和管理技能的专业技术人才。

第三，明晰产权关系，完善乡镇企业经营机制，增强乡镇企业活力。

一方面，地方政府要转换职能，减少行政干预，把主要精力放在改善乡镇企业投资环境上来。一些乡镇领导，既是乡镇企业的领导者，又是乡镇企业生产经营的决策者，导致责权不分，产权不明，企业不以独立的商品生产者和经营者对待，企业也不以资本增值为目标，这就不能不削弱企业应有的活力。因此，应尽早制定乡镇企业管理的地方性法规，明确企业与政府的关系，规范地方政府的行为是当务之急。另一方面，要完善企业的经营机制，根据我省一些地区的实践，股份合作制不仅是明晰产权关系的改革，并且对企业注入新的活力，以及利于解决企业资金投入等问题，对于有条件推行股份合作制的企业，要积极推行，并以此为契机，推动企业向集团化，规模化发展。

（本文与周晓明合作完成，原载于《财经科学》1995年第1期）

城市国际化与建设国际城市的思考

近几年，全国有 20 多个经济比较发达、实力比较雄厚的大中城市，先后把现代化和国际化纳入自己的战略目标，并重新调整城市发展战略及其规划。城市国际化，是当今我国城市经济研究面临的重要课题之一。

一、城市国际化的动因

城市国际化是现代城市发展的一大趋势，也是世界经济发展的必然要求。当代的城市国际化，是与世界经济发展的国际化、区域化、集团化相伴而行的。

20 世纪 70 年代以来，世界经济在新技术革命的推动下，生产力发展促进世界范围内的劳动分工日趋细化，其性质和形态也发生许多变化。19 世纪形成的工业国与农业原料国，"世界工厂"与世界农村的分工已有所削弱；以自然资源为基础的传统国际分工也有所改变，逐步建立起以具有科技革命前沿阵地的新部门、新产品基础之上的现代国际分工；以"生产转包"形式的工业部门内部分工有了较大发展，发达国家与发展中国家出现"资本密集产品"与"劳动集约产品"的分工，以及随着生产力水平不断提高，国际间出现从垂直分工朝水平分工发展。在当代生产力发展和国际分工基础上形成的现代经济，使世界经济越来越成为一个全球化的市场，不同国家经济之间的关联性日益加强，竞争也十分激烈。

为了谋求规模经济的效益，企业必须从不同国家和地区的劳动力和原材料实际成本的差异，确定生产分工的空间布局。国际之间的经济关系，也从进出口贸易进而发展为直接投资，并导致国际资本聚集中心的产生。在现代经济条件下，一个国家如果孤立地发展经济，就不能获得国际分工的经济利益，更不能指望在激烈的竞争中取胜。近 30 年，世界地区性经济一体化组织——自由贸易区、关税同盟、共同市场等不断发展、不断深化，越来越多的国家强调区域性经济合作。随着国际经济合作发展，新兴工业化地区的兴起，新加坡、香港、圣保罗、首尔、悉尼等一批新兴的国际城市了也应运而生。区域集团化是生产国际化、经济国际化的产物，是当代世界经济发展的基本趋向和显著特征，而生产国际化、经济国际化也是城市国际化的动因。

我国从 1979 年以来，实行对外开放，积极利用国外资金、资源、技术和市场，发展国内外经济技术交流。对外开放以沿海开放城市和经济特区起始，推进到沿江、沿边和内陆中心城市，现已初步形成全方位开放的格局。

10多年来，我国对外经贸长期保持良好的发展势头，1994年进出口总额已达2 367亿美元，其中出口1 210亿美元，进口1 157亿美元。出口产品结构显著改善，工业制成品已占出口总额的83.7%。外商投资扩大，已达130多个国家和地区，国际上知名的跨国公司和财团开始将注意力转向中国这一具有发展潜力的投资市场。据海关统计，截至1994年年底，我国已累计批准外商投资项目221 718个，实际使用外资金额达1 000.7亿美元。已开业的外商投资企业10万多家，就业人数在1 400万左右，外商投资企业进出口总值占全国进出口总值的37%。外商投资结构，近几年批准的资金、技术密集型合资企业显著增加，对第三产业的投资也有较大发展。通过引进外资"嫁接改造"国有老企业，正在逐步成为利用外商直接投资的重要形式。外商直接投资在我国已形成一定规模。对外开放10多年，拓展了我国与世界各国的经济联系，特别是外商直接投资在弥补我国建设资金不足，促进我国产业的技术进步，增强出口创汇能力等多方面，起到了积极作用。

对外开放是我们的基本国策。继续推进对外开放，向高层次、宽领域、纵深化的方向发展，外资将更多流入，外资在国民经济的份额继续扩大，以及按国际惯例进行市场取向的改革，都将加快我国生产国际化、经济国际化的进程。面对21世纪，城市国际化无疑是我国进一步改革开放和经济发展的内在要求。建设现代化的国际城市，不仅是某一城市的战略目标，应成为我国宏观战略任务的重要组成部分。

二、 国际城市的区域基础

建设现代化国际城市，是我国进一步对外开放和生产国际化、经济国际化，实现新世纪宏伟战略目标的重要依托。

国际城市兴起的区域基础，可以从两方面考察。

就世界经济国际化、区域化、集团化的趋势而论，亚太经济崛起令人瞩目。20世纪80年代以来，发达国家对亚太地区投资保持着较大幅度的增长势头，1988年世界经济平均增长率为4%，而亚太地区各国经济增长率在5.8%~11%，1991年亚太地区经济增长率为6.2%，相当全球平均增长的两倍，1993年亚太地区平均增长率仍达7%。1978—1993年，中国的经济增长率则达到9.3%。亚太地区，多年来就是日本对外直接投资的重点区域；美国不断加强对亚太地区直接投资，已成为继西欧、加拿大之后美国投资的第三大区域；欧共体鼓励欧洲企业扩大对亚太地区尤其是对东亚的投资,与日本、美国抢占更大的市场份额;亚太地区其他国家之间的投资也出现迅速增长势头。亚太经济崛起,东亚地区更被看好,中国经济尤为活跃,这是当今世界经济发展的重要态势。目前,亚太地区经济集团化虽然尚处在构想阶段,但经济合作已经向组织化发展。显然,亚太地区特别东亚的经济国际化进程加快,势必导致这一地区国际城市的兴起。我们应把握这一重要机遇,顺应时代的要求,建设我国的现代化国际城市,谋求21世纪经济发展中应有的地位。

就我国经济国际化的进程而论,从我国现阶段经济发展的实际出发,结合对外开放的历史轨迹分析,有识之士认为中国经济的振兴,已逐步显示出"扇形模式",即以沿海和港澳台为前沿,中国内陆为腹地,立足亚太,面向全球的开放和合作战略。我国经济国际化进程明显存在从沿海东部地区渐次向中、西部推移的态势,而沿海前沿地带的国际城市将更早形成和发展。我国沿海前沿地带,海岸线长,良港也多,无论南段、中段还是北段,都拥有对外开放特有的区位优势,在基础和条件相对较好、对国际贸易和外商直接投资吸引力更大的城市将率先发展成国际航运中心、国际贸易中心和国际资本聚集中心。

建设我国现代化的国际城市,对我国经济发展的国际化的积极意义是显而易见的,但是从我国改革开放的进程考察,区域环境条件还有值得重视的问题要解决。发展方面,要建立城市发展与区域发展的战略协调。改革开放以来,我国打破城乡分割,发挥中心城市作用,取得进展。然而,城市发展战略及其规划仍以行政区划为基础进行,这就会出现建设现代化国际城市的规划,与它的腹地跨越若干省、市的规划存在一定的矛盾。如果没有战略上的协调,基础设施的完善、产业的布局和产业结构的合理等诸多方面的问题就不能解决好。这件事,即使对它的重要性达成共识,解决起来也有相当大的难度,规划上海经济区没有获得成功就是一种鉴证。改革方面,一方面要建立确保商品及生产要素自由流动的市场体系。改革促使城市从封闭转向开放,包括对内和对外开放,可是当前的开放一方面受市场发育程度的制约;另一方面"诸侯经济"即使在"财政包干"改变之后,仍不同程度地影响着生产要素自由流动,以及专业化协作发展。这些也要在深化改革的进程中,通过机制转换和新体制逐步形成才得以解决。对我国国际城市和发展的制约因素,必须要有恰当的估计。

纵观世界各国,能够对全球产生影响的著名国际城市,大都出现在经济相当发达的城市化地区,甚至是城市群体发展的区域。国际城市的形成和发展,无论是国际环境还是国内环境,都表明它们依存于相应区域的发展,相互促进,而不是孤立的。国际城市的出现,不仅由于这些城市具有现代化的基础设施,还由于生产要素自由流动,造成与世界经济密切联系的商品流、物资流、人才流在这些城市形成。对我国具有建成国际城市潜质的一些大城市，无疑在加强城市现代化建设的同时，还要求以城市为中心区域经济的很大发展，区域环境条件的不断改善。实现这样的目标，宏观的组织和协调十分必要。

三、国际城市开放经济区模式选择

20世纪90年代，我国对外开放已形成全方位、多元化的区域格局。沿海开放地区、沿边地区和内陆地区，其开放功能都显现各自的特点，在我国经济发展中发挥不同的作用。

沿海开放地区，将仍然是对外开放的重心地区，在进一步改革开放和经济发展中继续发挥先导作用。沿边地区对外开放中的地位也不能忽视，将继续以周边国家的开放为重点，发展边境贸易为突破口，根据具体条件，不失时机地向全面经济技术合作领域推进。内陆地区资源丰富，工业体系已形成相当规模，有发展对外经济合作的现实基础，以及内地人力的成本相对低于沿海，外商已开始注意向内地投资，这也将加快对外开放的步伐。由于我国地域广阔，边境线长、海岸线长，外部环境和地区经济发展很不平衡，都将直接影响相应地区经济国际化的进程，以及未来国际城市的空间布局及其类型、规模。鉴于这样的情况，建设现代化国际城市，既要因地制宜提出切合实际的目标及其启动战略，又要因时制宜制定分阶段的发展战略尤其开放经济区模式的选择。

以建设现代化国际城市为目标，实施城市发展的新战略，必须看到当今世界随着国际分工加深，区域化势头出现，国际城市已分为若干层次，至少分为两类或者三类，即世界性的国际城市和区域性的国际城市。就区域性国际城市而言，还分为较大区域或较小区域的国际城市，例如，亚太地区就是较大的区域，东北亚和东南亚就是较小的区域。着眼未来，建设国际城市是我国经济发展的内在要求，我国相当一部分大城市也具有建成国际城市的潜质，而立足现实必须分析区域环境，适当定位，才有可能充分运用现实的有利条件，稳健起步，获得发展。

建设我国的现代化国际城市，即使它的区位极为有利、基础条件比较好，对外商的吸引力大，都将通过比较长期努力才能实现跨世纪的目标，而在建设我国现代化国际大城市战略启动之始，开放经济区模式的选择则是切入口，值得认真研究。

10多年来，我国对外开放的政策措施，继沿海城市开放政策，又出现开发区、保税区、高新技术产业园区和经济特区等。进一步对外开放，提高开放度，不少论者就沿海、沿边城市提出自由港、自由贸易区的设计，以促进国际城市形成和发展。我们认为对外开放经济区模式的选择，不同的城市包括不同区域环境条件下的城市、不同发展阶段上城市、不同性质和类型的城市，都应有不同的选择。现在我国的开发区、保税区、高新技术产业园区等，具有相当大的开放政策容量；经济特区则比世界各国出口加工区的面积更大、业务范围更广，具有相当高的开放度。这些开放经济区适合我国国情，已经取得突出的成效，发挥了很好的作用，其开放政策的威力还有待进一步发挥。

至于自由港、自由贸易区，世界上不少国际城市采取这样的模式，但对其政策规定和管理办法都不尽相同，从开放区的范围而言，自由港就有两类：将港口及其所在城市完全划为自由港是一种形式；限定在港口或毗连港口的一小块区域划为自由港则是另一种形式。从海关管制范围和贸易管制程度而言，又有完全自由港和有限自由港之分。就以香港来说，自由港是它获得发展的重要条件之一，可是香港也并不是全岛自由港，而是划出若干特定区域允许外轮自由出入，免税转口。我国城市选择自由港、自由贸易区模式，其设计至少有这样一些问题要考虑：宏观环境条件以及特定区域的环境条件和经济发展前景的分析，为选择自由港、自由贸易区提供客观依据；对开放区范围、海关管制范围和贸易管制程度，提出适合我国国情的政策设计；采取自由贸易区模式是一步到位还是分步到位，或者确定选择自由港、自由贸易区模式，它的准备阶段如何设计。

总的说，生产国际化、经济国际化既是城市国际化的动因，又相辅相成，随着我国深化改革，扩大开放，城市国际化将获得发展。我国现代化国际城市的兴起，既是我国经济国际化的重要标志，又是我国参与和加深国际分工走向世界的前进基地。因势利导，促进现代化国际城市的形成和发展，应该成为我国的指导方针。鉴于国际城市既拥有较强的经济实力，是重要的区经济发展中心，又是国际资本的集聚中心，拥有一批跨国公司和跨国金融机构；既是国内外经济的结合点，其运行机制又是与国际经济体系兼容；既拥有发达的第三产业，基础设施又有较高的现代化水平。因此，国际城市的形成和发展，必将是一个过程，既是改革开放不断深化和扩大的过程，又是经济建设和城市建设逐步发展的过程，要坚持过程论，必须加强宏观的指导，贵在有一个科学的规划和切合实际的分步实施战略。

（本文曾在大连城市经济学会的研讨会上交流，原载于《财经问题研究》1995年第9期）

"以商兴市"的理论与实践
——流通启动型城市发展模式浅析

随着我国改革开放,尤其是20世纪80年代中期以来,一批中小城市以崭新的思路脱颖而出,获得比较快的发展。"以商兴市"(或"兴商建市"),是颇有代表性的一种思路,成为中小城市谋求发展卓有成效的模式之一,值得研究。

一

党的十一届三中全会以来,重新恢复实事求是的原则,在经济建设中抛弃"一刀切"的发展模式,在认清我国国情的基础上求发展,这也就导致城市发展不同模式的出现。

四川"北大门"的广元,1985年撤县改市后制定城市发展战略,把"以商兴市","两通(发展交通,搞活流通)开路"作为重要战略方针;浙江中部的义乌,1988年撤县改市前后,明确地提出"因势利导,兴商建市"的大思路;陕西南部的安康,1988年撤县改市,以20世纪末建成陕南经济中心城市为战略目标,其实际步骤之一,即"以商兴市";江苏西南的溧阳,1990年撤县改市不久,就确定"以商兴市"、繁荣各业的发展战略;甘肃的临夏回族自治州,1983年恢复市制后,也曾提出"以商促工,工贸兴城"的战略,除此之外,还有其他城市将"以商兴市"作为战略方针,并取得成功。

这些城市的经济发展状况和区域环境条件不尽相同。可是,建市后纷纷提出"以商兴市"或"兴商建市",这是在改革开放进程中,适应城乡关系的调整,与城乡经济发展的要求分不开的。回顾1979年以来,随着联产计酬生产责任制在广大农村推行,以及城乡恢复和建立"三多一少"(多种经济形式、多种经营方式、多种流通渠道和减少流通环节)的流通体制,逐步改革工业品和农产品购销形式,搞活流通等一系列改革措施,城乡商品经济日趋活跃,城乡之间的经济关系也逐步转到社会主义商品经济关系上来。从市场经济的角度审视,这些城市"以商兴市"或"兴商建市"的思路确立了流通在城市发展中的战略地位,这充分反映了城乡商品经济发展的要求。"以商兴市"(或"兴商建市"),其内涵就是以市场开放为契机,着力于市场建设,搞活流通,发展商贸,振兴城市经济的流通启动型战略。

二

"以商兴市"或"兴商建市"虽然是适应城乡关系的调整,与城乡商品经济发展的要求分不开,但并不是城市发展的一般模式。广元、义乌、安康、溧阳、临夏等一批城市采取"以商兴市"或"兴商建市"的发展战略,是基于对当地经济优势的深刻认识。

这些城市具有一定的区位优势,拥有发展商贸比较有利的条件。广元地处大巴山南麓,雄踞嘉陵江上游,扼水陆要冲,为南北咽喉,历史上就曾是秦蜀古道重镇,当今铁路、公路和水运在此交汇,是川陕甘结合地带广大农村重要的商埠,具有一定的区位优势,依托一定规模的交通枢纽,形成相应地域的物资集散中心,是这些城市的共同之处。改革开放,城乡商品经济发展,又给这些传统的物资集散地提出新的要求,带来新的生机。至于临夏,虽然只是一个"旱码头",相对而言,交通并不发达,然而它是中原农区和西部牧区"茶马互市"之地,古代曾是唐蕃古道,丝绸南路的重镇,具有农牧贸易走廊的特定优势。

这些城市的商贸在现阶段经济发展中的地位比较突出。安康位于鄂、豫、川、陕的几何中心,历史上曾是全国四大农副土特产品集散地之一,现今襄渝、阳安铁路在此交汇,成为联结中南、西南和西北的铁路枢纽之一,公路成网,汉江横贯东西,商品流通的基础条件具有相对优势。随着城市功能建设的加强,商埠作用显得越来越重要,据1990年统计,安康市地方财政收入中,商业上交税利占当年市级财政收入的51%以上。广元建市之初也有统计,全市社会总产值中商业低于其他产业,职工也少于其他产业,而财政收入直接来自商业税利的比重却高于其他产业,达40%以上。作为城市经济的一大产业,商贸的地位重要也是这些城市的共同之处。

这些城市民间有经商的传统构成当地特有的人文环境。长期以来,义乌的经济基础十分薄弱,是浙江的落后地区之一,而地少人多,资源缺乏是经济发展的制约因素。人口密度每平方千米560人,人均仅有6分耕地。农民在仅有的耕地上苦苦经营,粮食单产尽管超"双纲",农民人均收入仅数十元,仍是"高产穷县"。义乌在改革开放的新形势下确立"兴商建市"的思路,不仅基于对义乌具有一定区位优势的深刻认识,还分析了当地发展商贸特有的人文环境。由于义乌地少人多,历史上农民就有"鸡毛换糖"的经商习惯,农闲时肩挑货郎担,手摇拨浪鼓,带着自制的生姜糖和针头线脑,走村串巷叫卖,同时,当地对青年历来就有鼓励"走码头"等做生意的风气。处于中原农区和西部牧区

"以商兴市"的理论与实践——流通启动型城市发展模式浅析

农牧贸易走廊上的临夏人,包括回、汉、东乡、保安、撒拉等民族,大体上每5人就有1人经商,也有擅长经商的传统。这些城市民间的经商意识,经商传统,也是当地能够较快地发展小商品市场、发展商贸拥有的一种优势。

对当地优势的深刻认识和分析,是"以商兴市"或"兴商建市"思路的客观依据。

三

改革开放,给中小城市的兴起带来了不同的机遇。

在我国版图上并不起眼的小城镇,把握市场开放的大趋势,从当地实际出发,以"以商兴市"或"兴商建市"的新思路,开创了一个新局面,几年之内,从小城镇一跃而成为具有相当规模,颇具活力的小城市,它们的实践不能不对城市经济发展具有重要的理论意义。

首先,流通启动型战略突破了城市经济传统的发展模式。新中国成立之初,对旧中国遗留下来的城市进行了必要的改造,可是,后来以为生产性城市是社会主义城市的唯一发展模式,这是城市经济发展缓慢的原因之一。事实上,城市的发展是分为不同类型的。不仅以规模区分为大、中、小城市,并且,从当地实际出发,通过不同的发展道路建设起不同类型的城市。诚然,我们的社会主义现代化建设,需要建设一大批工业城市和工商业发达的城市,同时,也需要建设一批商业城市,包括转口贸易条件好的,物资集散功能强以及专业分工具有特色的商业城市。采取流通启动型战略的城市,虽然有的以建设商业城市为目标,有的则从发展商贸起始,积累资金,进而建设工商业城市。可见,流通启动型发展模式,对解放思想,拓宽振兴城市经济的路子,无疑是十分重要的。

其次,把流通放在重要位置上来,是城市经济发展战略调整的重要指导思想。当前,适应深化改革和扩大开放,建立社会主义市场经济体制,有必要对城市经济发展进行调整,要把商贸放到重要位置上来,大力发展第三产业。对城市发展来说,工业建设,农业生产,都是重要的。但是,多年来在旧体制下,由于行政区划的分割和封锁,迂回运输,流通不畅,市场衰落,直接影响城市经济的繁荣。重生产轻流通,在城市经济活动中抑制市场发展,削弱流通功能,割裂了生产和流通的内在联系,给社会再生产的正常运行带来严重后果。改革开放,发挥城市的作用,增强城市的活力,搞活流通就成为一个重要环节。诚然,企业是市场经济的主体,维护企业自主经营,增强企业活力十分重要,可是,市场不发育,市场建设滞后,企业经营机制也难以转换,这也是显而易的。流通在城市经济运动中的地位是不应该被削弱的。在改革开放新形势下调整城市经济发展战略，应该把流通放到重要位置上来，这一点具有普遍意义。

最后，强化商贸功能，发挥城市作用，将有利于带动区域经济发展。城市是一定区域经济活动的中心，从城乡商品经济的运动来说，它也是一定区域的流通中心。然而，在旧体制下，由于以行政区划、行政系统和行政手段为主过分集中的管理，强调纵向的管理，排斥横向的经济联系和按照商品自然流向促进城乡的物资交流，导致一大批物资集散地市场的衰落，一般城市流通中心地位削弱。改革开放，强化城市商贸功能，不仅是城市经济生活自身的要求，更重要的是城乡商品经济发展，扩大区际经济联系和物资交流以及全国统一市场形成和发展的要求。市场建设，搞活流通，发展商贸，将显示市场经济对振兴农村经济和繁荣城市经济的强力活力，从而带动区域经济发展。

（本文原载于《开发研究》1996年第1期）

我国中小城市发展模式与
城乡关系趋势研究

我国实行改革开放政策以来，城市化进程明显加快，城乡关系和城市规模结构发生很大变化，中小城市较快发展，比重上升，是其重要特征之一。在建立社会主义市场经济体制过程中，适应我国经济发展的客观要求和城乡关系变化的趋势，因势利导，促进中小城市的发展，进一步发挥城市在社会主义现代化建设中的主导作用，则是摆在我们面前的重要任务。

一、 我国城市化理论的形成和发展

党的十一届三中全会以来，经济学界对中国城市化问题展开了广泛的研究，从理论发展的角度看，在城市化问题研究上从以下几方面进行了有益的讨论：第一，中国是否实行城市化；第二，城市化的重点是什么；第三，区域性城市化和城市网络问题；第四，城市化的机制问题。就城市化问题研究的进展而言，这是一个从规范研究逐步到实证研究的过程，也是理论探讨逐渐深入和细化的过程。这些讨论对我国城市化理论的形成和发展作出了积极的贡献。

1979年4月，在十一届三中全会树立的"解放思想，实事求是"方针指导下，中央工作会议进一步提出对国民经济实行"调整、改革、整顿、提高"的八字方针，经济体制改革围绕着调动农民、职工、企业、地方积极性这个要求逐步展开，也使我国经济开始活跃起来。在这样的新形势下，一些有识之士率先跨越"雷池"，提出中国社会主义城市化问题的见解，他们从改革促使农村经济综合发展和城乡关系的变化，分析我国存在的城市化趋势。然而，在中国城市化问题上也存在截然相反的观点，20世纪80年代初期引起了经济学界热烈的讨论。这场讨论，弄清楚了城市化不是资本主义社会的特有规律，而是人类社会的一般规律；城市化不是资本主义城乡对立的产物，工业化必然导致城市化；城市化不是资本主义经济无组织、无计划的产物，现代城市是先进生产力的聚集体；发达国家的逆城市化现象，不能说明存在非城市化道路，恰恰是城市化发展的结果；等等。这场讨论最终在中国必然走向城市化问题上达成共识。

随着经济调整和经济改革，尤其是农村改革取得成效，城市改革试点展开，城乡市场出现了新中国成立以来少有的繁荣。20世纪80年代中期，随着顺应城乡发展出现了商品经济大潮，中国城市化问题转入城市化重点是什么的讨论。一种观点强调发展大城市包括特大城市，他们从聚集经济效益、土地效益以及居民生活方便等方面论证大城市优于中小城市；另一种观点强调发展小城镇，他们认为大力发展乡镇企业和小城镇，转移农村剩余劳动力，是中国城市化的重要途径；再一种观点强调发展中小城市，尤其是中等城市，他们分析中等城市一般具有相当的经济基础，一定的城市设施，用地和资源又具有相当潜力，发展中等城市可以做到投资少、见效快、效益高。以上不同的见解，显然各有侧重，也都有合理的成分。城市化重点是什么，实质上是要回答中国城市化道路问题。这场讨论，事实上涉及长远目标和现实要求，城市化的不同发展阶段，以及全面地、辩证地看待大、中、小城市和小城镇建设中的相互关系问题。在讨论过程中，与"重点论"相对立，又出现了"整体论"，他们借鉴国外城市化的经验，分析中国城市化的趋势和现状，提出要建立以大城市（包括特大城市）为核心，中小城市为主体，小城镇为基础的城市体系，作为中国城市化的方向。尽管这场讨论尚在继续，但是对中国的城市化，势必要充分发挥中心城市作用，并把大中城市的建设发展与小城市、小城镇的建设发展很好地结合起来，这一点正在被越来越多的人所肯定。

区域性城市化和城市网络的讨论，是中国城市化道路问题讨论的继续。讨论者鉴于我国经济社会发展和人口分布的不平衡，认为中国城市化道路在不同地区应该有不同的选择。从这一原则出发，一种有代表性的见解认为：东部地区应该走严格控制大城市，适当发展中小城市的路子；中部地区应该走适度发展大中城市，合理发展小城市的路子；西部地区则应该在自然环境和经济发展允许的条件下，大力发展各类城市，主要是大中城市。另一种有代表性的见解认为：凡是中心城市明确，商品经济发达、人口稠密、交通便利的同一地貌区域，都有必要建立乡镇——中心城镇——小城市——中等城市——大城市或特大城市为等级序列的城镇体系，并在经济运行中发展城市经济网络。在区域性城市化和建立城市体系、组织经济网络等具体思路上，观点可能不尽一致，但是不同地区城市化的具体路子应有不同的选择，区域城市化进程中要逐步建立城市体系，发展经济网络等见解，无疑是讨论过程中积极的成果。

1984年10月，党的十二届三中全会上明确了社会主义经济是有计划的商品经济。这一理论的确立，经济学界纷纷提出把市场机制引入城市建设领域，随着各地"农民城"的出现，促使人们进一步思考城市化的机制问题。当然，城市化机制涉及多种因素，包括经济的、社会的、政治的等，讨论还很不深入。不过，大多数人认为城市化机制不可能是单一的市场机制，即使在一些西方发达国家,对城市化也广泛采用规划手段,在较大程度上进行宏观控制。我国势必要实行计划机制与市场机制相结合,推进城市化和城市的建设发展。

我国城市化理论形成和发展,对认识和分析城市化进程中出现的新情况、新问题,具有重要意义。

二、 中国城市化的历史起点

城市是人类社会发展的普遍现象,是社会生产力发展到一定阶段的产物,是社会分工和商品交换发展的结果和表现。在旧中国,尽管近代机器大工业开始出现,但由于半封建半殖民地的社会性质,以及其他原因,近代社会生产力的形成受到很大抑制,尚未进入工业化时期,直接影响农村人口向城市的自然集中。1949年,城市人口在全国总人口中的比重仅有10.6%。

新中国成立,应该说是我国城市化的一个转折点,甚至是起点。新中国成立后,在我国国民经济获得恢复的条件下,开展了有计划的经济建设,走上国家工业化的发展道路,从而引起大批农民脱离农村进入城市,由农业劳动力转变为工业劳动力,推动了城市化。不过,在新中国成立后相当长一段时间里,由于经济工作上急于求成和"左"的影响,导致国民经济失调,工业化发生曲折,几起几落,影响了城市化进程。城市人口在全国总人口中的比重,1960年曾猛升到19.8%,1978年又下降到12.5%。总结新中国成立以来历史的经验教训,城市化的起落是由于以国家工业化为中心的经济建设发生曲折而造成的,当然,还有思想认识上的偏差。当前,要自觉地把握中国城市化的进程,从根本上说,必须明确认识现阶段城市化的出发点。

城市化是世界性的历史进程,至于不同的国家和地区,由于所处的历史条件不同,经济社会发展的阶段不同,其演进方式、发展进程和具体途径,都会有各自的特点。一般地说,鉴于新中国脱胎于半封建半殖民地的社会,生产力远远落后于发达国家,它决定了我们必须经历更长的发展阶段,去实现别的许多国家已经实现的工业化任务,达到生产的商品化、社会化和现代化。回顾新中国成立以来,我们国家经过多年建设,各方面都有相当的发展,取得很大的成就,可是,我国的生产力仍然比较落后,还处在社会主义初级阶段。我国现阶段城市化的出发点,不能不充分考虑以下几个方面:

(一) 在技术结构上, 现代的社会化大生产和传统的小生产并存

技术结构是社会生产力状况的重要体现,对我国现阶段以生产工具为主体的劳动资料进行考察,劳动者的技术装备水平参差不齐,相当悬殊。尽管由于工业化建立了一批以当代先进技术武装的新兴产业,而众多的工业企业以半机

械化、机械化的技术装备为主,城镇、乡镇工业企业的相当大部分以及农业仍然以手工劳动为主。农业劳动力几乎占社会劳动力的四分之三,而它使用的生产资料仅占全国生产资料的五分之一。劳动者的文化素质也存在差距悬殊的状况,即在科学技术方面,我国在一些领域已达到或接近世界水平,如航天技术、电子技术、核技术等,而广大劳动者文化科学知识还比较缺乏,文盲、半文盲占到总人口的1/4,"科盲"比重更大。

(二) 在经济结构上,商品经济与自给半自给的自然经济并存

近代社会生产力的发展,是机器大工业替代手工业、社会化大生产替代小生产,同时,也是商品经济替代自然经济而占主导地位的过程。我国改革开放之前,虽然拥有一批工商业比较发达、商品经济发展比较好的城市和地区,可是国家的生产社会化程度并不太高,尤其是在计划经济体制下,条块分割,地区封锁,影响专业化协作水平提高,以及否定市场的作用,导致抑制商品经济的发展。广大农村的农副产品商品化程度不高,商品率仅有40%左右,农村的消费品分配,相当长一段时间里还以实物形式为主。我国现阶段整个国家的商品经济还很不发达,统一市场尚未真正形成。

(三) 在人口结构上,农业人口占了相当大的比重

城市化是由于近代社会生产力的发展,促使工商业的经济活动向一定地域集中,从而引起农业性劳动人口向非农业性劳动人口转变的过程。多年来,我国就是一个人口大国,同时又是劳动人口多而增长又快的国家。10亿人口中有8亿农民的人口结构更是世界上绝无仅有的。这一特点,不能不对我国城市化的许多方面带来深刻影响。就农村而言,人口在继续增加,有限的耕地还在减少,相当多的剩余劳动力构成了巨大的社会压力;而在城市,新增固定资产投资不可能增长很快,何况城市每年待业人口也在增加,给吸纳农村剩余劳动力带来很大制约。在我们这样农业人口多,增长又快,经济基础仍比较薄弱的国家,城市化水平每提高一个百分点,都要付出相当大的代价。

(四) 在区域结构上,沿海地区与内陆地区经济发展极不平衡

由于历史的原因,随着我国工业的发展,与此相适应的产业城市也得到发展,东部沿海地区早于内陆地区。虽然新中国成立后随着产业布局的改变发生了较大变化,但沿海地区与内陆地区的经济发展仍然极不平衡。据我国区域经济学家提出东、中、西三大地带论的分析,1985年按人均工农业总产值计算,三个地带的比率大约是1:0.58:0.45,按人均工业总产值计算,三个地带的比率大约是1:0.50:0.36。同年,全国324座城市,东部拥有113座、中部拥有133座、西部拥有78座;全国22座百万人口以上大城市,有12座集中在东部地带。沿海地区与内陆地区经济发展的不平衡,是我国社会生产力仍然比较落

后、商品经济不发达的反映。

除以上几方面之外,我国现阶段城市化还面对城市化滞后于工业化的现实矛盾。一个国家的经济发展和社会进步过程中,其城市化水平提高与工业化发展大体上是同步的,这是一般规律。可是,我国的城市化明显地滞后于工业化。经过多年的社会主义建设,1978年工业产值占工农业总产值比重已达75%,而农业劳动力在社会总劳动力中比重也达75%强,仍有80%的人口滞留在农村。城市化滞后于工业化,事实上存在两种形式:一种形式是水平型滞后,反映农业劳动力转变为工业劳动力和城市人口,滞后于工业发展,城市化水平的提高与工业发展之间不对称;另一种形式是功能型滞后,反映城市发展中建设滞后,二、三产业发展不协调,阻碍对农村剩余劳动力的吸纳。城市化滞后于工业化的原因,至少有以下三点:

第一,资源配置过度向重工业倾斜,影响吸纳新增劳动力数量。多年来,我国在计划经济体制下实行优先发展重工业方针,轻工业不能获得应有发展,而重工业一般是资金密集、技术密集产业,吸纳劳动力的数量比较有限。

第二,不重视市场作用,三产业不发展,影响城市吸纳劳动力的能力。多年来,我国计划经济体制下重生产、轻流通,忽视各类为生产、生活服务的产业发展,既影响了城市功能的发挥,又堵塞了农业剩余劳动力转移渠道。

第三,统一分配的劳动制度与城乡有别的户籍制度,形成城乡隔离的体制,严格控制农业劳动力向城市转移。

显然,这些都是与旧体制相联系的,势必要在改革中逐步解决,但多年的问题累积,加深了城市化滞后于工业化的矛盾,从而带来了许多新问题,我们必须有所估计。

三、现阶段城乡关系趋势分析

在以往的计划经济体制下,我国的农村和城市几乎是两个封闭的系统,各自按照十分不同的轨迹运行,形成一种畸形的城乡关系。农村长期以手工劳动和畜力耕作为主从事农业生产,向社会提供农产品,同时,提供积累,支持国家工业化,农村经济长期处于停滞状态;而在城市,由国家投资聚集了先进的劳动手段从事工业生产,发展社会需要的工业品,成为工业化的主角,以外延扩大再生产的方式追求高速发展。那样的城乡关系是靠国家制定对工农业产品的统购统销制、阻止生产要素在城乡之间自由流动的一系列政策维持的。在城乡壁垒的政策保护下,城市按产品经济模式建立起来的企业,效率低下,缺乏生机和活力;而在农村,统购统销制约着商品经济的发育,处于自给自足的自然经济之中,缺乏积累能力。国家工业化是靠落后的农业支持,并且把几亿农民排斥在工业化进程之外,那种城乡关系,不仅直接影响经济发展和社会进步,并且包含着深刻的矛盾。在以往计划经济体制下城乡关系的实质是排斥商品货币关系,以行政机制替代市场和市场机制的作用。

改革开放把市场调节引进我国的经济生活,城乡关系出现转机,发生了深刻变化。农村逐步推行家庭联产承包责任制,家庭经济获得自主地位,成为农村经营的主体,同时,开放农村集贸市场,提高农副产品收购价格,并对农副产品统购、派购制进行改革。城市通过扩大企业自主权,从改变企业基金制为利润留成制,改变对工业品的统购统销为企业面向市场,以销定产,改革工资制使工资与企业经营好坏结合起来等一系列改革试点起始,并相继进行以转换企业经营机制为主要内容的配套改革,调整国家与企业的关系,逐步使企业成为市场主体。在有计划商品经济理论指导下,流通领域在采取多种经济形式、多种经营方式、多种流通渠道和少环节的体制改革基础上,进一步打破城乡分割和地区封锁,放开市场。从搞活商品流通开始,进行以市场为取向的各项改革,逐步拓展生产要素在城乡之间自由流动,包括允许农民自带口粮进小城镇落户、不带口粮进城务工经商。同时,由于鼓励发展横向经济联系和经济联合,不仅发展了企业跨地区、跨行业的联合,并且冲破城乡壁垒,促进乡镇企业的发展。改革开放以来,分析城乡关系变化的趋势,主要有如下几个方面:

(一) 城乡商品交换规模逐步扩大

改革中调整了农村生产关系,调动了农民的生产积极性,推动了农业的发展。以改革开放10年的资料分析,1978—1987年,农业以平均每年6.5%的速度递增,工业以平均每年12%的速度递增。由于农业大幅度的增长,改革开放以来农业与工业的增长速度之比,由以往的1:3改变为1:1.85。在农业生产较快发展的基础上,农副产品的商品率有了较大提高,以及流通结构从单一的公有制转变为多种经济成分,改革农副产品购销体制,工业品流通实行按照商品分工,城乡通开的新体制,使城乡商品交换规模逐步扩大。1978—1982年,农副产品商品率从39.9%提高到50.6%;全社会商品零售总额从1 558.6亿元增加到5 820亿元,平均每年增长11%,其中乡村社会商品零售总额从810.4亿元增加到3 350亿元,平均每年增长13.3%,超过全社会平均增长率。城乡商品经济的发展促进了市场的发育,除商品市场外,生产要素市场也逐步形成。

这里,还必须看到1986年以后的几年内,乡村市场曾出现过度疲软,商品销售额增长幅度下降。1992年虽然乡村市场已有所回升,但是近几年农业生产资料价格上涨幅度较大,农民负担又重,而农副产品收购价格呈下降态势,直接影响农民人均纯收入,这些问题还有待进一步解决。尽管如此,城乡商品交换规模将继续扩大，由市场机制调节的城乡关系将进一步发展。

（二） 城乡居民收入进一步提高

改革开放以来，由于农村商品生产和商品交换的发展，我国农民人均年纯收入显著提高，1978—1987年，农民人均年纯收入从134元提高到463元，年平均增长14.7%，扣除物价上涨因素，实际增长1.8倍。同期间，城镇居民人均收入也从316元提高到916元，年平均增长12.6%，扣除物价上涨因素，实际增长85.6%。城乡居民收入增长快，尤其农民的增幅大于城镇居民，是多年来少有的，也是在特定条件下形成的。在改革开放初始阶段出现这种状况，作出城乡居民收入和消费水平差别缩小的判断，显然是不合适的。近几年城镇居民收入增长比较快，而农民人均纯收入的增长速度又出现明显下降。不过，农民的收入已经从实物形式为主转向以货币形式为主，这不能不说是农村商品经济发展带来的进步。

为了说明农民收入的变化，有必要对农民收入的来源构成进行一些分析，农村改革后，农民收入的来源，从集体经济分配的收入为主转向以家庭经济为主。改革后，农村二、三产业的发展，农民收入又分为农业收入和非农产业收入两部分，在一段时间内农业收入仍是最重要部分，但是由于农业生产资料价格上涨，农产品成本升高，农民纯收入中，农业收入部分比重下降，非农业收入部分比重上升，甚至农民的纯收入出现更多依靠非农产业的趋势，这就是我国农村的现实。总的说，城乡居民收入和消费水平差别的缩小，无疑是一种长期趋势，迄今为止，仅在极少数城市化比较发达的地区的大城市的近郊出现。

（三） 农村剩余劳动力继续增加

我国农村人多地少，"隐性"形态的农村剩余劳动力早就存在，农村改革极大地调动了农民生产积极性，大量的农村剩余劳动力才以"显性"形态出现，大规模地向非农产业转移，这也是乡镇企业和东部沿海地区经济发展补充劳动力的主要来源。据统计，1979—1988年，农村剩余劳动力年均转移规模达750万人左右，年转移率约为2%；1989—1991年，受大环境影响，转移规模缩小，年均转移规模仅99万人。1992年以来，转移规模又迅速扩大，1993年转移总规模竟达2 900万人左右。据有关资料分析，我国从1986年已进入第三次人口生育高峰，平均每年进入育龄的妇女在1 000万人以上，平均每年将净增人口1 500万人以上，其中80%在农村，农村新增的劳动力每年将达1 000万人以上，农村剩余劳动力转移形势仍很严峻。

我国农村剩余劳动力转移，在地域转移上存在就地转移和异地转移两种形式。除进入乡镇企业就地转移外，异地转移主要进入大城市和东部沿海经济发达地区的城市。产业选择上，虽然分别在二、三产业就业，可是，由于乡镇工业布局过于分散，小城镇、小城市发展滞后，影响三产业发展和吸纳更多农村剩余劳动力。

（四）乡镇企业发展势头强劲

乡镇企业发展是农村改革继家庭联产承包责任制之后，我国农民的又一创举。改革开放以来，虽然在一段时间内受大环境影响，乡镇企业发展一度减缓，但1992年又迅速回升。1992年，农村乡镇企业社会总产值已占到全国社会总产值的1/4，农村工业总产值已占全国工业总产值的1/3，乡镇企业出口创汇总额已占全国创汇总额的1/3，上交税金占全国税金的1/6，进入乡镇企业就业的劳动力已超过1亿人。1992年以来，乡镇企业总产值、乡镇工业总产值，都以30%以上的速度递增。乡镇企业已经成为我国经济发展的生力军。乡镇企业的兴起，对振兴农村经济，增强农业发展后劲，起了极为重要的作用。据统计，"七五"期间，乡村集体企业利润支出用于农村各项事业建设投资达524亿元，用于以工补农建农资金343亿元，相当于同期国家预算内给农林水利气象基建投资总额的1.4倍。

乡镇企业是在计划经济体制的夹缝中生长，以其灵活的机制显示巨大活力，成为市场经济的先导力量。乡镇企业是由农民集资包括通过劳务积累兴办的，走出了一条农村工业化的新路子。

综上所述，城乡商品经济的发展，统一市场逐步形成和工业化进程加快，是我国城市化的强大动力因素，而我国现阶段的城乡关系和中国特色的工业化道路，势必成为我国城市化道路选择的客观依据。

四、城市规模的多元化发展

根据世界城市化演进的规律，从工业革命开始，城市化水平达到40%，为城市化起步发展阶段；城市化水平在40%~70%这个区间，为城市化的加快发展阶段；城市化水平达到70%以上，为城市化进入成熟发展阶段。参照上述城市化演进规律，改革开放以来，1990年我国城市人口占总人口比重达到26.41%，当属城市化起步发展阶段的中后期。与初期相比，城市化进程明显加快，城市的辐射能力明显增强。

城市规模的多元化发展我国是改革开放以来城市化的新特点。新中国成立之初，我国走上国家工业化的发展道路，大城市率先获得发展。据1957年统计，全国拥有178座城市，其中50万~100万、100万人口以上的大城市、特大城市，从1949年的16座增加到28座，人口3820万，占全国城市总人口6320万的60.4%。大城市、特大城市在当时率先发展，既有历史原因，也是现实选择。首先，现有工业基础是国家工业化的出发点，旧中国的工业，主要分布在少数几个城市，充分利用现有工业基础，发挥大城市、特大城市在工业化进程中前进基地的作用，符合国家利益。其次，现有城市拥有布局新的建设项目的基础条件。"一五"期间，在布局重点建设项目的同时，对兰州、西安、太原、洛阳、大同、成都等一批城市着手重点规划和建设，保证了重点项目的建设速度。再次，抗日战争和解放战争之后的经济恢复困难比较多，有限的人力、物力和财力相对集中，向拥有一定优势和基础条件比较好的城市倾斜，投入产出比相对较高，势必成为国家投资方向的首要选择。

进入20世纪80年代，随着改革开放的开展，我国工业化进入新的发展阶段，城市化进程加快。尤其是20世纪80年代中期以来，城市规模多元化发展态势迅速出现。据"七五"（1986—1990年）期间统计，全国城市由353座增加到467座，增长75.58%，其中50万～100万、100万人口以上的大城市、特大城市，由54座增加到59座，在城市总数中的比重则从15.3%下降为12.6%；20万～50万、20万人口以下的中小城市，由299座增加到408座，在城市总数中的比重从84.7%上升为87.4%。城市人口分布也发生变化，大城市、特大城市人口在城市总人口中比重从58.5%下降为52.5%，而中小城市在城市总人口中比重从41.5%上升为47.5%。导致城市规模多元化发展，主要有以下几方面因素：

一是从放开市场开始，突破城乡分割，形成新的城乡关系。改革开放之初，就重视市场调节作用，逐步放开市场，使城乡关系转到社会主义商品经济关系上来，有力地推动农村经济的商品化、专业化、社会化，为我国乡村城市化的发展打下基础。

二是乡镇企业兴起，闯出了我国农村工业化、城市化的新路子。农村乡镇企业发展，形成上亿人的产业大军，尤其是实行连片开发地区，促进了小城镇建设，一部分小城镇发展成为小城市。

三是开辟了多渠道筹集城市建设资金的途径。我国的改革，逐步改变由国家集中、渠道单一的传统投资模式，形成投资主体、投资渠道多元化，投资方式多样化，为一大批中小城市、小城镇自筹资金谋求发展创造了必要条件。

四是沿海和沿江、沿线、沿边地区先后开放，给一批中小城市、小城镇发展带来机遇。

我国的城市化，从大城市、特大城市率先发展开始，随着改革开放，新的城乡关系建立，城市发展的动力机制发生变化，改变以往仅靠国家拉动的状况，由国家、集体和个人，城市和乡村，中央和地方共同参与和推动，从而出现城市规模多元化发展，不同类型的中小城市相继涌现。可以认为，这就是我国城市化起步发展阶段从初期转入后期的重要特征。

我国城市规模的多元化发展，不仅体现在中小城市比大城市、特大城市以较快的速度增加、中小城市人口在城市人口总数中比重的提高，并且体现在中小城市比大城市、特大城市经济增长的幅度更高。1986—1990年，全国城市工业总产值从6 295亿元增加到17 972.8亿元，其中50万~100万、100万人口以上的城市，工业总产值从4 004亿元增加到10 388.3亿元，占全国城市工业总产值的比重由63.6%下降为57.8%；20万~50万、20万人口以下的中小城市，工业总产值从2 291亿元增加到7 584.5亿元，占全国城市工业总产值的比重由36.4%上升为42.2%。当然，特大城市、大城市是全国性的经济中心或较大区域的经济中心，对全国经济举足轻重，必须建设好，更好地发挥它们的作用。同时，必须看到随着城市规模多元化发展，一大批中小城市兴起，正在对全国经济的发展产生重要影响。

从区域经济角度进行考察，经济比较发达的特大城市或大城市，一般是相应区域的经济中心，而中小城市也有它特殊的功能和作用。

（一）中小城市的传导功能

在特定地域范围内经济的发展，由落后趋向发达的渐进过程，离不开一些充满活力的经济生长点带动，整个区域经济的发展，也要由经济中心组织，这些，通常都由经济比较发达的特大城市或大城市承担。然而，经济中心的辐射以及对区域经济发展的组织程度，往往要受基础设施和市场发育状况的制约。经济中心对相应的广大农村地区，以往曾采取行政手段，"人为"地去加大辐射半径，直接向农村送技术、送生产资料等，都因收效甚微，终于不得持久。恰恰是中小城市的发展，架起经济中心与广大农村之间的桥梁，使大城市的经济辐射可能通过中小城市传导功能影响广大农村。中小城市的传导功能具有双向性，一方面是大城市的先进技术、生产资料、资金以及工业制成品，通过中小城市向外扩散，带动整个区域经济发展；另一方面是各地的资源也通过中小城市向大城市流动。这样的传导功能，使中小城市在区域经济发展中充当"二传手"的角色。

（二）中小城市的分流功能

我国现阶段的社会经济结构决定了产业结构、技术结构和资源结构的多层次性。这种状况也反映产业在空间布局上具有多层次性，并决定大中小城市各自对产业有不同选择的可能性。中小城市在某一地域内与大城市有所分工形成各有特色的产业结构。中小城市的分流功能，集中表现在对大量农村剩余劳动力的吸纳，分担城市化进程中人口转移对大城市的压力。中小城市从注重发展劳动密集型产业起步，这也是由我国现阶段劳动力资源丰富而资金短缺的矛盾所决定的。与大城市相比，众多的中小城市能够为农村剩余劳动力转移提供更多就业岗位。

（三） 中小城市的示范功能

在市场机制的强烈作用下，以专业化协作为技术经济内涵的生产要素的聚集，势必促进人口、产业在一定地域聚合，同时也刺激商贸活动发展，以及交通、通信和各项公用设施的建设。中小城市虽然在城市体系中有着重要地位，但不可否认其要素聚集程度比大城市低，产业规模相对较小，基础设施也不那么完备，从而在一定地域内处于次一级经济中心地位。可是，中小城市更接近广大农村，可能通过以科学技术应用为基础的工业文明，以市场为中心的各项经济活动，以及讲求效率的各种公用设施，发挥它的示范功能，直接向农村展示城市文明，并通过中小城市发展新的城乡关系，促进乡村城市化。

五、 我国中小城市发展模式比较

10多年来，我国从计划经济体制逐步转向市场经济体制；从单一的公有制逐步转向多种经济成分共同发展；从投资主体单一化逐步转向投资主体多元化；从封闭逐步转向开放。改革开放给城市发展带来前所未有的机遇。一批中小城市把握机遇，因地制宜，因时制宜，制定自己的发展战略，在实践中取得成功，给人以启迪。现选择若干不同类型城市进行比较研究。

（一） 东莞—惠州模式

东莞、惠州是我国珠江三角洲经济开放区先后兴起的城市，以开放促开发，引进外资和先进技术，发展外向型经济为特征，获得快速成长。

东莞位于珠江三角洲东部，惠州则位于珠江三角洲东北端。东莞、惠州一带最初都是传统的农业地区，是广东省重要的粮食产区。这一带的农业生产，粮食作物以水稻为主，经济作物以甘蔗、黄麻、水果、水草为主。渔业生产比较发达。多年来，东莞、惠州虽然靠近香港、广州这样的大城市，甚至是大城市近郊之地，但由于封闭和城乡分割的体制，工业并没有多大发展。直至改革开放前夕，只有少数几家制糖、制革、造纸等以农副产品加工为主的轻工企业，以及一些"五小"支农工业，年工业总产值只有数千万元。

1978年以来，东莞、惠州以我国实行改革开放为转折，面向国内外市场，突破城乡分割，调整经济结构，强化基础设施建设，相继走上快速成长的发展道路。东莞市充分发挥对外开放前沿的优势和当地充裕的劳动力资源，靠"两头在外"、"三来一补"方式的加工业起步，继而发展高新技术产业，率先实现从农业县向现代工商业城市的转变。据1987年统计，东莞市改革开放9年，全市国民生产总值已达到34.2亿元。工农业总产值达到36.4亿元，是1978年的3.8倍，其中工业总产达到29.2亿元，是1978年的6.9倍。地方财政收入2.02亿元、创汇2.6亿美元。与此相适应，东莞较早制定了交通、能源、通信先行战略，集中投资，使基础设施的超前发展促进了经济发展。惠州与东莞虽然都是以开放促开发，但也有所不同。当东莞一马当先实行开放，发展"三来一补"之时，惠州还在进行准备工作和酝酿迎头赶上的新思路。他们充分发挥对外开放前沿的优势，谋求超前跳跃发展，不再重复"三来一补"的老路，而走大项目、高起点的新路；也不走长线产业重复建设的老路，而走发展短线产业的新路。惠州市以开放与开发大亚湾为"龙头"，建设大港口，引进大工业，带动惠州沿路、沿江、沿海经济的全面发展。与此同时，以加强交通、通信等基础设施为先导，并以惠州港口为中心，建设通港大道、通港铁路，增加港口深水泊位。这一新战略，使"六五"期间滞后于东莞发展的惠州市，在"七五"期间工业总产值以年均41.8%的速度递增，工业总产值在工农业总产值中比重，从"六五"期末的48.9%，上升到"七五"期末的79.8%。1990年年底，惠州全市国民生产总值达到48.8亿元，地方财政收入跃上3亿元。"七五"期间，"三资"企业及其他出口创汇达6亿多美元。

东莞—惠州模式乃是依托毗邻港澳特有的地理位置优势，充分运用开放政策，以开放促开发，发展外向型经济，振兴城乡经济的类型。引进外资、侨资以及引进技术，是这些城市城乡经济发展主要的动力因素。由于对外开放的具体条件不同，东莞从"三来一补"的加工生产起步，而惠州则从大港口、大市场、大产业起步。东莞、惠州的实践表明，以开放促开发，都要因时制宜、因地制宜，采取灵活方式，既要招小客商，又要招大客商；既要发展劳动密集型生产，又要发展资金、技术密集型生产；既要利用外资"另起炉灶"建新企业，又要利用外资搞老企业"嫁接"改造。要坚持多元化开放、多层次开发，探索自己城市经济振兴的具体道路。我国具有对外开放前沿优势的地区，要根据不同条件，从不同层次、不同方式利用外资、侨资和先进技术，都应该面向国际市场，瞄准国际市场，以促进高新技术与大工业的结合为战略方向，建立起自己城市有特色的主导产业。东莞、惠州以当今"众星捧月"的格局，形象地说明遍布城乡"三来一补"加工业与建立城市高新技术大工业之间的关系，给了人们重要的启示。

（二）温州—石狮模式

温州、石狮两市都在我国东南沿海地区，它们以重视个体私营经发展和市场调节作用，率先获得城市经济的振兴而驰名全国。

温州位于浙江省南部，1949年5月温州解放即建市。历史上温州一带开发比较早，唐代就有手工业，北宋就被朝廷辟为对外贸易口岸。1876 年根据《中英烟台条约》，温州被辟为对外通商口岸。温州虽然具有手工业生产和经商传统，近代民族工商业也有一定发展，还拥有良好的港湾。可是，新中国成立后由于政治、军事上的原因，地属海防前线，国家投资极少。据统计，1950—1978 年，国家在此投资总额仅 5.6 亿元，人均每年 3 元多，只相当于全国平均数的 15%。工业相对薄弱，缺乏现代产业以及商贸衰落，也就成为温州市改革开放之初的现实基础。石狮原是福建省晋江县一个农商型的小集镇，三面临海，地形以滨海平原为主，间有浅丘分布。这里除农业生产外，海洋捕捞和海水养殖都有传统，水产品相当大部分供出口。

改革开放，给温州、石狮带来了希望。对温州来说，由于拥有天然良港，也是浙南、闽北传统的物资集散地，有条件建设成为以港口为依托，工业与商贸相结合的现代城市。可是，面对现实基础以及当时存在大批城镇待业者，人多地少的农村又涌现大量剩余劳动力，就业压力十分突出的情况，温州的经济振兴如何起步？温州市领导把中央的改革开放方针和本地实际结合起来，形成了一条唯实的思路，即着重抓住全民、集体、个体一起上，生产、流通一起抓，激发蕴藏在民间的积极性。不拘一格，发展经济，这一思路使温州在主要不靠国家投资的条件下，靠多种经济成分共同发展，走出多年低速徘徊的困境，造就城乡经济的空前繁荣。温州"六五"期间，社会总产值、工农业总产值、工业总产值、地方财政收入，分别以 144%、166%、126%、130% 的幅度增长。

温州经济振兴，个体私营经济比较活跃是重要因素之一。据该市 1985 年粗略分析，个体私营经济在工业总产值中约占 30%；在交通运输业中，个体私营经济占客运量的 56.5%、占货运量的 67.9%；在商品零售总额中，个体私营经济占 26% 左右。对石狮来说，与温州不同之处是由农村集镇一跃而成为新兴城市，共同之处则是不靠国家投资扶持，通过多种经济成分共同发展和重视市场调节作用，推进了农村城市化。石狮一带是福建著名侨乡，台胞祖籍地之一。1978 年改革开放，频繁的探视、旅游、经商，引起经济、文化以及观念上的交流，造成一种特殊环境。群众自找门路，利用闲散的资金、劳动力以及房屋，通过多种形式办企业，从仿制台货、洋货，发展到自行设计，并形成我国东南沿海一带最大的服装市场和服装原材料集散中心，以及带来当地第三产业的兴盛。石狮于 1987 年设市建制，有力地推进了经济建设和城市建设，"七五"期末（1990 年）国民生产总值已达 5.35 亿元，工业产值 5.6 亿元、地方财政收入近 7 000 万元。

用社会主义市场经济观念审视温州—石狮模式，它们把握改革开放的机遇，促进闲散劳动力与社会闲散资金的结合，以小生产、大市场、小商品、大流通的组织形式，走出了一条独特的路子。温州—石狮模式是我国率先通过市场经济振兴城市经济和推进农村城市化的典型。它们获得成功之后，又进一步把分散的小生产通过多种方式逐步转向规模经营；把小商品销售通过沟通产销发展成大网络；把现有产品通过提高科技含量谋求不断创新，还策划土地资产经营，扩大财政收入，加强城市基础设施建设。温州、石狮的实践，无疑对我国相当一部分中小城市以及一批小城镇具有普遍意义。

（三） 文登—即墨模式

文登、即墨是我国近几年山东省相继兴起的中小城市，它们的特点是靠集体经济发展轻工业起步，随后，进一步发展外向型经济谋求城乡经济新发展。

文登、即墨先后于1988年、1989年撤县建市。在此之前，文登曾先后属烟台市、威海市，即墨属青岛市。文登、即墨历史上都属农业地区。新中国成立后由于政治、军事上的原因，地处国防前哨，国家极少安排重点建设项目，并且这一带缺乏发展重工业的资源，也就成为"一五"计划以来经济发展滞后的地区。文登市境内河流多而短小，土壤气候等自然环境良好，为发展农业提供了优越条件。这里，粮食、花生、奶山羊和港养虾被列为国家商品生产基地；玉米、果品、蚕茧、长毛兔和淡水养殖被列为山东省商品生产基地；森林覆盖率达26%，是国家和山东省绿化先进市。即墨市境内农业资源丰富，平原地带盛产粮食，是全国商品粮食生产基地之一；丘陵地带宜粮宜果，是山东省花生的商品生产基地之一，183千米海岸线上，宜于养殖鱼类、贝类、藻类，渔业比较发达。

文登、即墨靠集体经济发展轻工业起步，是与当地多年来形成的社会环境分不开的。首先，文登、即墨虽然都属传统的农业地区，可是，历史上就有比较发达的手工业。文登是著名的"鲁绣之乡"，经过近百年的发展与创新，产品已具有相当规模和较高水平。即墨的花边生产，也有近百年历史，在国内外市场被誉为"抽纱瑰珍"，而地毯的独特工艺，赢得"毯上毯"的美称。文登、即墨民间的手工业传统，形成了这一带轻工企业、城区工业、乡镇企业等集体经济发展的社会基础。其次，这一带在地方经济发展中，不问是国营企业还是集体企业，不问是城市工业还是乡镇工业，多年来实行一视同仁的政策。城乡统筹安排，协调发展，有效地控制住城市人口膨胀，促进了经济的发展。这也就造成了集体经济能够获得较快发展的政策环境。

1978年以来，面对全国产业结构调整，文登、即墨不失时机地充分利用当地资源，发展轻工业，把经济搞上去。他们把城区工业与乡镇工业结合起来，形成"产、供、销"一条龙，以产品为中心组织专业化协作的工业体系。与此同时，它们十分重视市场建设，逐步发展了一大批集贸市场。即墨市的服装批发市场，已成为我国北方最大的服装市场，围绕这个服装市场，有10多个乡镇、300多个村庄从事服装加工，各类从业人员达10万之众。靠集体经济发展轻工业起步，吸纳了大量农村剩余劳动力。据1989年统计，文登市乡镇和村办工业总产值达11.4亿元，占全市工业总产值的60.3%；全市城区工业企业的农民合同工达3.4万人，占职工总数的54.8%，乡镇及村办工业就业人数9.2万人，从事第三产业和季节用工的农民5.55万人。即墨市乡镇及村办工业产值达18.3亿元，占全市工业总产值的73%；全市城区工业企业的农民合同工2.1万人，占职工总数的42%，乡镇及村办工业就业人数12万人，从事第三产业和季节用工的农民5.3万人。文登、即墨建市后，以扩大开放的机遇，依托经济比较发达的烟台、威海、青岛等大中城市，采取积极措施，促进乡镇企业发展外向型经济，又取得新的进展。

文登、即墨靠集体经济发展轻工业起步，乡镇企业不再是搞一些"拾遗补缺"，而是担当了重要角色，成为地方经济发展的主力之一。文登、即墨乡镇企业的发展，为增加农民收入、农村剩余劳动力转移，发展二、三产业，促进小城镇建设，走出了自己的路子，以农村工业化促进了城市化、现代化。文登—即墨模式反映了胶东一带中小城市发展城乡商品经济关系，在社会主义建设新时期振兴经济的丰富经验。它是坚持生产与流通相统一，发挥城市作用，促进城乡结合，振兴经济的典型。它们的实践，对我国许多农业地区中小城市，应该有所借鉴。

（四） 义乌—临夏模式

义乌、临夏以我国20世纪80年代的市场开放为契机，搞活流通，从流通中启动，振兴城市经济，发挥城市作用，走出一条新路子。

义乌位于浙江中部，历史上盛产粮、糖、猪，以传统农业为主。直至1979年，农业产值在工农业总产值中比重仍达57.6%，经济基础十分薄弱，是浙江省的落后地区之一。地少人多是义乌经济发展的一大制约因素，人口密度每平方千米560人，人均仅有6分耕地，资源也贫乏。1978年前，由于局限于单一粮食生产，粮食单产尽管超"双纲"，农民人均收入却只有77元，戴了"高产穷县"的帽子。临夏则在我国西北，属丘陵地区。临夏与义乌，地理位置相去甚远，可是经济发展有惊人相似之处，地少人多同样是临夏的制约因素，农村人均仅有6分7厘耕地。地下资源缺乏，工业基础也十分薄弱，也是经济发展的落后地区。

改革开放，给我国经济发展的宏观环境带来了变化。义乌、临夏这一些"高产穷县"，经济发展的落后地区，经济振兴的路在何方？就义乌来说，20世纪80年代初，农村的改革调动了农民积极性，剩余劳动力也大量涌现，地少人多这一矛盾更为突出。义乌从实际出发，提出在农村商品经济趋向活跃和市场开放的新形势下，兴商建市的新思路。这一新思路，是基于对义乌优势的深刻认识。义乌是浙江省中部重要的交通枢纽和物资集散地，浙赣铁路横贯义乌全市，公路交通发达，通达我国东南各地主要城市。优越的交通运输条件为培育市场，发展贸易提供了良好的环境。同时，由于地少人多，义乌农民长期以来就有经商的习惯，在农闲时肩挑货郎担，手摇拨浪鼓，到外地经商。义乌的经商意识，也是发展小商品市场，发展贸易的有利条件。义乌以"兴商建市"为主战略，把培育市场体系，健全市场机制列为改革和发展的一项重点工程来抓。10年间，全市初步形成以市区为中心，小商品市场为主体，90多个市场为依托的多渠道、多类型、多层次、配套逐步完善的市场体系。义乌小商品市场规模之大、经营品种之多、日成交额之高，被誉为"华夏第一集市"，闻名省内外。义乌还把市场建设和城市基础设施建设有机地结合起来，切实强化了城市的综合服务功能。兴商建市的10年间发生了深刻的变化，1990年，全市国民生产总值达10.99亿元，比10年前增长4.9倍；工农业总产值达16.64亿元，比10年前增长5.6倍，其中工业总产值增长11.9倍；地方财政收入达0.89亿元，比10年前增长3.8倍；农民人均纯收入达1 131元，比10年前增长4.7倍；城乡居民储蓄余额，比10年前增长25.3倍。

对临夏来说，古称河州，既是唐蕃古道，丝绸南路重镇，又是中原农区与西部牧区"茶马互市"之地，在西北，临夏是颇有名气的"旱码头"。临夏地处青藏高原和黄土高原的过渡地带，兰郎公路咽喉要道，离兰州、西宁又比较近。由于多种原因，这里的回、汉、东乡、保安、撒拉等各族人民都擅长经商。对此，临夏市确定扬长避短，发挥农牧贸易走廊的优势，提出以商促工，工贸兴城的新思路。临夏市从20世纪80年代初期开始，就从放开市场、撤销关卡入手，制定了搞活流通，发展商贸的一系列开放政策，相应地加强交通、通信等城市基础设施建设，促进了临夏商贸的大发展。1990年，全市社会商品零售总额达到1.77亿元，"七五"期间年均递增18.6%；集市贸易年成交额达3 068万元，年均递增66%。全市居民，大体上每5人就有1人经商。商贸大发展，还促进了地方工业和乡镇企业发展。

改革开放，给中小城市的兴起带来不同的机遇。经济振兴，不同的区域、不同的城市也都有各自的优势。机遇也好，优势也罢，重要的是认识它、把握它。义乌、临夏人充分认识当地的区位优势，又把握了改革开放之初开放市场的机遇，形成搞活流通，从流通启动，振兴经济的一整套战略，并在不太长的时期内从小城镇一跃而成为以发达的商贸为特色的中小城市。义乌—临夏模式，其核心就是充分重视市场的作用，开放市场，建设市场，发展市场，通过市场发展新的城乡关系，发挥城市的功能作用，这也是它们实践的普遍意义所在。

（五）攀枝花—东营模式

攀枝花、东营是我国20世纪60年代中期由国家统一组织，集中投资，大举开发当地资源而先后兴起的城市。20世纪80年代改革开放，又促进了这两座城市经济的新发展。

攀枝花位于四川省西南部，金沙江与雅砻江的交汇处。攀枝花市水能资源丰富，境内可开发水能资源达3 300多万千瓦。矿产资源种类多、储量大、品位高，被誉为"富甲天下的聚宝盆"。钒钛磁铁矿藏量达100亿吨，居全国第二位；铁矿中钒和钛的储量分别占全国的64%和93%，居全国第一位。矿体中还伴生钪、钴、镍、铬等10多种稀贵金属。优质炼焦和动力煤的储量达12亿吨。其他还有丰富的非金属矿藏以及林业资源。东营位于山东省境内黄河三角洲。资源以石油和天然气储量最为丰富，探明石油地质储量达15亿吨，控制含油面积900多平方千米，天然气储量93亿立方米，控制含气面积100多平方千米。油田伴生气储量400多亿立方米。

我国于20世纪60年代中期，以加强基础工业、加强内地建设为目标，由中央决策，一批重点项目开始建设，其中包括在攀枝花一带，大举开发当地富集的煤铁资源；在东营一带，大举开发当地富集的石油资源。1964年，中央决定建设攀枝花钢铁工业基地，与此同时，还修筑成昆铁路，以沟通攀枝花与外部联系的通道。现今攀枝花市区，原本是一片荒山峻岭。1965年设市前，在此建立特区，靠统一组织，集中投资，从全国各地调集建设力量，以"大会战"方式进行开发，实现了1970年攀钢出铁和成昆路通车，1971年出钢、1974年出钢材。10年会战，随工矿布局，形成了从格里坪至金江绵延120千米，拥有若干片区的新兴工业城市。攀枝花由于惊人的建设速度与有效的管理，带来了显著的效益，1985年攀钢就实现一期工程投资返本，1989年攀枝花实现一期工程投资返本。建市以来，按投资与实现利税相比较，投入产出之比，全国平均为1∶0.3，攀枝花为1∶0.75，较全国平均高1.5倍；攀钢为1∶1.36，较全国高3.5倍。1964年继大庆油田会战之后，由中央决策，组织上万石油大军会战黄河三角洲，开发我国第二大油田——胜利油田，先后建成胜利采油厂、孤岛采油厂。胜利油田创业以来，30年间累计产油量约占新中国原油生产总量的五分之一，工业产值1 400多亿元，上缴税利224亿元，相当于国家同期投资的5.6倍。累计出口原油800万吨，创汇110亿美元。随着胜利油田的开发建设，聚集了大批非农业人口，形成相当规模的产业，为城市发展打下基础。1983年东营设市建制。

攀枝花、东营两市，虽然靠"大会战"起步，但开发建设过程也经历了许多变化。攀枝花、东营在1965年开发初期，国家都采取了特殊政策。随后，20世纪70年代都有一些变化。20世纪80年代我国城市改革，由于价格双轨制，对攀枝花这样以原材料工业为主的城市，工业产品的80%按国家指令性计划调出，而消费品的90%、生产资料的70%靠市场调节价格调进，价差每年损失在10亿元之上，对城市的发展很不利。东营市长期以来只采油不炼油，原油由国家计划统一调出，也直接影响胜利油田综合效益的发挥。改革开放，也给攀枝花、东营市带来了新的机遇。对资源开发型城市，机遇之一就是开辟了多元化投资渠道，攀枝花工程浩大的二滩电站建设，由国家和地方共同投资，并获得世界银行贷款7.4亿美元，攀钢进一步开发也获得国际银团商业贷款；东营市近几年已同20多个国家发展经济技术交流，包括接受国际援助项目。多种经济成分共同发展以及国有企业的一系列改革措施，为大中型企业注入活力，也有力地推动了这些城市的经济发展。

加强基础工业建设，对实现社会主义现代化，始终是一项重要的战略任务。由国家统一组织，集中投资，"大会战"起步，在较短的时间内建成了强大的钢铁工业基地、能源工业基地，应该说攀枝花—东营模式是成功的典型。可是，计划经济体制下"大会战"的经验，也不是一成不变的。改革开放，给这样的资源开发型城市带来了新矛盾、新问题，更带来了新的机遇。吸引外资以及实行国际招标建设，都为加强基础工业建设拓宽了路子。攀枝花、东营的实践，值得认真研究。同时，也必须看到，由国家统一组织，集中投资，在资源富集地带进行开发，对大多数中小城市来说，不可能都有这样的机遇。

（六）宜昌—绵阳模式

宜昌、绵阳都是具有一定工商业基础的城市，进入社会主义建设新时期，以科技推进型的战略思路，有力地促进经济振兴而在全国产生影响。

宜昌位于湖北省西部，居长江中上游分界处——长江西陵峡口，素有"川鄂咽喉"之称。1876年《中英烟台条约》签订，宜昌曾被辟为对外通商口岸。宜昌是长江十大港口之一，也是川鄂客货运水陆转运中心之一，鄂西最重要的商业中心。宜昌市区及周围60千米范围内，拥有举世无双的水力资源。随着葛洲坝建设，一批国有大中型企业迁至宜昌，以及地方工业较快发展，宜昌已建设成为以电力、机械、纺织、化工为主要工业部门、重工业为主的工商业城市。绵阳市则位于四川盆地西北缘，历史上就是川西北重镇。境内农业资源丰富，是四川粮食、油料、生猪和蚕桑的主要产区之一。"一五"以来，工业建设就有所发展，尤其"三线建设"加强了工业基础，并成为四川重要的工商业城市。

改革开放，打破城乡分割，发挥中心城市作用，宜昌、绵阳先后实行地、市合并，建立市领导县体制。城市经济迫切要求转到以讲求经济效益为中心求发展的轨道上来，走经济建设的新路子。宜昌市领导以转轨为中心，对市属工业企业的一轮调查发现：该市有 1/3 的企业由于重视科技进步，五年内工业产值增加了 2.5 倍；1/3 的企业埋头生产，忽视生产经营中的科技因素，工业产值增长速度只有全市平均水平的 1/4；1/3 的企业安于现状，不思进取，不抓科技，五年内工业产值下降 75%。面对现实，他们采取加强科技工作的一系列措施，广揽人才，鼓励创新，以求城市经济的新发展。经过五年尝试，全市 50 多类产品实现升级换代，400 多种新产品研制成功并投产，全民工业企业利润年递增率超过 24%。后来，总结实际经验，通过专家论证，宜昌市领导正式确定"科技兴市"决策，以企业科技进步为重点，推动科技、经济和社会三位一体的协调发展。

绵阳建立市领导县体制后，审时度势，反复权衡，认识到绵阳虽然是四川重要农业区之一，但只抓传统农业也不行；着重抓矿业，但多种矿藏资源比较分散、储量又不大；发展外向型经济，又没有沿海地区那样好的条件。他们对现有的产业基础进行分析，认识到自己独有的优势在于由于多年发展，特别"三线建设"聚集了一支雄厚的科技力量，学科众多，手段先进，具有较强的尖端技术攻关和新产品开发能力，全市科技人员达 2.2 万人，其中高级工程技术人员 3 000 多人。面对新一轮产业结构调整，运用高新技术改造传统产品，发展新兴产业，开发新产品，与其他中小城市比较，绵阳具有更好的条件，这就形成以电子工业为龙头，"科技兴市"的决策。这一决策的实施，"七五"期间，绵阳的经济建设获得迅速发展，工业企业新产品产值占全市工业产值比重，由 12.9% 提高到 31.5%，投入产出之比由 1∶1.5 上升到 1∶2.8；在农村，由于大力增加农业科技投入，使一批科技示范乡脱颖而出。宜昌、绵阳重视科技进步，推动经济、社会发展；与此同时，着重交通、通信以及住宅等城市建设，城市功能也逐步增强。

宜昌和绵阳在不同环境和具体条件下，先后以"科技兴市"为主战略，谋求城市的新发展，它们"科技兴市"的决策，还吸纳了早先实行科技推进型发展战略的城市的经验，并在实践中有所发展。"科技兴市"作为主战略，既不是某一部门的具体战略，而是城市谋求经济、科技、社会以及生态环境全面发展的战略，也不是一时一事谋求发展的短期行为，而是持之以恒，逐步实现的长远战略目标。宜昌—绵阳模式，以科技推进为城市发展主轴，是中小城市进入新成长阶段应采纳的战略构想。一般地说，工业化是先进科学技术在生产中的应用，从而导致经济发展和城市在地域上的拓展。在实践中，城市经济的发展可以有两种途径，一种是扩大生产规模，另一种是提高城市素质。大批中小城市在起步阶段,往往通过多起点达到经济增长,形成一定经济规模和经济实力。而进入成长阶段,尤其在市场竞争的态势下,就不可能再走老路子,而要强调科技进步,注重内涵扩大再生产,提高城市素质。可见,对中小城市的发展,始终要十分注意发展教育和文化,注意科技人才开发和科力力量的聚集,并在适当时候,把"科技兴市"提上议事日程。

六、理论思考与对策建议

我国的国民经济是典型的二元结构经济。从传统农业社会向现代工业社会的转变过程中,形成现代城市、现代工业和落后农村、传统农业并存的城乡经济发展格局。谋求经济振兴,商品经济的充分发展乃是不可逾越的阶段,同时,也不存在非城市化的道路。经济发展就是要扩大现代工业部门,发展城市经济,促进农业生产的商品化、社会化和现代化,这是社会经济从不发达转向发达的一般规律。以社会主义现代化建设为目标,实现工业化、城市化,是我国经济社会发展基本的战略方向。推进我国现阶段的工业化、城市化,必须把握以下几个重要问题:

(一) 以联系机制的转换为主要内容,促使城乡经济协调发展

改革开放以前,"二元经济"下的城乡关系,以非市场化为取向,运行机制行政化,导致城乡间的商品交换和要素流动受阻,城乡之间的内在经济联系受到破坏。以往,尽管强调城市的发展、工业的发展要受农业劳动生产率的制约,可是工农业间、城乡间的联系机制始终依靠各种行政手段维系,从而抑制农村商品经济发展。改革开放的多年实践表明,城乡间的商品交换和要素流动,是城乡商品经济发展所必要的,以市场化为取向对待和处理工农业间、城乡间的关系,以及运行机制的市场化,才有可能实现社会资源的优化配置,市场化基础上的城乡商品交换,也才有可能实现农业生产的共同增长。城乡间联系机制的转换,是我国现阶段深化改革的主要内容,也是经济发展的重要保证。为此,要以商品市场为基础,进一步培育要素市场,发展市场体系和全国统一市场,相应地进行各方面的改革。

(二) 推动农村工业化和城市工业化的汇合,加快城市化进程

乡镇企业的兴起,对提高农民收入和补农、建农以及农村社会进步,都起到了积极作用。在一些经济相对发达的地区,乡镇工业已雄踞当地工业的"半壁河山",甚至是"三分天下有其二"的态势,成为我国工业发展的生力军。当初"以小挤大"的争论,已被"以小补大"的事实所打破。乡镇企业自身也已经突破"三就地"(就地取材、就地加工、就地销售)原则,获得发展。以

乡镇企业为代表的农村工业化，改变了以往由国家投资，在少数城市布局的国家工业化格局，形成由国家的力量和农民的力量相结合实现社会主义工业化的态势。

诚然，乡镇企业是从手工劳动为主的小型企业起步的，可是，当它走出"三就地"的小天地，发展横向经济联系，以及引进外资和先进技术，已经涌现出一批有相当实力的企业。显然，农村工业化，深化了我国城市化的动力。当前，要围绕实行国家的产业政策，制定必要的措施，一方面鼓励乡镇企业提高自我发展能力，另一方面推动乡镇企业继续发挥自己的优势，发展跨地区、跨所有制、跨行业的专业化协作和多种形式的经济联合，促进城乡结合的工业体系进一步形成，实现农村工业化和城市工业化的汇合。

（三）适应城乡关系新变化和农村工业化趋势，促进中小城市发展

改革开放，导致城乡商品经济发展，尤其使农村经济摆脱长期停滞和徘徊的境地，出现勃勃生机。在农村，一方面商品经济发展要求市场，扩大商品交换和生产要素自由流动，另一方面乡镇企业为提高自身的竞争能力，争取规模经济、聚集经济，要求连片开发，相对集中布局，这些，都成为农村地区小城镇、小城市迅速发展的动因。从整体上分析，不仅是我国广大农村地区商品经济发展引起的内在冲动，并且由改革开放造成宏观环境变化，给地方经济振兴和培育"发展极核"、加强城市建设创造了有利条件，使20世纪80年代中期以来中心城市获得比较快的发展。

我国现阶段的工业化、城市化，主要靠大城市、特大城市显然是不现实的。这不仅由于相当多的大城市、特大城市基础设施滞后于人口的增加，"旧账未还清又欠新账"，压力已经够大；还因为多年来我国城市化滞后于工业化，除了现在进城务工经商未转户口的数千万流动人口外，多年来沉积在农村的剩余劳动力还有一亿多人。无论是农村剩余劳动力的转移，还是进一步改变我国"二元经济"的状态，势必都要促进中小城市和小城镇的发展。为此，要从投资体制、流通体制、社会保障体制以及户籍制度等方面加以改革，有步骤地促进中小城市和小城镇发展。

（四）重视新兴城市的成功实践，开拓中小城市发展的新思路

20世纪80年代中期以来，我国中小城市以较快速度发展，尤其是一批新兴城市在改革开放的形势下脱颖而出，甚至超越早先我国工业战线上曾创造辉煌的几个明星城市，对我国经济发展作出了重要贡献。它们成功的实践，对开拓思路，促进中小城市发展，无疑是十分宝贵的。

它们成功的实践之一：分析优势，认识优势，依托优势谋求发展。

改革开放调动地方积极性，并使地方相应地有了一定的经营管理权限，使地方经济逐步从"大一统"和从这条"纲"那条"纲"的束缚中解脱出来。一些原来不见经传,经济发展缓慢的中小城市,抓住机遇,分析本地自然环境和社会环境以及其他条件,认识和发挥本地优势,走有特色的经济发展道路,跨入了经济腾飞的行列。中小城市有自己的发展条件和发展目标,要摈弃以往照搬大城市的经验,追求综合型模式的老路子,走发挥各自优势,谋求发展的新路子。

它们成功的实践之二:多种经济成分,多种经营方式,不拘一格发展经济。

改革开放,不仅调动了地方发展经济的积极性,也调动了潜藏在人民群众中的积极性,动员社会上闲散的资金、劳动力和引进外资、技术发展经济。新兴城市用足改革开放政策,在重视市场调节作用和多种经济成分共同发展上大做文章,集体经济、乡镇企业、街道企业、私营企业、个体户和"三资"企业等相继兴起,联合经营、合作经营、租赁经营、承包经营、"三来一补"等纷纷出现,为经济振兴带来活力。这些城市经济发展的起点虽然比较低,可是发展速度相当快。我国城市的发展,国家布局重点项目,无疑是一种机遇。绝大多数中小城市要改变指望或者等待国家布局重点项目,靠用足改革开放政策发展生产力。

它们成功的实践之三:以城带乡,城乡互补,城乡经济一体化。

改革开放,发挥中心城市作用,使人们从脱离实际,追求消灭城乡差别,实现城乡融合的陈旧观念中解放出来,重视城市的历史作用。新兴城市普遍以市场开放为契机,加强市场建设,促进城乡商品交换和要素流动,带动农村商品经济发展。并且在城乡经济发展中创造了一些行之有效的组织形式,其中尤其以贸工农一体化为典型,它为城市组织区域经济发展,农民进入市场,在商品经济基础上实现城乡互补,共同发展,起到积极作用。对更为接近农村的中小城市来说,通过市场及其有效的组织形式,发展新的城乡关系,在经济发展战略中具有重要地位。

它们成功的实践之四:不失时机地促使主导产业的形成和发展。

主导产业的形成和发展是中小城市从起步转入成长阶段的重要标志。改革开放前,地方经济发展往往追求"门类齐全",导致产业结构同构化,缺乏活力,也缺乏效率。在改革开放形势下,新兴城市较早地觉察到科技不断进步条件下市场竞争态势,从实际出发,在经济发展中培育和组织主导产业以及相关产业,形成有特色的产业结构,从而使这批新兴城市的优势产品在市场上崭露头角。中小城市一方面受自身发展条件制约,另一方面要充分考虑城市之间分工,在建立自己主导产业上下功夫,以及十分重视培育替代产业,以不断加强城市的经济实力。

（五）多渠道筹集资金，加强城市基础设施建设

城市基础设施维系城市经济生活的各个方面，是城市经济活动的组成部分，是城市赖以发展的物质条件。城市基础设施的完备状况，也与投资环境密切联系。改革开放以来，城市发展普遍重视投资环境改善，交通、邮电通信、港口码头，以及各项公共设施建设的进展都比较快。城市基础设施建设支持了经济腾飞。

城市基础设施建设获得突出的成就，重要的原因是开辟了多渠道筹集城市建设资金的途径。中小城市发展，进一步加强基础设施建设，要认真总结经验，完善多渠道筹集建设资金的政策、制度和措施，并探索新的途径。要在用好、管好城市维护建设税和公用事业附加形式的专项费用，继续搞好综合开发的同时，注意解决好以下几个方面的问题：

一是要采取有效措施，把流失的土地收益集中到政府手里，用于城市基础设施建设。城市规划区内建设用地单位和个人使用土地交纳的费用、出让金；土地开发单位交纳的收益和房产开发单位交纳的收益，都应该集中到政府手里，建立城市土地开发建设基金，这是解决城市建设和土地开发方面的资金不足的出路之一。

二是要采取灵活方式兴办和经营城市公用事业的企业。城市公用事业的企业，一般具有"垄断"色彩，近几年的实践告诉我们，除通过企业内部经营方面改革增加活力之外，还有发行地方债券兴办公用事业企业，征集股东兴办股份制的公用事业企业，都有利于打开思路。

三是按谁受益，谁投资的原则，在城市基础设施建设中向社会筹集建设资金，包括允许农民进城投资修路、建街和办厂、经商。

城市基础设施，一般地说，投资量大，建设周期长。探索稳定的来源，还要进一步研究城市基础设施建设资金的补偿机制、补偿形式等。

（六）建立有中国特色的城市体系——城市化的目标

城市是我国经济、政治、科学技术和文化教育的中心，在社会主义现代化建设中起着主导作用。我国改革开放之初，就针对我国经济生活中城乡分割、条块分割等弊端进行改革，以一批经济比较发达的大中城市为依托，统一组织生产和流通，带动周围农村，有力地促进了区域经济发展。

10多年的实践告诉我们，由于商品经济充分发展形成的城市经济中心，是依循商品经济的运行机制——市场机制，实现它在一定区域范围内的经济联系，而经济中心对区域经济的组织和推动，则是通过市场网络和城市体系实现的。在我国经济比较发达的地区，往往市场发育比较早，市场也比较活跃，城市化进程比较快，城市体系也比较完善。城市在现代化建设中的主导作用，是通过

以特大城市为核心的城市体系实现的,与城市化道路密切联系,还有城市化目标的选择问题,即建立什么样的城市体系。迄今为止,世界上的城市化国家存在两种类型,即以大城市为主体和以中小城市为主体。以小城镇为主体的城市化国家是不存在的。以大城市为主体的国家,产业和人口相对集中在大城市地区,以中小城市为主体的城市化国家,产业和人口相对均匀分布在中小城市。这些城市化国家,城市化水平都比较高,经济都比较发达。以大城市为主体的城市化国家,如美国、日本等,是当今世界上经济发达国家,以中小城市为主体的城市化国家,如德国、法国、瑞士等,其经济发展水平并不比以大城市为主体的城市化国家要低,况且,能够比较好地把经济效益、环境效益和社会效益统一起来。

我国城市化目标选择,应该把城市人口占总人口的比重、城市数量、规模结构和城市体系统一起来。从我国实际出发,应选择以大城市(含特大城市)为核心,中小城市为主体,小城镇为基础的城市体系。实现这样的目标,国家的必要干预是不可缺少的。除了对城市发展要有明确的指导方针,还要把城市体系的合理布局,纳入国土综合治理的规划,至于不同区域的城市体系也要反映各自的特点。要把城市经济发展和区域经济发展结合起来,制定规划,并相应地采取一整套措施。

(本文由课题负责人过杰执笔,课题组成员有过杰、吴火星、陈永生等。原载于《经济体制改革》1996年第2期,本课题是国家社科基金资助项目。)

坚持发展与管理并重
——成都市个体、私营经济考察报告

个体经济、私营经济在中国大地上重新出现，并成为社会上的热门话题之一。为了总结过去，考察未来，对我国现阶段个体、私营经济的存在和发展作出客观的评价，分析个体、私营经济发展中出现的矛盾，探寻相应的政策，我们在成都市进行了比较系统的调查研究。

个体、私营经济的历史地位

成都市个体、私营经济，在党的十一届三中全会后得到逐步恢复和发展。据1989年年底统计，全市持照经营的个体工商户达15.6万多户，从业人员20.8万多人；拥有资金2.5亿多元，户平资金1 600多元；全年营业额已达15.6亿多元，产值2.3亿多元。与1978年相比，有大幅度的增长。

随着个体经济的发展，一些个体工商业的大户和农村专业户，扩大经营规模，逐步成为私营企业。截至1989年年底，已有283户向工商行政管理部门正式登记。

成都市个体、私营经济的存在和发展，同全国一样，曾几经曲折。经过1953年的社会主义改造，到1957年，全市有持照经营个体工商户19 206户。1958年"大跃进"，调走一批人支援工农业生产，个体工商户也有一部分被撤销或裁并，到1961年个体工商户下降为1 439户，比1957年减少92%。1962年，国民经济调整，安置工矿企业的压缩退职人员，在全市进行登记发证工作。经过这项工作，持照经营的个体工商户增加到14 914户。至1962年底，全市个体工商户增加到21 942户，年营业额781万元，相当于全市商业营业额的2.3%。党的八届十中全会以后，1963年国家提出"加强管理，压缩范围，区别对待，逐步代替"的方针，从饮食和食品等行业开始，展开代替私商工作深入展开，个体工商户逐渐减少，至1964年为5 182户。1965年进行了全国换证工作，经过换证登记，持照经营个体工商户减少为4 248户，其中个体商业3 224户，饮食业729户，服务业295户。1965年年底，个体工商户进一步被压缩为3 271户，年营业额下降到341万元，相当于全市商业营业额的0.9%。1966—1976年个体工商户所剩无几。据1976年和1977年的调查，成都市全市

179

持证经营的个体工商户仅剩 1 219 户。多年来，经济工作急于求成，搞"穷过渡"，却过不了渡；急于求纯，搞"代替"，却替代不了。个体工商户被一再压缩，给人民生活带来种种不便，社会经济生活也出现诸多矛盾，出现了"就业难"，"缝衣难"，"吃饭难"，"修理难"，"理发难"，"购物难"……以及山货出不了山，土产烂在地里，而城市又买不到，农村"卖"难，城市"买"难，城乡物资交流受阻。

党的十一届三中全会后，成都市在"解放思想，放宽政策，把经济搞活"的方针指导下，认真贯彻执行国务院发布的各项政策，统一规划，采取有力措施，个体工商户才得到逐步恢复和发展。随后，又出现了私营企业。10 年来，成都市个体、私营经济的恢复和发展，大致经历了如下三个阶段：

恢复阶段（1978—1982 年）。从零售商业、修理业、服务业开始，解决城镇待业青年和社会闲散人员的劳动就业问题，逐步发展了一批个体工商户、市政府及有关部门对从事个体劳动的待业青年、待业人员，给予必要的支持和帮助。与此同时，开放集贸市场，有力地促进了个体经济的恢复。但由于多年来社会上对从事个体劳动的某些偏见，发展个体工商户的思想障碍还比较大。至 1982 年年底全市持照经营个体工商户虽然已增加到 16 659 户，从业人员 1.76 万人，但还未达到 1962 年年底的规模。

加快发展阶段（1983—1985 年）。根据党的十二大精神和十二届三中全会决定，成都市着手流通体制的改革，1983 年 3 月开始对农村的个体工商户登记，市工商局还召开了运销户的大会，鼓励他们在促进城乡物资交流中发挥积极作用，从而出现个体工商户迅速发展的势头。截至 1985 年年底，全市个体工商户增加到 123 901 户，从业人员 17.2 万人。

稳定发展阶段（1986—1988 年）。个体工商户迅速增加的势头，经过三年发展，从 1986 年开始有所减缓，年增加的幅度下降为 15%、12%。截至 1988 年年底，全市个体工商户达到 181 486 户，从业人员 26.1 万人。

10 年来，成都市个体、私营经济的发展，在社会经济生活中充分显示了它的积极作用。

第一，方便了人民群众的生活。多年来，个体工商户一再被压缩，为城市人民生活服务的商业、饮食业、服务业的网点越来越少。遍布城乡，极端分散的服务网点，一律要由国营、集体商业去设置，显然是做不到的，不可避免地要给人民生活带来这样那样的"难"。经过 10 年的发展，个体商业、饮食业、服务业的网点已经大大增加。如果个体工商户按一户一个网点计算，城乡居民 1 000 人占有的个体网点，已由 1979 年的 0.3 个增加得 1988 年的 35 个。这些个体工商户以及逐步出现的私营企业，一般营业时间比较长，服务主动、方式灵活，能取悦于群众。近些年，随着个体工商户发展，"绝迹"几十年的传统小吃，民间工艺品又纷纷上市，尤其为群众所喜爱。适应人民多方面的需要，他们的服务范围越来越广，书亭书店、冲扩彩照、室内装饰、塑料花束、新潮时装、电器修理等应有尽有，现在城乡居民都能够就近得到方便的服务。

第二，弥补了国营、集体经济的不足。前些年由于流通渠道单一，农副产品收购、运输困难，城镇上市的禽蛋、水果、蔬菜、水产之类鲜活商品少；远离城市的山区有品种繁多的土特产，往往因流通不畅而卖不起价，挫伤了农民的生产积极性。个体工商户的恢复和发展，一批城乡的个体商贩和运销户开展购销活动，弥补了国营商业、集体商业流通渠道不足。以城市鲜鱼供应为例，以往对水产品实行统购、派购，统一调拨，独家经营，禁止自由上市，城市居民要吃鲜鱼难上难。近几年，改独家经营为多渠道经营、改封闭式的城市水产品流通为开放式的水产品经营，鲜鱼上市量逐年增加，品种增加，价格平稳，从 1986 年起，城区活鲜水产品上市量已突破 1 000 万斤，结束了成都市居民"食无鱼"的局面，同时也支持了农业生产，这方面，个体工商户特别是从事长途贩运的运销户发挥了重要作用。在一些领域里，或者国营、集体商业不便经营，或者国营、集体商业包揽不了，个体工商户却能发挥自己的经营特色，补充国营、集体商业的不足。

第三，扩大了劳动就业的门路。以往的劳动就业采取国家包下来的办法，不仅就业机会少，就业渠道也单一。粉碎"四人帮"以后，成都市全市除多年积累下来的 5 万待业人员之外，当年不能升学的，下乡知识青年和支边知识青年返城的，以及"文革"中遣散农村又无职业的居民约有 2 万人；1980 年成都市待业人员在 7 万人以上。当时，国家无力包下来解决。出路在哪里？广开就业门路，允许自谋职业，从事个体劳动是一条好路子。鉴于此，成都市在大力发展新集体、安排劳动就业的同时，采取措施，鼓励待业人员自谋职业，发展个体商业和个体服务业，10 年来，取得较好成效。据统计，"六五"期间，从事个体劳动的就业人数达 2.27 万人，占全市劳动就业人数的 10.3%；"七五"期间，进一步提高，前 4 年就业 1.62 万人，达 13.26% 以上。自谋职业，发展个体工商户，已经成为成都市劳动就业的一条重要途径。

第四，增加了国家的财政收入。据税务部门统计，1979 年成都市个体工商户中，纳入税务管理并纳税者 843 户，全年共纳税 67 532 元；截至 1988 年，纳入税务管理并纳税者达 84 000 户，全年共纳税 3 523 万元。如果把纳税的统计口径上个体屠宰户、个体运输户、批发代扣税、集贸市场等四项，全年个体工商户纳税约在 1.2 亿左右。在没有国家投资的情况下，除安排一大批人劳动就业外，一年还向国家上缴税款几千万元，个体、私营经济在这方面的贡献也是不可忽视的。

成都市解放以来个体工商户经历的曲折道路，有力表明了，在我国经济发展中，个体经济、私营经济具有不可缺少的作用，对社会主义经济是有益的、必要的补充。在我国社会主义的初级阶段，坚持以公有制经济为主体，同时要鼓励个体工商户、私营企业在国家允许的范围内存在和发展。必须看到，我们国家经过40年的建设，各方面都有相当的发展，取得了很大成就。但是，我国的生产力仍然十分落后，现代的大生产与传统的小生产并存，商品经济与自然经济并存，经济相对发达的地区和很不发达的地区并存。社会生产力发展的不平衡性、多层次性，必然要求生产资料所有制形式的多样性，公有制经济和非有制经济并存。只有这样，才能使各种经济形式与经济发展的不同状况相适应，发挥它们的积极作用，以促进我国经济的发展。还有，我们的国力也仍然是有限的，为了建设社会主义现代化的强国，要把有限的力量相对集中重要的建设事业上，对关系着人民群众生活又适宜于分散经营的事业，以及广大农村发展商品经济迫切需要又不便于集中起来办的事业，势必要动员社会力量包括个体经济、私营经济去办。多年来，我们试图过早地以国营、集体经济在各个领域"替代"个体、私营经济，这种"包下来"的办法，由于脱离实际，因而总是不能成功。在社会生产力没有充分发展，具备足以实现单一的公有制经济的条件下，以公有制为主体经济，多种经济成分并存的格局就不可能改变，个体、私营经济也将在国家允许的范围内存在和发展。有了这样的思想准备，就不至于重复以往的错误，也才能抵制经济"私有化"的错误思潮。

个体、私营经济的经济运行

成都市个体、私营经济10年经历，说明了个体、私营经济存在和发展是与宏观条件的逐步改善有密切联系的，个体、私营经济运行的宏观环境是：第一，我国现阶段实行以公有制为主体的多种经济成分并存的经济制度，相应地，在分配上实行以按劳分配为主的多种分配形式。公有制经济控制着国民经济的主要部分、主要方面和主要过程。第二，我国现阶段实行有计划的商品经济，条块分割，垂直领导，过于集中的经济体制，正在向计与市场有机结合的新经济体制过渡，商品经济发展较快。第三，我国正处于新旧体制转换时期，中央计划经济体制和商品经济体制并存。在这种宏观环境下，个体、私营经济既不像在纯粹商品经济条件下可以自由放任地发展，也不像在过于集中的经济体制下没有发展的可能性。这是我国现阶段个体、私营经济一种独特的生存和发展环境。

坚持发展与管理并重——成都市个体、私营经济考察报告

10年来，成都市的个体，私营经济虽然已经获得较大的发展，但是仍然处于一种初始状态。它的具体特点如下：

（一）人员来自各阶层，以待业人员劳动就业为主

1988年7月，成都市社会利益集团调查课题组，对城区个体工商户的业主299人的抽样调查表明，曾在全民所有制企事业单位工作的65人，占总人数21.7%；曾在集体企业工作过的112人，占总人数37.5%；待业人员122人，占总人数40.8%。待业人员劳动就业占最大比重。对成都市东城区调查，也反映了这一特点。据1989年年底的统计，东城区个体工商户11 031户，从业人员16 554人。其中，退休人员再就业46人，占0.28%；社会闲散人员就业6 557人，占39.73%；待业青年就业9 931人，占59.99%。

（二）文化程度偏低，以小学、初中居多

《成都市1%人口抽样调查资料汇编》（1988年）提供的资料说明，在业主总人数中，大专以上占0.1%，中专占1.2%，高中占17.4%，初中占47.3%，小学占26.1%，文盲占7.9%。这一资料通过个体工商户、私营企业的业主与城镇成年人口的对比，还说明业主各种文化程度的比例，在高中文化程度以上明显低于城镇成年人口。目前，个体工商户、私营企业一般的经营规模比较小，资本有机构成也比较低，对管理的要求不太高，即使文化程度偏低也能适应。

（三）行业分布比较广泛，多数处于流通领域

个体户主要行业有工业、手工业、建筑业、交通运输业、饮食业、商业、修理业、服务业和其他八大类。据成都市城区对299户的抽样调查，有230户从事商业和服务业，其中包括零售商业116户，占55.5%；加工服务65户，占21.7%；自产自销18户，占6%；批发2户，占0.7；零售兼批发和批发兼零售29户，占9.7%。这些商业和服务业，一般进货渠道比较多，相对稳定，也比较灵活。它们经营的主要商品来源，来自国营商业的占24.7%，个体商业的占6.4%，工厂占的7%，个体商业的占5.4%，集市采购的占26.8%，其余部分不固定。这些商业和服务业，直接向外地进货的经营户占44%。个体工商户、私营企业在流通领域发展比较快，与计划体制改革中确定部分农副产品、日用小商品和服务修理行业的劳务活动，完全由市场调节有关。

由宏观环境改善和地方政府的鼓励、帮助而获得发展的个体工商户、私营企业，兴起于社会最需要的服务层次，在城乡经济生活中发挥不可或缺的"拾遗补缺"功能。成都市个体、私营经济的成长，与我国现阶段商品经济不发达，市场发育不健全，以及旧有的文化影响，经营者的素质等相联系，呈现微观经济运行的若干特征。

——劳动力运行机制。一般个体工商户，从事个体劳动经营，但雇工经营

也相当普遍。据成都市城区对299户抽样调查，其中无雇工的157户，占52.5%；有雇工的142户，占47.5%。雇工比较多的是一批大户和私营企业。据成都市工商行政管理局1987年对西城区、金牛区、青白江区、新都区、郫县、都江堰市、金堂县、大邑县、彭县、双流县等四区一市五县348户大户的调查，其中雇工8~20人的288户，占79.11%；雇工21~50人的51户，占17.71%；雇工50人以上的9户，占3.12%。这次对农村区、县个体工商大户（其中，工业、手工业212户，占总户数的73.6%）的调查，还发现288户的4 003个雇工中，农民3 324人，占83.4%；待业青年111人，占2.77%；社会闲散人员321人，占8.02%；离、退休职工249人，占6.17%。个体工商户、私营企业劳动力的雇佣，无论城区还是农村，在相当程度上带有血缘、地域等成分。据成都市抽样调查资料，个体工商户、私营企业平均人数为3.97人，除户主、业主本人外，雇佣2.97人，其中1.53人直接来源于血缘关系的亲戚，其余也是亲近、可靠的朋友、老乡介绍而来，一般没有签订雇工合同。在区、县农村，劳动雇佣的血缘、地域等成分更为显著。劳动力雇佣的血缘、地域等成分反映了劳动力运行机制上旧有的社会文化痕迹和劳动市场不发育的现实，并成为现阶段个体工商户、私营企业资本积聚的特殊形式。

——收入分配机制。据成都市工商行政管理局对四区一市五县288户雇工8人以上的大户调查，1986年工业、手工业生产值为644.41万元，缴税33.11万元，税后利润27.26万元，年利润率为9.51%；商业企业总额230.47万元，缴税7.16万元，税后利润8.8万元，年利润率17.33%；修理、服务业营业额18万元，缴税0.64万元，税后利润1.6万元，年利润率为28.1%。这一调查反映了大户的收入水平及不同行业的一般收入水平。至于每户的收入水平，据成都市城区对299户个体工商户（包括大户和私营企业）抽样调查，1987年的年纯收入2 000元以下占56.5%，以2 000元计算即月收入160元左右，按抽样调查所得资料每户赡养1.2人计算，人均70元左右，即社会一般的生活水平。2 000~5 000元占31.2%，而5 000元以上占12.3%。这样，相当多的个体工商户、私营企业的业主收入确实超过或远远超过了国家工作人员、工人、知识分子的收入。收入高的个体工商户、私营企业主，把较大的部分用于生活消费。同一次抽样调查资料表明，299户调查对象中，只有125户愿意扩大经营范围，占41.8%；39户愿意转向生产性投资，占13%。收入高，过多的用于生活消费，甚至挥霍浪费，收入分配上过多用于生活消费，而不注重于扩大经营，是现阶段个体、私营经济成长的畸形现象。

——资金运行机制。据成都市城区对299户（包括个体工商户和私营企业）抽样调查，户均拥有各类资金总额11 906.5元，其中银行存款为1 164.1元，占9.8%；商品库存占有6 974.6元，占58.6%；各种债券、国库券1 217.1元，占10.3%；手存现金1 210.3元，占10.2%。这些个体工商户和私营业，1987年有借贷行为的112户，占37.5%，户均5 742.6元。其中，向私人借款3 992.5元，向银行借款1 750.1元，向私人借款是银行贷款的2.3倍。据成都市工商行政管理局对雇工8人以上的22户工业企业、8户商业企业大户的典型调查，22户工业企业，从事金属加工、汽车配件制造、炼焦、电站、刺绣、地毯、灯具、皮鞋、豆制品、菜油加工等行业，其中资金1万~3万元的8户，4万~7万元的5户，10万元以上的4户，20万元以上的3户，30万元以上的2户；8户商业企业，从事百货、服装、家用电器、五金、建材和副食品的经营，其中1万元以上的2户，1万~20万元的4户，20万元以上的2户。

个体工商户、私营企业非自有资金来源，据调查分为三类：职工入厂所带资金，亲朋好友借款和信用中介贷款。职工随带资金入厂，是少数个体工商大户和私营企业采取的一种雇工方式，被雇佣者除正常的工资外，随带入厂的资金要参与红利的分配，随带资金数量100~1 000元不等。从朋友和亲戚那里获取低利率的借款，在企业开办初期比较普遍。信用中介贷款，在非自资金中占的比例最大。但是，由国家银行直接向个体工商户、私营企业提供贷款并不普遍。据成都市城区对299户抽样调查，个体工商户、私营企业的经营活动，流动资金的83%，固定资金的21%来自非官方的银行体系（包括信用社）。个体工商户、私营企业的经营，通常现金来，现金去，出现较为严重的资金"体外循环"现象。据都江堰市1989年年初测算，该市13 534户个体工商户平均手持货币约2 000元左右，其中200个体大户和私营企业平均持币3万元以上。目前，还出现一些专事借贷而又未经许可的民间信用中介，活跃在一些个体工商户、私营企业之中。贷款利率远远高出国家银行利率，流动资金贷款月利率一般为30‰~35‰，国家紧缩银根的情况下，利率一般上浮5‰~10‰，并有极为苛刻的附加条件。上述情况表明，个体工商户、私营企业的经济运行，往往趋向国家调控之外的金融市场。

——经营机制。个体工商户、私营企业的所有者对财产的占有关系清晰，所有者对财产增值负完全责任。在这一财产关系约束下，必然追求资产增值的最大化。用既定的成本生产最多产品，或生产既定产品耗用最少成本，成为个体工商户、私营企业业主的直接目的。

企业动力机制在纯粹个体劳动的个体工商户与以雇佣劳动为特征的私营企业，是两种不同的情况。前者，所有者的经营目的与企业发展目的是一致的。后者，由于资产所有者与非所有者资产占有差别，对企业的关心程度不一样。职工（包括学徒、帮手）个人的目的与业主经营目的或企业发展目标的差别，这一点不仅在典型的私营企业,并且有少量学徒、帮手的个体工商户也存在。据调查,在现阶段,这一动力差别主要表现为职工(包括学徒、帮手)缺乏归属感,稳定性比较差。企业的激励机制,调查中发现,个体工商户,私营企业以物质利益为内容的激励机制,不同程度地仿效国营企业、集体企业、采取工资、奖金、福利、分红等,而不同的是分配关系上经营者、管理人员、技术人员和工人之间,熟练工人学徒之间,差距比较明显。对有专长的技术人员(或技工)和管理人员往往不惜重金聘请。在日常劳动中,以计件工资为普遍。目前,区县个体工商户、私营企业的雇工,每月工资大体是 50 元左右,奖金除外;城镇个体工商户、私营企业的雇工,每月工资大体是 80 元左右,奖金除外。有技术专长的雇工,一般在 120~200 元,甚至更高。尽管如此,个体工商户和私营企业的业主,从资产所有者的利益出发,排斥非所有者利益现象仍然是普遍存在的。一方面,由于社会劳动力资源过剩、待业人员多,就业者不能不考虑这一现实;另一方面,社会主义的公平原则,具有强大的渗透力,业主本能的利益排他性,在不同程度上得到收敛。个体工商户、私营企业的业主,既是资产所有者,又是决策者,同时还是产品开发设计者,企业内决策高度集中。一般情况下,企业的经营决策是以资产所有者的完全自主权为基础,直接的信息支配权为支点实现的。这样的决策结构,对简化企业内决策程序,有效避免决策滞后,避免决策当事人之间的内耗,有显著的优点。但也不可避免的弊端,决策者个人素质在决策过程极为重要,在缺乏必要制度的情况下,容易造成"走错一步,全盘皆输"。同时,在小规模经营、生产力水平低的场合,这种决策机制暂时可能适应,而随着企业的发展或者市场发生重大变化,也容易变为不适应而带来不良后果。一般地说,个体工商户、私营企业,出于经济本能,积累冲动比较强烈。但在调查中发现,他们对每一笔积累都小心翼翼,且只为市场需要而进行积累,缺乏自觉的投资行为。其原因很复杂,不少个体工商户力图把经营规模维护在雇工 8 人以下;相当大部分私营企业主在未能获得稳定的销售市场之前,不轻易投资扩大再生产;有的则在没有得到地方政府帮助和必要保证的情况下,不肯进行积累;有的"打一枪换个地方",赚了钱就换行业、摊位等。他们为了追求资产增值最大化,甚至不择手段,粗制滥造,搞低劣商品,伪造商标,冒充名优产品,欺行霸市,哄抬物价,缺斤少两,坑害顾客,以及非法套购物资,隐瞒经营以逃避纳税等,违反市场竞争的准则,获取非法收入。

个体工商户、私营企业的经济运行方式,主要是由市场调节实现的,它们的经济活动往往容易产生盲目性,产生与社会共同利益背道而驰的行为,也就是不利于社会主义经济的消极作用。无论是个体工商户还是私营企业,在私人所有制的利益约束关系下,一方面具有完全市场调节领域相适应的活力,另一方面也产生完全市场调节领域中某些不正当竞争行为,甚至非法行为。它反映私人所有制经济与公有制经济、社会主义经济计划之间存在一定的矛盾。否认我国现阶段个体、私营经济存在,是一种片面性;忽视它们与公有制经济的矛盾,同样一种片面性。

个体、私营经济的发展趋势

商品经济的充分发展,是社会经济发展的不可逾越的阶段,是实现我国经济现代化的必要条件。立足我国国情,根据我国社会生产力的实现水平和进一步发展的客观要求,社会主义商品经济的发展是必然趋势。因此,在加强公有制经济主体的前提下,个体、私营经济将进一步发展。成都个体、私营经济的发展趋势,可以概括为以下几点:

(一)经过调整,个体、私营经济将继续稳定发展

个体、私营经济迅速发展的势头,是1983年前后开始的,1986年以后,个体工商户迅速发展的势头逐步下降,总户数的年增长率,从前两年的49%、34%,下降为15%、12%。1989年年初开始,又出现负增长,1989年的总户数比1988年减少16%。出现这一情况,原因是多方面的,有的由于市场变化,盈利减少,主动退出某些经营领域;有的由于产品积压,资金短缺而歇业;有的由于原材料涨价,费用增多,负担过重而停业;有的则由于经营行为不正当,被迫停业;也有的由于对形势存在疑虑,抽走资金,歇业观望等。这一情况说明,前几年我国社会总需求超过供给,通货膨胀,经济发展失调,对个体私营经济不是没有影响的。现在,某些销售领域出现市场疲软,导致一部分个体工商户和私营企业歇业、停业,这是暂时的现象。它也说明,在治理整顿期间,个体、私营经济也存在一个调整的问题。经过调整,将仍有发展的机会。首先,成都市1989—1991年进行新就业高峰,待业人员,除升学、参军等外,每年还有4万多人,势必还有一部分要从事个体劳动,以解决就业问题。其次,随着农副产品商品率的提高,一批个体工商户、运销户将有较多的活动余地。最后,随着治理整顿取得成效,国民经济持续、稳定、协调发展的新局面将逐步出现,对防止个体、私营经济发展的"大起大落"也将产生积极影响。总之,大发展的势头不可能再现,经过治理整顿,将继续稳定发展。

(二)个体、私营经济与公有制经济的协作、联系将进一步加强

在我国,个体、私营经济的发展不是封闭性的,它与公有制经济有着千万缕的联系。在20世纪80年代初期,成都个体工商户的恢复发展,就和地方政

府的统筹,在资金、税收等方面给予支持和帮助分不开。1980年,银行对符合条件的个体工商户,曾给予适量贷款,利率的计算与国营、集体企业一视同仁;粮食部门借给个体饮食户一定数量的"铺底粮"、"铺底油",作为营业周转使用;商业部门积极提供个体零售商经营的小百货等货源;税务部门也曾在税率不变的前提下,改进了征收的办法等。此外,个体劳协组织还曾举办"光彩学校",进行缝纫、理发、摄影、会计等技术培训。鼓励与引导个体私营经济的发展,国家除了制定必要的政策,以及采取行政的、经济的、法律的手段之外,促进个体工商户、私营企业与国营企业、集体企业发展协作、联合是非常重要的途径。近几年,成都市除了出现由国营企业直接供应货源,个体零售、经销、代销等形式外,又出现了为国营、集体工业企业提供初步加工半成品或零部件、包装等配套协作生产,有的与国营商业包括外贸部门建立购销关系,提供加工产品的协作。在我国公有制占绝对优势的情况下,个体、私营经济加强与国营企业、集体企业的协作以及经济联合,为自己获得发展的契机,也有助于发挥自己的积极作用。

(三) 个体、私营经济将由流通领域向生产领域转移

个体、私营经济的恢复和发展,是从方便城乡人民生活的零售商业和服务业起步的。一段时间内,水能领域的利润率比较高,尤其是价格双轨制的存在,为个体户、私营企业谋利留下一大空隙。当然,个体商业和服务业发展比较快,也因为一些商贸活动不需要很多本钱,适合于规模小、资本少的个体商业、私营企业经营。成都市聚集了150万左右的城市人口,它自身就构成了一个大的消费市场,同时,由于它是川西最重要的商品集散地,每天流动人口达50万左右,这样的特殊条件,为个体商业和服务业、私营企业提供了发展的机会。1985年前后,农村搞加工、搞养殖的专业大户发展起来;城市也出现一些手工作坊,搞这样那样的加工,"自产自销"致富。这些都刺激了城乡一批个体工商户从商业、服务业转入生产领域,形成"前店后坊"。一个摊位或一个铺面,还带着一个或几个加工坊。在治理整顿期间以及随着流通领域的某些混乱现象的克服,经济秩序规范化,个体、私营经济流通领域向生产领域转移,势必进一步加快。

(四) 个体工商户的发展,形成一批私营企业

《中华人民共和国私营企业暂行条例》公布后,成都市工商行政管理局进行了一次调查,调查结果表明:截至1988年6月底,全市登记发证的个体工商户、合伙个体户、城乡企业、街道"三自"企业和合作经营组织中,基本符合私营企业条件的有968户,占全市个体工商户总户数的0.54%。1989年年底,对彭县正式登记的24户私营企业分析,行业分布上,从事加工的21户,从事

商业的 2 户，从事运输的 1 户；经营方式上，私营独资 18 户，私营合资 5 户，有限公司 1 户；业主来源上，由个体户上升的 20 户，干部退职、退休经营的 2 户，工程技术人员退职或停薪留职后经营的 2 户。个体工商户从大户发展为私营企业，产生私营企业的趋势是存在的。对这些私营企业也仍然要鼓励在国家允许范围内积极发展保证其合法经营。

加强管理兴利抑弊

治理经济环境，整顿经济秩序，对个体经济、私营经济，总的说，要在鼓励和扶持它们积极发展的同时，进一步加强引导与管理，更好地发挥它们的积极作用，限制它们不利于社会主义经济发展的消极作用。对此，我们结合成都的实际，提出以下对策和建议：

（一）坚持发展与管理并重的方针

近几年，成都市遵循"允许存在，加强管理，兴利除弊，逐步引导"的方针，一手抓发展，一手抓管理，在合理分布个体商业网点，建立正常的市场交易秩序，进行法制教育和职业道德教育等方面，做了大量工作。但也曾在一段时期内，对个体、私营经济的积极作用鼓励、宣传偏多，而对它们的消极因素限制、批评、教育偏少。必须看到，在我国社会主义条件下，个体、私营经济虽然是在特定的宏观环境里存在和发展，从属于社会主义经济，与国营企业、集体企业有着千丝万缕的联系。但是，个体工商户、私营企业主既是劳动者又是私有者，他们从事经营活动，既是社会主义经济的有益补充，又与社会主义经济存在一定的矛盾，甚至发生一定冲击；既有守法经营的一面，也有非法牟利的一面。个体、私营经济固有的两面性，这就是采取发展与管理并重方针的主要依据。10 年来，个体、私营经济的发展，在许多方面补充了国营、集体企业的不足，积极作用是主流，而暴露出来的违法经营、偷、漏税等消极因素是支流。个体私营经济发展中出现的问题尽管比较多，情况也比较复杂，全面地看其责任，并不完全在于个体工商户、私营企业本身，也绝不是因为个体、私营经济发展过头了，重要的是发展进程中管理工作没有跟上。当前，坚持发展与管理并重，要结合治理整顿侧重抓一抓管理，使管理工作跟上去。对待个体、私营经济，坚持发展与管理并重，旨在兴利抑弊，决不能讲发展而放松管理，也不能管理因影响正常发展，切忌片面性。

（二）加强基础工作，强化税收征管

个体、私营经济是完全由市场调节的。税务管理是国家对它们实行宏观调控的主要经济手段。近几年，成都市对个体工商户的税收征管工作，是逐步加

强的,但违法经营,逃避纳税,仍然是一个突出的问题。成都市税务局1988年对近2万户个体工商户进行纳税检查,查出犯有偷漏税行为的占69%。还有,一批挂靠集体企、事业单位,持集体营业执照,实为个体经营或私营的企业,1989年成都市共查出这类企业达2 998户,它们明目张胆地偷、漏国家税费。此外,个人承包者偷漏税情况也比较普遍,无证经营者日益增多。这些,都反映了税收征管上存在薄弱环节。当前,结合治理整顿,强化税收征管,第一,应切实抓好依法纳税的宣传教育,组织纳税人学习,帮助他们学法、懂法,分清守法与非法的界限,明确抗税违法犯罪,遵纪守法光荣。社会舆论要加强引导,表彰先进典型,逐步在个体、私营经济中形成爱国、守法、多贡献的新风尚。第二,要认真清理挂靠在企、事业单位的"三自"企业,取缔无照经营,加强对个人承包户的管理,形成公平的竞争环境,打击不法经营,保护合法经营,建立正常的经济秩序。第三,完善税收征管制度,大力加强税收征管的基础工作。个体工商户和私营企业,财务收支不清,人员进出不清,经营活动不清,是当前税收征管面临的两大难题。解决"三不清",完善税收征管制度,建账建制应该是发展的方向。逐步推行建账建制,当前必须与治理货币流通领域里的"体外循环"结合起来。第四,加强税收征管力量,改善税收征管方式。目前,成都市负责个体和私营企业的税收干部仅300多名,平均每名专管员要管350户以上,征管力量严重不足。对此,一方面要适当增加专管人员,另一方面要充实和完善协税护税网络,把专业管理和群众管理结合起来。改善税务征管方式,主要靠有关部门协作配合,近年来陆续成立的稽查队、检查站以及正在进行的税务治安派出所的试点,都有利于处理好一些棘手案件,保证税款及时、足额入库。

(三) 调整行业机构,完善政策法规

近几年,个体工商户受市场的自发调节,行业发展不平衡。在市场调节的领域,要克服某些盲目性,地方政府可以采取规划手段,引导个体工商户、私营企业主发展那些社会需要的行业,控制那些不宜发展的行业,对那些短缺的行业,从纳税、收费、公房出租等方面给予政策上的优惠,鼓励其发展。对发展过多过快的行业,采取必要措施加以控制。目前,个体工商户、私营企业反映最强烈的问题,就是收费部门太多,收费名目太乱,由于地方政府组织力量,对个体工商户收费的有关文件,以及收费的状况进行一次清理很有必要。在清理中,对违反党和国家政策的应予纠正;对收费标准过高的应予降低;对一种费分几种名目摊派的应予归并;对社会福利性的赞助之类,切忌强摊硬派,要在自愿的基础上筹集。凡按规定的收费,都要制定统一的收据和存根,并纳入财政监督范围,禁止乱收费、乱摊派。

个体工商户、私营企业经营的范围问题，是一个大政策，现在还不明确，或者说还不够具体，亟待着手研究。

（四）发挥个体劳动者协会组织作用，加强思想政治教育

对个体、私营经济加强引导和管理，要把思想政治教育放在重要位置上。近几年，成都市的工商行政管理部门，依靠个体劳动者协会，加强和改进对个体工商户的思想政治教育，进行了有益的探索，积累了经验，成效显著。成都市个体劳动者协会自1983年建立以来，为团结和教育广大个体工商户，发挥个协的"三自"作用显示了活力。对个体工商户、私营企业主加强思想政治教育，必须看到他们虽然是私有者，但又是劳动者。他们绝大多数是党的十一届三中全会以后获得就业的机会，同时又是实行改革开放的受益者。他们拥护改革开放，拥护党的十一届三中全会以来逐步形成的"一个中心"、"两个基本点"的路线，这是能够接受社会主义教育、遵纪守法教育的重要基础。

（五）加强统筹，健全管理体制

在管理体制上近几年强调"齐抓共管"，取得一定成效。但是"齐抓共管"也反映出一些新的矛盾、新的问题。这些矛盾和问题，即规定了各有关部门对个体、私营经济管理相应的职责权限，而各部门之间的协调、配合往往靠临时研究，或临时组织力量解决。难免出现"都管都不管"的现象。现在，往往把工商行政管理部门看成是个体、私营经济的主管部门，或者把个体劳动者协会看成是主管部门。其实，工商部门只能依法进行行政管理，而个体劳动者协会属于群众组织，只能进行自我教育，自我服务，自我管理，并没有赋予行政管理的职能。管理体制问题，不分所有制，都按行业管理，或者按所有制性质，建立管理局，恐怕都要从长讨论和研究，不宜匆忙作出决定。目前，在"齐抓共管"的同时，加强统筹非常必要。解决这一问题，要求地方政府建立相应的机构，以便在各部门之间发挥统筹、组织与协调的职能。

当前，加强引导与管理，是个体、私营经济稳定而又健康发展的必要保证。

（本文由课题组负责人过杰执笔，课题组成员有过杰、吴兆华、丁任重、陈永生、叶子荣、李月金、邵昱等。本文原载于《财经科学》1996年第6期。）

四川农村劳务输出新阶段及其对策

四川是我国的内陆大省，也是农业大省。11 000多万人口，9 000多万农民，人均耕地8分多，剩余劳动力约占农村劳动力的38%。四川立足劳务开发，向农业生产的广度和深度进军，积极发展非农产业，逐步拓宽开发领域，就地转移农村剩余劳动力成为主要形式。同时，随着城乡经济生活的变化，异地从事劳务者渐渐增多，劳务输出逐步成为工业化、城市化进程中转移农村剩余劳动力的重要形式。

四川农村劳务输出进入了新阶段

一般地说，在一个国家或地区工业化、城市化的进程中，尤其工业化的初期、中期，农村剩余劳动力转入二、三产业，是经济增长重要的动力因素。劳务输出，不仅由于传统农业转向现代农业，对剩余劳动力转移形成推力，更重要的是经济发展在区域之间的不平衡性，引起过剩（或暂时过剩）地区的劳动力向经济发展比较快，需求比较多的地区流动，从而实现资源的合理配置。改革开放以来，四川农村劳务输出可以分为三个阶段。

第一阶段，20世纪70年代末至20世纪80年代初期，广大农村先后实行联产计酬承包生产责任制，调动了农民的积极性，解放了生产力，由来已久人多地少的农村，尤其平坝、丘陵地区，剩余劳动力要求转移的势头相继出现。当时，开放集贸市场，允许长途贩运以及自谋职业的劳动就业政策出台，既推动了农村从单一的农业经济转向农林牧副渔综合发展，也为异地从事劳务或经商创造了条件。这一阶段的劳务输出自发性、盲目性和分散性比较明显，其流向除省内经济比较发达的大中城市外，主要是云南、贵州的城镇，从事修理、搬运、环卫、缝纫、饮食等行业，也有从事建筑和采矿的。

第二阶段，20世纪80年代中至后期至20世纪90年代初，号称百万"川军"在滇黔，率先离土离乡，从事劳务者"空手出门，抱财回家"，在农村带来了示范效应。劳务输出既满足了外地经济建设和城镇生活服务的需要，又为本地农村脱贫致富找到了一条路子。这也震动了各地的领导，对发挥四川劳动力资源丰富的优势，组织劳务开发形成了新认识。在1986年，四川省先后成立了建筑业对外承包工程劳务合作领导小组和社会劳动力统筹协调领导小组，由两位副省长分别兼任组长,并批准成立省社会劳动力管理局及农村劳动力管理处,赋予其归口管理城乡统筹就业和劳务输出的职责。这一阶段的劳务输出,开始由自发、盲目状态转向有领导、有组织地进行,规模有所扩大,其流向跨越十多个省市,相对集中在珠江三角洲、长江三角洲,相当一部分进入加工企业和建筑施工企业,集团型的劳务输出也随之出现,而大量的劳务活动还是分散在为城市生活服务的传统部门。

第三阶段,1992年以来,深化改革,扩大开放,尤其经济体制改革明确以建立社会主义市场经济体制为目标模式,宏观经济调控体系逐步建立,四川成立了劳务开发领导小组,由一位副省长任组长,加强领导,像20世纪80年代劳务输出的大起大落状况有所改变,连续几年跨省区劳务输出的规模,稳定在500万人次上下,劳务收入100亿元以上。这一阶段的劳务输出,开始呈现稳定发展和以市场导向有序流动的格局。

1992年以来,四川农村劳务输出进入了一个新阶段。其主要特征如下:

第一,劳力输出的流向趋于合理。四川农村劳务输出遍布全国各省市,主要集中在广东、福建、江苏、浙江、山东和上海等经济发展比较快的地区;进入的行业,据有关部门分析,建筑业占20%,修铁路、公路、开矿碎石占10%,装卸搬运占10%,服务行业占10%,工矿企业占10%,经商贩运占10%,其余的分散在各行各业从事劳务。无论从地区还是行业分析,主要是满足经济建设急需补充劳动力的地区、行业和工种。

第二,劳务输出产业化经营的态势相继出现。四川农村脱贫致富"把劳务输出作为一项产业来抓",已经形成上下一致的共识,围绕劳务输出,强化劳务基地建设、培育劳动力市场以及完善服务体系,近几年迈出了大步。兴办开发劳动力资源,专门从事劳务输出的经济实体,是产业化经营新的尝试。1992年,四川省成立了第一家劳务输出公司——遂宁市劳务开发总公司,面向国内外市场,把劳务输出的信息、培训、输送、服务等诸多环节集合于一体,截至1995年累计输出务工人员10万多人次,其中包括输往国外1 462人,创劳务收入总额3亿多元。从事劳务输出产业化经营的劳力开发公司、在农村剩余劳动力相对集中的劳务基地县,已经相继出现。

第三,集团型劳务输出的比重明显提高。近几年,全省各级劳动就业管理部门,千方百计向劳务输入地区直接联系,组织了一大批劳务输出项目,直接组织劳务输出的人数,从1987年的7.1万人增加1995年的102万人。目前,由省、地(市)、县劳动就业管理部门直接组织,即集团型输出的比重已达劳务输出总人数的25%左右。对集团型输出的劳务者,省、地(市)、县三级分别派出70多个驻外劳务工作站,进行跟踪服务。全省还建立了1 000多乡镇劳动服务站，传递信息，沟通供需，提供各种方便，为劳务人员服务。

第四，劳务输出的回流效应逐步扩大。四川有1 000多万农村剩余劳动力实现异地转移，其中包括跨省区的500多万人次。近几年，外出务工经商比较早，开阔了视野，掌握了一定的生产和经营技能，又积累了一定的资金，先后回家乡创办和领办乡镇企业，总计约有34万人左右，形成"创业潮"。劳务输出的回流效应，有力地推动了农村经济建设，也带动了农村剩余劳动力就地转移。

进一步推动农村劳务输出的若干对策

改革开放以来，四川农村劳务输出的实践，使欠发达地区尤其贫困地区，变"人口包袱"为"人力资源"，通过输出劳务，提高农民收入和为农业现代化、农村工业化启动提供原始积累。农民冲破旧体制束缚，离土离乡，跨区域的转移剩余劳动力，通过生产要素自由流动，逐步闯出一条按照市场经济原则配置劳动力资源的道路，对全国统一的劳动力市场的形成和发展，都将产生深远的影响。面对21世纪，为实现新的战略目标，我国要实行两个具有全局意义的根本性转变，一个是经济体制从传统的计划经济体制向社会主义市场经济体转变，另一个是经济增长方式从粗放型向集约型转变。四川农村进一步推动和组织劳务输出，要切实把握我国经济发展和经济改革的大趋势，深刻认识四川农村劳务输出新阶段的主要特征，从而确定思路和对策。

（一）继续推进农村劳动力资源配置市场化的进程

20世纪80年代初期，农民自发地流动冲破城乡分割和地区封锁的旧体制，开始了农村劳动力资源配置市场化的进程。但是，对四川农村来说，生产力仍然比较落后，商品经济与自给半自给的自然经济同时并存，市场的发育也不能不受到经济发展水平的制约。至今，农村劳务输出在相当大程度上还带有农村集贸市场交易的色彩，相当多的外出务工者靠亲友、老乡传递信息和进入市场，成交也不签订劳务合同。必须看到，目前农村劳动力市场的某些混乱，不是市场发育引起的，而是市场发育不成熟造成的。探索农村劳动力市场从初级形态向高级形态的转变，是推动农村劳动力资源配置市场化进程的中心内容。

推动和组织劳务输出，农村劳动力市场从初级形态向高级形态转变，当务之急是依托中心城市，加快现代的劳动力市场建设，发展劳动力的区域性市场，架起与其他区域劳动力市场之间的桥梁，借此开拓市场，并带动农村初级市场的发育。劳务中介机构是劳动力市场的主要载体。劳动力市场走向成熟，中介机构自身建设尤为重要。中介机构必须要有资格认定和建立很强的自律机制，恪尽职责，为劳动力市场规范化和企业化管理服务，为农村剩余劳动力转移，实现异地就业做好中介服务。

（二） 提高劳动者的素质是进一步搞好劳务输出的重要环节

四川农村输出的劳务人员，年龄以18~35周岁者最多，占80%左右；文化程度以初中、小学最多，占90%左右。进入各行各业一般从事繁重的体力型的工种，搞技术活的只是极少数，因此劳务收入水平相对比较低。近几年，集团型输出已经组织定向培训，然后上岗；自行外出务工者也逐渐重视接受职业技术训练。必须看到，随着我国经济增长方式从粗放型向集约型转变，对劳动者素质将有新的要求。劳动者的素质如何，直接关系着四川农村劳务输出的市场及其经济效益，这是值得特别注意的问题。

近年来，沿海经济比较发达的地区，尤其是大中城市，城市基础设施建设对民工的需求量减少，同时，为了加强城市流动人口管理，对一般从事体力型民工的进入，也进行了某些限制。东北、西北一些城市的建设项目需要补充民工，但对劳动者素质有相应的要求。面对省外劳动力市场新的态势，要增强劳务输出的市场竞争力，唯有提高劳动者的素质，通过各种形式，加强外出务工者的职业培训，使劳务人员掌握一定的劳动生产技能或一定的专业技术知识，具有一技之长。集团型输出的劳务队伍，还要培养和选拔一批具有中等技术知识和工作能力的骨干。

（三） 拓展产业化经营， 提高劳务输出的组织化程度

现在四川农村劳务输出大体上有三种形式：一是由劳务开发公司直接组织，采取集团型输出；二是通过当地劳务市场获得用工信息，持当地乡、村的证明外出务工；三是靠亲友、老乡关系带出去，有的直接进入用工企业或家庭，有的经过输入地劳务市场介绍。由于广大农村非常分散，大多数务工者属于季节性的兼职，而劳务输入地需求又是多种多样，经常变化，因此，劳务输出的多种方式势必在相当长一段时间里同时存在，不可能替代。

从劳务输出的趋势分析，实行产业化经营的劳务开发公司，将是劳务输出的主渠道。它有利于不断提高集团型输出的比重，提高劳务输出的组织化程度，加强劳务输出的市场竞争力，也有利于逐步克服农村劳务市场的自发性和盲目性。由此可见，拓展产业化经营，将是劳务输出稳定发展的重要途径。

（四） 完善服务体系， 改善劳务输出的外部环境

一般地说，农村劳动力市场同其他生产要素市场一样，从不发育走向发育，不成熟走向成熟，将是社会生产力和商品经济不断发展的过程，同时，也是经济改革逐步深化的过程。针对四川农村劳动力市场发育不成熟这一状况，进一步推动和组织劳务输出，充分发挥政府的作用以弥补市场功能的不足，是十分

必要的。即使市场发育比较成熟，政府的宏观调控仍然是重要的，不能忽视。强化政府服务，改善劳务输出的外部环境，从宏观角度，要建立与市场经济相适应的、城乡统筹的一整套就业政策和就业制度；从微观角度，要建立为劳务输出服务的机构，为农民提供就业信息服务，协助加强劳务基地的建设，制定激励政策促进外出务工者回乡创业等。就服务体系而言，要建立有效率的、上下贯通、左右配合的劳务输出工作网络。这些都要求进一步完善，为农村劳务输出创造更好的环境。

（本文与吴火星合作完成，原载于《市场与发展》1996年第6期）

世纪之交中国农村剩余劳动力的转移

农村剩余劳动力转移,是我国社会主义现代化建设面临的重大课题,尤其是 20 世纪 90 年代以来,农村剩余劳动力跨地区流动规模扩大,带来一系列新问题,更引起社会普遍关注,并成为世纪之交中国经济诸多热点话题之一。

农村剩余劳动力转移的必然趋势

改革开放以来,广大农村逐步实行联产计酬承包生产责任制,调动了农民的生产积极性,解放了生产力,剩余劳动力转移的势头就相继出现。对这一现象,起初持传统看法的学者多一些,以为农民离开土地,外出务工经商仍是不走正道,将影响农业生产。这样的看法,无疑是对社会主义现代化建设思想准备不足的一种反映。

我国是一个人多地少的国家。目前,我国的耕地按 14.9 亿亩计算,人均耕地不足 1.5 亩,与世界耕地的平均数 4.7 亩相比,只有 1/3。即使按有关部门认为耕地数在 20 亿亩上下计算,也是人均耕地比较少的国家。与其他国家比较,我国人口众多,且增长快,农村人口占多数,农业部门的在业人数多,约占全国在业人数的 70%,而经济发达的美国,农业部门在业人数为 3.5%,日本农业部门在业人数为 10%。由于我国农业劳动力数量多,而可耕地又极为有限,在农村非农业不发展的地区,早就存在劳动力过剩问题,只是以往生产队有限制地派工,掩盖了这一现象。随着农村改革,产业结构调整和发展乡镇企业,吸纳了一大批劳动力,但仍存在"一个月过年,三个月种田,八个月休闲"的状况,"显性失业和隐性失业"汇合起来,形成了庞大的农村剩余劳动力队伍。据有关部门估计,目前我国农村现有劳动力约为 4.5 亿,其中剩余劳动力约有 1.2 亿。以内陆的农业大省四川为例,四川省拥有 11 000 万人口,其中农村劳动力 5 000 多万,利用状况大体上是种地需要 1/3;进入乡镇企业和其他非农产业有 1/3;剩余 1/3,即 1 700 万。

我国农村剩余劳动力大量存在,并将继续增加。据预测,到 20 世纪末我国农村剩余劳动力将达到 2 亿。值得注意的是,1986 年我国已进入第三次人口生育高峰,平均每年进入育龄的妇女在 1 000 万以上,将增人口 80% 在农村,也就是说 21 世纪初,农村将有大批新增劳动力。农村剩余劳动力转移的形势,21

世纪初仍很严峻。世界上许多国家,在实现工业化的进程中,无论是非农产业的发展,还是传统农业改造,都出现过农村剩余劳动力的转移,我国也不能例外。农村剩余劳动力转移,是一个国家从不发达逐步转向发达不能回避的问题。

我们国家以占世界7%的耕地养活了占世界20%以上的人口,显然是很不容易的事情。可是,我国农业仍在传统农业发展阶段,劳动生产率很低,农产品的商品率也很低。一个农业劳动力生产的粮食不足2 000千克,包括生产的其他农产品,在低消费水平的状况下只能养活几个人,而经济发达国家的现代农业,一个农业劳动力生产的粮食达几万千克甚至10万千克左右,连同其他农产品,可以供养几十人。由于农业落后,以及其他产业部门的劳动生产率不高,所以我国人均国民生产总值仅有几百美元的水平。彻底改变我国农业的落后状况,根本出路就在于农业的商品化和农业的现代化。

我国农业生产实行联产计酬承包后,尽管由于自主经营调动了农民的生产积极性,然而,每户仅有6~10亩耕地超小型经营,影响着生产专业化发展、科学技术应用和资金积累,成为农劳动生产率和农产品商品率进一步提高的障碍。可见,逐步实现农业的商品化和农业现代化,是我国农业发展的内在要求,而因时、因地制宜发展多种形式的适度规模经营,包括产业化的走向,则是实现农业商品化和农业现代化的前提。在规模经营基础上逐步实现农业商品化和农业现代化,必将提高农业劳动力的利用率,使一部分劳动力从农业生产过程分离出来。农业商品化和农业现代化必然导致农业劳动力过剩,而解决好剩余劳动力转移,恰恰不是削弱农业,将有力地促进农业的综合发展,加强农业的基础地位。

在我们这样的发展中国家,如果广大农民不能富裕起来实现小康,就不能实现全国的小康目标。如果不解决一大批农业剩余劳动转移问题,转向非农产业,加快城市化步伐,农村也不可能实现小康。农村剩余劳动力转移,是我国社会主义现代化建设的一大趋势,它将贯穿社会主义现代化建设的全过程,是一个历史过程,具有长期性和渐进性。

农村剩余劳动力转移要以疏导为上策

20世纪80年代中期以来,沿海地区经济发展比较快,一批大、中城市经济发展也比较快,内地由于乡镇企业起步迟、发展缓慢,尤其一段时间内农业生产的比较利益降低,农民人均收入受很大影响,东部与中西部之间、城乡居民之间收入水平差距拉大。这些可以说就是农村剩余劳动力规模扩大,数量增加的重要原因。近年来,在全国流动的农民工数量每年达6 000万人左右,其中跨省区流动的就在2 000万人以上,出现了"百万川军"、"百万湘军"、"百万皖军"……形成声势浩大的"民工潮"。由于农村剩余劳动力外出骤增,逢年过节的流量又过于集中,诱发了不少社会问题。在这种情况下,对农民工流动是堵还是疏,也就时有争论。

一般地说,农村劳动力,从边际生产效率低的部门向边际生产效率高的部门流动,从过剩的地区向需求多的地区流动,从农村向城市流动,是任何国家在经济发展过程具有规律性的现象。我们正在打破计划经济体制之后,逐步建立社会主义市场经济体制,农民在创造了包产到户、乡镇企业之后,又创造了伟大业绩,冲破旧体制的束缚,通过生产要素自由流动,逐步开出一条按照市场需求配置人力资源的路子。在我们建立社会主义市场经济体制初期,农村剩余劳动力大量流动有一定的必然性,而这种流动在一定阶段上出现盲目性和无序状态也是难免的。

就农民而言,祖祖辈辈在土地上耕作,历来以为离开土地,"背井离乡"就是没有出息,今天走出来,观念上是多大的进步!当今农村剩余劳动力转移,从市场经济审视跨省区流动的流向,输出省主要是农村人口比重较大的地区,据1993年年底粗略统计,四川有500万、安徽有500万、湖南300万、江西有21.3万、河南有20.6万;输入省主要有广东、福建、江苏、浙江、山东等经济发展比较快的地区,以及一批大、中城市。应该说流向也是合理的。

农村剩余劳动力转移,传统农业转向现代化形成推力,而工业化和城市发展又形成拉力。在工业化进程中,尤其工业化的初期、中期,农村剩余劳动力转入工业和其他非农产业,是经济增长重要的动力因素。我国农村剩余劳动力的重要贡献,从输入地区考察,经济增长势头好,城市建设进展快,大批农民工功不可没,贡献巨大。据1993年年底有关部门调查,珠江三角洲地区约有外省农民工650万人、沪抗宁地区约有外省农民工350万人、京津地区约有外省农民工150万人、福建沿海地区约有外省农民工150万人。农民工成为当地经济建设和城市建设"离不得"的力量。从输出地区考察,农民"空手出门,抱财回家",对富裕农村、发展农村也有重要贡献。四川是我们主要省区之一,1993年上半年跨省区流动农民工约有500万人次,上半年通过邮局汇回乡的现金达25亿多元。这些农民工在外地务工经商,思想观念有进步,文化素质有提高,不少"回家"农民工,在外掌握了一定的生产、经营技能,回乡后成了兴办乡镇企业的骨干。

肯定当今我国农村剩余劳动力转移的主流、贡献,是十分重要的。当然,也不能否认农民工流动给交通运输、治安管理、计划生育等多方面带来的新问题,以及对社会秩序造成的消极影响,甚至有些问题解决起来难度相当大,无论如何堵塞流动都是不明智的。应该看到,新中国成立40多年来,我国形成了完整的工业体系,但是"8亿农民搞饭吃"的状况并没有得到根本改变,城市化滞后工化的矛盾由来已久，显然，对农村剩余劳动力的转移应以疏导为上策。

农村剩余劳动力转移的实现形式

改革开放之初，有一种论调强调"离土不离乡"。近几年，城乡隔离的户籍制度遭到越来越多地批评，强调异地转移为主的看法又多了起来，对农村剩余劳动力转移的实现形式，在认识上也不尽一致。

虽然我国农村随着改革与开放，剩余劳动力转移，从事农业生产的劳动者在社会总劳动力中的比重是呈下降的趋势，但是，农业劳动者人数以及农村从事非农产业劳动者人数仍是不断增多的。据"七五"期间统计，1990年农业生产劳动力数量为33 336.4万人，比1985年增加2 984.5万人，年均递增1.9%；农村二、三产业的劳动力数量分别是4 756.5万人、3 921.6万人，年均递增分别为4.5%和6.6%。可见，我国社会主义现代化建设，工业化导致农村剩余劳动力向城市及经济发达地区转移；与此同时，农村经济振兴引起产业结构调整，发展大农业以及非农产业的形成，也需要相当一部分劳动力。传统农业向现代化农业演变有它自己的特点，值得我们研究。从劳动力市场需求的视角考察，今后相当长一段时间里，就地转移与异地转移这样两种实现形式同时并存，切忌任何片面性。对滞缓，自身吸纳能力有限，往往大批地向经济发展比较快的地区流动。但是，决不能忽视充分发挥本地人力资源的优势，发展地方经济。拥有8 600万人口的沿海农业大省山东，20世纪80年代以来立足当地实际，大力发展乡镇企业，特别重视发展当地以农副产品为原料的加工业，进而加强小城镇建设，发展中小城市，多渠道利用农村剩余劳动力，振兴了山东经济。据统计，山东省全省集中在小城镇的乡镇企业产值约占全省的40%，近10年吸纳农村剩余劳动力近千万人，其中500万人进入流通领域等从事第三产业。山东近年不仅没有民工外出的大潮，还吸纳了"回流"农民和数十万外出的农民工。

从根本上说，农村剩余劳动力转移与我国实现社会主义现代化的目标是一致的，对不同地区要根据经济发展的不同阶段、不同条件，把握就地转移和异地转移两种实现形式，推进已经开始的历史进程。具体地说，现阶段要开拓多种渠道，疏导农村剩余劳动力转移，主要渠道如下：

第一，适应市场需求变化，农业要从单一的农业经济向林牧渔综合发展，从农业生产自身的结构调整中，向生产的广度和深度进军，吸纳一部分待转移的农业劳动力；

第二，适应农业商品的要求，逐步发展规模经营和"三高"农业，把一部分剩余劳动力转入农业生产的服务体系，以及加强农田水利的基本建设；

第三，发展乡镇企业，促进农村工业化，加强小城镇建设，相应地发展为农村生产和生活服务的三产业，使农业生产分离出来的劳动力转入农村二、三产业；

第四，沟通对外的劳务协作关系，发展各种形式的劳动输出，转移到需求多的省区和城市。

促进农村剩余劳动力的有序流动

农村剩余劳动力转移，虽然是我国经济发展和社会主义现代化建设的必然趋势，但是，由于经济发展的周期性波动，对劳动力需求引起大幅度变动，以及城市建设和城市生活对劳务供应也经常发生不同需求，对此，农民工往往不能把握，从而造成一部分寻找就业岗位的农民滞留外地、滞留城市，或者滞留在往返的交通线上，带来诸多的不安定因素。就农民工而言，外出寻找就业岗位也有很大的盲目性，在多数情况下靠先闯出去的回乡农民工带领，亲带亲，友带友，邻带邻，逢年过节受风俗影响又成群结队返乡。大批农民工离开工作地返乡，既影响工作地当地生产，又加剧交通运输矛盾。近几年，大批农民工流动出现的盲目性和混乱状况，原因是多方面的。从总体上分析，我国农村剩余劳动力转移，冲击了旧体制，同时又是在旧体制已经冲破，新体制尚待建立的态势下产生和发展的。克服盲性，从无序向有序转变，势必要从多方面采取措施，而新体制的建立和机制的完善是关键环节。对此，我们认为应采取如下举措：

第一，要以加快劳动力市场建设为中心，建立与市场经济相适应，城乡统筹的一整套就业政策和就业制度

在以往计划经济体制下，对劳动力和其他生产要素一样，统一集中分配，限制城乡之间的自由流动，并有严格的城乡分离的户籍制度，各级劳动部门的议事日程上只有城镇就业的政策和规划。改革我国的就业制度，势必要打破传统的就业模式，适应市场经济发展要求，逐步消除劳动力在产业间、地区间、城乡间流动的不必要限制，从城乡分离转向城乡统筹，给予农村剩余劳动力更多的择业、就业机会。在就业政策上，要引入市场竞争机制，开放劳动力市场，培育劳动力市场，加快劳动力市场建设。劳务中介组织是劳动市场的主要载体，必须恪尽职责，搞好自身建设，为劳动力市场规范化，加强管理服务，为农村剩余劳动力转移搞好中介服务。对劳动力市场需求变化进行动态分析，为农村剩余劳动力转移及时收集、整理和提供就业信息，加强就业指导是克服某些盲目性的必要措施。根据不同需求，对待转移的劳动力进行培训工作，帮助他们掌握一定的生产和经营技能，提高劳动者的文化、科技素质，十分重要。要逐步扩大培训，提倡多种形式培训，使介绍就业与技能培训综合起来。

第二，要加强分类指导，促使农村剩余劳动力转移分流，重点搞好劳务输出、输入主要地区的组织、协调、管理、服务。

改革开放以来，我国经济发展明显加快，就业岗位也不断增加。尽管如此，我国劳动就业面临压力仍然相当大，据劳动部门分析，"九五"期间和21世纪初，即今后10年城乡需要安排的劳动力总量为2.8亿，其中包括城镇6 800万人。城乡就业地区差异也大，东、中、西部三大地带农村剩余劳动力的供求，中西部输出多，东部输入多，省区之间以及省内平坝与山区都有许多差异。克服流动中的盲目性，势必要加强分类指导，促使分流，无论是发展开发农业还是农村二、三产业，无论是大城市还是中小城市，无论是沿海发展较快的地区还是内地的资源开发地区，对劳动力都有不同需求，要避免流向过于集中而引起混乱。当前，要重点搞好劳务输出、输入主要地区的工作，输出省区更有组织，输入省区加强管理。受民间风俗影响，返乡人数与外出时过于集中，要做好教育引导、组织协调的工作，以保证生产正常秩序和缓解交通运输紧张引起的矛盾。

第三，就业扶贫是农村剩余劳动力转移中一项重要工作。

要组织发达地区的城市与贫困地区开展劳务协作，"对口挂钩"就业扶贫是行之有效的形式之一，挂钩发达地区引进劳动力时优先从被扶持的地区吸纳，包括帮助开展职业技术培训，发展劳动就业的服务企业。以就业扶贫为主要内容的开发就业试点，1991年以来经过广东和四川的几年实践已初具成效，值得重视。

第四，大力宣传和贯彻劳动法规，加强劳动保护，维护劳动者应有权益。

各地农村剩余劳动力转移中，虽然提供了廉价劳动力，承担许多脏、累、苦的活，可是往往劳动者应有权利毫无保障，甚至劳动者自己也不知道有哪些权利。工作环境缺乏安全保障，居住条件恶劣等，在不少工厂、工地克扣工资、体罚雇工等也时有发生，劳资纠纷也已多次发生。农村剩余劳动力的有序流动，不仅要发育劳动力市场，建立劳动力市场的正常秩序，还要十分重视用工过程劳动保护，用工要依法签订合同，依法保障劳动者的权益。

（本文曾在1995年9月海峡两岸经济学家经济研讨会上交流，原载于《迈向21世纪的中国经济》一书，该书由西南财经大学出版社于1996年12月出版）

四川个体、私营经济发展战略思考

党的十一届三中全会以来,在改革开放的进程中,四川个体、私营经济已经发展成为社会经济中一支不可忽视的力量,尤其是地方经济新的增长点。面向21世纪,培育多元化市场主体,建立社会主义市场经济体制,进一步发展社会主义生产力,大力发展个体、私营经济,必须引起足够的重视。

一、四川个体、私营经济的新发展

进入20世纪90年代,四川个体、私营经济结束1989—1991连续3年的徘徊,获得新发展。1996年年底,个体工商户达到2 024 311户、从业人员2 999 448人,注册资本868 418万元,与1992年相比,年均增长分别为9.45%、15.5%、44.2%;个体工商户实现总产值660 004万元,销售总额或营业收入4 184 616万元,社会消费品零售总额2 629 986万元,与1992年相比,年均增长分别为20.7%、59.4%、35.6%。1996年,私营企业达到37 705户,雇工人数521 241人,注册资本1 589 538万元,与1992年相比,年均增长分别为14.5%、153.5%、30.9%;私营企业实现总产值1 736 089万元,销售总额或营业收入1 118 101万元,社会消费品零售总额892 713万元,与1992年相比,年均增长分别为22.7%、90.7%、53.3%。个体、私营经济已成为四川经济发展富有活力的经济成分之一。1992年以来,四川个体、私营经济出现高速度、高增值的发展势头,其重要原因是客观环境的进一步改善。1992年党中央确定以社会主义市场经济为我国经济体制改革的目标模式,是我国社会主义改革开放和现代化建设新发展的重要标志,也是个体、私营经济结束3年徘徊的关键所在。1992年春天,邓小平同志视察南方,针对改革开放中迈不开步,不敢闯的现象,一针见血地指出,怕这怕那的要害是姓"资"还是姓"社"的问题;明确提出了判断改革开放得失与是非的三个"有利于"的标准。在计划与市场关系问题上,邓小平同志指出,计划多一点还是市场多一点,不是社会主义与资本主义的本质区别。社会主义的本质,是解放生产力,发展生产力,消灭剥削,消灭两极分化。最终达到共同富裕。邓小平同志视察南方重要讲话,推动了思想解放,也为党的十四大召开作了理论准备。因此,1992年前后,个体、私营经济发展乃是从理论上不完备走向完备,政策上不稳定走向稳定的重要时期。

根据党的十四大精神,中共四川省委、四川省人民政府于1993年6月颁发了《关于大力发展个体、私营经济的决定》,要求进一步解放思想,把发展个体、私营经济作为建立社会主义市场经济体制,加快经济发展的战略措施来抓;进一步放宽政策,为个体、私营经济的发展创造良好的条件;进一步改善对个体工商户和私营企业的管理,做好服务、引导和监督工作;严格依法办事,切实保护个体工商户和私营企业的合法权益等。与此同时,四川省人大常委会还先后公布了《四川省个体工商户条例》、《四川省私营企业条例》,以及先后批准新津县、成华区、武侯区、西昌市、中江县、盐亭县等,建立个体、私营经济试验区(加工贸易区),发挥示范和带动效应。稳定政策,确立长期发展方针,以及把发展与管理逐步纳入法制化轨道,是四川个体、私营经济获得新发展的重要的前提条件。

近几年,四川各地基础设施建设、城市建设和乡镇建设不断加强,也改善了个体、私营经济发展的物质环境。1991—1995年,四川加强铁路、公路、水运、空运的建设与管理,货运周转量从481.57亿吨千米增加到853.63亿吨千米,增长77.26%;旅客周转量从371.66亿人千米增加到623.07亿人千米,增长67.65%;邮电通信建设有了明显进展,邮电业务总量从7.99亿元增加到37.4亿元,增长368%。1991—1995年,四川设市的城市从24座增加到36座,5年间以干道建设为主导的综合开发,加强了城市基础设施,建成区土地面积从520平方千米增加到922平方千米;2 100多个建制镇的基础设施也有显著改善。随着城市建设和乡镇建设的加快,城乡集贸市场也有比较大的发展,1995年全省集贸市场达到9 412个,成交额达到10 518 045万元,5年间集贸市场增长26.4%,成交额增长534.4%。基础设施建设,城市建设和乡镇建设不断加强,是改善市场环境,促进个体、私营经济发展必要的物质条件。

二、 四川个体、私营经济发展的趋势分析

随着我国农村经济体制改革的深入,国有企业机制的转换,市场在资源配置中的作用迅速扩大,个体、私营经济的发展出现了许多新的因素、新的趋势。

一是个体、私营经济的产生出现多元化的趋势。四川个体、私营经济的恢复发展,是从允许城镇待业人员自谋职业和允许长途贩运、开放集贸市场开始的,当时,个体工商户和私营企业主的来源主要是待业青年和社会闲散人员,以及从事长途贩运的农民。20世纪90年代,个体工商户和私营企业主的来源已经改变了比较单一的状况。据考察,具体表现有以下几方面:①在农村改革

不断深入的过程中，加快了农业产业化和基地建设步伐，出现了大批专业村和专业户，成为个体、私营经济发展的生长点；②在农村劳务输出中，一部分人见了世面，学了技术，积累了资金，回乡创业，领办或兴办企业，发展个体、私营经济；③一些机关干部和科技人员离职、离岗以及大、中专毕业生、研究生"下海"兴办个体、私营企业；④国有企业或集体企业下岗职工从事个体工商业，私营企业吸纳国有企业或集体企业的下岗工人，获得了熟练技术的劳动者以及市场信息，为企业取得更好的发展条件；⑤国有企业改革"抓大放小"，通过产权转让和拍卖、租赁、兼并等多种形式，使一部分国有企业、集体企业转为私营企业；⑥一些东部私人资本投资四川，兴办私营企业。实践表明，随着深化改革，扩大开放，个体、私营企业产生的多元化趋势将进一步发展。

二是个体、私营经济行业结构合理化的趋势。在以往高度集中的计划经济体制下，重生产、轻流通，商业、服务业的网点及设施严重短缺。改革起步，搞活经济，个体、私营经济率先在流通领域发展，包括贸易业、零售业、餐饮业和服务业。相当一批个体工商户和私营企业主从贸易业、零售业、餐饮业、服务业积累了必要的资本，就进一步转向生产领域。近几年，四川城乡个体工商户从事农、林、牧、渔业的增长幅度最大，其次是从事采掘业、制造业的。从事贸易业、零售业、餐饮业的增长幅度最小。四川城乡私营企业，按户数、雇工人数计算，八大行业中，制造业已居首位，占43%，其次才是贸易业、零售业和餐饮业，占39%。生产型企业增多是目前个体、私营经济发的重要趋势。

三是个体、私营经济经营规模扩大化的趋势。四川个体、私营经济发展，资本积聚和集中过程也随之出现。1992—1996年，个体工商户的户平资本从2 172元增加到3 939元，增长81.35%，私营企业的户平资本从12.98万元增加到42.16万元，增长224.8%。四川私营企业的资本积聚和集中，目前仍以资本积聚为主要形式，1996年全省独资企业占到总户数的42%，合伙企业仅占15%。由于资本积聚和集中，个体、私营经济经营规模扩大化的趋势比较明显。据1996年统计，私营企业37 705户中，雇工100～499人的企业达到443户，比1995年增长8%；雇工500人以上的企业73户，比1995年增长35%；注册资本100万～500万元的企业2 458户，比1995年增长28%；500万元以上的企业279户，比1995年增长57%。在全省私营企业中，注册资本1 000万元以上的企业集团已经有47户。

四是个体、私营经济有机构成高度化的趋势。近几年，四川个体、私营经济发展，户数与从业人员数的增长明显低于资本总额的增长。1996年，个体工商户数及从业人员数比1995年分别增长3.25%和9%，注册资本额比1995年增长13.6%，总产值增长也达13%，私营企业的户数和雇工人数比1995年分别增长28%和30%，注册资本额比1995年增长39.4%，总产值增长也达46%。资本总额增长高于从业人员数的增长，获得更高的产值，反映出个体、私营经济有机构成是不断提高的。据调查，现在各地都拥有一批获国家专利的高新技术，科技含量比较高、市场占有率也比较高的产品，以及出现一批科技型、外向型的企业。在成都市2 000户左右民营科技企业中，个体、私营企业约占10%。

五是个体、私营经济经营模式规范化的趋势。全省私营企业，1996年除相当大一部分仍是独资或合伙经营外，有限责任公司已达16 464户，占总户数的44%。增长的速度比较快。1996年，按照《中华人民共和国公司法》规范的公司有11 711户，占总户数的31%。比1995年增长两倍。这里，还必须看到国有企业改革，按照"抓大放小"原则，一部分国有企业、集体企业在改制中直接转成私营企业或与私人资本结合，转为"混合型"的股份制企业。这一趋势，随着国有企业改革，正在发展。

六是个体、私营经济与省外、境外资本联合的趋势。近几年，由于东部沿海地区工资成本升高或资源短缺，东部私人资本和外资、港资、台资向内地投资，谋求发展的趋势已经出现。东部私人资本和外资、港资、台资向有条件的私营企业投资，包括联合开发、租赁、补偿贸易等灵活方式，有一些地方已经取得积极成果。省外、境外资本与四川个体、私营经济的联合，虽然目前规模还比较小，但这一趋势应该值得重视。

分析以上趋势，我们不难判断，从计划经济体制向社会主义市场经济体制过渡的宏观环境中，四川个体、私营经济出现的高速度、高增值发展势头，从总体上是按照自身发展规律健康发展的。我们还认为，在转向社会主义市场经济的宏观环境里，促进个体、私营经济的发展，贵在因势利导。认真分析和认识当前四川个体、私营经济发展的种种趋势，对探索个体、私营经济进一步发展的方向和寻找相应对策，具有重要现实意义。

三、四川个体、私营经济发展与沿海地区比较

四川个体、私营经济自1992年以来虽然出现高速度、高增值的发展势头，但与东部、中部地区比较仍有比较大的差距。

在发展速度方面，沿海地区比四川快。据1995年的统计数据分析，个体工商户的户数、从业人数两项指标上，四川虽然次于山东、河北，居全国第3位，但是增长幅度最高的是黑龙江（54%）、河北（42.3%）、湖北（37.1%）、江

西（22.3%）、辽宁（15.8%）；私营企业的增长幅度超过全国平均水平（51.4%）的有12个省（区），包括西藏（100%）、江西（96%）、河北（90.2%）、广西（71.9%）、湖北（67.8%）、云南（58.6%）、陕西（56.2%）、河南（55.9%）、浙江（55.7%）、安徽（54.3%）、山东（51.8%），四川居第12位，增长幅度是51.6%。

在资本（金）积累方面，沿海地区比四川高。据1995年统计数据分析，个体工商户注册资金超过100亿元的有7个省：浙江172.1亿元、广东163.2亿元、河北146.9亿元、湖北134.8亿元、湖南116.8亿元、山东113.8亿元、辽宁108.6亿元。四川仅76.3亿元，尚未突破100亿元。1995年私营企业注册资本在全省工商企业注册资本中的比重，全国平均水平为4.3%，福建1 240 214万元，占10.34%，浙江2 872 147万元，占10.04%，广东5 729 471万元，占8.45%，四川1 145 045万元，占3.8%，比沿海少，也低于全国平均水平。

在企业发展规模方面，沿海地区比四川大。据1995年统计，个体工商户全国户均资金7 170.81元，广东1.18万元、浙江1.12万元、福建9 930元，山东5 058元、四川仅3 884元，低于全国平均水平。私营企业的户均资本，全国是40.05万元，广东64.24万元、福建47.87万元、浙江40.14万元，四川虽高于山东的23.35万元，达到39.42万元，但仍低于全国平均水平。私营企业总数中，注册资本100万元以上的，广东有12 922户，占14.49%，浙江有4 794户，占6.7%，四川虽然有2 101户，占7.14%，比浙江多，但在私营企业全国500强中，浙江有112户，占22.4%，四川仅43户，占8.6%。私营企业集团公司，广东已达106户，四川仅37户。

在市场培育和建设方面，沿海地区比四川好，1995年的集贸市场数量，浙江有3 837个，年成交额达16 911 901万元，平均每个市场成交额为4 407.58万元；广东有4 406个，年成交额达10 642 568万元，平均每个市场年成交额为2 419.47万元；福建有1 850个，年成交额达2 945 842万元，平均每个市场年成交额为1 592.35万元；山东有8 046个，年成交额达11 516 379万元，平均每个市场的成交额为1 431.32万元。四川集贸市场虽然有8 822个，但年成交额未达到1 000亿元，仅7 155 520万元，平均每个市场的年成交额也未达到千万元，仅811.09万元。

从总体上考察，与东部地区相比，四川个体、私营经济发展相对滞后。沿海地区的广东、福建，是我国率先对外开放的省份，外资、港资、台资、侨资的投资热带动当地个体、私营经济的发展，私营企业起步早、起点高，这是它们最大的特点。1990年广东省注册登记的私营企业就达21 736户，雇工261 968人，注册资本237 408万元，其中，注册资本百万元以上的就有144户，最大户注册资本700万元；雇工49~100人的有274户，100~500人的有6户，500~1 000人的有1户，1 000人以上的有2户。1990年，广东全省私营企业户数占全国私营企业总户数的22%，数量之多占全国首位。浙江的特点则是以培育市场、建设市场为重心，搞活流通，带动个体、私营经济发展。浙江现在有各类市场4 349个，平均不足9 000人就有1个，而且市场规模是全国平均数的1.95倍，年成交额占全国总量的14.7%。私营企业注册登记户数仅次于广东，居全国第2位。山东在重视市场建设的同时，围绕促进农业产业化，带动个体、私营经济发展，走出了自己的路子。山东已发展专业村11 000多个，从业劳动力达4 400多万人，建立个体、私营经济园区500多个，结合小城镇建设相对集中、连片发展，成效显著。现在，山东个体工商户的户数、从业人数均居全国首位，私营企业的户数、雇工人数均居全国第3位。

四川个体、私营经济发展与沿海地区相比，有比较大的差距，其发展规模也低于全国平均水平。1996年，全省个体、私营经济的工业总产值，还只占全省工业总产值的7%，低于13.2%的全国平均水平；社会消费品零售总额，只占全省的23.4%，低于30.9%的全国平均水平。与沿海地区相比，有比较大的差距，同时，我们还要看到四川个体、私营经济发展仍有比较大的潜力。

个体、私营经济的产生是社会闲散劳动力与社会闲散资金的结合。把蕴藏在民间的经济潜力挖掘出来，从两项基本要素分析，劳动力资源丰富是四川的优势，据1995年年底统计，全省劳动力资源总数达到7 176万多人，劳动力资源利用率为87.8%，也就是说有775万劳动力尚可利用。除此之外，一产业3 835万劳动力，在农业现代化进程中有一部分剩余劳动力有待转移，城市还有一部分下岗职工有待再就业。至于闲散资金，据1995年统计，全省城市居民收入状况是农民人均纯收入1 158.29元，职工平均工资4 645元，城镇居民人均生活费收入3 586元。以农民人均纯收入分析，比全国平均水平1 577.74元要低，比广东2 669.24元要低，比浙江2 966.19元更低。但是，1995年四川城乡居民储蓄存款余额仍达到1 416.7亿元，城乡居民人均储蓄存款余额1 273.5元，比1990年城乡居民人均储蓄存款余额336.9元，上升2.78倍，可见，社会闲散资金还是比较多。至于闲散劳动力与闲散资金的结合，采取什么形式结合，在多大规模上结合，包括促进它结合，在市场环境、投资环境、投资观念和投资方式等诸多方面，沿海地区仍有许多经验值得借鉴。

四、四川个体、私营经济发展新阶段及其对策研究

1992年以来，以建立社会主义市场经济体制为目标的一系列改革，为个

体、私营经济提供了前所未有的发展空间。目前，个体、私营经济发展已同20世纪80年代搞"拾遗补缺"的"夹缝经济"的环境大不一样，同20世纪80年代"唯成分论"，以所有制为转移，实行政策倾斜的环境也大不一样。一视同仁，平等竞争正在逐步成为对待不同经济类型企业的准则，包括打破所有制界限，促进产权的流动和重组，成为推动国有企业和集体企业改制、转制的重要举措。市场取向型的改革从"让一块"、"活一块"到培育和发展市场体系，随着改革的逐步深入，市场机制在资源配置中的作用越来越大，个体、私营企业比过去有更大的发展余地。相当多的地方政府，把发展个体、私营经济纳入职能部门的目标管理，鼓励和支持个体、私营经济发展，事实上已成为一些地方的政府行为。但是，从总体上看，四川个体、私营经济的企业规模一般比较小，生产技术的起点比较低，布局比较分散，以及市场上占有率高的产品比较少。对此，我们认为，如果说沿海比较发达的省份的个体、私营经济已经进入成长发展阶段，那么，四川个体、私营经济仍处在起步发展阶段。"九五"期间，是四川个体、私营经济发展的重要时期。这个时期，在稳定政策的前提下，要实行战略性转变，积极创造条件，促使个体、私营经济进入一个新的发展阶段，即从起步发展阶段转入成长发展阶段。实行这样的战略性转变，有以下几个问题值得研究：

第一，转变观念问题。我们看到，尽管姓"社"还是姓"资"这类认识问题，不同程度地在社会上还有影响，但是普遍地说，对待个体、私营经济，现在不是在应不应发展上有分歧。当然，深刻认识1992年以来改革开放的态势，贯彻执行以公布制为主体，多种经济成分共同发展的方针，做到一视同仁，平等竞争，还有待各方面改革的深化。尽管如此，从各地的实践看，哪里观念变得好，思路开阔，用够用足现行政策，哪里就发展比较快；哪里观念转变跟不上形势，改革力度、工作力度不够，哪里发展就比较慢。进一步转变观念，仍是大力发展个体、私营经济的重要问题。对个体、私营经济，一些地方并没有真正明确是新的经济增长点，认识仍停留在"拾遗补缺"阶段；一些地方还没有真正弄清楚三个"有利于"是判断改革得失的标准，至今摆不脱"公"与"私"的困惑；一些地方也没有把握住市场经济主体多元化的趋势，总是不能面向大市场，发展思路打不开。四川与沿海地区比较，地处内陆，尤其广大农村相对封闭，商品经济不发达，对观念的转变，应有足够的估计。

第二，增长方式转变问题。四川个体、私营经济，在相对发达的大中城市发展比较快，比较好，包括有一批规模大的或者科技型的企业。至于全省个体工商户的户均资金仅4 000元，私营企业雇工人数户均仅14人，绝大多数个体、私营经济企业规模小、起点低，自我积累、自我发展的能力都比较弱。经济增长方式的转变,是四川个体、私营经济发展又一个重要问题。解决好这个问题,要促进一批企业"一次创业",发展更多科技含量比较高的产品,发展更多科技型的企业;要扶持一批基础比较好,发展前景比较好的扩张型企业,增进规模经济;要帮助有条件的企业逐步走出家族经营,采取现代科学管理。与经济增长方式转变相联系,要制定产业政策,明确鼓励发展哪些产业,重点扶持哪些产业,限制发展哪些产业。就全省而言,农业发展是战略重点,在农业产业化进程中,"贸工农一体化"和"经济与科技一体化"的个体、私营企业要大力发展。经济体制改革从计划经济体制向社会主义市场经济体制过渡,经济发展政策也要求从所有制倾斜转向产业倾斜。四川一些地方在把个体、私营经济纳入当地经济发展规划的同时,还制定"510工程"、"410工程",对国有企业、私营企业和生产、商业、外贸企业一视同仁,重点扶持若干大户,以促进规模经济,培养税源,取得积极成效。显然,在重点扶持一批大户的同时,还要对发展外向型生产加工,以及吸引外资、港资、台资,实行合资,同东部私人资本发展联合等给予大力支持,为它们创造必要的条件。

第三,信贷问题。目前,普遍反映和比较突出的是资金问题,其实质是如何扩大信贷资金对个体、私营经济发展的支持。显然,从市场经济体制的改革目标出发,对于贷款,无论申请人是国有企业还是私营企业,毫无疑问应一视同仁,关键在于贷款的风险如何、效益如何。不过,这样的目标还有待改革的深化逐步实现。目前,信贷作为经济发展的推动力,以支持个体、私营经济进一步发展,根据各地的实践,可以考虑以下的措施:首先,以产业政策为依据,扩大银行向私营企业贷款比例;其次,地方政府每年从个体工商户、私营企业上缴的地方税中提取一定比例,列入当年预算,作为"个体、私营经济发展基金",专项用于扶持个体、私营经济发展;再次,以地方的"个协"为依托,建立"个体工商户互助储金会";最后,在加强宏观控制和健全制度法规的前提下,扩大私营企业向社会直接融资,包括创办股份制企业、合伙企业。总之,个体、私营经济发展,要有相应的融资渠道。如果个体工商户、私营企业的信贷资金没有适当渠道解决,无疑会助长民间非法金融活动,这不仅导致个体工商户、私营企业不堪高利贷重负,更重要的是扰乱正常金融秩序,不利于宏观管理。多层次、多渠道解决个体、私营经济信贷资金,是促进个体、私营经济发展的途径。

第四,试验区问题。1993年以后,先后由四川省政府以及省、地、市、州工商行政管理部门批准了一批个体、私营经济试验区。这种试验区有两种模式:一种是示范型模式,以县、区、市的行政区辖为范围,试图在贯彻省委、省政府《大力发展个体、私营经济的决定》中先走一步,以推动全面;另一种是开发型模式，试图以地缘优势或结合小城镇建设，划出一定土地，制定优惠政策，招商引资，以个体、私营经济为主，相对集中和成片开发，形成企业群。对这两种模式经过几年实践应如何评价，在确立以社会主义市场经济体制为我国经济体制改革目标模式之后，省里已有相关决定和条例，政策环境虽然还有待进一步完善，但已很宽松，各地都有条件放手发展，不再要等待示范，取得经验，然后推广。如果论成效，两种模式都比较显著；如果论发展，开发型模式更应大力提倡，甚至示范型模式也应该逐步转向相对集中，成片开发。这样做，能够同城市建设、小城镇建设更好地结合起来，同当地的经济建设和改革开放的步伐更好地结合起来。推行开发型模式，在决策之前，要对区位进行科学论证，防止盲目性；规划、建设要因地制宜，形成各具特色的产业结构，防止同构化；布点宜少不宜多，要防止新一轮"开发区热"。

（本文原载于《经济体制改革》1997年第6期）

水系整治：城市现代化的必然选择
——成都市府南河综合整治工程的几点启示

人口问题、资源问题、环境问题及经济社会发展问题，是当今世界人们所日益关注的重大问题。为寻求协调人口、资源、环境和经济之间的相互关系，可持续发展作为"解决环境与发展问题的唯一出路"，已经成为世界各国的共识。可持续发展，是指既满足当代人的需要，又不危害后代人满足其自身需要的发展，既实现经济发展的目标，又实现人类赖以生存的自然资源和环境的和谐，使子孙后代能够安居乐业，得以持续发展。自西方工业革命以来，人类面临着人口、资源、环境等越来越严重的挑战，直接威胁当今人们的生产和生活，威胁人类的生存和发展，对此，可持续发展无疑是经过深刻反思后的全新选择，也是我国现代化建设的必要选择。

府南河综合整治是成都市实施可持续发展的重大举措。在历史上，成都平原依靠岷江水系及先人治水，得都江堰自流灌溉之利，成为"水旱从人，不知饥馑，沃野千里"的"天府之国"。而岷江流经成都市区的两条主要河流——府河、南河（俗称锦江），则形成"二江抱城"之势，仍是城市自然景观的一大特色。府河、南河具有行洪、航运、排水等多种功能，一直对城市发展起着重要作用。可是，新中国成立后随着公路、铁路的修建，内河航运日益衰落，而城市工业发展，人口不断增加，使府南河成为排放生活和工业废水的通道，导致河道淤塞、水质污浊、泄洪能力削弱。历代文人墨客称颂的"锦江"，成了藏污纳垢的"臭水沟"，使城市整个生态系统遭到毒害。面对生存危机，小学生上书市长："还我锦江清水。"社会各界人士纷纷呼吁："治治这条臭河!"为解决这一问题，成都市政府组织专门力量，经过多年规划和论证，决定把府南河综合整治工程纳入市政府一级目标管理，命名为"1号"工程，集中人力、物力和财力，对府南河流经城市中心段29千米进行综合整治。工程总投资27亿元，这项宏伟的工程，于1993年启动，至1997年竣工，历时5年。该项综合工程包括：

防洪工程。针对府南河河堤低矮、河道淤塞，部分河道狭窄、行洪能力严重不足的状况，新建和加固河堤，疏通河道和清运淤泥，新建和改建桥梁，以及新建拦河坝、码头等，使河道由原来30~80米拓宽到40~120米，行洪能力由原来664立方米/秒提高到1 299立方米/秒，并经受住近年特大的洪水考验，

水系整治：城市现代化的必然选择——成都市府南河综合整治工程的几点启示

使城市中心安全度汛。

安居工程。把府南河两岸约40平方千米范围内3万多户、10万多居民，从几十年长期居住的狭窄、潮湿、低洼地区，破败不堪的棚屋中迁出，搬进新建的20多个配套设施完备的拆迁小区，住上宽敞明亮，厨、卫功能齐全的套房。

环保工程。为改变府南河水污染严重的状况，把一批沿岸有污染的工厂搬迁至城外工业点进行改造，沿河数十座公厕重新布局新建，切断污染源，实施污水截流工程，雨污分流工程，敷设26千米长的排污干管，现在污水总出口工程已经全线贯通，污水处理方面，日处理30万吨污水处理厂二期工程也相继施工。

滨河绿化工程。已种植乔木1.5万株，灌木4 000株（丛），草坪15万平方米。府南河两岸滨河地带，绿地率达到85%，绿化覆盖率达到95%。滨河23.53公顷绿地与宽阔的水面自然融合，形成绿护水、水抱城的自然景观，改善了繁华的城市中心区生态环境，成为市民游览、憩息的好去处。

道路管网工程。在府南河两侧，分别建成长14.79千米、宽16米的内环路，长8.6千米、宽20米的外侧道路；长10.79千米、宽16米的护河通道，地下管网与道路建设同步实施，改变了府南河两岸道路狭窄、交通不畅、管网不全等状况，强化了城市基础设施综合服务功能。

府南河综合整治成功，改变了人们与环境的相互关系，形成了"你给我一点爱，我还你一片绿"的良好局面，重新展现成都这座历史文化名城"二江抱城"的特色风貌，形成一道风光秀丽、景色宜人的风景线，"翡翠项链"环绕，使今日蓉城增添无穷魅力，可谓"功在当代，利在千秋"。以城市环境生态化为重点的府南河综合整治，工程浩大，成效显著，它丰富了我们城市建设的实践经验，给了我们重要的启示。

第一，可持续发展的实施，是城市现代化新的发展阶段。可持续发展理念的创新，在于改变过去人与自然的对立关系为和谐关系。以提高人类生活质量为目标，替代传统的单纯追求经济增长发展目标，这是发展观的进步，也是发展战略的重大转变。多年来，单纯以经济增长为目标的传统发展模式，往往只注重向大自然索取，甚至掠夺式的索取，又毫不顾及环境的自净能力，向大自然抛出工业的"排泄物"和生活垃圾，其中包括大量有害物质，使自然生态系统失去平衡，环境遭到破坏，甚至威胁人类自身的生存，使我们走上了西方工业化曾经走过的老路。当然，可持续发展并不否定经济增长，但不赞成以牺牲环境为代价，盲目地追求经济增长，要求以合理利用自然资源为基础，同环境承载能力相协调，达到可持续意义的经济增长。单纯地追求经济增长，往往也不能体现发展的内涵。以提高人类生活质量为目标，同社会进步相适应的可持续发展，赋予城市现代化新的内涵，提出新的要求。使城市有较好的生态环境，为居民能提供较高的生活质量，这是当前我国城市现代化建设刻不容缓的战略任务。

第二，城市水系整治，是实施可持续发展的重要环节。水资源是人类赖以生存和发展最基本的要素之一。水系为人类提供饮用、灌溉、泄洪、航运、动力等，是形成聚落的必要条件。自古以来，人类社会文明都是沿着主要河流流域发展起来的。在尼罗河、黄河、印度河等河流沿岸，人类最早的城市文明就得到了孕育和发展。近代以来，在工业化过程中，水系更成为生产集中、商贸发展和建设城市重要的外部条件。当今世界城市，或临海，或靠江，或沿河，或滨湖，依水而兴是最为普遍的。可是，工业化和城市化给城市水系造成越来越严重的污染。据统计，我们全国现在废水排放总量每年达400亿吨以上，其中80%是城市排放的，全国有83%以上的工业废水未经处理直接排入江河湖海。含有大量有害物质和各种病原体的污水，给居民带来了很大的危害。城市水系污染，不仅危及城市和居民，并且危及相关地域的农业生产和农民自身健康。不少城市发现地表水污染已经影响地下水，地下水有害物质含量超过了饮用水标准。应该清楚地看到，我国是水资源并不丰富的国家，我国河川径流量虽然居世界第6位，但无论从耕地还是从人口计算，我国仍是一个水资源相对贫乏的国家，城市缺水也相当严重，城市水系污染的冲击，则加剧了水资源的紧缺状况。水污染是我国最为突出的、影响面也最为广泛的"城市病"。可见，推进城市现代化，城市水系整治仍是当务之急。

第三，建立人工生态系统，是城市水系整治的重要目标。从生态的视角审视城市，城市是以人类为主体的生态系统，同时也是具有人工化环境的生态系统。

诚然，在整个自然界，城市要与外界各种生态系统进行广泛的交流，以维持它的活力，但城市是依赖性很强、独立性很弱的生态系统，要依靠其他生态系统输入生活资料和生产要素，还要靠其他生态系统接纳它所排出的废物。在城市这个生态系统中，人类一方面为自己创造条件，满足生存、享受和发展上许多需要；另一方面又抑制其他生物的生长和活动，破坏自然生态系统，恶化洁净的自然环境，反过来影响人类自己的生存和发展。因此，城市水系的整治，从可持续意义上改善城市环境，就水论水还是不够的，势必要通过城市水系整治和依托净化的城市水系，建立人工的生态系统，使绿化与清水相互依托，自然景色与人文景观融为一体，造就城市水系的风景线，还城市无污染、整洁而又优美的环境。城市环境生态化，应该是城市现代化的重要内容。提高城市整体功能，提高城市素质，要十分重视城市环境生态化。

（本文原载于《城市改革与发展》1998年第6期）

四川省农村剩余劳动力转移和城市化问题研究报告

四川既是内陆大省，又是劳动力资源丰富的农业大省，面对新世纪，要建设成为一个经济强省，农村剩余劳动力转移，加快城市化进程，是一个尤其重要的战略问题。本报告就改革开放以来我省农村剩余劳动力转移的特点和趋势进行考察，并就我省城市和小城镇农村剩余劳动力的吸纳分析，研究世纪之交我省农村剩余劳动力转移的对策，供有关部门决策参考。

一、农村剩余劳动力转移的特点和趋势

（一）农村劳动力剩余的成因概要

农村剩余劳动力向非农产业和城镇转移，是世界各国经济社会发展的共同规律。城市化，实际上就是伴随着社会生产力发展出现的农业劳动人口转化为非农业劳动人口的过程。就四川而言，农村劳动力占全省劳动力的70%以上，占全国农村劳动力总量的11.5%，一方面使得农村劳动力绝对量大，有着明显的资源优势；另一方面又使得大量的剩余劳动力滞留农业和农村，制约国民经济发展和城市化进程。

造成我省农村劳动力剩余的主要原因：一是长期以来土地资源的绝对减少和农村人口自然增长的居高不下；二是农村劳动力就业结构不合理，造成剩余劳动力增多；三是科学技术在农业中的应用，使农业有机构成提高，土地资源对劳动力的配置量相对减少；四是城乡分离的二元户籍制度，把众多的劳动力长期牢固地限制在农村和农业生产领域。

（二）农村剩余劳动力转移的主要特点

1. 转移速度快，规模大

1983年全省在乡镇企业从业的劳动力不到100万人，外出劳动力约30万人。20世纪80年代后期，由于改革开放力度加大，沿海经济特区对劳动力需求剧增，为农村劳动力转移提供了大量就业机会。我省农村外出劳动力每年以百万人的速度扩展，大举向大中城市和东部经济发达地区转移。1995年全省农村从事非农产业的劳动力规模达1 346万人，比1990年净增700万人，平均每年增加140万人。从外出务工经商的农民数量看，1995年外出农民达900万，

其中出省的500多万，省内流动约350万左右，外出务工人员占全省农村劳动力总数的1/5，占全国流动农民的1/8，成为全国"民工潮"的主要源头。

2. 转移具有明显的阶段性

我省农村劳动力向非农产业转移大致可分为三个阶段。1980—1988年为转移的第一阶段，这个时期主要是在乡镇企业大发展的拉动下，我省农村从事非农产业的劳动力平均每年以20%的速度递增，年均转移规模达到70万人。1989—1991年为第二阶段，这个时期受国家宏观治理整顿大环境的影响，我省农村劳动力转移速度明显放慢，三年内农村非农产业劳动力仅增加64.3万人，年平均转移规模只有21.4万人。1992年以来为第三阶段。1993年年底，我省农村从事非农产业的劳动力达1 200多万人，当年新转移到非农产业的劳动力达500多万人。1995年年底全省农村从事非农产业的劳动力达1 400万人左右，占农村劳动力总量的27%。

3. 以省内转移为主，跨省区转移规模越来越大

1990年全省农村非农产业劳动力中，在当地乡镇企业及省内二、三产业从业的人数占82.9%，在外省从业的占17.1%，截至1995年年底，在省内从业的占61.5%，在外省从业的占38.5%，跨省区转移比重五年内上升21.4个百分点。从绝对数量看，"八五"期间省内转移达300多万人，跨省区转移达500多万人，跨省区转移量占该时期内转移总量的57.2%。再从当年转移的劳动力看，1990年转向省内的占64.29%，转向外省的占35.71%，截至1995年，转向省内的占50%，转向外省的占50%。省内的主要流向是城市和乡镇企业，1995年两者吸纳的劳动力占当年新转移劳动力的75%，向省外转移以劳务输出为主。

4. 转移劳动力的流动向全方位发展

一是我省农村从事非农产业的劳动力，其行业分布十分广泛。转移初期我省农村转移劳动力主要向乡镇工业和建筑业流动，1983年从事工业和建筑业的占转移劳动力的80%。从事第三产业的劳动力约为20%。到1995年我省农村第三产业劳动力已占非农产业劳动力的40%，比1983年上升了20个百分点。二是外出劳动力渗透到工、商、建、运、服、科研、文卫等国民经济各个行业。据我省18个县1 820户农户调查，1995年外出劳动力就业的行业分布为：农牧林业占1.8%，工业、建筑业占65%，交运、商饮、服务业占29.6%，科研、文卫、技术服务业占3.6%。三是跨省区流动劳动力遍及包括我国台湾省在内的全国各个省市区以及国外。

5. "空手出门，抱财回家"，外出劳动力创收能力不断增强

在农村劳务开发收益方面，劳务收入随农村劳动力转移人数的增加呈现逐

步上升态势。1995年外出务工农民年人均收入4 131元，比1994年增长27.98%，以自身消费平均按收入的30%计算，则人均尚有2 892元寄回或带回家，相当于同期全省农民人均纯收入的2.49倍。据省劳务开发办公室初步计算，1995年外出务工农民从邮局汇回的款项达170亿元。近两年全省农村劳务收入用于农业生产的投入近100亿元，相当于同期财政对四川林牧渔业基本建设投资的4倍。

（三） 农村剩余劳动力转移的发展趋势

1. 双向流动的趋势

在我国城乡二元户籍制度和二元经济结构的条件下，"转移—返乡—再转移—再返乡"是农村剩余劳动力转移过程的特有现象。第一，外出劳动力离乡背井谋业，其目的是为了获得高于在当地从事农业的级差和地差收入，但随着当地经济的发展和在外谋业的难度加大，部分外出劳动力回流家乡就成为必然。第二，由于我省农村劳动力呈现绝对增加趋势，有限的耕地资源在逐渐减少，人均数量极少的耕地难以承载增量较大的劳动力，农村剩余劳力外出谋业仍然呈绝对增加趋势。第三，由于户籍制度的限制，外出劳动力很难在外面找到稳固的立足之地，从经济收益比较，返乡经商办企业发展空间更广阔，于是近年来部分"川军"返乡创业，为农村剩余劳动力转移开拓了一条新路子，成为我省农村经济发展的新的增长点。现有社会经济条件下，这种"双向流动"的农村劳动力转移方式将持续较长时间，它对农村经济的发展也是十分有益的。

2. 离土离乡从事非农产业的趋势

我省农村劳动力在转移的初期、中期具有明显的兼业特点，即外出务工经商农民的"根"留在农村或季节性外出务工。但是随着今后户籍制度的改革和市场经济体制的进一步完善，大批农民将进入城市或城镇长期从事非农产业，逐步由农民或兼业农民彻底转变为城市居民。因此今后10年或者15年里是我省农村剩余劳动力转移的一个重要转折时期。由兼业向离土离乡从事非农产业方向发展，将是我省农村剩余劳动力转移的必然趋势。

3. 集团化、产业化的趋势

我省农村剩余劳动力外出谋求职业，初始阶段大多数是自发的，带有很大盲目性。随着以市场经济机制调节的劳动力市场的形成和发展，目前正在逐步向集团型、产业化方向发展。一是由血缘、人缘、地缘关系为纽带自发形成的农民务工群体不断增加，规模不断扩大。例如，海南有"巴中帮"，广州有"大竹帮"、"泸县帮"，深圳有"达川帮"等。二是由各级政府部门和社会团体组织的劳务输出人员比重逐年上升，1995年通过政府有关部门组织输出的劳动力已达180多万人，占出省务工劳动力的30%，比1990年上升15个百分点。

三是产业化趋势明显,四川很多地区都把劳务输出作为一项产业来抓,建立和健全劳务输出工作机制,制定劳务输出的政策和规章,而且同省外一些地区建立了长期的劳务协作关系,这对劳务输出的有序健康发展起到了十分重要的作用。

4. 转移重点呈东部地区向西部地区位移的趋势

我省跨省区转移的农村劳动力,自20世纪80年代中期以来,主要流向是东部沿海地区,1993年和1995年流向东部沿海地区的占跨省区农村劳动力的比重分别为69.1%和62.7%。随着国家"九五"西进战略的实施,我国西部地区经济建设将为我省深化农村劳动力转移带来新的机遇。同时,沿海一些地区农民务工者已基本饱和,很难吸纳新流出去的劳动力。我省农村剩余劳动力转移由东部地区已逐步向西部新疆、甘肃、青海等地位移,尤其是新疆正在成为我省劳务输出新的重点之一。

二、"九五"时期农村剩余劳动力转移预测

根据相关分析,对农村剩余劳动力转移影响最大的是农村非农产业的发展。因此,我们采用增长速度外延法和发展速度相关比例法,对"九五"时期我省非农产业产值的增长和非农产业从业人员的增长进行预测。

按增长速度外延法计算,1985—1995年,我省非农产业劳动力年均递增11.6%,据此递增速度测算,2000年我省非农产业劳动力可达2 330万人。按非农产业产值的增长速度与非农产业劳动力的增长速度比例计算,"九五"时期我省农村非农产业劳动力年均增长为8.8%,2000年全省农村非农产业劳动力可达2 050万人。从"九五"时期我省农村非农产业发展将有减缓的趋势分析,我们选择了"九五"时期农村非农产业劳动力年均增长8.8%的速度,整个时期非农产业劳动力净增700万人左右,与"八五"时期转向非农产业劳动力数量基本持平。根据预测结果分析,2000年我省农村劳动力总量可达5 500万人,非农产业劳动力为2 050万人,耕地配置劳动力约为2 060万人,到2000年我省农村劳动力绝对剩余仍有1 400万人左右(见表)。到2005年和2010年,尽管农村劳动力总量将持续增加,但随着经济发展,非农产业吸纳的劳动力将更加扩大,而剩余劳动力则相应减少。

"九五"时期四川农村剩余劳动力转移预测表

指标	单位	1985年	1990年	1995年	平均增长速度% 1985—1995年	"九五"时期	2000年预测值
农村非农业产值	亿元	185	459	2 873	31.56	24.02	8 430
农村劳动力总量	万人	4 251	2 891	5 178	1.99	1.20	5 500
1. 非农产业劳动力	万人	449	656	1 346	11.60	8.80	2 050
2. 耕地配置劳动力	万人	2 122	2 102	2 063	-0.27	—	2 060
3. 剩余劳动力	万人	1 680	2 133	1 769	—	—	1 390

注：农村非农业产值为1990年不变价计算

三、四川城市及小城镇发展对农村剩余劳动力吸纳分析

无论是历史的经验还是现实的例证都向我们展示：经济欠发达地区转向经济发达，城市化是必由之路。从四川城市化的态势分析，改革开放以来，随着城乡经济发展，农村剩余劳动力向非农产业、向城镇转移的进程有了很大进展，但城市化的进程缓慢，吸纳能力受到相当大的制约。具体分析如下：

一是城市化水平偏低。1995年，四川全省城镇非农业人口为16.17%（按城镇常住人口约为20%），远低于全国23.31%（按城镇常住人口约为30%），居各省市区的第26位。与国内外相同经济发展水平的地区比较，四川城市化滞后至少5个百分点。

二是城市数量相对较少。1995年，四川城市数量占全国城市总数的5.6%，低于总人口占全国总人口10.8%的比重。全省城市建成区面积为922平方千米，仅占全国城市建成区面积的1.22%。我省平均310.08万人才有一座城市，低于全国平均189.25万人拥有一座城市的水平。

三是城市规模结构不尽合理。四川城市体系中，缺少作为次中心的拥有50万~100万人口的大城市，城市首位度达4.4。中等城市、小城市仅占全国中、小城市总数的7.3%和5.4%。建制镇普遍规模小、实力差、服务功能不健全。1995年，全省平均每一个建制镇非农业人口仅3 243人，只有全国建制镇非农业人口平均6 028人的一半稍多，小集镇平均仅814人，还达不到全国小集镇平均1 772人的1/2。

从总体上分析，相对于农村剩余劳动力数量大的特点，城市、小城镇吸纳能力小，这是我省的现实，同时也是突出的矛盾。这里，我们再以1995年的统

计数据为基础进一步分析。

1995年，四川农村劳动力达到5 177.7万人，而按现有的耕地和生产条件大约能容纳2 100万人务农，余下的3 077.7万人，大体上是三种选择：

其一，离土不离乡的就近选择，即进入乡镇企业务工，这部分人有1 150.72万人。

其二，在本省的各个城市务工经商，这部分人有362万人。

其三，向外省劳务输出，这部分人有518万人。

以上三部分共为2 030.72万人。务农的2 100万人和转移的2 030.72万人总共为4 130.72万人。尽管转移的劳动力达到比较大的规模，可是当年四川农村劳动力的绝对剩余量仍达1 047万人。

为了研究我省现阶段城市化对农村剩余劳动力的吸纳，我们进一步进行如下假设（其中劳务输出量不变、乡镇企业从业人数不变）和分析。

第一，利用现有36座城市全部容纳。当年的绝对剩余量1 047万人加上当年的省内吸纳量362万人共1 409万人，即全省36座城市需要提供1 409万个就业岗位，平均每个城市要提供约40万个就业机会，这显然是不现实的。

第二，按现有城市规模标准比例来折算新建各类型的城市，吸纳剩余劳动力。按1995年全省共有城市非农业人口1 268.72万人，则至少需要新建200万人级的城市2座，100万人级的城市2座，50万人级的城市6座，20万人级的城市7座，10万人级的城市30座。显然，如果按1985—1995年城市增长速度也要10年以上。

第三，假设省内各城市吸纳的362万农村劳动力不变。将1 047万人全部分摊到2 251个小城镇中去，则每个小城镇容纳4 650人左右。让每个小城镇短期内都能提供4 000多人的就业机会，恐怕也是不现实的。

第四，如果输出省外的劳动力数量不变，让乡镇企业就地吸纳，则乡镇企业的总规模将扩大一倍。从现在乡镇企业的投资、技术、产品、市场营销、资源等多方面来考查仍然是不现实的。

我省城市和小城镇的吸纳能力相对较小，但其态势上仍然是在逐年提高。1985—1995年，城乡经济获得了比较快的发展，城市人口也增长了50%，同时城市人口占全省总人口的比重，从8.85%提高到16.17%。如果加上农村劳动力就地、就近向非农产业转移的那部分，到1995年从事非农业的劳动人口达到2 955.45万人，占全省总人口的26.48%。10年间全省中、小城市及小城镇发展也比较快，城市数量由19座增加到36座，小城镇由687个增加到2 251个。

我省有关部门根据专家测算基数，即"九五"期间我省农村向城镇转移人口将大体保持在平均每年70万（正式城镇人口）左右。结合人口自然—机械增长、经济发展水平等相关因素分析，预测城镇非农业人口占全省总人口的比重是：2000年为20%~22%，2010年为30%~32%，与此对应的城镇常住人口比重分别为25%左右和38%~40%。可见世纪之交，我省城市化进程将明显加快，或者说我省城市化进程将进入起步阶段向加速发展阶段的转变期。经济发展对转移劳动力的需求量增多，城市和小城镇吸纳能力的提高是可以预料的。

四、深化转移和引导合理流动的对策

我省农村剩余劳动力转移，自20世纪80年代开始，从产业方面，经历了由种植业向林牧渔业、大农业向非农产业的转移；从地域方面，经历了由农村向城镇、省内向省外的转移。20世纪90年代以来，随着构建社会主义市场经济体制的改革目标模式的确立，农村剩余劳动力转移进入了一个新的发展阶段。"八五"期间，不仅形成大规模、多层次、全方位转移的好形势，并且朝着跨区域、集团型、产业化劳务输出方向发展。在跨世纪的1997—2010年中，四川经济发展要实现新的目标是："建设经济强省，使人民的小康生活更加宽裕，初步建立社会主义市场经济体制。"对此我省农村剩余劳动力转移，要在总结实践经验基础上，进一步开拓思路，谋求新的对策。

（一）深化转移的思路

在经济发展进程中，尤其是工业化初期和中期，农村剩余劳动力转入工业和其他非农产业，是经济增长重要的动力因素。我省丰富的劳动力资源是地方经济振兴的一大优势，剩余劳动力是"财富"，不是"包袱"。世纪之交，我省农业产业化进一步发展，将导致农村产业结构的进一步调整，从而推动农村劳动力在大农业内部以及非农产业方向的转移。我省在近期、中期要大举投资以交通为主的基础设施建设，这将有力地推动乡镇非农产业发展，加快铁路、公路沿线小城市、小城镇建设步伐。并对农村劳动力产生新的需求拉动。因此，我们应十分重视发挥本地劳动力资源优势，以振兴地方经济为方向拓展思路。

以公有制为主体，多种所有制经济共同发展，是我国社会主义初级阶段的一项基本经济制度。从乡镇企业"异军突起"发展以来，个体经济、私营经济、股份经济、股份合作经济以及国有资产采取租赁、承包形式的国有民营经济等有了很大发展，县域经济民营化已经成为地方经济振兴的主要途径。民营经济的发展，为吸纳农村剩余劳动力拓展了更多渠道。尤其是从1994年以来我省乡镇企业从业人员增幅回落甚至出现净减少的态势下，民营经济更显示了它的活力。因此，要以民营经济为载体，放手发展民营经济，为加快农村剩余劳动力转移拓展思路。

构建社会主义市场经济体制,将为完善以市场经济机制配置劳动力资源创造条件。不可否认现阶段我省劳动力市场存在不少混乱现象。但应该说这不是市场发育引起的,而是由市场发育不成熟和市场不规范、管理不完善造成的。当前,农村劳动力市场从初级形态向高级形态转变,要依托中心城市,发展区域性市场,加快现代的劳动力市场建设,包括对中介机构的资格认定及自律机制的建立健全等。在农村剩余劳动力转移的新的发展阶段,建设和发展劳动力市场要从推进农村劳动力资源配置的市场化进程拓展思路。

(二) 引导合理流动的若干对策

1. 坚持多渠道、分层次、全方位转移的方针,引导农村剩余劳动力合理流动

这是我省卓有成效的实践经验,坚持下去,很有必要。总的说,要继续拓宽转移的路子,在不放松跨省区转移的同时,把转移的立足点要放在就地、就近,省内的小城镇和中小城市要注重拓宽生产领域的就业渠道,尤其要结合乡镇企业的改造,在鼓励民营经济发展中促使更多劳动力向非农产业转移。加快农业产业化工程实施,要在农业生产链延伸的加工、运输、服务等行业吸纳、消化农村剩余劳动力。

2. 制定全省及市、地、县规划,有步骤地引导农村剩余劳动力转移

我省农村剩余劳动力数量大,不同地区对劳动力的需求很不平衡,要加快转移和实现有序流动,制定相应的规划十分必要。一方面规划可以根据市场需求配置劳动力资源,另一方面通过规划可以对流量和流向进行引导,减少自发性和盲目性。规划内容包括农村劳动力转移时期规模,就地转移和异地转移规模,年度转移规模以及省内非农产业吸纳量等。

3. 推进劳务输出的产业化经营,提高转移的组织化、市场化程度

目前我省农村劳动力异地转移大体上有三种形式:一是由劳务开发公司直接组织;二是通过劳务市场获得信息,持当地乡、村证明外出务工;三是靠亲友、老乡联系外出。总体上看,有组织的外出打工的比重很小,具有劳务输出产业化经营特征的比重更小。从社会主义市场经济发展的要求分析,劳动力流动的市场化、产业化是一种必然趋势。因此,提高农村剩余劳动力输出的组织化程度,实行劳务输出的产业化经营很重要。一方面,要把劳务输出作为一项产业来抓,按市场化、产业化的要求,从机构组织、劳务信息、供需接轨、就业安置、权益保障等方面规范劳务输出行为。另一方面,以集团型、竞争型进入全国劳动力市场竞争,以专业化、系列化服务促进劳务输出与市场经济尽快接轨。

4. 加快小城镇建设，增强吸纳农村剩余劳动力的功能

城镇是城市联结农村的桥梁和纽带，是农村发展非农产业的基本载体，农村剩余劳动力就地转移的规模和质量，在一定程度上取决于小城镇建设与农村剩余劳动力转移紧密结合。其主要对策是：一要以发展生产力为基础，以新兴产业为主导，发展具有现代城镇功能的新型小城镇；二要加快古老集镇的改造，完善功能，增强对企业的吸引力和运载能力；三要采取有力措施，促使乡镇企业向小城镇集聚，彻底改变乡镇企业"满天星"的布局；四要加速小城镇由"乡村型"向"城市型"的转变，吸引社会各方面的力量到小城镇兴办企业和事业，把小城镇建设成农村精神文明和物质文明的中心。

5. 提高农村劳动者素质，增强转移劳动力的市场竞争力

1995年，我省15岁以上人口中，小学文化程度人口占51.5%，文盲半文盲占14.8%。与全国比较，文盲半文盲和小学文化程度的比重，比全国要高，而初中、高中、大学文化程度比重比全国要低。我省农村劳动力文化素质低，是制约转移速度和转移层次提高的重要因素。据大量的调查资料分析，农村劳动力素质与转移的速度和层次成正比关系。随着社会各方面对劳动力素质的要求越来越高，近年来，沿海经济发达地区为了控制城市流动人口和提高劳动者的整体素质，对素质较低的体力型民工准入进行了一定的限制，对高素质民工需求相应增加。面对省内外劳动力市场的新态势，要增强我省劳务输出的竞争力，采取积极措施提高农村劳动力素质是一项很重要的任务。从长远看，应加强基础教育，在普及六年制义务教育的基础上，逐步推行九年制义务教育，加快农村教育改革，鼓励兴办农村职业中学。从当前和近期看，要重点抓好外出劳动力的技术培训，根据市场需求状况和输出地企业的要求，定向举办各种类型的技术培训班。

6. 完善"回引"政策，吸引"川军"人才返乡领办或兴办企业

近年来，外出务工经商的四川农民工，返回家乡谋求发展的人数在30万人以上，成为深化劳动力转移和发展农村经济新的增长点。如何正确引导外出"川军"返乡创业，是当前我省发展农村经济一个十分重要的问题。从我省的实际情况出发，一是要有正确的舆论导向，对农村劳动力转移应坚持"输出"和"回引"两手抓，由外出民工根据自身的能力和市场需求，选择返乡创业或异地创业的方式。二是为返乡的"川军"人才兴办企业或事业提供方便，简化项目审批手续，在贷款、税收、征地等方面应享受当地的优惠政策，帮助解决入城户口和子女入学等问题。三是地方政府要积极改善投资环境，为返乡民工创业提供良好的条件。四是帮助返乡创业者用市场经济的观点办好经济实体。

7. 加快农村土地流转制度改革，促进农村剩余劳动力转移

在实行城乡户籍制度改革的同时，要加快农村土地流转制改革，具体对策包括：一是在稳定土地承包关系基础上采取多种形式搞活农村土地使用权；二是对已稳定转移到非农产业、本人又愿意转出土地使用权者，当地政府要给予支持，妥善安排土地向种田能手集中；三是对已转让土地使用权，并在小城镇或城市落户的农转非居民，当地政府要视同城镇人口对待，在劳动就业和子女入学等方面给予合理安排；四是逐步建立符合社会主义市场经济生产要素流动规律的土地使用权流动机制，以法律、法规等形式规范土地使用权的合理流转，促进农村剩余劳动力的合理流动和乡村城市化进程。

（本文由课题组负责人过杰执笔，课题组成员有过杰、尹继堂、吴火星、王波，原载于《社会科学研究》1999年第1期）

荥经经济跨世纪发展战略研究报告

党的十一届三中全会以来，荥经县在省委、省政府和地委、行署的领导下，坚持解放思想、实事求是思想路线，以改革开放为强大动力，集中力量搞经济建设，山乡发生深刻变化，经济社会获得全面发展。1996年和1997年四川省县级经济综合评价中，荥经县都名列全省34个山区县（市、区）的榜首，1998年虽然遇到诸多困难，仍保持了比较好的发展势头，名列前茅。世纪之交，贯彻党的十五大精神，以邓小平理论为指导，总结改革开放的实践，谋划未来县域经济发展，积极推进"两个根本性转变"，是荥经县迎接新世纪的重要议程。

一、荥经城乡经济发展趋势分析

荥经县位于四川盆地西缘，面积1 778.78平方千米，总人口13.41万人，其中农业人口11.6万人。荥经县境内海拔1 000～3 500米的中山地带占全县面积91%，是一个典型的辖区面积较广，人口密度较小的山区小县。同时，也是一个资源富县，资源禀赋系数比较高，人均拥有耕地在1.4亩以上，还有大量非耕地，以及丰富的水能资源和多种矿藏资源。可是，长期以来，荥经人备受"富饶的贫困"所困扰，财政靠国家补贴，生活不得温饱，1959年曾因饿死人之多而闻名全国。改革开放，搞活经济，才给荥经带来勃勃生机。

回顾荥经改革开放20年，思想解放促进改革开放，改革开放推动经济发展，大体上经历了如下三个发展阶段：

20世纪70年代末至20世纪80年代初期，把市场调节引进经济生活，农村改革通过试点逐步展开，普遍实行家庭承包联产计酬责任制，同时，开放农村集贸市场和鼓励长途贩运，有力地调动了农民的生产积极性，农村实现增产又增收。1983年，全县人均粮食产量从1978年378千克增加到567千克；农民人均纯收入从1978年119元增加到363元。政策对路，仅3～4年，荥经人就开始走出贫困。这是荥经开放市场，打破封闭，"激活"经济的初始发展阶段。

20世纪80年代中期和后期，随着农村改革深入和农村产业结构调整，以家庭承包为基础的双层经营体制逐步确立，以及国营工业扩大企业自主权和商业结构调整，多种经济形式、多种经营方式、多渠道、少环节的流通体制形成，荥经农村走向商品化、市场化势头开始出现。在种植业、养殖业等不同领域，涌现了一批以商品生产为主的专业户,以及专门从事长途贩运和交通运输的其他专业户。乡镇企业相继崛起,尤其是1986年以来,荥经县抓住全国建材市场发展的机遇,大力开发花岗石及其加工,乡镇企业成为农村工业兴起的有生力量,迅速增强了经济实力。1990年,荥经实现地方财政状况的根本好转,全县财政收入突破千万元大关,甩掉"吃补贴"的帽子,成为财政上交县。这一段时间,荥经县进一步打破行政区划界限,发展横向经济联系,促进县域内外经济交流,为县域经济注入新的活力,荥经经济进入加快发展阶段。

20世纪90年代初期,尤其是1992年以来,荥经县立足当地资源优势谋求发展,全方位实施资源启动战略。以市场为取向的改革在城乡进一步展开,培育市场体系,扩大生产要素的自由流动,放手发展个体私营经济,乡镇企业发展转入相对集中,连片开发,推动了小城镇建设。据"八五"期间统计,荥经县乡镇企业总产值以年均递增60.5%,营业收入以年均递增64.5%,利润以年均递增56.8%,纳税以年均递增55.5%的速度增长。20世纪90年代以来,荥经经济出现高速度、高增值势头,进入经济发展新阶段。

改革开放20年,荥经县没有靠国家的财政转移支付,而是靠政策对路,靠艰苦奋斗、劳动投入,实现当地资源的货币化,以及提高资源货币化程度,获得发展所需资金,振兴县域经济。把当地的潜在资源优势转变成为现实的经济优势,使一个山区小县、财政穷县,迈入了我省山区经济先进县行列。据1978—1998年的统计,荥经县生产总值(以1990年不变价计算)从5 760万元增加到71 348万元;工农业总产值(以1990年不变价计算)从7 908万元增加到167 588万元,其中工业总产值(以1990年不变价计算)从3 046万元增加到155 024万元,农业总产值(以1990年不变价计算)从4 862万元增加到12 564万元;社会消费品零售总额从1 033万元增加到22 942万元;全县财政收入从220万元增加到6 545万元;农民人均纯收入从119元增加到2 080元;城乡居民储蓄余额从1 999万元增加到48 315万元。20年间,生产总值翻了三番多,农民人均纯收入翻了四番多,生活模式从生存型转向温饱型,进而达到小康型。荥经县兴工、强农、建城镇,实现富民裕县的发展目标,为富民兴雅,富民兴川作出了贡献。

1978年以来,荥经人抓住发展不放松,扩大开放,深化改革,经济持续快速健康发展,迈上了一个又一个台阶。荥经经济既经历着自给半自给经济向商品经济的转变,又启动了从农业县向工业县转变的进程。县域经济综合实力显著增强,1998年人均国内生产总值达到6 333元,超过全省4 216元的平均水平;农民人均纯收入达到2 080元,超过全省1 790元的平均水平。县域经济结构也发生阶段性变化,进入市场化和工业化、城镇化的新阶段,工业产值在工农业总产值中的比重从 1978 年的 38%，上升为 1997 年的 80% 以上；国内生产总值中一、二、三产业的比重，由 1978 年的 66.78∶24.43∶8.78 改变为 1997 年的 12.01∶70.33∶17.66。市场化和工业化、城镇化，已成为县域经济发展的三个主要趋势。纵观 20 年来的发展变化，荥经经济振兴的主要特点如下：

（一） 打好基础， 为发展创造条件

荥经县加强农业基础，坚持把农业放在经济工作首位，稳定党在农村的基本政策，深化农村改革，加大农业投入，认定粮食生产是基础的基础。一方面加强农田水利基本建设，修筑防洪堤，整治堰塘湖，改造低产田土，恢复水毁耕地，提高抗灾能力；另一方面实施"科技兴农"，推广水稻和玉米杂交良种，以及推广有关施肥技术、栽培技术的新方法，采取农业技术集团承包，实现稳产高产。1985 年以来，荥经县粮食生产连续 14 年获得丰收，1998 年全县人均粮食拥有量已达 622 千克，粮食稳产高产，为社会稳定，经济发展打下坚实基础。

与此同时，荥经县还着力抓交通、通信等基础设施建设和基础产业电力工业建设。大抓公路交通，以"打通出口，硬化路面，提高等级"为指导思想，通过多渠道筹集资金，从资源开发重要的经济公路突破，展开国道、县道、乡道建设。经过多年整治，1989 年荥（经）天（全）公路修通，与 308 国道连接，荥经县对外通道除 108 国道又增辟出口，改善了区位条件；1997 年全县实现乡乡通水泥路，村村通公路，通车里程达 588 千米，形成内外畅通的公路交通网络。邮电通信也不断改善，1993 年开通程控电话，经过几次扩容，全县装机容量已达 12 000 门，移动电话、自动寻呼和传真，在全县 25 个乡镇也相继开通。荥经县采取积极步骤，开发水能资源，建设小水电，较快地取得成效，1985 年就成为全国首批初级农村电气化县之一。1992 年以来，荥经又加大投资力度，扩大建设规模。截至 1997 年，建成和在建电站装机已达到 9.28 万千瓦。交通、通信和电力工业等率先发展，解决了制约经济发展的"瓶颈"，为荥经经济振兴创造前提条件。

（二） 开山门， 以开放促发展

荥经县远离大城市，远离铁路和内河航运干线，既不沿海又不"沾"边，山区的封闭，给荥经经济发展带来很大困难。荥经谋求发展，十分重视打破封闭，把敞开山门、对外开放，放在重要议事日程之上，抓住机遇，营造发展环境，形成小气候。为改善投资环境，荥经县实行"软硬兼施"，一方面着力加强交通、通信等基础设施建设，把"硬件"搞上去；另一方面制定招商引资的优惠政策和奖励政策，"软件"也跟上去。荥经县根据外来投资者投资项目的不同情况，实行重点保护政策，收费优惠政策、返还所得税政策，尤其鼓励投

资兴办种植业、养殖业及其深加工企业和经营性企业。"你发财，我发展"。为外来投资者提供更为宽松环境，吸引了各地客商纷纷投资。仅据1992—1997年的统计，5年间引进到位资金2.779亿元。荥经经济从封闭转向开放，产品闯进大市场，3 000多人的石材销售大军走向全国，"哪里有石材市场，哪里就有荥经"。把产品销出去，资金、技术引进来，开放给荥经带来了活力，形成县域经济发展新格局。

（三）发挥优势，在"特色"上下功夫

凭借资源优势，注重发展特色经济，荥经县获得成功。多年来，荥经县先后发展一批拥有资源优势的产品，在市场上占有相当份额，享有盛誉。荥经县地处中山地带，气候湿润，山间云雾缭绕，适宜茶叶生产。这里是传统的边茶生产基地，20世纪80年代重点开发大坪山茶园，纳入"星火计划"，其产品"古城毛峰"、"观音仙茶"，先后在西部地区"陆羽杯"评茶会上被评为中国西部名茶，并在省"甘露杯"评茶会上获金奖。荥经县雨量充沛，水草丰茂，适宜草食禽畜生长。20世纪80年代初全国毛纺织业发展，荥经县及时引进长毛兔，由农户广泛饲养。以当地草料饲养长毛兔，兔毛洁白细长，质量特好，受到客商欢迎。现在长毛兔饲养已达18万只以上，年产兔毛60吨以上，荥经县成为西南兔毛的重要产地和集散地。20世纪80年代中期开始，以市场为导向，荥经县在加快煤炭开发的同时，大力开发花岗石及其加工，石材工业迅速兴起，"荥经红"、"三合红"、"新庙红"走俏全国石材市场。经过多年发展，以红色花岗石开采及其加工的特色经济，在荥经河畔撑起一方天。1997年，花岗石开采及其加工的工业产值占全县工业总产值65%左右，其入库税金占全县40%左右。县域经济发展，避免"同构化"，在"特色"上下功夫，产品有生命力，在市场上争得自己的地位。

（四）一视同仁，放手发展私营经济

山区经济拥有丰富资源，这是它的优势，然而，对于山区经济起步来说，资金匮乏不能不说是它的劣势。对此，荥经县采取"有钱自己干，无钱请人干，钱少合伙干"的措施，国家、集体、个体一起上的办法，动员社会力量，引导"大家把箱子里的钱拿出来，把亲朋好友的钱聚起来，把外面的钱找回来"，也就是把社会闲散劳动力和社会闲散资金结合起来，发展个体、私营经济，走出自己的路子。尤其1992年以来，以"三个有利于"为标准，进一步解放思想，不搞成分论，一视同仁，平等竞争，获得新发展。在实施中，荥经县实行"四个不加限制"，做到"四个一视同仁"，抓好"四个结合"。"四个不加限制"，即发展比例、发展速度、经营方式、经营规模不加限制；"四个一视同仁"，即政治待遇、政策扶持、发展条件、经济环境一视同仁；"四个结合"，即与市场

建设相结合、与集镇建设相结合、与优化产业结构相结合、与推进科教兴县相结合。从而，有力地推动县域经济发展。据1998年年底的统计，荥经个体、私营企业实现工业产值7.74亿元，占全县工业总产值的54.9%；入库税金2 044万元，占全县工商税收的53.5%。荥经的个体、私营经济已成为县域经济发展的生力军。

（五）转换机制，搞好小城镇建设试点

随着县域经济发展，荥经县不失时机地加强小城镇建设，选择县政府驻地严道镇进行试点。小城镇建设中，荥经县着重抓工业开发区建设，通过修筑防洪堤，开发沿河大量河滩地，少占耕地的办法，建成占地300亩、以石材工业为主的开发区。这里，拥有300台切割机，占全县板材加工40%的生产能力，200台磨机，占全县精磨板加工50%的生产能力。实行相对集中，连片开发，不仅节约土地，节约投资，并且带动人口聚集以及第三产业发展。工业经济成为荥经城镇经济发展的重要支柱，也是城镇经济进一步发展的动力源。小城镇建设中加强了市场建设，建成占地37亩，硬件设施和市场管理软件设施上档次、规范化的综合农贸市场，设固定摊点800多个，从业人员3 200多人，年成交额达8 000万元。还有新建的邮电大楼、汽车客运站、自来水厂扩建等，先后竣工，已投入使用。小城镇新区建设，新建街道8 000多米，东西、南北干道宽40米，主干道与次干道、郊区公路网连成一个整体。荥经小城镇建设计划五年，提前两年建成，城区面积从1.5平方千米拓展为3.94平方千米。一座初具规模，经济繁荣，功能齐全，设施配套的现代化小城镇，已矗立在荥经河之滨。小城镇建设不仅扩大了城镇规模，更重要的是加强了生产功能、商贸功能、交通通信功能，使荥经县城从行政管理中心转变成为县域经济中心。荥经县小城镇建设试点的成功，以改革的思路转换投资机制是其重要环节。小城镇建设之初，按概算城区面积扩大2.44平方千米，需要投入资金3.5亿元，其中基础设施建设资金约9 000万元。对此，荥经县在投资体制上进行大胆尝试，采取土地有偿出让增值，以地生财，以地聚财，筹集建设资金；房地产开发增值，开发房地产征收城镇建设配套费和管理费；农转非征收城镇建设基础设施建设费；谁受益，谁投资，集资搞建设；制定优惠政策，引进资金搞建设，以及政府专项拨款搞市政建设等。通过以民间为主，多渠道筹集资金3.3亿元，使建设资金基本达到平衡。以改革精神，建立多元化投资机制，是小城镇建设的可靠保证。

荥经县自改革开放以来，在领导层着力培育"为民、团结、务实"精神，为山区经济振兴，人民生活达到小康，为我国实现现代化宏伟蓝图，"一届为一届打基础，一届接着一届干"，走出了一条以开放促发展，民营经济为载体，注

229

重特色，资源启动的路子。荥经的成功实践，为山区经济开创了一个前所未有的新局面。同时，必须看到荥经的成功实践，与雅安地区为山区经济制定正确的发展战略是分不开的，荥经的成功实践，也是雅安地区经验的体现。荥经的成功实践，为四川山区的县域经济，提供了一种发展模式。它是可供借鉴的模式，对相当一部分山区县具有普遍意义。

面向新世纪，自觉把握市场化和工业化、城镇化的趋势，寻求荥经经济新发展，还必须分析认识和解决好以下一些突出的矛盾：

第一，结构性矛盾。表现在工业结构比较单一，以矿藏资源开发的项目为主，对农业资源开发的项目相对较少。一"红"（花岗石）一"黑"（煤炭）在全县工业总产值中的比重占了85%左右，是荥经经济的主要支柱。不过，工业结构单一，如果市场变动，风险也大，不能不引起注意。以农产品为原料的工业，在全县工业总产值中的比重仅占6%，这部分工业发展不够，不仅对农业经济带动性小，并且对整个工业发展的互补性也差。同时，"红"与"黑"的开发，产业链存在很大局限性，企业规模比较小，技术起点也比较低。据1997年乡镇工业企业状况分析，2 206个企业，平均每个企业职工仅9.4名，平均每个企业的年产值49.57万元。有步骤的促进增长方式转变，是荥经经济发展的一项重要任务。

第二，市场化的矛盾。小生产与大市场是县域经济发展中一大矛盾，荥经县有3.5万农户，11万多农民，在以家庭承包为基础的双层经营体制建立起来后，进一步引导农民走向市场，始终是一个重要问题。农村经济走向市场化，荥经县虽然在20世纪80年代中期就有一批专业户出现，但是至今在种植业和养殖业领域的专业户经营规模普遍比较小，专业大户也比较少，农业产业化经营的进程比较缓慢，规划中的农产品、畜产品生产基地虽然有一定发展，有的项目也有较大规模，但对龙头企业培育不够，种养加、产供销"一条龙"的成型项目太少。贸工农一体化的农业产业化经营进程缓慢，影响荥经大农业的形成和发展。

第三，城镇化矛盾。荥经县1997年生产总值（当年价）已达8.15亿元；全部工业总产值（当年价）已达11.892亿元，工业总产值（当年价）占工农业总产值（当年价）的比重已达80.16%；农业总产值（当年价）已达2.942亿元；全县财政收入已达0.671亿元。以上各项经济指标，已经同四川省规划中2000年设市（人口密度每平方千米小于100人的县）的要求相当，甚至已经超过。可是，人口城镇化滞后工业化的矛盾非常突出，1997年全县总人口13.41万人，其中非农业人口仅1.85万人，县政府驻地严道镇的城镇人口（按户籍计算）仅1.8万人左右，荥经县城镇化水平仅13.8%。县政府驻地严道镇如果把拥有住房，从事二、三产业，生活有稳定来源的常住人口统计在内，则有3.3万人，荥经县城镇化水平将在25%左右。城镇化水平比较低，县政府驻地镇具有非农业户口，从事非农产业的人口小于6万人，同四川省规划中2000年设市（人口密度每平方千米小于100人的县）的要求有较大距离。这不能不是要着力解决的问题之一。

从荥经城乡经济发展趋势和荥经经济发展模式分析，荥经县的社会主义现代化建设，开始走上市场化和工业化、城镇化的发展道路，虽然还有一些突出的矛盾有待进一步解决，但可以断定，从现在起到2010年，荥经正处在从农业县向工业强县发展的转变期，是一个至关重要的时期。深刻认识从农业县向工业强县转变期县域经济运动的规律性以及要解决的矛盾，实现新一轮发展目标，这是荥经县制定跨世纪发展战略的出发点。

二、荥经县经济发展战略

根据国家总体部署和四川省国民经济跨世纪发展战略以及雅安地区规划要求，立足于荥经县情，从现在起到2010年，荥经县国民经济跨世纪发展战略概括为：高举旗帜，推进转变，夯实基础，发挥优势，优化结构，科教进步，持续发展。要以邓小平理论为指导，进一步解放思想，坚持以经济建设为中心，"三个有利于"为标准，弘扬"负重自强，团结登攀，求实创新，富民兴川"精神，富民兴雅，富民兴荥；要树立大改革、大开放、大发展观念，加大改革力度，增强开放实效，促进县域经济市场化进程，构建社会主义市场经济体制；要着力调整产业结构，促进经济增长方式的转变，继续以"夯实基础，壮大支柱，突出重点，调整结构，狠抓落实，务求实效"为经济工作指导思想，发挥当地资源优势，提高工业技术水平，增进规模效益，创出品牌，加强产品在市场的竞争力；要促进科技与经济结合，拓展科技兴农，继续加强基础教育、职业技能教育，普及科学技术知识，不断提高城乡居民科学文化水平。要从多方面加强工作力度，实现持续、快速、健康发展，促进农业县向工业强县转变，逐步把荥经建设成为工农协调，城乡结合，环境优美，经济繁荣，社会进步的川西山区现代化城市。

（一）战略定位分析

第一，世纪之交，县域经济的战略地位进一步加强。党的十五届三中全会，按照十五大确定的我国社会主义初级阶段的基本纲领和总体部署，从经济、政治、文化三个方面，提出了从现在起到2010年，建设有中国特色社会主义新农村的奋斗目标，确定了实现这些目标必须坚持的方针。全会强调农业、农村和农民问题是关系改革开放和现代化建设的重大问题,对此,县域经济的战略地位也将进一步加强。农业生产、农村经济主要分布在县域,全国80%以上的人口分布在县域,农民是县域人口的主体。县域乡镇企业是农村经济的重要经济增长点,如果按现在20%的年递增率增长,到2000年乡镇企业总产值将占我国国民生产总值的40%,而在农村社会总产值中所占比重将达到80%以上。县域是世纪之交建设社会主义新农村的重要环节,县域经济也为推进农村工业化、乡村城市化提供很大的发展空间。

第二,构建成都平原经济圈,对其周边地带将产生积极影响。我省在总结"一条线"经验基础上,为跨越世纪,加快四川经济发展,不仅在产业结构上寻求新的突破,并且要在区域发展上寻求新的突破。遵循邓小平同志"让一部分地区先富起来,激励和带动其他地区也富裕起来"的思想,遵循区域经济从非均衡发展到均衡发展的规律,省委、省政府决定在不断促进区域经济协调发展的同时,构建成都平原经济圈。以成都这一中心城市为依托,包括成都市、德阳市、绵阳市、乐山市、眉山地区等辖区内33个县(市、区)构建四川省经济快速发展地区,形成强增长极,发展强大的辐射效应,带动其他地区,建设经济强省。这一决定目前正在紧锣密鼓地进行规划。雅安、荥经都处在成都平原经济圈的周边地带,甚至是成都平原经济圈外层最近的周边地带,随着成雅高速公路的建成,雅安在四川城市体系中的地位将显著加强,荥经至成都市的行程将缩短为3小时左右。成都平原经济圈的经济快速发展,意味着以成都为中心的市场活力进一步加强,对其周边地带施加影响,人流、物流、资金流、技术流、信息流将更加频繁,带动周边地带经济发展。

第三,川西城镇区逐步形成,现代化城镇(城市)的作用将更加重要。据有关专家测算,2000年前,全省农村向城镇转移人口将大体保持在平均每年70万人左右,5年约350万人;2001—2010年,平均每年约100万人左右,10年约1 000万人。根据这项测算,再结合人口自然—机械增长、经济发展水平等相关因素进行分析,以户籍为依据预测四川城镇非农业人口的比重,2000年为20%~22%,2010年为30%~32%。与此对应的城镇常住人口比重分别为25%左右和38%~40%。表明四川城市化进程在21世纪之初正处在从起步阶段逐步向加快发展阶段转变的重要时期。在这一时期,以雅安市为中心、康定和马尔康为副中心的川西城镇区将形成和发展,川西山区经济将带来新的格局。就荥经而言,位于川西城镇区经济发展比较快的核心地带,无论是经济发展水平还是小城镇建设的成就,在川西城镇体系中的作用已崭露头角。从荥经的区位分析,荥经处在成都平原农区向青藏高原牧区的通道上,与甘孜、凉山、阿坝的经济社会发展在历史上就有密切的联系,改革开放以来大抓公路交通建设,尤其荥（经）天（全）公路的修通，荥经对外交通贯通108国道和308国道，区位条件有很大改变。应该说，荥经进一步拓展小城镇建设的成就，逐步建设成为工农协调，城乡结合，环境优美，经济繁荣，社会进步的现代化城市，不但是荥经经济进一步发展的需要，并且也是川西山区经济开发的要求。荥经要在中心城市成都、次中心城市雅安与山区之间的经济辐射中发挥"二传手"作用；为吸纳农村剩余劳动力，促进人口城市化，减少大、中城市压力，发挥分流作用，以及向广阔山区、向农村展示城市文明，传播现代科学文化知识，发挥示范作用。

从以上分析，荥经县跨越世纪虽然存在诸多矛盾，尤其买方市场和微利时代的到来，遇到一定的困难，但是更多的是机遇。机遇之一是面对当前亚洲金融危机的冲击和经济全球化的挑战，中央决定进一步加强农业，繁荣农村经济，提高农民购买力，有利于扩大内需，保持整个国民经济增长的良好势头，增加我国在国际合作与竞争中的回旋余地。把努力开拓国内市场特别农村市场，作为我国经济发展的基本立足点。无论是坚持以市场取向的改革，还是加快以水利为重点的农业基本建设，抗洪、防灾，加强农业投入，促进农业科技发展，都给县域经济发展带来新的机遇。机遇之二是我国经济发展向中西部转移的态势逐步出现，以及四川省构建成都平原经济圈，加大改革开放力度，加强基础设施建设，加快产业结构调整，将带动荥经的建材工业、食品工业（包括农副产品加工）和其他工业发展。机遇之三是由于重庆设直辖市，四川行政区划调整，我省经济发展将重视西移、南移，有步骤地开发资源富集地区，以及甘孜、阿坝、凉山等地山区经济市场化进程逐步出现，山区资源得到逐步开发，将给处在青藏高原与成都平原通道上的荥经经济带来发展机遇。

（二）发展路径选择

面对新世纪，为实现新的战略目标，党的十五大曾明确提出要求："真正走一条速度较快、效益较好、整体素质不断提高的经济协调发展的路子。"实行新的战略转变，从实际出发，荥经县国民经济跨世纪发展的路径，我们认为以市场为导向逐步转入结构转换，实行非均衡协调发展为选择是可取的，也是完全必要的。

第一，从农业地区实现工业化的进程分析，县域经济走上工业化发展道路，将经历"农业—工业"、"工业—农业"、"工业化"等不同的发展阶段。荥经县改革开放，搞活经济，启动农村工业化进程，20世纪90年代初工业总产值开始超过农业总产值，在工农业总产值中比重达到50%以上，至1997年达到80%多，从"农业—工业"转入了"工业—农业"的发展阶段。可以这样判断，荥经县工业化进程，目前正处在第二发展阶段向第三阶段转变。前一阶段以资源的高消耗为支撑,工业发展实现了经济总量的扩张。世纪之交,从"工业—农业"向"工业化"发展阶段转变,势必要在经济总量扩张的同时,从量的扩张逐步转向质的提高,提高工业的整体素质,提高农业生产的现代化水准。也就是要实现经济增长方式从粗放型向集约型的转变。

第二,从区域经济发展的不同阶段分析,区域经济发展可分为资源启动、结构转换、技术导向等不同类型。对区域经济发展不同类型的选择,是受当地经济发展水平等因素所制约的。荥经县在"七五"、"八五"期间,以发展石材、煤炭工业带动各方面的发展,不仅是靠发展劳动密集型的产业搞上去的,同时,也是靠资源的高消耗实现经济总量迅速增长。这种情况,在经济比较落后、比较封闭的山区,是不可避免的。但是,当资源启动使山区经济有了一定的实力,就应该不失时机地以市场为导向,进入结构转换。从资源启动有步骤地转向结构转换,当前重要的是提高加工深度,延长产业链,增进附加值,从而优化结构,以及在利用当地资源发展加工型产业的同时,有选择地利用域外资源发展加工型产业。发展"两头在外"的产业,对提高荥经工业发展水平,扩大与域外的贸易是十分重要的。

第三,从区域经济发展产业之间的相互关系分析,荥经是在县域经济市场化进程中启动,靠地方的力量、社会的力量得到发展的。乡镇企业崛起就是摆脱传统计划经济体制的"均衡发展"的影响,以市场为导向配置资源,较快地形成了自己的支柱产业。总结和完善实践经验,荥经在产业发展相互关系方面,选择非均衡协调发展是必要的,也是正确的。这一选择,立足于县域经济发展中,市场的需求状况不同,不同产业的投入产出效果也不尽相同,为提高资源配置效率,必须相对集中人力、物力和财力,采取重点开发方式。并且,在资源分配和政策投入上对重点产业实行倾斜。在实施"非均衡发展"的同时,在产业之间、地区之间要保持协调,也就是倾斜政策必须适度。这对荥经而言,在注重非再生资源开发的同时,要重视再生资源的开发;在大力发展以非农产品为原料的工业的同时,要重视发展以农产品为原料的工业;在加强城镇建设,加快城镇经济发展的同时,要重视农村经济。要通过必要的宏观调控,实现工农协调、城乡协调、经济与社会的协调发展。适度倾斜与协调发展相结合是实施非均衡协调发展的核心思想。

(三) 战略重点

荥经县立足于现有的基础及其在川西山区的战略地位,从农业县转向工业强县,逐步建设成为川西山区现代化城市,选择非均衡协调发展路径,实现从资源启动型向结构转换型转变,荥经经济跨世纪发展战略重点如下:

1. 夯实基础

农业是国民经济的基础，始终要把农业放在国民经济发展的首位。大力发展农业不仅是保障人民生活的需要，也是发展工业和第三产业的需要。荥经拥有耕地15.67万亩，林地114.83万亩，牧地15.68万亩，其他以"四荒"为主的非耕地资源还有2.98万亩。加之雨量充沛，气候温和，发展农业具有较大优势。继续夯实农业基础，必须在稳定发展粮食生产的同时，大力调整农村产业结构，实行农林牧副渔并举，并且把发展多种经营同支持和促进粮食生产结合起来，确保农产品有效供给和农民收入持续增长。为了确保粮食稳定增长，要开辟多种渠道增加农业投入；依法保护耕地，建立基本农田保护制度；加快农田水利基本建设，提高抗灾能力；强化科技兴农，以及搞好化肥、农药、农膜、农业机具供应工作。随着国家天然林保护工程的实施，要加快发展速生丰产林，以及充分利用山区有利条件，发展竹林、银杏、板栗、核桃等经济林木。积极发展多种经营，要大力开发名优特产品，因地制宜，发挥优势，促进专业化生产，区域化布局，产业化经营。

在继续夯实农业基础的同时，要继续加强交通、通信和市政基础设施建设，进一步改善投资环境。继续抓紧县境内国道、县道的改造和养护，彻底消灭病害隐患，进一步改善乡村道路，保证县域内外交通畅通。邮电通信要以完善、配套、提高为重点，提高市话、农话普及率，提高邮政传输效率、服务质量和现代化管理水平。市政基础设施建设，要在小城镇建设试点区进一步完善服务设施，提高综合服务水平的同时，根据《荥经县城市远景轮廓规划》，作出各项具体规划，有步骤地加强基础设施建设，同时，加快农村小集镇建设的统筹规划和管理，进一步完善其设施和服务功能，促进农村工业化、乡村城市化进程。

2. 壮大三个支柱产业

以市场为导向，继续发挥资源优势，加强技术改造，重点扶持，壮大三个支柱产业。

第一，电力工业。荥经县水力资源丰富，水能蕴藏量为64.22万千瓦，可开发量39.38万千瓦，现在建成电站仅开发3.1万千瓦，占可开发量的7.9%，加上在建电站也只开发9.28万千瓦，占可开发量的23%左右。水力资源开发，为农村电气化和工业化、乡村城市化创造了条件。全县水力发电，在建项目投资后，发电量以产值计算将占全县工业总产值的9%左右，成为支柱产业。今后的发展方向是：

——鼓励多层次、多形式、多渠道，运用社会力量、民间力量开发水力资源。

——积极发展小水电的同时,以花滩电站为重点,由县统筹,集中力量建设若干骨干电站。

——总结发展小水电采取民间集资,以及实行股份合作制、股份制的经验,以改革精神进一步办好小水电,提高管理水平。

第二,煤炭工业。荥经县煤炭储量为10 373万吨,煤炭资源有无烟煤和烟煤两种,质量以无烟煤为上乘,产量以无烟煤为主。荥经的无烟煤含硫量低,灰分少,硬度大,发热量高,在市场上有相当大的竞争力。1997年开采量为139.52万吨,以其产值计算,约占全县工业总产值的17%左右,是支柱产业之一。当前,由于城市生活以气代煤等多种原因,对煤炭市场有较大影响。今后发展方向是:

——积极地抓紧对现有矿井进行技术改造,规范生产技术,消除隐患,安全生产,在此基础上提高生产能力。

——加大改制力度,推行股份合作制,增加设备投入,培育骨干矿井,有步骤地开发新矿井。

——以质取胜,瞄准川西、川中,稳住老客户,争取新客户,开拓市场,建立畅通的销售渠道。

第三,石材工业。荥经境内花岗石资源丰富,分布在210平方千米内,储量达40亿立方米,可开采量达10亿立方米。荥经的花岗石以红色为主,各种物化性质优良,色彩美丽,光泽鲜艳。荥经石材开发、石材加工拥有比较大的生产能力,在全国石材市场占有相当份额。近年,建材市场疲软,石材销售也受影响。1997年,花岗石开采量4.85万立方米,加工板材315.6万平方米,1998年,花岗石荒料和板材减产20%左右。花岗石实现产值占全县工业总产值65%左右,仍是全县的龙头产业。今后发展方向是:

——加强矿山建设和管理,着力引进先进开采技术,提高荒料成材率,扩大花岗石荒料的生产量。

——着力调整产品结构,在提高花岗石荒料利用率和板材加工质量的同时,提高精磨板材、薄型板材、异型板材的生产能力,提高板材的平整度和光洁度,质量标准向国际标准靠拢。

——发展开采、加工、销售一体化的紧密型集团公司,创出品牌,提高市场竞争力和增进规模效益。

——要发展与建筑设计机构的联系,建立信息网,把销售活动提高到一个新水平,同时,探索生产工艺品、生活用品等扩大石材用途,扩展销售渠道。

——以石材开采和加工为主,扶持其他建材工业的综合发展,逐步形成多部门发展的建材生产基地。

3. 培育三个新的增长点

以市场为导向，立足电力供应充足，拥有较多的资源，包括利用域外资源，精心策划，大力培育三个新的经济增长点。

第一，高耗能工业。荥经县境内拥有多种金属矿藏，铅锌矿藏量8.22万吨，铜矿藏量1.29万吨，赤铁矿和锰铁矿藏量均在1 500万吨以上。这些矿藏的矿体比较分散，但开采已有一定规模，高耗能有色金属冶炼已经启动。县域外康定等地铅矿的保有工业储量在112万吨以上，锌矿的保有工业储量在423万吨以上。发展高耗能工业的电力能够就近得到保证。荥经从流域综合开发出发，培育高耗能有色金属冶炼是有根据的。其发展方向是：

——高耗能工业启动，矿山建设是重要环节，要继续抓紧有色金属矿山建设，使生产逐渐形成规模。

——积极发展以铅锌、铜矿、硫铁矿为主的有色金属开采、洗选、冶炼加工。县上重点开发祁家河有色金属资源，通过提高有色金属矿源产量，推动洗厂、冶炼厂、电冶厂粗加工和精加工。

——近期抓好青龙电冶厂新建5 000千伏安电石冶炼炉工程的建设，其他高耗能冶炼项目都要抓紧进行前期论证。

第二，食品工业。荥经山区和荥经周边地区农业资源丰富，具有发展食品工业的资源条件。加快食品工业发展，是让山区绿色资源启动的需要。食品工业是一个经久不衰的产业。食品工业以农业资源的开发为依托，又能促进大农业——商品农业的发展。面对新世纪，城市化将加快发展，对食品的需求量将增加，同时对食品品质还有新的要求。目前，荥经县和周边山区还是一个无工业污染的地区，不仅种植业、养殖业具有许多资源优势，还有不少野生植物资源，药用植物资源。其发展方向是：

——发展食品工业，要突出无工业污染地区食品生产的特点，争取市场的份额，发展无公害的绿色食品、保健食品、疗效食品。

——要分析不同地区的市场需求和变化状况，确定食品工业的产品结构。大城市的市场需求与农村地区的市场需求、少数民族地区的市场需求就存在差异。发展食品工业不必挤在一条道上，应瞄准不同地区的消费对象，根据消费习惯、消费水平等组织食品生产。

——重视产品质量、重视品牌、重视包装。食品一般直接进入生活消费，也经常是交往之中的礼品。既要保证产品质量，又要注重包装，美观大方，方便消费，有利交往。

第三，旅游业。荥经是历史上南方丝绸之路通道上的一座古镇，县境内海拔最高约3 666米，最低700多米，相对高差近3 000米，群山环抱，四季分明，既有风光极好的自然景观,又有历史悠久的人文景观。严道古镇遗址,陈列当地同心村新石器时代的出土石锄,以及春秋战国、东汉、宋代等历代出土文物,是一座历史博物馆。距城5千米的太湖寺,始建于唐代,元代废于兵乱,明代重建,殿堂依山迭造,独具风格。整个庙宇为桢楠、银杏等古木掩映,桢楠最古老的已有1 300多年的历史。大相岭相传是诸葛亮七擒孟获之地。瓦屋山原始森林在荥经境内约有三分之二,是川西山区难得的旅游胜地,也是狩猎的好去处。泡草湾林区,属典型的亚热带绿叶林带,林区水源和植被丰盛,景色秀丽,其间天生桥、杜鹃沟、仙女池、野牛街等景点尤为迷人。花滩电站建成后,花滩人工湖与塔子山风景区融为一体,将出现又一胜境。荥经旅游资源丰富,颇具开发价值,由于荥经公路交通的改善,已经为荥经旅游资源开发创造比较好的条件。近期进入荥经旅游,有两条线路可供选择,自然景观一线:荥经—羊子岭—泡草湾林区—瓦屋山自然保护区;人文景观一线:荥经—太湖寺—古城遗址—花滩湖塔子山。为开发荥经旅游资源,当前要抓紧统筹规划,提出开发方案,包括制定若干政策,鼓励开发。然后分步组织实施。近期为吸引游客,举办有民间特色的太湖庙会、杜鹃花节都比较成功,不失为鼓励旅游业发展的一种对策。

4. 加强县域经济中心和城镇(集镇)建设

从川西城镇区逐步形成的态势出发,结合荥经县域的特点,合理定位,坚持城市化与工业化相配合,城镇建设与农村发展相结合,培育不同范围、不同层次的区域经济中心和经济增长点。加强城镇建设,发挥城市功能,带动县域经济社会发展,其战略重点是依托一点(进一步建设好县域经济中心——严道镇),开发两翼(一翼为青龙乡、另一翼为花滩镇),带动一线(108国道沿线主要集镇)。

第一,加强县域经济中心建设。县政府驻地严道镇,是荥经县域政治、经济、文化中心。跨越世纪,建设有中国特色社会主义新农村,促进农村工业化、乡村城市化进程,要拓展小城镇建设试点取得的成就,以建设未来城市中心区为目标,进一步建设好严道镇。荥经从农业县转向工业强县,建设现代化城市,其城市性质是以建材工业为主多部门发展的工贸型城市。作为区域性经济中心,其主要职能是工业中心、商贸中心、交通中心。从荥经小城镇建设成功的实践出发,加强城市中心区建设,发挥城市功能,要坚持产业集中带动人口聚集,促进城市发展的路子。市政设施和其他基础设施建设,都要充分考虑城市性质,有利于发挥工业中心、商贸中心、交通中心作用,提高其综合服务功能。对荥经城市远景,省里有关部门在1994年已有轮廓规划,以现在县城为中心,沿荥河向西面大古城、青峡坝,向北面大田坝两方延伸,城市用地9.5平方千米,即未来城市的中心区，人口容量将在 6 万人以上。规划区范围更大些，向周边延伸，占 15 个村，约 25 平方千米。扩展城区规模，是荥经经济进一步发展和人口城镇化的需要。

第二，主要小城镇（集镇）职能。根据荥经县经济社会发展的现状，非农业人口相对较少，严道镇相对集中，其余分布在若干乡场，而建制镇仅严道、花滩两个镇。除严道镇是县域政治、经济、文化中心之外，其他主要城镇（集镇）的职能如下：

花滩镇：县域中部的经济中心和交通枢纽点。全县重要的电力生产基地，以高耗能工业、石材加工、农副产品加工为发展方向，依托山水相连、人工湖、塔子山的景观和环境，培育旅游业。建设以工业为主的工贸旅游型城镇。

泗坪场：县域西部的交通枢纽，周围山区的物资都在此集散，依托当地资源，以建材、有色金属冶炼以及农副产品加工为发展方向。建设以工业为主的工贸型集镇。

青龙场：位于县城东部，全县规模较大的高耗能冶炼企业已经在此布局，工业相对集中开发的条件比较好，有色金属冶炼和农副产品加工是发展方向。建设以工业为主的工贸型集镇。

新添场：位于县域北部，历史上曾是荥经县境内第三大集镇，是周围山区重要的物资集散地和农贸中心。以商贸和农副产品加工为发展方向。建设以商贸为主的工贸型集镇。

5. 坚持可持续发展

人口问题、资源问题、环境问题和经济社会发展问题，是当今世界人们所日益关注的重大问题。在我国社会主义现代化建设中必须实施可持续发展战略，坚持实行计划生育和环境保护的基本国策，正确处理经济发展与人口、资源和环境的关系，把严格控制人口、节约资源、保护环境和经济发展统一起来。荥经县，至今还是无工业污染的地区，今后国民经济发展与产业结构调整，一定要把可持续发展放在重要议事日程之上，不能因经济发展而牺牲环境。要执行"经济建设、城乡建设、环境建设、统筹规划、同步实施、同步发展"的原则，对有污染的项目，从前期论证开始，设计、施工到投产都要注重对污染采取有效的防治措施。自然资源开发利用要同保护治理相结合，治水要同治山相结合，城镇发展要同环境建设相结合。长江上游的国家天然林保护工程实施，事关大局，事关中、下游地区的安危，必须给予足够的重视。县域经济发展要确保在维护自然资源和生态环境可持续能力的基础上，保持经济的健康发展，以期实现经济效益、社会效益和生态效益的统一。

三、 跨世纪经济发展目标

1999—2010年荥经县国民经济发展的战略目标是：以贯彻执行党的十五届三中全会决定，建设有中国特色社会主义新农村以及川西城镇区的形成和发展为契机，推进经济体制和经济增长方式的根本转变，提高经济整体素质和人口城镇化水平，人民生活在实现小康基础上走向宽裕，把荥经逐步建设成为川西山区的现代化城市。

（一）经济总量进一步增长

"九五"期间，全县国内生产总值以9.1%的年增长速度实现经济增长，与全省平均速度持平，县城经济实力继续增强。到2000年，国内生产总值（以1990年不变价计算）达到7.5亿元；县级财政收入达到4 350万元。到2010年，国内生产总值按年均增长7%测算，达到14.75亿元；县级财政收入，按年均增长5%测算，达到7 086万元，10年间经济总量翻一番。

（二）经济结构进一步优化

一、二、三次产业占国内生产总值比重，已经从1978年的一、二、三结构次序演进为1997年的二、三、一结构次序，非农产业增加值的比重从33.21%提高到87.99%。推动产业结构优化升级，到2000年，一、二、三次产业继续保持二、三、一结构，但非农业产业增加值的比重有所提高，达到88.66%，到2010年，将维持二、三、一结构，非农产业增加值比重继续提高。在工业结构中，以农产品为原料的工业所占比重将有所提高；企业规模结构中，中型企业将有所增加，以及出现数家有相当规模、对市场有相当影响的大型集团公司。

（三）人民生活从小康进一步走向宽裕

1998年全县人民生活基本实现小康。以农民为主体的县域人口结构，农民能不能实现小康，关系全局。"九五"期间，农民人均纯收入按16%年均递增率测算，2000年达到2 340元；到2010年，10年间按7%年均递增率测算，达到4 603元。

从荥经县农民的消费结构分析，已经在温饱型基础上进一步优化，农民家庭平均每人消费支出，食品的支出呈下降趋势，1997年占59%，而文教娱乐用品及服务呈上升趋势，1997年占9.52%。到2000年，农村居民的恩格尔系数将降到55%左右，2010年则将继续降到48%左右。

（四）城镇化进一步加快

根据人口发展的自然规律，国家计划生育的有关方针和政策，经有关专家测算，荥经县总人口，2000年将达到14.2万人，2010年将达到15.3万人，非农业人口占总人口的比重，2000年将达到30%、2010年将达到40%，也就是城市聚居人口总数2000年为4.26万人、2010年为6.12万人。这样的测算，主要以户籍制度规定为依据。把城镇常住人口计算进去，显然城市化水平还要高一些。荥经县加快城镇化，特别要着力规划现在县城，即未来城市中心区非农业人口聚居的规模，以实现城市发展新的目标。

四、主要战略措施

（一）进一步解放思想，开拓发展新局面

以思想解放促进改革开放，改革开放推动经济发展和各项事业进步，是雅安经济振兴的重要经验，也是荥经经济振兴的关键。贯彻党的十五届三中全会精神，要以邓小平理论为指导，深刻认识我国社会主义初级阶段是不发达阶段，农村尤其不发达的基本国情，全面贯彻党的基本路线，始终把发展农村经济，提高农业生产力水平作为整个农村工业的中心。"发展才是硬道理"，要进一步解放思想，破除不谋发展、小富即安的落后意识；破除安于现状、不求进取的封闭观念；破除怕这怕那，不肯下功夫的畏难情绪。面对新世纪，希望与困难并存，挑战与机遇同在，要看到希望抓住机遇，把荥经经济及各项社会事业推上一个新台阶。要坚持以"三个有利于"的标准衡量和检查各方面的工作，进一步克服思想障碍，真正做到一视同仁，平等竞争，促进多种所有制经济相互依存，共同发展，为荥经再创辉煌。

（二）积极而有序地深化城乡经济体制改革

以建立社会主义市场经济体制为目标模式，深化国有企业改革，要按照"产权清晰，权责明确，政企分开，管理科学"的要求，积极而有序地进行，逐步建立现代企业制度。抓好大的，放活小的。以产权制度为突破口，不能"一卖了之"，要坚持因企施策，分类指导，精心组织，重点突破，整体推进。以股份制改革和国有民营为主要形式，组建一批集团公司和有限责任公司，小企业放开放活，进行非国有化改造，走民营经济的路子。凡进行产权制度改革的企业，都必须经过清产核资，资产评估产权界定，防止资产流失。农村改革，要在稳定党在农村基本政策的基础上进行。要继续完善所有制结构，在积极发展公有制经济的同时，采取灵活有效的政策措施，鼓励和引导非公有制经济有更大发展，适应生产和市场需要，发展跨所有制、跨地区的多种联合和合作，农民采取多种多样的股份合作制形式兴办实体，要扶持、正确引导、逐步完善。以农民的劳动联合和农民的资本联合为主的集体经济，更应鼓励。

(三)"两个扇面" 扩大与域外的经济合作和交流

对外开放,要继续敞开山门,开放口岸,欢迎各路客商到荥经经商办厂,进一步拓展市场将产品销出去,资金、技术引进来的格局。扩大开放,拓展荥经与域外发展经济合作与交流,荥经要充分利用有利的区位条件。荥经处在成都平原经济圈周边地带,同时也处在成都平原农区与青藏高原牧区的重要通道上,历史上就有数千居民在这个通道上经商,发挥"农牧互市"作用,为荥经市场的繁荣作出过贡献。改革开放以来荥(经)天(全)公路修建,荥经对外联系有108国道和308国道贯通,在这个重要通道上的区位条件又有很大改变。

从荥经的区位有利条件和市场态势分析,荥经要确立"两个扇面"的对策,一个扇面,即面向成都平原,进入全国市场;另一个扇面,即面向"三州",进入川西山区市场。荥经经济发展,毫无疑问要闯大市场,走向全国,同时,也要重视川西山区市场。川西山区市场,不仅是荥经一部分产品,如酒类、建材等的重要销售地,也是荥经利用域外资源,如有色金属矿产品、畜产品等发展加工产业的重要来源。荥经的市场建设,也应该在成都平原与高原山区的通道上找到结合点,发展专业批发市场。为扩大开放,发展与域外的经济合作与交流,根据"开放促发展,大开放促大发展"的指导思想,荥经县制定了关于对招商引资实行优惠和奖励的一系列政策,是十分宽松的,也是完全必要的。

(四)发展与提高并重, 大力发展乡镇企业

乡镇企业是荥经县域经济的劲旅。世纪之交,为农村经济的全面发展,引导农村劳动力合理流动,促进农村工业化、乡村城市化,乡镇企业应该继续发展。当然,现在乡镇企业与20世纪70、80年代的发展环境已经大不一样,随着以市场为取向的各项改革逐步深化,市场竞争激烈,乡镇企业面临严峻挑战。因此,荥经乡镇企业发展要以发展与提高并重为对策,在发展中注重提高,在提高基础上争取新的发展,也就是在持续发展的同时,注重提高素质。

这项对策,实施的主要方向是在速度与效益的关系上,要以效益为中心,争取效益与速度同步增长;在产品结构上,要从初级产品为主,通过技术改造发展一批科技含量比较高、附加值比较高的产品;在企业规模上,要从小型企业为主,重视规模效益,发展一批适度规模的企业;在企业布局上,要改变过于分散状况,向集镇、小城镇相对集中,以及通过股份合作制等改革,切实转换机制,增强企业活力。

(五)培育龙头企业, 促进农业产业化经营

县域经济是联结城乡的纽带。农村出现的产业化经营,不受部门、地区和所有制的限制,把农产品的生产、加工、销售等环节连成一体,形成有机结合、相互促进的组织形式和经营机制。县域经济发展的出路就在于突破传统的经营

模式，建立以龙头企业带动县域经济发展的新型模式。这是农村经济两个根本转变的集中体现，也是农业逐步走向现代化的现实途径之一。荥经农村，为解决小生产与大市场的矛盾，把3.5万农户引向市场，又有效地分散农民的市场风险，加快农村经济市场化，要抓住机遇，改变农业产业化经营进程缓慢的状况。

改变这种状况，一是要继续促进农村专业户、专业村的发展。专业化生产，区域化布局是孕育农业产业化经营的基础。荥经农村专业户普遍规模比较小，规模大的比较少，商品农业发展不够，很难支撑龙头企业生产。二是要着力培育龙头企业。实行贸工农一体化，龙头企业是农业产业化经营的重要环节。荥经目前农业产业化经营成型（一条龙的龙形经济）项目太少，关键就在于缺乏龙头企业。三是要实行分类指导，对那些已经形成专业化生产，区域化布局，农产品生产基地大体形成，但尚无龙头企业的项目，要进一步搞好规划，实行政策倾斜，重点扶持，培育龙头企业；对那些公司与农户已经建立联系，但只是通常的市场收购，尚未形成农业产业化经营机制的项目，要指导和帮助建立"利益共享，风险共担"的机制，使其进入正确的运行轨道；对那些专业化生产规模比较小，又比较分散的大批项目，要鼓励多种形式，甚至初级形式的农业产业化经营，包括由专业户的大户带动，农村合作经济组织带动，村办企业带动等。农业产业化经营，要在全县统筹规划指导下，从竹笋、野生蔬菜、茶叶、长毛兔、黄牛等几个项目入手，逐步走出荥经山区经济贸工农一体化的路子。

（六）优化环境，鼓励和引导非公有制经济更大发展

荥经个体、私营经济已占县域经济产值、税金的一半多；民营经济（包括个体、私营经济、乡镇集体经济、农村合作经济）则已形成县域经济的"三分天下有其二"的局面。荥经动员社会力量，发展非公有制经济，发展民营经济已经积累了经验。继续完善所有制结构，总的说要优化非公有制经济的发展环境。当前要着重抓以下几方面工作：一是继续实行"低门槛"政策。不要设这样那样的限制，要简化手续，给予更多的方便、更多的服务，变"事难办"为"事好办"、"事快办"，有利于吸引社会游资参与开发，广开就业门路。

二是继续实行轻税负政策。税负（税、费）的功能之一，就是对投资的调节作用，是政府运用的经济杠杆之一。要广泛吸引社会游资参与开发，发展经济，轻税负是主要环节。要防止乱收费以及采取灵活方式对鼓励发展的产业实行减免政策，以调动投资者的积极性。在经济不景气出现时，更要实行轻税负政策，以抑制经济衰退。

三是实行重点扶持政策。要对一批符合产业政策，带动性大的，或者产品

的市场前景比较好，企业活力又比较强的个体大户、私营大户，从多方面给以扶持。重点扶持，重要的环节在于开辟更多融资渠道，个体、私营经济纯粹从自身的积累逐步扩大，应该说是比较缓慢的，开辟融资渠道对个体、私营经济进一步发展是十分重要的。

（七）更新观念，加大营销工作力度

荥经是川西重要的石材生产基地。1997年石材加工开始回落，1998年上半年出现生产滑坡。石材加工滑坡的重要原因是石材市场供求总量失衡，结构不合理，市场态势由卖方市场过渡到买方市场，当然还有其他原因。买方市场到来，有其宏观的背景，也不仅是石材市场，因此，县域经济进一步发展必须正视现实，要适应客观市场环境的变化，采取相应的对策。

在传统的卖方市场条件下，企业生产什么产品，用户就购买和使用什么产品，为"生产导向"观念所支配。因为产品短缺，企业不愁销售，用户会找上门来。在经营中发生销售困难才有推销的问题，推销观念虽然比"生产导向"观念进一步，但仍是不能适应买方市场的一种落后观念。随着买方市场出现，势必要引进现代市场营销观念，即以市场导向、用户需求导向，其核心是用户需要什么产品，企业就按用户需要生产什么产品。从现代营销观念看问题，企业经营者要了解市场、熟悉市场、洞悉市场，从而驾驭市场、开拓市场。要加强市场意识、竞争意识、品牌意识。面对买方市场，争取在市场中有更多份额，加大企业营销力度是必然的选择，对此，一是更新观念，彻底抛弃传统的"以产定销"观念，树立现代市场营销观念；二是注重营销策略，准确了解市场信息，善于站在用户角度进行换位思考，积极挖掘市场潜在需求，并了解竞争对手的技术能力、资本实力和营销手段，选择自己的目标市场和营销手段；三是壮大营销队伍，即要保持一定数量的营销人员，更要以现代营销业务知识去提高营销人员的素质。买方市场的出现，也就是微利时代的到来，谁能加强营销力度，走出自己的路子，谁就能在市场竞争中占有更多的份额。

（八）科教进步，增强县域经济发展的动力机制

科教兴县是荥经县国民经济跨世纪发展战略的重要组成部分。"科学技术是第一生产力"，跨越世纪，面对市场竞争和新技术革命挑战，县域经济的新发展，要更多地依靠科教进步，提高生产技术装备水平，提高产品科技含量，提高劳动者科技文化素质，以提高经济实力。多年来，荥经推进科技与经济结合，在科技兴农上实现粮食稳产高产、培育长毛兔饲养成为一项产业等方面，有突出成就，全县科技贡献率已达到35%。但是，从发展角度看，荥经科技发展与外面世界存在相当大的距离，这不能不引起足够的重视。

(本文是"九五"省社会科学规划项目课题成果。研究报告由省社科联主持专家评审通过。时任省委副书记杨崇汇对研究报告作了重要批示。报告发表于《天府评论》1999年第6期。2001年获四川省人民政府优秀科研成果三等奖。)

西部大开发与邛崃经济跨越发展战略研究

世纪之交,中国经济发展进入了一个新阶段。党中央总揽全局,为推进社会主义现代化建设,不失时机地作出加快中西部地区发展、实施西部大开发的战略决策,给邛崃经济发展带来机遇。邛崃是四川省成德绵高新技术产业带的重要组成部分,成都市域西南部次级中心城市。按照四川省委、省府和成都市委、市府关于实施西部大开发,实现跨越式发展的要求,构建西部战略高地,奔向现代化,邛崃肩负重任。面对新形势、新任务,重新审视邛崃经济发展历程,把握发展趋势,谋划发展思路,十分必要。

一、邛崃经济发展态势分析

邛崃地处成都平原西南边缘至川西龙门山脉前沿的过渡地带,扼川滇、川藏公路交通之要冲,距成都75千米、雅安70千米。1994年6月经国务院批准撤县建市。全市面积1 377.38平方千米,地势西高东低,相对高差1 571.5米,主要高程为460~1 400米。总人口64.09万,其中非农业人口7.91万。邛崃市政府驻地临邛镇是四川省首批命名的历史文化名城。

邛崃曾经是一个典型的农业县。人口密度每平方千米在400人以上,劳动力资源充足。境内山、丘、坝皆有,河流纵横,低中山和丘陵占77.36%、平坝占22.64%,气候温和,雨量充沛,适宜农业综合发展,人均耕地在1亩以上,资源禀赋比较好。新中国成立以后,20世纪50年代初进行了土地改革,解放农村生产力,曾出现农业生产大发展。其后,在1956年农业合作化至1978年前的20多年间,由于受"左"的影响和旧经济体制的束缚,农村经济发展十分缓慢,粮食年产量始终徘徊在1.5亿千克左右,温饱得不到解决。邛崃遭到"富饶的贫困"所困惑,"生产靠贷款,吃粮靠返销,财政靠补贴",成了贫困县。党的十一届三中全会以来,实行改革开放,才给邛崃带来转机,成为邛崃从农业县向工商业城市转变的起点。20年间,邛崃以实行家庭联产承包责任制、发展乡镇企业、试行贸工农一体化和小城镇建设试点为主要过程,实现了经济振兴。1998年邛崃市国内生产总值达到48.32亿元,按可比价计算比1978年(下同)增长29倍;工农业总产值达到57.54亿元,增长15倍,其中工业产值48.93亿元，增长56倍；社会消费品零售总额达到12.09亿元，增长16倍；粮食总产量达到38.57万吨，增长63.8%；财政收入达到1.68亿元，增长20倍；农民人均收入达到2 420元，增长16倍。

世纪之交，回顾20年改革开放的历程，分析邛崃经济当前发展态势，有以下主要特点：

——经济总量较快扩张，结构性矛盾比较突出。经过20年发展，1999年，邛崃第二产业增加值占生产总值的比重，虽然已经达到43.1%，但是一产业增加值仍占17.7%。工业发展方面，虽然白酒生产独树一帜，其产值已占全市工业总产值的34%以上，但大多数工业门类的规模不大或者加工层次比较低，附加值小，其产值占全市工业总产值的比重都不高；工业的技术结构，相当大部分是传统工业，甚至是传统加工方式，科技型企业太少，与大企业大院大校科技合作项目极少。

——农村基础明显加强，农业产业化经营与市场化改革不对称。经过20年发展，邛崃农业的专业化生产、区域化布局进展比较大，形成了一批有相当规模的商品生产基地，包括国家商品粮大县和杂交水稻制种基地、国家肉牛、奶牛生产基地、省瘦肉型猪生产基地、省速丰林生产基地，以及油菜、茶叶、三木药材生产基地等。与此同时，积极探索农业产业化经营的路子，61%左右的农户进入一批农业产业化经营组织。但是，目前贸工农一体化的农业产业化经营组织，仍处在初级发展状态，普遍存在龙头企业规模比较小，加工层次比较低，带动力不大，在市场上竞争力不强；农业产业化经营组织的经营体制，普遍处于松散经营的发展阶段，在市场化进程中，贸工农一体化的优越性还没有充分发挥。

——民营经济作用日益突出，资本积聚和集中方才开始。经过20年发展，邛崃乡镇企业（含非公有制经济）已经成为农村经济乃至全市国民经济的重要支柱，乡镇企业总产值达到77亿元以上、营业收入达到56亿元以上、利税总额达到3.35亿元以上。同时，乡镇企业已经成为吸纳农村剩余劳动力的主要渠道，达到10万人左右。近几年，以产权制度改革为重点，开展乡镇企业的改革。一大批乡村集体企业改制，盘活了资金，重建企业机制优势，给企业注入新的活力，推动了企业技术改革和新产品开发，并涌现了临邛酒集团、高宇集团、治权集团、春泉集团、碧泉集团5户资产过亿的大中型私营企业集团。全市800户有一定规模的私营企业的产值占全市乡镇企业总产值的93%，上交税款占全市乡镇企业上交税款总额的89%以上。民营经济在区域经济发展中已成为一支生力军。目前，乡镇企业（含非公有制经济）"起点低、规模小、布局分散"以及产权不清的状况，还没有根本改变；乡镇企业（含非公有制经济）

发展势头虽然比较好，但其经济规模仅占全市生产总值的30%多一点，还有比较大的潜力未发挥。

——工业化长足进步，城市化和城镇功能建设相对滞后。经过20年发展，工业化率已经达到43%，而城市化水平（按统计口径）还不到13%，全市总劳动力的60%仍滞留农村，从事农业生产。城市中心区的临邛镇，非农业人口（按统计口径）仅5.78万人，如果按常住人口计算则为13.6万人，加上从事二、三产业的流动人口，大体上有15万人左右，同中等城市的人口规模也有比较大的距离。近几年，小城镇试点取得明显进展，城市中心区的基础设施建设有明显改善，尤其成温邛公路的通达，邛崃的区位条件有所改变。然而，无论是从扩大开放，改善投资环境，招商引资，还是从促进非农产业发展，吸纳更多农村剩余劳动力，城市功能建设滞后状况比较明显，与区域性中心城市的地位很不适应。

二、 邛崃经济发展战略选择

迈入新世纪，邛崃面临的国际国内环境，将是机遇和挑战并存。国际方面，21世纪初，和平与发展仍是时代的主题，国际总体格局将继续向多极化发展，经济科技竞争在国际关系中的重要作用将继续提高；经济全球化、新科技革命和相应的结构调整这三大趋势将进一步增强，并对世界经济发展产生决定性影响。国内方面，21世纪初，我国经济在总体上仍可能处于阶段性的需求相对不足的状况，告别短缺经济，相对过剩时代到来，买方市场初步形成；区域间、城市间以及城乡之间的经济发展不平衡，将导致经济发展差距进一步加大；所有制结构调整步伐加快，民营经济将会有更大发展空间；工业化向新阶段发展，对技术创新的要求将进一步加强；对外开放的范围和程度将进一步发展，加入世界贸易组织后，国内外经济联系将更加密切；可持续发展将越来越受到重视，成为社会的共识。

实施西部大开发是邛崃经济发展千载难逢的机遇。西部大开发，中央明确要求当前做好"五篇文章"，同时从资金投入和政策投入上向西部倾斜。加强基础设施建设，将有利于切实改善投资环境和加快城市化进程，发挥城市主导作用；加强环境治理和生态建设，将有利于推动农村产生结构调整，发展草食型为主的畜牧业以及三木药材等优势产业；构建西部战略高地，将有利于促进科技进步，带动产业结构的调整和优化；加大对外开放力度，将有利于招商引资，发展外贸，有效利用信息和网络技术，加强与国际经济的联结。面对新世纪，参与西部大开发，邛崃把握新的机遇，谋求新的发展，进行战略调整，更要充分考虑邛崃经济发展所处的特定阶段，以及邛崃的战略地位。

（一） 邛崃经济发展阶段

新中国成立以后，以农业经济为主的县域经济发展比较缓慢，直到1978年，工业占工农业总产值的比重仅24%。20世纪80年代的改革，农村工业化启动，县域经济较快发展；20世纪90年代获得大发展，工业化取得相当大的进展，1999年工业占工农业总产值比重提升为80%，全市经济总量突破50亿元。从区域经济学理论审视邛崃经济发展，邛崃经济将经过起步阶段、成长阶段等不同发展阶段，进入起飞阶段。20世纪末，按照中央关于1980—2000年国内生产总值的翻两番的计划以及十四届五中全会修改的原定目标，也就是先后实现我国第一步、第二步战略目标中，邛崃都出色地完成任务，初步实现小康，而目前尚处在经济发展的起步阶段。其主要特征如下：

第一，人均国内生产总值比较低。1999年，邛崃人均国内生产总值为8 152元，相当于982美元。根据世界银行确定的标准，邛崃已经超过低收入（人均490美元）水平，但远未达到下中等收入（人均1 740美元）水平。

第二，产业结构层次偏低。1999年，邛崃的三次产业构成是17.66：43.06：39.27，非农产业产值增加值仅占82.33%；500万元以上工业企业的产值10.67亿元，仅占工业总产值的16.04%。

第三，城市化严重滞后。1999年，按统计口径邛崃非农业人口为7.91万，仅占年末总人口的12.34%，而非农产业就业人数仅占总劳动力的40%左右。

综合分析，可以认为邛崃经济发展以撤县建市为标志，开始从起步阶段逐渐转向成长阶段，21世纪初的前10年，正是经济发展成长阶段的重要时期，也是邛崃经济起飞的准备阶段。经济发展从起步阶段进入成长阶段，不仅经济总量要进一步扩张，更要有经济结构升级，经济质量优化，城市化水平提高，城市的主导作用得到更好发挥。经济发展成长阶段，是邛崃调整发展战略的重要依据。

（二） 邛崃的战略地位

邛崃，古称临邛，公元前311年建城，历史建制曾先后有县、州、郡多次变迁。邛崃是西汉才女卓文君故里，由于农业的早期开发和手工业发达，"临邛自古称繁庶"，历代以酒、丝、茶、纸等扬名于世，据考古发现，邛布、邛杖等许多手工业品经南方丝绸之路远销印度等地。秦汉以来，邛崃人对巴蜀经济开发和人类文明曾作出重要贡献，临邛是巴蜀名镇，其地位至关重要，素有"天府南来第一州"之称。改革开放以后，邛崃经济振兴，撤县建市，走上工业化、城市化道路，邛崃在四川城市体系形成和发展中的地位进一步加强。从现代经济理论观察区域经济发展，工业化是城市化的基本动力，工业化造就城市经济中心。城市经济中心是推动区域经济发展的增长极,城市在区域经济发展中发挥主导作用。现在,经济发达地区与经济欠发达地区形成的落差,其根本原因是城市化的落差、城市经济发展的落差。实施西部大开发,实现跨越式发展,四川省委、省府提出在依托特大城市——成都的同时,建设和发展一批大城市、一批中等城市、小城市,以完善四川的城市体系,是一项重要的战略步骤。邛崃,不仅是现在市域的经济活动中心,并且历来与其周边,以及成都西南部的广大山区有着密切的经济联系。把邛崃建设成为现代化的城市,其人口规模达到中等城市要求,也不仅是邛崃经济自身发展的要求,并且是完善城市体系,振兴四川经济的要求。发挥中心城市应有的作用,无论是成都市域还是构建"西部战略高地",邛崃都处在向川西南经济辐射的前沿,要发挥"二传手"的传导作用和城市文明"窗口"的示范作用。邛崃的战略地位是调整发展战略的又一重要依据。

(三) 邛崃发展思路取向

根据国内和国际经济形势的新变化、新特点,尤其是我国经济体制进入了一个新阶段,邛崃经济作为一般区域经济,发展战略势必从资源导向转为市场导向、国家推动转为市场推动、传统优势转为后发优势,其发展思路无疑应以市场为导向,非均衡协调发展为选择。

实施西部大开发,新一轮的西部开发,开发模式已经从"一五"、"三线建设"时期的点式开发转入点轴式开发新格局,尤其四川省委、省府和成都市委、市府提出构建西部战略高地,城市经济在区域经济发展中的地位更为突现。结合邛崃市情,我们认为邛崃经济发展从起步阶段刚刚转入成长阶段,农村人口相当多,农业劳动力转移任务相当重,农业走上现代化的路程相当远,但是解决"三农"问题的根本出路在城市化。邛崃要在新的历史条件下重振"天府南来第一州"的雄风,其根本出路也在于城市经济的崛起。因此,发展战略势必要跳出就农业论农业的圈子,要进一步打破西部地区的"西部"城市特有的封闭性,加快城市化,加强城市经济。从现代经济的视角作出战略选择,我们认为以人为本,经营城市,城乡联动,跨越发展,是一种全新的发展思路。从初步实现小康,进而奔向现代化,只讲富民是不够的。以人为本,在这里至少包含三方面内容,即提高城乡居民的收入水平、提高生活质量、提高科技文化素质。只讲规划、建设、管理城市也是不够的。城市是国民经济的重要载体,城市是最大的国有资产(有形资产和无形资产),以市场经济观点经营城市,城市资本化,是促进城市建设发展的新路子。加强城市经济,不存在重视谁不重视谁的问题。经营城市,整体动作,才能通过市场推动、龙头企业带动、科技促进,把农业引上现代化发展轨道。这一发展思路是以新的理念为指导,参与西部大开发，实现跨越式发展的思路。

三、邛崃城市形象、发展战略目标和战略重点

（一）区域经济特色和城市整体形象定位

邛崃经济进入新的发展阶段，让邛崃成为投资者的一片热土，为经济起飞进行准备，要营造一个良好的发展环境，更要按照新的发展思路，在着力城市建设，增强城市功能，拓展城市空间的基础上，实现大开放促进大发展。对一个新兴的城市来说，塑造形象十分重要。城市形象的设计和开放，既可以创造良好的发展环境，吸引投资者，又将创造一种无形的力量，增强市民的自信心、自豪感，唤起奋斗激情。从邛崃实际出发，"东方波尔多，天府五彩城"的设计为邛崃整体城市形象定位，是可供选择的最佳方案之一。"东方波尔多"，充分体现"中国最大白酒原酒基地"，其酿酒的悠久历史，得天独厚的自然条件，精湛的酿造工艺以及在酒类行业中的重要地位，堪与法国波尔多媲美。"天府五彩城"，则寓意邛崃色彩斑斓的历史，文化底蕴深厚；资源丰富，多种多样，经济发展前景广阔；多姿多彩的景观，独特的城市风貌。这样的形象设计和定位，避免了千城一词的雷同，突出个性，以现实与浪漫相结合，既是想象空间又是发展空间，引导和鼓舞邛崃人为建设一座经济繁荣，文化发达，科技进步，环境优美的城市而奋斗。

（二）经济发展战略目标

21世纪的前10年，也就是邛崃经济发展成长阶段的重要时期，"两个根本性转变"仍然是要坚持的指导方针，参与西部大开发，构建西部战略高地，要选好项目，起好步，走好路，通过两个五年计划，跨上一个重要台阶，实现邛崃经济起飞，奔向现代化。

据初步预测，邛崃市2000年地区生产总值可达57.2亿元，财政收入达2亿元，农民人均纯收入达2 720元。

经济总量增长目标，以年均递增11%计算，2005年地区生产总值达到97亿元，人口增加以年均递增3.7‰计算，2005年总人口达到65.5万人，则人均地区生产总值为14 809元，相当于1 784美元。达到世界银行确定标准的下中等收入水平。以年递增10%计算，2010年邛崃全市地区生产总值达到156亿元，人均地区生产总值达到2 590美元，即相当于中等收入水平。

结构调整目标，调整和完善所有制结构，形成公有制形式多样化和多种经济成分共同发展的格局，进一步解放和发展生产力。与经济总量递增对称，2005年，邛崃一、二、三次产业增加值比例由1999年的17.66：43.06：39.27

调整为11.3∶45.4∶43.3。2010年，从二三一结构进一步调整为三二一结构。调整和优化城乡经济结构，加快城市化进程，2005年城市化水平提升为25%、2010年提升为40%左右。非农劳动者就业比重1999年为40%，2005年争取达到50%、2010年达到60%。

经济质量指标，以年均递增13.6%计算，2005年财政收入可达3.8亿元，财政收入占地区生产总值比重目前为3.5%。把提高经济质量作为重要目标，将此比例从3.5%提高到4.5%左右，则财政收入2005年可达到4.2亿左右。财政收入占地区生产总值的比重逐年有所改善，到2010年，经济质量争取有进一步提高。

农民人均纯收入目标，据预测2000年可达到2 720元，2005年提高为3 700元，2010年进一步提高。

（三）战略重点

1. 产业发展

邛崃自然资源丰富，农业资源开发成效突出，粮食生产被列为国家制种基地、商品粮基地；油菜子年产量1.67万吨，在成都市居首位；生猪年出栏60.11万头，在成都市居第三位；食用牛年出栏4万头以上，在成都市居首位；茶叶年产量4 500吨，在成都市居首位；以杜仲、黄柏、厚朴为主的"三木"药材年产量1 400吨；还有其他矿产资源，其中天然气藏量最为丰富。平落地区优质天然气的开发供邛崃外，输往成都、雅安，邛崃已成为川西天然气供应的主要基地。从市场导向，增进效益，资源优势，科技进步，竞争力和可持续发展等多方面综合分析，邛崃经济要以食品工业为特色，大力加强两个支撑点，积极培育三个增长点。

以白酒生产为主的食品工业，是邛崃最重要的支柱产业。一般地说，食品工业是经久不衰的产业，只存在内部结构的调整，而不存在产业的衰落。据邛崃市1999年500万元以上工业企业产值的统计，食品工业占55.6%，酒类生产占48.6%。酒类生产以白酒原酒为大宗，依托当地良好的生态环境——水质、土壤、气候和民间的传统工艺等特有的优势，出酒率高，品质好，形成千年以上酿酒史。改革开放以来，进一步发展成为"两头在外"的产业，从东北、内蒙古等地购进高粱、玉米为原料，又把白酒销往全国各地。邛酒年产量20万吨以上，按统计口径计算，约占全省白酒年产量的16%。是"川酒王国"的主力之一。邛崃是全国最大的白酒原酒基地，以品质好获得信誉，为勾兑普通白酒提供原酒，成为山东、安徽、河南、湖南、内蒙古、新疆、贵州等地发展酒业的抢手货。近几年，邛酒发展实行散酒与瓶装结合，效益有所提高，年纳税5 000多万元，占地方财税收入的三分之一多。依托当地良好的生态环境，提高邛酒知名度，邛崃对"中国西部生态酒业园区"的规划和建设，是很有远见的。除酒类生产之外，邛崃还有粮油加工、肉类加工、茶叶加工和食品制造等。虽然在食品工业产值中所占比重仅15%左右，但这些食品工业连着农村千家万户，同时，提高加工深度、延长产业链、增加科技含量，有着比较大的潜力。以白酒生产为主的食品工业已形成邛崃的特色经济。

大力加强两个支撑点。一个支点是制药业。生物制药是四川省和成都市都要求大力发展的重点产业，也是目前邛崃科技含量比较高一点，市场前景又比较好一点的产业。据邛崃市1999年500万元以上工业企业产值统计，制药业占22.2%，主要产品黄连素细胞色素C、人工牛黄占全国市场份额10%以上，取得国家专利的抗癌新药米西宁已在全国市场畅销。为制药业配套的包装——曲颈易折安瓿，产量占全国市场份额的11%。以生物制药为主的制药和中药材生产，以及药业包装生产要大力加强，要把邛崃建设成为成都市重要的制药和中药材生产基地。另一个支点是建工建材。据邛崃市1999年500万元以上工业企业产值统计，以水泥为主的建材占8.6%。邛崃的建筑工程公司经多年发展，已形成比较大的规模，在成都、川西以及西藏、新疆等地承建工程。在建筑市场上获得信誉，渐成气候。此外，随着加强城镇建设，房地产开发已经启动。建材和建工、房地产这一领域，在新一轮邛崃开发中是重要的支撑点，应大力扶持。

积极培育三个增长点。第一个增长点是化工。据邛崃市1999年500万元以上工业企业产值统计，以化肥生产为主的化工，仅占3.3%。随着天然气开发，以及探明钾盐藏量，探索新的项目，逐步形成新的增长点，这是有前景的。第二个增长点是高效农业。邛崃已经形成了一批有相当规模的商品生产基地，农业基础明显加强。大力提高农副产品的品质，发展高效农业，包括发展优质稻、优质油菜、牛羊的优良品种以及加快对老茶园的改造，加大竹林、药材、果园、桑园、无公害蔬菜等。高效农业是当前邛崃农业生产发展的重要方向，要引起高度重视。第三个增长点是旅游。邛崃旅游资源丰富，自然景观与人文景观兼备，冬无严寒，夏无酷暑，气候宜人；山水风光，景色迷人；文君故里，佳话动人；邛系菜肴，美味诱人。旅游业的开发，要采取整体规划。市场运作，重点突破，完全可以走出自己的路子。邛崃的休闲旅游在川西旅游区具有比较优势和发展前景，是邛崃经济大有希望的增长点。

2. 城镇建设

生产力的空间分布，依托城镇布局，产业发展和产业集中成为城镇经济的支柱。邛崃的建制镇不算少，但在农村工业化进程中产业的聚集程度不算高，农商型的传统场镇转向工商型的城镇比较缓慢。邛崃经济的进一步发展，城镇建设的重点放在城市的中心城区,还是放在小城镇,这还需要进一步探讨,以达成共识。诚然,星罗棋布的小城镇建设和发展是一个方向。但是,一般地说经济欠发达地区转向经济发达地区,随着生产力的发展,聚集经济的形成,首先是城市——中心城市,在中心城市带动下,逐步出现不同规模、不同等级的城市,以中心城市为核心的城市体系,推动区域经济发展。邛崃这个成都平原西南部次级中心城市。相对集中一点时间、相对集中一点力量,加强城区的建设,也就是加强城市的聚集功能建设,是很必要的。有识之士都认为县域经济的发展重点,要建设好县城所在的小城镇;西部大开发战略能否成功,关键在于能否造就若干具有现代经济意义的城市,这些不是没有道理的。根据邛崃经济发展的进程,城镇建设的战略重点,现阶段应以着力一点(城市中心区),加强一线(沿交通干线主要的小城镇)为取向,小城镇建设要统一规划,分期实施。

四、邛崃经济发展的战略措施

西部大开发是在市场经济体制背景下实施的,市场竞争将对不同市场主体发生重要制约,即使在"政府干预,市场动作"的场合,市场经济规律事实上也发生基础作用。因此,新一轮邛崃经济跨越发展的战略措施,在依托资源优势、区位优势的同时,不能不更重视后发优势,我们采取战略措施,要以此为指导思想,这一点必须弄明白。对现阶段邛崃经济发展要采取的主要战略措施建议如下:

(一)解放思想,更新观念

邛崃的改革起步早,发展快,是我省农村改革试点的"老三县"之一。多年的实践,以改革促发展,培育了广大干部和群众强烈的改革意识,蕴藏着不甘落后,跨越发展的极大积极性。迈入新世纪,我国加入世界贸易组织和推进市场化,加快工业化和城市化,将是经济结构的一系列重大调整,尤其对地处内陆相对封闭的西部,转轨的最大障碍是制度的障碍,转轨的最大难度是制度建设的难度。必须看到,解放思想,更新观念,仍然是深化改革,扩大开放,实现跨越发展的先导。进一步解放思想,不断更新观念,要坚持"发展才是硬道理",克服小富即安的落后意识,富而思源,富而思进;要坚持"三个有利于"标准,改变故步自封,墨守成规的陈旧思想,求实、开拓、创新;要坚持"三个代表",破除贪图享受、不求进取的庸俗风气,敢闯大市场,敢为天下先。总的说,要围绕西部大开发,扫除深化改革,扩大开放,经济起飞,奔向现代化的一切思想障碍和陈旧的思维方式,把思想解放不断推向深入。以思想的、观念的跨越促邛崃经济的跨越。

（二）坚持市场导向，突出结构调整

当前，邛崃经济与全国经济一样，结构问题突出。对邛崃这样的距离大城市相对比较远，以粮、油、猪生产为主的农业生产，反映西部经济靠资源启动的农村经济，结构调整更为突出。就邛崃的农业结构而言，以市场为导向，结构调整势必要从速度型转向效益型、数量型转向质量型、产值型转向结构型。建设长江上游生态屏障是一个大局，是西部大开发的重要文章，"天保工程"、退耕还林，要按试点县的要求，取得成效，取得经验。种植业要有步骤地调整粮经作物比例，努力提高农副产品优质化率，包括优质稻、优质油菜、优质茶叶、优质蔬菜、优质水果。养殖业要进一步提高畜牧业在农业中的比重，稳定生猪生产，结合退耕还林还草，大力发展饲养草食型畜禽，同时也要有步骤地提高优质化率。渔业是一个薄弱环节，把农田水利建设和综合开发结合起来，有很大的发展空间。工业结构，相对地说，结构比较单一，成长型的产业不算太多，农副产品加工业多数是初加工，为中心城市大工业配套的工业，发展不足。新兴产业还处在萌芽状态，邛崃工业结构调整，应以市场为导向，增进效益为中心，既加大调整力度又注意实现升级，把工业化推向新阶段。

（三）发展通道经济，重铸"丝路"辉煌

邛崃地处成都平原与川西南山区的结合部，又扼川藏、川滇交通之要冲，古代就是方圆数百里的商品集散地，"车船争路，商旅敛财"的水陆码头，南方丝绸之路的重镇。改革开放以来，开放市场，鼓励长途贩运，以及实行多渠道少环节的商业体制改革，邛崃有一大批人走上甘孜、昌都、拉萨一线跑运输、经商、务工，据统计，经商者就有3 000人以上。川西南山区的山货源源不断进入邛崃，前几年仅木材一项，年成交额就在3亿元以上，曾形成西南最大的木材市场；邛崃销往川西南山区以及昌都、拉萨等地的商品以粮、油、猪肉、酒、茶和其他副食品为大宗，仅酒一项，就在15 000吨左右，邛崃冉义镇的哈达以及其他民族用品主销昌都、拉萨等市场。通道经济支撑着邛崃的商贸活动，带动当地相关的产业发展，应该给予足够的重视。邛崃的商业地位是超越其行政区范围的，更主要是沟通成都平原与川西南山区物资交流。邛崃是川西南重要的商贸中心。邛崃的商贸功能是城市功能的重要组成部分，以市场运作方式，在传统口岸建设贸易区，发展通道经济是促进城市经济繁荣的重要对策。

（四）创品牌、上规模，培育企业竞争力

20多年来，邛崃靠农村工业化启动经济，获得比较快的发展。邛崃经济发展相当程度上反映西部经济许多地方的共同特征，依托资源优势和劳动力价格低廉，以资源为导向，通过资源启动，实现经济总量扩张，形成企业群体。

对经济欠发达地区，以资源为导向，通过资源启动，曾经是比较现实的路子，甚至还取得成功。随着市场经济体制逐步确立，大开放促进大开发，仅仅依托资源优势，或者过分强调立足资源开发的比较优势，不重视市场竞争优势，无疑是片面的。经过多年发展，邛崃虽然形成一批自己的企业，可是"小型、分散、科技含量低"的状况相当突出，制约着经济的进一步发展。邛崃要在新一轮开发中取得成功，要十分重视培育企业的竞争力，必须明确企业竞争优势，是把区位和资源优势转变为现实经济优势的关键所在。培育企业竞争力，要围绕创品牌、上规模、提高科技含量，考虑战略，要在目前企业改制取得成就的基础上，采取积极措施，进一步推动制度创新、技术创新和管理创新。

（五）建立利益机制，推进农业产业化经营

邛崃是农村专业户发展比较早的地区，也是我省农业区划搞得比较早的地区。邛崃专业户、专业化生产以及贸工农一体化的思路比较早，推动了农业产业化经营，曾形成茶叶、果品、蚕桑、林业、造纸、药材、畜牧、水产、种子等十大专业公司和十大农业商品生产基地。由于市场的变动和改革的深化，"十条龙"有比较大的变化，但农业产业化经营的基础相对比较好。当前，以"公司+农户"的典型模式分析，第一，经营体制上要有新的突破，重要的是建立利益机制。"公司+农户"的模式，依托专业化的商品生产基地，比较成型的较多，但除种子公司之外，其他都是松散经营，龙头企业与农户之间按随行就市方式，收购农副产品，缺乏共同的约束和制约机制。继续推进农业产业化经营，要深化改革，逐步完善。使松散经营转向紧密经营，或者从松散经营转向紧密经营找到过渡的方式，这是一个方向。第二，龙头企业带动要有新的突破。目前，比较突出的问题是龙头企业自身带动力不大，企业规模小、加工层次低、竞争力弱，要结合培育企业竞争力，在扶持一批龙头企业上取得进展。第三，科技促动要有新的突破。要充分利用专业化生产、产业化经营初具规模的有利条件，有步骤地把科技进步引入农业产业化经营，使农民取得实惠，龙头企业增进效益，除此之外，鉴于农村生产分散，发展状况也不统一，应继续提倡因地制宜，多种形式，逐步把农民引上农业化经营发展轨道。

（六）启动民间资本，发展民营经济

西部大开发与"一五"、"三线建设"一个重要的不同之处在于过去以国家为投资主体，中央财政的转移支付为支撑，现在则由中央必要的政策支持的同时，以企业为投资主体，多渠道筹集建设资金，包括吸引一大批非公有制经济的企业进入"主战场"。就邛崃而言，城乡居民人均储蓄存款余额1999年已达到2 767元，尤其是一批个体大户、私营企业大户拥有相当多的游资，进一步发展民营经济有比较好的条件。个体、私营经济交纳的工商税，已占到邛崃市

工商税总额的44%，逐渐成为邛崃经济发展的主力。启动民间资本，发展民营经济，应该成为邛崃新一轮开发的有力措施。要坚持"三个有利于"标准，进一步解放思想，摒弃陈旧的观念；要清理和废除不利于启动民间投资积极性的规定，为非公有制经济发展优化政策环境；要进一步解决好非公有制经济"出生难"、"生存难"、"发展难"的问题，坚持"低门槛"政策，轻税负政策和重点扶持政策，搞好服务，促进民营经济更大发展。

（七）推进科技进步，提高科技文化素质

改革开放以来，邛崃的科技、教育事业取得长足进步。无论是青壮年扫盲还是实现料及义务教育，都走在全省前列，教育质量也有比较大的提高。1977年恢复高考以来，累计考入大专以上的学生达4 054人。1993年，国家民委、民政部曾授予邛崃特殊教育先进市称号。邛崃全市拥有初、中、高级技术职称的科技人员9 606人。多年来，科技人员曾在实施各类科技计划中，获得一大批优秀科技成果奖，其中包括国家级22项、省级31项，获国家专利18项，科技成果应用率、转化率也都比较高。随着邛崃以农业经济为主转向以工业经济为主，以及城市化的发展，科技、教育与经济发展的矛盾相当突出。显然，实施科技兴市要继续坚持把教育放在优先发展地位，把提高全民科学文化素质纳入发展目标。要深化教育体制改革，引导和支持社会力量以多种形式办学，公办和民办共同发展。积极推进科技进步，要以提高农产品优质化率为目标。大力推广新品种、新方法；大力推广新技术、新工艺、新材料，对企业进行技术改造。邛崃市推进科技进步，当前要更注意解决好两个问题：一个问题是要十分重视技术创新，积极引进高新技术改造传统产业，鼓励民营科技企业发展，拓展与大企业、大院校合作的领域；另一个问题是要十分重视科技投入，建立以政府投入为导向、企业投入为主体、金融机构和社会资本为支撑的科技投入体系。

（本文为四川省哲学社会科学"九五"规划项目成果，通过专家评审，并被中共邛崃市委、市政府采纳，本课题组成员有过杰、杜肯堂、杨钢、郭晓鸣、蓝定香，研究报告由过杰执笔。）

我国城市化态势和城市化形式探析

迈入新世纪，我国发展与改革的主题之一，就是要进一步打破二元经济结构格局及其体制障碍，促进城乡经济协调发展。当前，尤其要在启动内需的前提下加快城市化进程，城市化形式不能不引起学术界的关注。

一、我国城市化态势分析

城市化是人类社会发展的必然趋势。我们国家多年来在社会主义建设中，虽然由于受到传统观念束缚，以及实行城乡分割的体制，抑制了商品经济发展，也抑制了城市经济发展，城市化产生过一些曲折，甚至发展比较缓慢，但是并没有改变方向。

改革开放以来，以经济建设为中心，我国进入了一个新的发展时期，城市化也走出徘徊不前的境地，走上健康发展轨道。1998年与1978年相比较，20年间我国经济总量迅速扩张，综合国力大幅提升，人均国内生产总值从379元增长为6 392元；三次产业的分布结构，使第一产业增加值占国内生产总值的份额逐渐下降，从28.4%下降为18.4%，下降了10个百分点，第二、三产业增加值的份额分别从48.6%和26%上升为48.7%和32.9%。与此同时，乡村人口比重不断下降，从82.1%下降为69.6%，市镇人口比重从17.9%上升为30.4%，城市化水平上升12.5个百分点。城市（设市建制）从192座增加为668座，小城镇（设镇建制）从2 173座增加为19 060座。改革开放20年，工业化长足进步，经济发展促进城乡结构调整，城市化步伐加快，出现以下态势：

一是城市化动力机制强化的态势。一般地说，工业化是城市化的基本动力。新中国成立之初，工业化依托原有城市有重点地展开，有利于发挥原有工业基地的作用，有利于对原有城市的改造，有利于节约建设的投资，无疑有它的合理性。可是，对原有城市的改造削弱了城市的商贸功能，尤其是设立城乡分割的体制，工业化长期排斥广大农民参与，不能不导致城市化缓慢发展，到1978年，城市化率仅为17.92%。改革开放以来，突破了把商品经济与社会主义制度对立起来的传统观念，把市场调节引进社会经济生活，推进以市场为取向的城乡经济改革，激活经济，发展经济，城市化动力机制才趋向强化。一方面，农村随着实行家庭承包联产责任制，突破自给半自给的屏障，向商品化、专业化、社会化发展，以及乡镇企业异军突起。乡镇企业兴起，打破了我国多年来依靠国家投资，以政府为主体的城市工业化局面，走出一条以农民及其所在农村社区组织为投资主体的农村工业化道路。另一方面，城市打破封闭，实行对内对外开放，放开市场，培育市场体系，促进城乡之间商品以及生产要素流动，以市场配置资源，城市经济逐步形成以公有制为主体，多种经济成分共同发展的格局，一批开放式、多功能的城市、经济中心作用凸现，有力地带动区域经济发展。我国经济建设进入转型时期，工业化和市场化成为城市化重要的动力因素。

二是城市多元发展的态势。改革开放20年来，城市大幅度增加，市镇人口从17 245万人增加为37 942万人，以年均1 000多万人的规模增加，如果按人口规模分组，50万人以上的大城市、特大城市，从40座增加到85座，增幅为112.5%；50万人以下的中小城市从152座增加到583座，增幅高一些，为283.5%；小城镇从2 173座增加到19 060座，增幅最高，为777.1%。20年间，我国城市化实现了比较大的跨越发展，经济比较发达的大城市、特大城市综合实力显著增强，人口规模普遍扩大，而广大农村地区，当工业化进入一定阶段，人口聚集达到一定规模，中小城市和小城镇相继兴起，启动了城市化进程。城市多元发展的成因，显然与区域性中心城市的实力增强及其经济辐射有密切联系，但是突出的是农民参与工业化，乡镇企业发展形成了上亿人的产业大军。从体制上分析，改革逐步打破城市建设领域的自然垄断，改变由国家集中、渠道单一的传统投资模式，以"农民一条街"、"农民城"、开发区等多种形式，调动了地方积极性，农民参与城市化，启动民间投资，形成投资主体多元化，投资方式多样化，为一大批中小城市和小城镇多渠道筹集城镇建设资金，开辟了一条新路子。

三是城市群体发展的态势。城市群体发展是重要的城市化现象。一般来说，城市化进程中，在社会生产力水平比较高，商品经济比较发达，相应城市化水平也比较高的区域内，形成由若干大、中、小不同等级、不同类型，各具特点的城市包括小城镇集聚而成城镇群体、城市群，通常也称城镇密集地区。我们国家在改革开放之初，就重视发挥中心城市作用，曾经进行经济区规划的试验，以及建立市领导县、镇管村的体制改革尝试。试图通过行政管理体制改革的推动，发挥中心城市作用。对这些改革的试验如何评估，直到提出以社会主义市场经济为改革的目标模式，才有了比较明确的认识。我们国家随着城市改革的深入，在放开市场，激活经济的同时，城市从封闭转向开放，与外部经济联系不断加强，中心城市作用才得以发挥。而在一些区域内，或依托对外开放的地理优势，或依托交通枢纽的区位优势，或依托地域资源优势，出现了城市（城镇）群体发展的势头，最为突出的是长江三角洲区域城市（城镇）群、珠江三角洲区域城市（城镇）群、京津唐地区城市（城镇）群、四川盆地城市（城镇）群、辽宁中部地区城市（城镇）群。一定区域内城市（城镇）群体发展，以一个或数个大城市、特大城市为核心，同一批中小城市和小城镇联成一体，成为我国城市化相对发达的地区，也是经济、科学技术、文化教育最为集中的地区，对全国经济和地区经济有举足轻重的影响。

二、城市化形式取向的再认识

改革开放以来，就我国城市化形式的取向，应以集中型城市化还是以分散型城市化为选择曾经进行过比较多的讨论。诚然，这些讨论也是有益的探索。以集中型城市化为取向的论者，更多强调资源有限，要把有限的资金、技术相对集中的重点投入，发挥效益，建设好经济比较发达的大中城市；以分散型城市化为取向的论者，更多考虑农村工业化、农业现代化的任务比较重，农村剩余劳动力转移的数量比较大，要开辟转移的场所。对此，我国城市化近20年客观进程作出了回答，我国现阶段的城市化形式，走上集中型城市化和分散型城市化相结合的路子。

新中国成立之初，随着国家工业化的进程，大城市、特大城市率先获得发展。据"一五"计划期末统计，全国拥有178座城市，其中50万人口以上的大城市、特大城市，从1949年的16座增加到28座，人口3 820万，占全国城市总人口6 320万的60.4%。在当时，大城市、特大城市率先发展，既有历史的原因，也是现实的选择。至于改革开放起始，为发挥中心城市作用，开放市场，搞活经济，有重点地展开城市经济体制改革，大城市、特大城市也得到率先发展。进入20世纪80年代中期以来，随着改革开放和城乡经济发展，城市化进程加快，城市人口分布发生了明显变化。据"七五"、"八五"计划实施的10年统计资料分析，大城市、特大城市的非农业人口在全国城市非农业人口中的比重，从58.5%下降为49.76%，而中小城市的非农业人口在全国城市非农业人口中的比重，从41.5%上升为50.24%。如果包括小城镇，一项资料提供了以下分析：1993年，全国城镇非农业人口占总人口的比重，大城市和特大城市为37.3%，中等城市为19.86%，小城市（平均每市10.87万人）和县辖建制镇（平均每镇6 381人）为42.77%。

城市人口分布出现结构性的变化，反映广大农村地区城市化进程启动，中小城市发展和小城镇兴起，成为我国城市化的新趋势。这一趋势，从20世纪80年代中期开始，进入20世纪90年代更为明显，既有一批经济比较发达的大城市、特大城市不断提升经济实力,加强对周边地区和广大腹地的经济辐射,又有一大批中小城市以及小城镇崛起,拓展了城市化地区。改革开放20年的实践表明,由于商品经济充分发展形成的城市经济中心,依循商品经济的运行机制——市场机制,实现它在一定区域范围内的经济联系,而经济中心对区域经济的组织和推动,不但是通过市场网络同时还依托城市(城镇)体系去实现。现在,我国经济相对发达的一些地区,往往就是市场发育比较早、市场比较活跃,同时,城市化进程比较快,城市体系也趋向完善的地区。从区域经济的视角审视城市在我国现代化建设中的主导作用,我们发现它是通过以大城市、特大城市为核心,大中小城市以及小城镇的协调发展实现的。

我国城市化的新趋势,可以认为是城市化起步发展阶段逐步转入加快发展阶段的特征之一。城市化形式的取向,构建"以大城市(包括特大城市)为核心,中小城市为主体,小城镇为基础的城镇体系,是符合我国国情的"。必须看到,一批经济比较发达的大城市(包括特大城市)的地位是十分重要的,没有这样一批城市,要实现工业化的任务和走上现代化的发展道路是不可能的。同时,如果没有一大批中小城市和小城镇的支撑,让广大农村地区长期处于落后状态,城乡差别扩大,也就会延缓我国工业化、城市化进程,甚至引发经济的、社会的各种矛盾,带来消极影响。我们应该因势利导,在新世纪实施城镇化战略中,促进大中小城市和小城镇的协调发展,逐步形成合理的城镇体系,在出现城市群体发展的一些地区,则更要重视发展战略研究,为促进城市群体经济发展采取相应对策。

三、 有重点地发展小城镇

改革开放20多年来,我国城市化的态势告诉我们,在我们这样的农业大国、人口大国,要逐步建设成为一个经济强国,商品经济的充分发展是社会经济发展不可逾越的阶段,而工业化、城市化则是实现我国现代化的必由之路。在现阶段,农民的参与不仅是工业化,并且是城市化不可忽视的重要力量。就城市化而言,城市化是一个发展过程,它是由于社会生产力和商品经济不断发展,引起农业人口向城镇人口的转变过程。从城市化演进规律考察,我国城市化正处在起步发展阶段向加快发展阶段转变的重要时期。在这一时期,将有大批农业人口转变为城镇人口,小城镇是转移的重要场所,农民参与城市化,小城镇建设是重要形式。

小城镇,居乡之"首",城之"尾"。从改革开放始,小城镇的恢复和发展就受到社会的关注。1980年,农村普遍实行家庭承包联产责任制的同时,开放集市贸易以及允许长途贩运，沟通城乡之间的物资交流，发展商品经济，恢复和发展农村初级市场为依托的小城镇也就成为必然。对此，有识之士把"小城镇，大问题"提到人们面前。1984年，农村商品经济出现好势头，生产和流通领域涌现了一批专业化乡镇企业，围绕小城镇的市场，农民开拓了致富门路，又提出小城镇，大政策，强调小城镇建设的重要性。改革开放以来，小城镇已发展成为农村地区二、三产业的重要载体，全国乡镇企业的增加值已占到全国国内生产总值的27.9%，其中约57%集中在小城镇。小城镇已成为吸引农村剩余劳动力的重要场所，全国乡镇企业劳动力1.25亿，其中约50%集中在小城镇。我国小城镇人口总规模已达到1.7亿（其中标准人口约1亿），按统计口径计算，小城镇人口约占全国市镇人口的44%左右。改革开放20多年间我国小城市从92座增加为378座，中等城市从60座增加为205座，绝大多数也是由小城镇成长而来。小城镇是我国城市化的重要组成部分，在城市化进程中具有无可替代的作用。总结农村改革20年的基本经验，科学地评价小城镇的地位和作用，1998年，党中央作出决策，明确指出：发展小城镇是带动农村经济和社会发展的一个大战略。

发展小城镇，加快城市化进程，既关系到农村经济和社会发展大局，又关系到我国经济保持增长势头的大局。1998年年末，我国提出1999年的宏观经济政策取向应当立足于国内市场，之后，进一步明确"立足于国内市场"不仅是短期内宏观经济政策的取向，并且是中长期发展战略的考虑。我国人口12.4亿，拥有我国70%人口的农村，是一个潜在的大市场。按统计口径计算，1998年城镇居民家庭人均可支配收入为5 425元，农村居民家庭人均纯收入为2 162元，城乡居民收入的差别为2.5∶1；人均消费非农业居民为6 201元，农民为1 892元，差别为3.28∶1。农民收入水平低，购买力不足，是开拓农村市场的突出矛盾。可见，症结之所在还是农村剩余劳动力的转移问题。

我国农村人多地少，以户为单位分散经营，如果农业剩余劳动力不向非农产业转移，就不可能实现农业产业化和规模经营，不可能实现传统农业向现代化农业的转变，也就是说不能在提高农业效益的基础上逐步提高农民收入水平，缩小城乡差别；如果农村剩余劳动力不向城镇二、三产业转移，建设一批贯通城乡的发展中心，也就不能把农民的消费水平逐步提高到非农业居民的消费水平。显然，随着农村人口向城镇转移，小城镇要进行各项基础设施建设以及居民住房建设，还将引起这方面大量的投资。扩大内需，启动消费需求和投资需求，是我国现阶段发展小城镇，加快城市化进程的重要指导思想，而有重点地发展小城镇，则是重要的指导方针。改革开放20年，虽然小城镇有了比较大的发展，但是，20世纪80年代中期的行政管理体制改革的推动，撤乡建镇，以镇管村，迅速形成了一批建制镇，可是至 1997 年全国建制镇镇区平均只有 4 518.6 人，规模普遍偏小。20 世纪 90 年代中期以来，有领导的改革试点推动了小城镇建设，取得了很大成就，与此同时，也出现某些盲目性，包括有些地方出现一哄而起的倾向，一些小城镇有街无市，一些小城镇空巢无凤。20 世纪 90 年代中期以来的小城镇试点的经验，很值得总结。新世纪，深化改革，进一步打破体制障碍，发展小城镇，并把小城镇融入我国城镇体系，要十分重视对当地发展环境和发展条件的分析，以规划为龙头，有重点地搞好小城镇建设，积极而有序地推进农村地区的城市化。

（本文由过杰执笔，原载于《城市经济理论前沿课题研究》一书，该书由东北财经大学出版社于 2001 年 9 月出版）

大城市近郊加快城市化对策研究
——高碑村经济非农化及其发展思路

改革开放以来，我国经济出现快速、持续和健康发展态势，有力地推动了工业化、城市化、现代化三位一体的历史进程，中心城市尤其大城市，作为地区乃至全国的发展中心，越来越受到重视。就我国城市化进程分析，进入20世纪80年代中期，城市化明显加快。其实现形式可以概括为两种类型：一种是广大农村地区随着工业化发展、小城镇建设，依托一批基础比较好、发展条件比较好的城镇，建设成为中小城市，导致城市数量的增多，可称之为分散型城市化；另一种是原有城市尤其是经济比较发达的大中城市，在工业化进程中向城市周边扩展和延伸，导致城市规模的扩大，相应地农村地区变为市区，成为城市的一个组成部分，可称之为集中型城市化。大城市近邻，位于大城市周边城乡结合部，进入城市化比其他广大农村地区拥有更为有利的条件。与广大农村地区相比较，大城市近郊的城市化进程，不仅是农村经济社会深层次的变化，并且伴随着大城市发展中内部结构的调整，有它自身的特点。随着20世纪90年代一批大城市经济实力增强，城市规模扩大，大城市近郊城市化研究，也就成为一项具有重要现实意义的课题。为此，我们以成都市簇桥乡高碑村为典型，联系整个簇桥地区进行系统考察，分析新情况、研究新问题、谋划新思路，开展课题研究，得到了高碑村领导以及簇桥乡党委、政府，武侯区党委、政府的有力支持，得到了四川省哲学社会科学规划办公室的赞同和支持，并批准立项。经过近两个多月的调查研究和反复论证，提出研究报告，现分述如下：

一、高碑村经济、社会发展评估

簇桥乡高碑村位于成都市西南郊，距市中心约6千米，面积3.2平方千米。高碑村村民委员会辖12个村民小组，1 312户，3 703人。辖区主要部分处在三环路两侧，川藏公路（318国道）和武侯大道之间，西环铁路穿境而过，贯穿9个村民小组，境内还有沈（沈家桥村）高（高碑村）顺（顺江村）公路，交通十分方便。簇桥乡是成都市兴办乡镇企业比较早的地区，也是四川省首批100个小城镇建设试点之一，经过多年发展，已经进入全国500强乡镇的行列，名列四川省经济实力200强乡镇第4位。高碑村的经济实力在簇桥乡的11个行政村中位居前列。经过 20 多年的发展，高碑村发生了巨大变化。主要表现在以下几个方面：

（一） 经济迅速发展，总量持续攀升

改革开放之初，高碑村虽然已经有几家社队企业（乡镇企业的前身），包括打米厂、汽修厂、保温材料厂、修缮队等，但是规模都比较小，全村仍以农业为主，据统计，1982 年全村 941 户、3299 人，经济总收入仅 115.70 万元。随着农村改革，调动了农民生产积极性，发展多种经营以及非农产业，1991 年全村 1 065 户、3 470 人，经济总收入上升为 1 179.86 万元。经过 20 世纪 90 年代的发展，2000 年，全村经济总收入突破 2 亿元大关，成为簇桥乡经济实力较强的行政村之一。新世纪开局的 2001 年，经济总收入进一步达到 24 245 万元，以年递增 11.6% 的速度创新高。20 多年来，高碑村经济总量持续攀升，乡村面貌不断改变。

（二） 非农化进程加快，经济发生结构性变化

高碑村位于大城市近郊，处在中心城市的强辐射地域，经济非农化起步比较早，发展也比较快，尤其是在 20 世纪 90 年代（见表 1、表 2）初步完成非农化进程。

表 1　　　　　　　　　高碑村农村经济非农化状况

年度	总收入（万元）	非农产业收入（万元）	非农化比重（%）
1991	1 179.86	713.31	60.46
1992	2 152.00	1 720.00	79.93
1993	12 715.92	11 905.78	93.63
1994	10 395.14	9 578.58	92.25
1995	15 273.23	14 565.01	95.36
1996	13 700.12	13 136.30	95.88
1997	10 997.02	10 362.24	94.23
1998	13 143.26	12 523.04	95.28
1999	15 294.26	14 864.00	97.20
2000	21 717.66	21 220.46	97.71
2001	24 245.00	23 617.00	97.40

资料来源：高碑村农村经济基本情况报表

表2　　　　　　　　　　高碑村农村劳动力非农化状况

年度	劳动力总数（个）	非农劳动力（个）	二产业劳动力总数（个）	三产业劳动力总数（个）	非农化比重（%）
1991	2 222	4 584	608	976	71.28
1992	2 286	1 738	938	1 000	76.03
1993	2 348	1 719	742	977	73.21
1994	2 335	1 729	857	872	74.04
1995	2 336	1 783	923	860	76.33
1996	2 368	1 828	943	885	77.19
1997	2 269	1 889	1 041	848	83.25
1998	2 288	1 903	1 172	731	83.17
1999	2 218	1 873	1 226	647	84.45
2000	2 227	1 897	1 238	659	85.18
2001	2 288	2 048	1 420	628	89.51

资料来源：高碑村农村经济基本情况报表

经济收入非农化：1991年，全村总收入1 179.86万元，其中非农收入713.31万元，占比60.46%。至2001年，全村总收入提高到24 245.00万元，其中非农收入达到23 617.00万元，占比97.40%。

劳动力转移非农化：1991年，全村劳动力总数为2 222个，其中从事非农产业的劳动力1 584个，包括二产业608个、三产业976个，劳动力非农化比重为71.28%。至2001年，劳动力总数为2 288个，其中从事非农产业的劳动力2 048个，包括二产业1 420个、三产业628个，劳动力非农化比重达到89.51%。

农用土地非农化：20多年来，至2001年，全村被征用土地512亩（包括已批准"占改征"尚未实施的219.4亩）、占用土地1 247亩（包括企业占用1 134.8亩、公益事业占用62亩等）。据统计，1981年农用土地为2 458.5亩，逐年有一部分转为非农用地，1991年农用土地减少为2 338.79亩，至2001年年底全村农用土地进一步减少到846亩。如果把2002年三环路两侧50米增辟绿地的征地和三环路内侧建设成都市西南物流中心的征地统计在内，农用土地已所剩无几。

（三）居民生活不断改善，收入逐渐转为货币化

20多年来，高碑村农民人均纯收入，从1982年的273元，提高到2001年

的4 686元，远高于同年全国农村居民人均纯收入2 366元的水平。家用电器基本普及，电视机拥有量达到104%以上，私人拥有机动车（摩托车、汽车）达到126辆。就分配过程分析，随着商品经济越来越发展，相应地农村实物性收入逐渐减少，货币性收入不断增多，至2001年，全村人均纯收入中，货币性收入的比重已经达到97.48%。

（四） 以院落为主的乡村自然景观正在向城市景观转变

随着经济发展和收入水平提高。村民住房得到相当大的改善，草房已不能再见，瓦房已先后改造，钢筋混凝土砖木结构住房的比重达到98%。随着征用、占用土地，把农用土地转为非农用地，现代化气息吹进传统的乡村，以院落聚居为主，一丛丛竹林的自然景观逐渐改变，一座座工厂、一片片商城，以及一条条宽敞的道路和立交桥等城市景观相继出现。

改革开放20多年来，高碑村以及整个簇桥乡地区，经历了自给半自给经济向商品经济的转变，商品经济充分发展替代了传统的农村经济，常年靠土地耕作谋生，经营种植业、养殖业的农业劳动力，逐步实现了向非农产业的转移，而更多地从事工业和建筑业，第一产业比重下降，第二、三产业比重大幅度上升，成为村经济发展的主要支柱。实践表明，农村经济的非农化进程，促进乡村经济迅速发展和乡村经济结构的深刻变化，势必导致城乡地域空间结构的调整。农村经济实力的不断增强以及非农化，是大城市近郊推进城市化的主线。就行政村的村经济而论，村这种社会地域组织形式历来是我国乡村社会结构体系的基本单元，也是具有相对独立性的基层社区组织，其成员的社区归属性和认同感强，在相当长一段时期内，仍比较容易以共同利益为纽带发展经济实体，也容易在非农化的启动阶段，以互补为前提发展专业化、社会化、商品化生产。村级经济体系和社区组织推进非农化，及其在大城市近郊加快城市化过程中的作用，应该受到重视。

从高碑村的现状分析，可以断定已经初步实现经济的非农化，至于进郊区变为市区、农民变为市民，当前还存在一些突出的矛盾。具体表现如下：

一是城乡居民收入水平存在较大差距。2001年，高碑村农民人均纯收入虽然比较高，但只接近1996年全国城镇居民家庭人均可支配收入4 838.90元的水平，只占2001年成都市城镇居民人均可支配收入8 128元的57.65%。

二是居民住房的离散性十分突出。由于修路、建厂、筑商城、办学校等需要，一批又一批征用、占用土地，一批又一批的农户拆迁，大多数是在村民小组范围内异地安置，缺乏统一规划，又不是集中建房，"见缝插针"，随机选址，造成居民住房分布非常杂乱，甚至出现重复拆迁，土地利用极不合理。

三是土地利用的粗放倾向比较严重。该村不存在基本农田保护区，农用土地非农化促进了经济发展。在实行土地有偿流转过程中,比较突出的是土地利用的粗放倾向,如一些农户以及有的村民小组,有偿占用土地修筑一批批简易工棚,租给外来务工经商的农民工,以获得住房租金收入,甚至有的把成片土地租给"捡破烂"的大户,堆放玻璃瓶、废塑料物品,旧纸箱等城市垃圾,这样,带来的土地效益不高,甚至可以说是土地利用的浪费。

四是基础设施和公用设施同城市有很大差距。由于缺乏统一规划,简易的通道带有临时性,电网按农村要求进行改造,自建小水厂供应自来水,饮用水不能达标。

五是缺乏就业服务与指导。改革开放以来农业劳动力向非农领域转移,虽然已经达到比较大的规模,从土地上分离出来的劳动力自找门路,自谋职业也逐渐成为风气,可是按统计口径计算,全村常年尚有220多个劳动力处在游离状态,如果加上18岁以下辍学在家而又有劳动能力的青年,全村大体上有350人左右处在待业状态,约占有劳动能力居民的15%,对其后果要有足够估计,要引起高度重视。

从各种因素综合分析,高碑村虽然由于经济非农化的推动,跨进了城市化门槛,但在目前只处在"准城市化"阶段。我们认为大城市近郊的乡村从经济非农化起步,逐步完成好经济建设、城市建设、环境建设以及体制转换、社区建设等多方面的任务,要经历准城市化、初步城市化、完全城市化的不同发展阶段,才能融入城市,成为大城市的一个组成部分。

二、高碑村发展模式分析

改革开放以来,高碑村的发展大致经历了三个阶段:

第一阶段从1978年到1982年,贯彻党的十一届三中全会精神,把市场调节引进社会经济生活,农村改革通过试点逐步展开,普遍实行家庭承包联产计酬责任制,同时开放农村集贸市场,鼓励社队企业发展。这段时期是农村经济恢复和发展,实现增产又增收的时期,农业与非农产业是推动经济发展的两个轮子。1982年高碑村来自非农产业的收入第一次超过了农业的收入,占到了全村总收入的54.01%。

第二阶段从1983年到1991年,开始扭转片面强调粮食生产,面向市场,服务城市,富裕农村,发展种植业、养殖业,农业生产有了进一步发展。特别是1984年开始允许有偿占用土地兴办乡镇企业,突破了以往只能挤占农房、利用闲置仓库和晒坝等办企业的规定。在此期间农用土地约有123.4亩转向办企业、辟市场等,乡镇企业有了比较大的发展,村集体企业增加到10家,还有一

大城市近郊加快城市化对策研究——高碑村经济非农化及其发展思路

批个体经营的作坊和小型企业，非农产业逐渐成为主要产业。

第三阶段从1992年开始至今，是高碑村发展最快、变化最大的时期。1992年，传达邓小平同志南方视察谈话，以"三个有利于"判断改革和各方面工作是非得失，进一步解放思想，在农业生产继续发展的同时，乡镇企业发展的步伐加快。到1992年年底，村集体企业发展到15家，全村总收入的41.26%来自村集体企业，在村集体企业中就业的劳动力，占到全村劳动力的14.35%；个体经营的企业发展到303家，全村总收入的38.66%来自这批企业，进入这批企业就业的劳动力，也占到全村劳动力的36.61%。1994年，贯彻武侯区政府文件（[1994] 52号）精神，从理顺企业产权关系入手，完善企业运行机制（包括解决一批戴"红帽子"的个体私营企业），高碑村着手开展以明晰产权为主要内容的转制工作，增强了企业活力，有力地推动了乡镇企业发展。1995年全村总收入第一次达到1.5亿元，其中非农收入比重第一次上升为95%。

经过20多年发展，高碑村呈现以下特点：

一是经济发展非农化以工业为主。据2001年统计，工业收入（不含建筑业）在全村总收入中的比重为87.34%；本村转移到工业企业的劳动力，占到全村非农劳动力的64.94%。

二是发展经济以动员社会资源（包括吸收社会闲散资金和招商引资动员民间资本等）、发展个体私营经济为主。据2001年统计，全村乡镇企业总产值中，个体私营企业占54.32%；全村工业企业总产值中，个体私营企业占54.38%；本村在个体私营企业的就业人数，占乡镇企业就业总人数的51.66%。

三是农业劳动力向非农领域转移以就地转移为主。据1994—2001年统计资料分析，常年劳动力总数为2 200多个，有1 800多个都在当地转向非农领域，也就是在职业转移的同时，基本上不发生异地转移。转移到省外的劳动力常年仅有8~12个。

高碑村从农村村落跨进城市化门槛的发展过程，就微观方面分析，村经济的恢复和发展尤其是经济非农化以及市场化，是改革开放以来高碑村发展内在的动力；就宏观方面分析，改革开放以来发挥中心城市作用，成都在不断提高经济实力的同时，建设城区面积"七五"计划期末为74.4平方千米，"八五"计划期末拓展到129平方吉米，"九五"计划期末进一步达到207.81平方千米。城市向周边拓展，城市基础设施尤其是交通设施向西南郊延伸，为高碑村农村村落的转变提供了外在的力量，两者形成合力，推动农村村落加快向城市化地区转变，这也是大城市近郊同那些远离中心城市的广大农村地区进入城市化的不同之处。

高碑村的发展特别是20世纪90年代以来的快速发展，得益于整个簇桥乡地区城市化的大环境变化是十分明显的。第一，整个20世纪90年代，加强城市交通设施建设为簇桥乡地区提供了较快发展的条件。自古以来，簇桥是川藏道上一个重要驿站，在成都发展与区外物资交流中有一定地位。20世纪90年代武侯大道的建设打通了簇桥与城区新的通道，随着川藏路扩建，三环路建设以及簇桥乡境内的沈高顺公路建成，簇桥乡地区出现了内外贯通，四通八达的交通格局，能够更好地发挥区位优势，为这个地区加快发展创造了更为有利的条件。第二，1991年八一家具股份有限公司率先在高碑村占用土地兴办大型家具市场，大市场带动了一批企业，造就整个簇桥乡地区乡镇企业发展新局面。成都市区域性的专业市场、综合市场，20世纪80年代依托火车北站便捷的铁路、公路交通，首建荷花池市场开始，长盛不衰。多年来的市场建设，北边比较热，南边十分冷。随着簇桥乡地区四通八达交通格局的形成，大型家具市场——八一家具城越办越兴旺。从1991年1.4万平方米营业面积起步，逐渐进入规模化、规范化、专业化、品牌化的新阶段。2001年大型综合型家具市场的总建筑面积扩展到30万平方米，进入市场经营的厂商多达1 000余家，年营业额高达6亿多元。在八一家具城带动下，从事家具行业生产和加工的企业遍布簇桥乡地区，仅据高碑村统计，全村90多家企业，其中有60多家从事家具生产或加工配套产品。现在太平园家私广场、西南食品城、西南汽配城又相继崛起，市场带动产业发展的势头将进一步发展。第三，1994年以来簇桥乡列为全省小城镇建设试点，着力交通设施和通信设施建设，改善投资环境，并经统一规划，按功能分区进行开发，小城镇建成区面积相应扩大，不仅簇桥面貌完全改观，并且交通设施和其他公用设施与城区出现对接态势，将更为有力地推动高碑村的发展。

总之，高碑村"三为主"的发展，并不是孤立的。它是与20世纪90年代簇桥乡地区发展变化的大环境分不开的。高碑村的发展，集中起来说，是以城市交通设施的改善和延伸为契机，依托区位优势，动员社会资源，大市场带动大产业，促进经济非农化的发展模式，也可以说是簇桥乡地区的重要发展模式，甚至是武侯区相当多地区农村村落向城市化转变的发展模式。

三、高碑村实现跨越发展的环境和目标

高碑村和整个簇桥乡地区，大市场带动大产业，产业聚集引起人口聚集，是城市化的重要特征。以成都市西南郊建设最早、发展最有成效的家具市场和家具生产为例，八一家具城在20世纪90年代随着规模不断扩大，占地拓展为460多亩，逐步形成专业化经营的综合市场，包括一般家具市场、办公家具市

大城市近郊加快城市化对策研究——高碑村经济非农化及其发展思路

场、金属家具市场、家具材料市场、家居装饰市场、厨具市场等。经销的产品60%销往省内各地，40%销往省外，主销西南、西北地区，少部分进入其他地区城市，在昆明、拉萨、西宁、兰州、乌鲁木齐、郑州、沈阳、哈尔滨、武汉等地都有这里厂家的销售网点。销售收益连年增长，2001年交纳税金达1 379万元，是武侯区纳税大户。进入八一家具城的千余家厂商，约有60%经销商，40%的生产厂家先后在簇桥乡地区以及附近其他地区就近办厂，依托市场，向外辐射。市场建设，产业发展，不仅为当地农业劳动力转移提供场所，并且成为外地农业劳动力转移的集中地区。据分析，仅八一家具城的务工经商人员，在营业区内服务的就有4 000多人；为营业区配套服务和在簇桥地区办厂的务工经商人员约在30 000人以上。现在整个簇桥乡地区形成了大批外来务工经商流动人口的集结，其规模已经远远超过簇桥乡户籍所在地非农人口1.69万人。就高碑村而言，租用农户余房以及租用村民小组修建的简易住房务工经商的流动人口，估计有5 000人的规模，随着西南食品城、汽配和建材市场建成，外来务工经商流动人口的集结规模还将进一步扩大。

大批外地务工经商人员在大城市近郊的一定地区集结，是城市发展一定阶段的普遍现象。就城市空间结构的演变而论，要经历离散阶段、极化阶段、扩散阶段，走向成熟阶段。改革开放以来，尤其是20世纪90年代，把市场运作引进城市建设领域，经营城市的新理念推动了城市的新发展，以"三中心"、"两枢纽"为目标加强建设，更好地发挥了中、心城市的作用。目前成都的城市发展正处在从极化向扩散转变的重要时期。一方面生产要素以及各项经济活动继续向城市聚集，极化趋势进一步加强；另一方面商品、资金、技术、人才以及商品经济的一切活动方式，向相应地域扩散的势头十分强劲。正是生产要素加强聚集和经济活动不断扩散的交互作用，在大城市近郊造就了簇桥乡地区这样一批城市化新区。

高碑村和簇桥乡地区大市场带动大产业，聚集了前所来有的人气、商气，为实现跨越发展走出了路子。跨进新世纪，成都以现代化为目标的新一轮发展，将进一步改善西南郊的发展环境，给高碑村和簇桥乡地区带来机遇。

机遇之一，面向现代化、面向经济全球化，成都市中央商务区（CBD）的策划和建设，将引起城市内部结构重大调整和功能扩散。中央商务区产生于20世纪20年代的美国。它是城市中金融、贸易、高级零售、信息、管理、会展等活动最集中，交通最便捷，建筑密度最高，地价最昂贵的地区，形成城市的经济中枢，也就是现代城市的功能核心。中央商务区的建设是经济发达的大城市现代化的必然要求。成都市策划在中心城的核心地带构建中央商务区，对成都这样历来商贸活动相对集中在中心城的传统商贸城市来说，势必导致非中央商务区构成要素及其相关活动从核心地带向中心城外围地区转移,引起整个城市空间结构调整,给中心城外围的城市化新区带来极好的机遇。

机遇之二,武侯区《城南商贸经济圈发展规划纲要(2003—2010)》出台,提出紧紧围绕建设"一流居家环境、一流商务环境、一流购物环境"的发展战略构建城南商贸经济圈,为高碑村和簇桥乡地区经济发展和城市建设跨上新的台阶提出更高的要求,同时也提供更为有力的支持。建设八一家具城和太平园家私广场为中心的武侯家具十里长街、汽配大市场、食品批发市场都纳入规划,簇桥商贸区列为重点地域之一。规划的实施将进一步以大市场带动大产业,推动整个簇桥乡地区经济新发展。

机遇之三,在簇桥乡高碑村境内三环路内侧经批准征地上千亩,建设成都市西南物流中心,是一项重要举措,将有利于成都中心城市更好地发挥对川西南的辐射作用,同时对武侯区城南商贸经济圈的发展也将是有力的支持。随着簇桥乡以及西南郊家具、食品、皮革、装饰材料、汽配等市场迅速发展,人流、物流、信息流不断增大,以推进流通现代化为目标建设现代物流中心成为必要。物流中心建成,将与商贸经济圈的发展相匹配,进一步以大市场、大流通促进大发展。

面对成都城市发展新的形势,抓住机遇,谋求发展,高碑村仍然要坚持以经济建设为中心,经济非农化为主线,实现新的发展目标。全村经济总收入在"十五"期末2005年突破3亿元大关,经济非农化比重稳步提高;居民人均纯收入力争接近2001年成都市城镇居民人均可支配收入8 000元的水平,使城乡居民收入水平差距进一步缩小。与此同时,高碑村要加快从郊区向市区转变、农民向市民转变的进程,从目前的"准城市化"阶段转入初步城市化阶段,在3~5年内建设和管理要实现以下目标:

（一） **基础设施一体化**

城市基础设施是传统的分散经济转向现代的、聚集经济的必要条件,同时,城市基础设施的数量和质量是城市经济高效化和均衡发展的先决条件之一。基础设施一体化,即是把供生产、生活使用的水、电、气以及排水、排污系统和其他公用设施,都纳入大城市基础设施的系统,共享城市文明。

（二） **土地利用集约化**

城市社区是经济实体、物质实体和社会实体的有机聚集体,也是市民社会的聚集体,以规划手段指导建设是必不可少的行政措施。要在统一规划前提下,建设合理的功能分区,改变农民住房的分散布局,杜绝乱占乱用土地构筑建筑物,以及擅自改变土地用途,切实做到节约使用土地,努力提高土地效益。

（三） 居民住房社区化

生产的分散、居住的分散是传统乡村的特征，生产和各项经济活动的集中、居住的集中是现代城市的特征。规划和实施相对集中的居民住房建设，要作为一项重要任务，拆迁住房不能再搞"见缝插针"，随机选址，要改变目前住房离散和零乱的状况，以建设居住小区为取向，促进居民住房社区化。

（四） 社区管理规范化

在按城市的标准和要求建设的过程中，要把建设和管理统一起来。城市建设中提供"公共产品"、"公用设施"，或者改善居民生活环境，提高生活质量，或者改善投资环境，提高经济效益，以及居民住房相对集中，都会给社区管理带来一些新的特点，要学习城市社区工作模式，有步骤地建立规范化管理。

以上目标是高碑村融入城市，共享城市文明的重要步骤。鉴于城市建设自身的特点，无论是基础设施一体化，土地利用集约化，还是居民住房社区化、社区管理规范化，城市政府（市、区）的作用十分重要。城市政府对新拓展的建成区要加强规划，包括制定用地规划、交通道路规划、居住区规划、绿化规划等，依法实施规划管理。城市政府（市、区）要把新拓展建成区的建设和管理的目标纳入重要议事日程，采取有力措施，推进城市化。

四、 高碑村实现新跨越的对策建议

1999年6月，国务院批复《成都市城市总体规划》（1995—2020），其中规定中心城规划区面积以外环路为界，达到598平方千米，2020年建成区面积为248平方千米。事实上，随着"五路一桥"工程的完成，"十五"计划期内就会突破248平方千米。高碑村和簇桥乡地区已经在中心城建成区范围之内。2001年7月，成都市规划设计院在《成都市土地利用控制规划图》里，也曾对高碑村片区进行了控制性调整规划，高碑村的城市化问题已进入倒计时。我们注意到农业在经济总量里已在0.5%以下，由于以交通设施延伸为主的城市基础设施建设，已经破坏了农田水利系统，农用水源发生危机，所剩无几的耕地正常耕作极为困难，进入雨季，排水通道不畅，还造成灾害；转向养殖业的奶牛专业户、养猪专业户等，当年的畜舍，现在已临近交通干道，日夜排污给环境带来严重污染。显然，这是发展进程中出现的矛盾，也是高碑村地域城乡经济结构调整中的特殊现象，解决的出路，也在于城市化的有序推进。

城市化是人类社会发展的必然趋势。农业经济转向城市经济，村落社会转向城市社会，包含着深刻的经济社会变革，导致经济发展和社会进步。高碑村走上城市化之路，是一条希望之路。同时，由于农民从土地上转移出来，割断与土地的"脐带",涉及利益的调整,会出现这样那样的矛盾,以及传统村落文化的改变和城市社区文化的培育,也有许多工作要做,可以认为,高碑村的进一步发展将有一段艰难的过程,对此应该有所估计。前面我们已经提出,高碑村从现在起,在3~5年内实现一定的经济发展目标,城市建设目标,以实现"准城市化"向初步城市化的推进。为了实现新的跨越,进一步调整和完善发展思路是十分必要的。多年来,高碑村有经济发展非农化的成功实践,还有做好工作,解决争端,在稳定中实现发展的经验,很值得重视。高碑村应该坚持邓小平同志"发展才是硬道理"的理论,实践江泽民同志"三个代表"重要思想,在以往"三为主"的基础上完善发展思路,在稳定中求新的发展。我们建议,在新一轮的发展中,要选择"以人为本,安居在先,完善服务,集约发展"的路径。"以人为本",包括提高居民收入水平,提高居民生活质量,提高居民劳动技能和科技文化素质;"安居在先",安置住房涉及一大批农民利益,对稳定和发展极为重要;"完善服务",既要发展社区的服务业,提高服务水准,方便居民生活,又要为农业劳动力转移,提供就业指导,搞好服务;"集约发展",要引导起点低、规模小、分散经营的小作坊、小企业、转向小而专、小而精,从粗放转向集约,增进经济效益,加强竞争力。这是一条以新的理念、新的思路,谋求新跨越的发展路径,也是切合实际的发展路径。

把经济发展推上一个新台阶,顺利地推进社会转型,实现初步城市化,我们对高碑村当前工作提出四点具体建议:

(一) 从修建居住小区切入,以人居工程为中心,加快城市化进程

就高碑村而言,土地是最重要的经济资源,同时也是紧缺的资源。为这个地区的可持续发展,要采取有力措施改变目前住房布局离散、杂乱,土地利用率低的状况,从修建居住小区入手,相对集中,进行土地调整,提高土地利用效益,具有战略意义。居住是城市的重要功能,人居工程对高碑村来说,3~5年内应该是推进城市建设的一号工程。目前,高碑村面临新一轮的征地,在三环路内侧征用上千亩土地建设物流中心以及三环路两侧50米绿地的征用,涉及445户农民的拆迁,加上修建三环路时征地拆迁未安置好的农户,以及其他征用、占用土地后又出现重复拆迁的农户,需要安置住房的农户达600~700户,占全村农户的50%以上。能不能把这批农户安置好,要不要把这批农户的居住方式引导进入市民化,是高碑村在稳定中谋求发展的重大问题。规划中预留的四处地块,要分期分批修建居住小区,建设人居工程,把住房同道路、管网、绿化以及社区服务等统一起来考虑,切实改善居民生活环境,提高生活质量。这不仅是按规划进行土地调整的必要措施,并且也有利于解决环境污染、社会治安等一系列社会问题。建设人居工程是高碑村推进城市化的重要举措,有关

方面应该重视，给予必要的支持。

（二）继续发展非农经济，在调整中做大做强，进一步提高居民收入水平

面对新形势，高碑村提高居民收入水平，不可能再寄希望于农业的增产增收，重要的是非农产业的进一步发展。经济非农化始终是加快城市化的动力，而居民收入水平的提高，城乡居民收入水平的缩小，则是城市化的重要标志。据高碑村2001年经济总收入24 245万元的构成分析，扣除340万元其他收入（包括股金收入、房租收入、土地占用费收入等），按总收入23 905万元计，第二产业收入22 210万元，占92.9%，第三产业收入1 067万元，占4.46%。高碑村在结构调整中谋求发展，第一，第三产业有比较大的发展空间，居民住房社区化，社区服务业的发展，以及西南食品城、汽配大市场、物流中心的建成和发展，都将给服务业为主的第三产业提供发展机遇，要好好策划；第二，成都市西南郊的城市建设、住房建设规模比较大，建筑市场将明显扩大，建筑业将有更多的发展机会；第三，工业企业在技术改造和组织结构调整中，从粗放转向集约发展，也有新的发展空间。以有效扩张资本为途径，调整企业组织结构，高碑村村民一组向全组村民募集股金，以注册资金300万建立四川众望有限责任公司，经营建筑业，是高碑村出现的新的经济组织形式。我们认为，在结构调整中谋求发展，要倡导多途径、多形式的探索。

（三）深化改革，探索社会保障体系，发挥社区保障功能的作用

社会保障体系是国家和社会依法对社会成员提供帮助的社会安全制度，也是我国深化改革，正在探索和逐步实现的目标之一。多年来，在农村就有一些社会救助、社会保障的方式和制度。近10年来，高碑村推行武侯区农村养老保险基金制，投保以个人为主、集体为辅，曾受到欢迎。深化改革，要探索社会转型中城市化新区的保障体系如何形成。对国家有明文规定的种种保障，如最低收入生活保障等，郊区变为市区，可以顺理成章的按规定实施。按市场运作的社会保障可以自由进入。摆在我们面前比较突出的问题是就业的服务和指导，一批弱势群体，文化水平低，缺乏劳动技能，离开土地之后就业带来的困难，如何给以社区帮助，必须引起重视，要纳入村乃至乡政府、区政府的议事日程。当然，择业可以进入人才市场、劳务市场，地方政府不可能介绍职业，安排工作。多年来，簇桥乡对考入专科、大学的本地青年实行奖励的办法，从中我们可以得到启发。地方政府以及社区提供社会帮助，主要是提供就业指导、就业培训的机会，帮助这批弱势群体拥有更好的就业条件。对此，我们建议，以乡为操作主体，筹集资金，村里拿一点、乡里拿一点、区里拿一点，建立就业培训基金，形成社会保障。当然，就业培训基金筹集途径、筹集办法以及使用办

法，政策性很强，也不是村可以决策的，所以仍需有关方面进行专项研究。

（四）积极创造条件，有步骤地改革管理体制

高碑村在经济非农化过程中，村民的职业已经改变，不是农民而是工人、商人，每年按农民人均纯收入的口径统计，已是名实不符。按全村经济总收入的统计口径，村的经济活动主要是第二、三产业。无论是经济活动的主体，还是劳动者的主体，都已经发生了根本性的变化。但以居住方式为主的生活方式，使人们感到这里仍是"都市里的村庄"，保持着浓厚的乡村气息，包括一些与现代城市相背离的活动方式。就城市化的内涵而论，农村村落转变为城市社会，不仅是生产方式的转变，同时也是生活方式的转变，以及观念和思想方式的转变。高碑村要融入城市，城乡二元管理体制转向一元化的城市管理体制势在必行，但并不能以行政管理体制的转变为终结，而是要实实在在地实现近期的发展目标和建设目标，为行政管理体制改革创造条件，有步骤地推进乡村管理体制向城市管理体制的转变。

（本文由"大城市近郊加快城市化对策研究"课题组于2002年8月完成，课题组成员有过杰、罗宏翔、陈伯君、秦其立、王茂君。）

经营城市 开创城市建设新局面
——达州经营城市方略研究

1999年6月20日,经《国务院关于同意四川省撤销达川地区设立地级达州市的批复》(国函〔1999〕51号文)批准:达川地区改为达州市。撤地建市是达州经济社会发展的新阶段,3年多来,达州连年增速实现经济增长,2001年经济总量突破200亿元大关并继续攀升;投资力度空前加大,基础设施明显改善;经济结构调整取得重要进展,2002年产业结构首次由一二三型演变为二一三型;城乡居民收入水平提高,城乡居民储蓄余额进入我省第4位。城镇建设明显加快,城镇化水平提高,尤其是以经营城市的全新理念,着力中心城区建设,改造旧城,治理洲河,开发新区,拓展发展空间,调整功能分区,综合整治环境,走上了一条新的路子。

一、经营城市是达州谋划新跨越的必要选择

自建市以来,中共达州市委、达州市政府以西部大开发为契机,高度重视城市建设事业,把经营城市放到重要议事日程之上,采取了一系列措施,加强中心城区的城市建设、城市管理和城市发展,走以城建城、以城养城、以城兴城的路子,是达州发展实现新跨越的必要选择。

第一,经营城市是全面建设小康社会的必由之路。贯彻党的十六大精神,全面建设小康社会,发展仍然是主题,发展经济是首要任务。达州曾经是一个传统的农业地区,改革开放以来,经济社会虽然发生了较大变化,但结构性矛盾仍然十分突出。农业增加值仍占到地区生产总值的1/3多,仍有520万农业人口,包括88万农村贫困人口,农民年人均可支配收入仅2 000多元。达州要从大巴山崛起,圆富民强市之梦,唯有改变二元经济结构状态,推进工业化、城镇化。在大力推进农业产业化经营的同时,积极推动农业剩余劳动力的转移。然而,达州城市化滞后工业化的矛盾也十分突出。目前,工业化率(工业增加值占地区生产总值比重)达到25%左右,城市化率才17%左右,滞后约8个百分点。达州中心城区的建设面积15平方千米、非农业人口聚集规模22万人左右,中心城区规模过小,加之功能混杂,直接制约了中心城市作用的发挥。面对这些突出的矛盾,为全面建设小康社会,达州不可能再走计划经济时代"等、

靠、要"的老路，唯有遵循市场经济法则走经营城市的新路，以加强中心城区建设，加快城镇化的步伐。

第二，经营城市是建设经济强市的客观要求。把达州市建设成为川渝鄂陕结合部"金三角"的经济强市，是新世纪头20年达州市经济社会发展的重要目标，也是达州全面建设小康社会的重要任务。从农业大市转向经济强市，结构调整仍然是主线。2002年达州的第二产业高出第一产业2个百分点，首次超过第一产业在全市生产总值中的比重，是一个新的起点。建设经济强市，达州要经历由农业为主的经济结构转向以工业为主的经济结构，城镇人口的比重要有较大幅度提高。中心城区的人口聚集、产业聚集以及其他生产要素的集中要达到相当规模，成为区域经济发展的动力源，中心城市能够发挥它应有的作用。为支撑城镇经济发展和中心城市建设，经营城市已经显得十分紧迫。据2000年达州周边地级市统计，巴中、广安、十堰、安康、汉中建成区面积分别达到10、14、51、25、29平方千米，城市建设的步伐都比较快，而达州中心城区的建成区面积仅15平方千米，在"金三角"是一个"小马拉大车"的格局，马力不足。环顾达州周边的城市建设和城市化态势，达州应该对经营城市，加强中心城区建设，加快城镇化步伐更有紧迫感。

第三，经营城市是加快城市建设的有效途径。目前，达州不仅是一个农业大市，还仍然是一个财政穷市。2002年，630万左右人口，财政收入才6.32亿元，人均财政收入100元。虽然当年财政收入以11.09%的幅度增长，但仍捉襟见肘，地方财政能够用于建设的资金极为有限。资金瓶颈是达州城市建设突出的制约因素。实现达州"十五"城市建设的目标，庞大的建设资金不可能只指望财政投入。就城市的基础设施的性质而论，城市基础设施为社会提供公共产品（服务），社会共享性是其重要特征，城市基础设施建设有充分理由，要由社会共建来实现。同时，也不能因为社会公共产品（服务）具有社会共享性，而忽视它的商品属性和可经营性。社会公共产品（服务）也是商品，不能完全无偿使用，而要实行有偿使用。根据各地的经验和达州近几年的实践，只要从经营城市开拓思路，就能为加快城市建设筹集充足的资金。

第四，经营城市是建立社会主义市场经济体制的必然趋势。新世纪头20年为实现现代化建设第三步战略目标时期，是完善社会主义市场经济体制和扩大对外开放的关键阶段。改革仍然是发展的动力，要深化改革。经营城市为城市政府提供了政企分开，职能转变的方向和可操作的途径。经营城市要求政府从过去对企事业直接插手的微观管理转向对城市资源的整体开发、利用、经营，转向对城市设施、生态环境整体化的经营管理；政府转变职能，政府行为由微观模式转向宏观模式，有利于实现城市整体资源的可持续发展。达州中心城区的规模，经过多年的投入，已经从新中国成立初期的0.9平方千米、改革开放初期的2.7平方千米，拓展到20世纪末的15平方千米，形成非常大的城市资产。运用市场机制盘活城市资产，是完善市场经济体制的必然趋势，同时，达州对这些城市资产进行积聚、重组和运营，也完全可能实现自我积累，自我增值的滚动发展，步入良性循环。实施经营城市战略，绝不是出于局部利益或部门利益的考虑，而是城市发展全局利益的需要。经营城市涉及城市方方面面，甚至对原有利益格局将产生极大的冲击，必须树立全局观念，冲破一切掣肘经营城市的体制性障碍，各部门通力协作，密切配合，履行职责，确保政府决策实施。

二、经营城市的目标和基本思路

贯彻党的十六大精神，中共达州市委、达州市政府结合市情提出全面建设小康社会的总体要求、奋斗目标：头四年打基础，后四年大跨越，再八年翻两番，2020年全面建成小康社会。在经济发展上，实施"四步走"战略：第一步，到2004年提前一年实现"十五"计划；第二步，到2008年提前两年实现地区生产总值在2000年的基础上翻一番；第三步，到2016年提前四年实现地区生产总值在2000年的基础上翻两番；第四步，到2020年实现地区生产总值在2000年基础上翻两番半，人均地区生产总值达到全省平均水平3 000美元，人民过上更加富足的生活，政治文明建设、精神文明建设，以及可持续发展能力，都达到新的目标。同时，实行城乡统筹，推进达州发展，重点建设好中心城市、突出抓好县城建设以及发展有条件的建制镇，加快城镇建设步伐，确保城镇化水平每年提高一个百分点以上。以省政府批准的《达州城市总体规划》（2000—2020年）为依据，力争到2010年把达州建成人口规模50万、建成区面积40平方千米以上的山水园林城市。

新世纪头20年是达州前所未有的战略机遇期。为实现达州全面建设小康社会的战略目标，经营城市已成为加快市场化、城镇化和现代化进程的重要途径，推进发展新跨越的重大战略举措。必须把经营城市的理念，贯彻到城市规划、城市建设、城市管理和城市发展的全过程。按照经营城市全新理念的科学内涵，经营城市要达到如下多重目标：

第一，发展性目标。经营城市是城市可持续发展理念的延伸，要以人与自然和谐的价值观为导向，在强调经济增长和社会进步的同时，消除这样那样的"城市病"，实现城市经济社会、生态环境的协调发展。

第二，功能性目标。经营城市，要加强基础设施建设，整合城市资源，完善城市功能，改善城市环境。对原有城市功能的不合理部分进行调整，不适应部分进行改造和更新，优化城市功能结构。要因势利导确定和发展城市主导功能，着力完善城市内部服务功能，朝城市的多功能方向发展。通过功能到位，环境改善，以凝聚商气、人气，带动产业发展，拓展城市聚集规模，提高城市综合实力。

第三，体制性目标。经营城市是完善社会主义市场经济体制的要求，要在城市建设领域打破长期以来投资主体单一，由政府独揽的旧格局，实现城市资源资本化、投资主体多元化、融资方式多样化，运作方式市场化，建立城市运营的新机制。

第四，经营性目标。用市场机制运作城市资产，盘活存量，吸纳增量，对构成城市空间和城市功能的各种资本，进行积聚、重组和运营，谋求城市资源优化配置和效益最大化，为城市建设筹集资金。

经营城市的多重目标是一个整体。实施经营城市战略，要坚持以人为本，实现经济、社会、环境的协调发展为指导思想，从对城市资产的市场化运作切入，建立城市投产出良性循环的长效机制，以增强城市功能，改善城市环境，不断提高城市的综合实力和竞争力。严格地说，经营城市是一项复杂的系统工程，在现阶段，做好经营城市这项工作，要处理好以下几个问题：

一是处理好城市建设与发展经济的相互关系。经营城市，实行城市资产的资本经营，加强城市建设，目的在于增强城市功能，改善城市环境，提高城市竞争力。城市是经济发展的载体，加强城市建设，功能到位，环境改善，导致城市升值，这是一方面。另一方面，经营城市要十分重视发展经济，没有产业支撑，城市建设也不可能加快。就达州中心城区来说，城市建设维护税全年只有1 500万元，反映出产业发展对城市建设的支撑力明显偏低。必须看到，优化经济结构，不断壮大城市经济，还是涵养城市资本的基础条件。可见，经营城市要精心策划项目，因势利导策划投资氛围，同招商引资结合，形成一盘棋。

二是处理好经济效益、社会效益、生态环境效益三者的关系。经营城市是以可持续发展的思路寻求城市发展新的模式。不仅是追求经济持续增长和就业岗位增加，并且要重视社会进步，促进教育文化、医疗卫生等事业的发展，提高居民思想道德素质、科学文化素质和健康素质，还要促进人与自然的和谐，改善城市的人居环境。就达州中心城区来说，人气旺、商气旺、寸土寸金，对投资者很有诱惑力。但是，在新一轮的开发、建设中，决不能再片面强调经济效益，而忽视社会效益，牺牲生态环境效益。要统筹兼顾，合理规划，通过强有力的管理手段，促进经济、社会、生态环境的协调发展。

三是处理好新区开发与旧城改造的关系。多年来，在计划经济体制下，城市各项建设和发展，主要靠国家投入，财政支出，行政事业管理，国家和地方财政有多少钱，办多少事，而在1966—1976年的一段时间内又废除城市规划，实行"见缝插针"，这不仅制约了城市建设事业的发展，并且给城市发展带来不少后遗症。改革开放以来，适应经济、社会发展的新形势，把旧城改造提上议事日程。从达州中心城区来说，原有县城布局规模小，不但不能适应新的发展形势，并且功能混杂，也不能发挥中心城市作用。从城区的现状出发，达州不可能改造好旧城再建新区。通过开发新区，从调整功能分区入手，改造旧城，是一项必要而又正确的选择。开发新区，调整功能分区，为旧城疏散人口提供发展空间，也才能按照《达州市城市总体规划》（2000—2020年）的要求，为中心城区合理布局，协调发展创造条件。旧城片区要坚持疏解，拆二建一，再不搞"高、大、密"，通过以地生财进行改造。应该说，西外新区的开发是达州经营城市的大动作，也是加快中心城区建设的重要环节，同时，通过经营城市，为建设具有现代风貌的城市积累经验。

四是处理好城市政府与职能部门的关系。经营城市，现阶段要实行政府主导型的市场化运作方式，在城市政府与职能部门的关系上，要发挥城市政府"统"的职能。针对不同程度存在政府职能部门化、部门职能个人化的问题，要强调一个"统"字，把该收的资产收上来，把该由城市政府承担的职能承担起来，把该规范的秩序规范起来，并注重体现"公开、公正"原则，使政府职能进一步强化，更加适应市场经济的要求。

五是处理好经营城市与财政的关系。在社会主义市场经济体制下，国家财政要从竞争性国有资产管理退出，而非竞争性国有资产管理则成为公共财政的一部分。经过多年国家和地方财政的投入，基础设施和公用事业等已经形成城市最大的国有资产，城市资产为支点，对提供公共产品（服务）的城市建设领域，实行市场化运作，其收益已成为地方政府投入城市建设资金的主要来源，必须明确，公共财政是社会主义市场经济体制下的财政职能，经营城市则是财政职能拓展和延伸。财政作为公共经济的重要管理部门，应该有通盘考虑，积极介入经营城市，参与经营城市的策划，支持经营城市的积极性。

三、深化改革，创新为城市建设注入活力

经营城市是我国从计划经济向市场经济"转型"时期的产物。实施经营城市战略，重要的是更新观念，摆脱计划经济的旧思维，确立市场经济的新理念。实现城市资产作为公共资产到可经营资产的转变，城市建设作为市政公用事业到资本经营的转变，城市政府作为城市资产所有者到经营者的转变。经营城市，

贵在创新。

（一）创新制度，实行土地资本运营

城市土地是城市最重要的国有资产。经营城市，要以经营土地为核心。改革开放前，在计划经济体制下，城市土地长期处在无偿、无限期、无流动使用的状态。改革开放以后，这种情况开始逐步转变。1988年4月，全国人大对《中华人民共和国宪法》修改时，明确了"土地使用权可以依照法律的规定转让"的规定，1990年5月国务院又颁布了《城镇国有土地使用权出让和转让暂行条例》，才在恢复我国城市土地商品属性的同时，也使土地管理开始步入商品化的轨道。经过几年的实践，为从制度上杜绝土地资产流失和遏制腐败，2002年5月，国土资源部又颁布了《实行招标拍卖挂牌出让国有土地使用权的规定》，随着这一规定的实施，我国城市土地资产也全面进入市场化运作阶段。达州市的城市土地资本经营虽然比沿海地区起步晚，但也已积累了一些经验。针对现阶段城市土地仍存在有偿转让和无偿划拨的"双轨制"，城市规划区内仍存在土地多头供应，协议转让，场外交易，划拨土地改变用途等情况，达州采取有力措施，以建立土地储备制度为突破口，实行土地资本经营；坚决垄断土地一级市场，放开搞活土地二级市场。舞活经营城市的"龙头"，必须抓住以下几个主要环节：

第一，市政府建立土地收购储备管理委员会。城市规划区内所有建设用地，由市政府依法实行统一规划、统一收购、统一储备、统一供应、统一管理。土地收购储备管理委员会全权负责城市规划区内土地的收购、储备、供应等重大事项的决定。土地收购储备管理委员会下设土地储备中心，具体负责土地的收购、储备工作。土地储备中心设在市国土局内。为解决中心城规划区范围内存在两级政府三个政权、土地多头供应状况，在市、区两级政府国土管理事权调整的同时，市、县两级政府要以《达州市城市总体规划》（2000—2020年）的实施为依据，就编制土地年度供应计划和相关事项，建立协调机制。

第二，土地整理。城市规划区内，开发新区，以综合开发为手段，把"生地"转为"熟地"，是土地升值的途径。旧城改造中，土地统一收购，进入储备库，要经过整理，把"毛地"转为"净地"，也是土地升值的途径。否则，就会导致资产流失。土地中心应对土地整理实行招标制，引进竞争机制，向社会公开招标完成工程。

第三，土地资产招标拍卖。土地供应由协议转让改变为招标拍卖、挂牌出让是建立土地公开市场的必要步骤。一般说协议转让土地资产往往不能达到市场均价，也不能向社会提供平等竞争机会。杜绝协议转让，从"暗箱操作"转向"阳光作业"，达州开始建立开放的、竞争的土地转让制度，对统一供应的有偿转让土地,一律采取公开招标,竞争拍卖。供应土地一律要经过依法设置的、有权威的土地资产评估中心进行评估,确定底价,再由土地资产拍卖中心依照有关法规、有关程序和竞拍规则,公开拍卖。土地供应由市政府上地收购储备管理委员会决策,土地资产竞拍中心的职能由市国土局承担。

第四,建立房地产交易市场。建立房地产交易市场是放开搞活二级土地市场的必要措施,供需双方一律进入市场交易,不允许场外交易。房地产交易市场由市政府的有关部门管理,按有关法规、有关交易规则进行交易,确保房地产交易的正常秩序。

第五,对现阶段存在的划拨土地,依法严格把关,不能乱开口子;对已经划拨的土地,擅自改变用途,要查清情况,缴纳相应费用包括擅自转让使用权,要补交出让金,以免国有资产流失。

以建立土地储备制度为突破口,实行土地资本运营,其目标是建立土地储备制度、土地供应计划和土地公开市场三位一体的城市土地供应机制,在解决市场公平竞争问题的同时,也使土地价值得到充分实现。市政府的土地收购储备管理委员会垄断土地一级市场,一头抓紧统一储备,即统一收购土地,纳入储备库;一头抓住统一供应,以保证市政府对土地市场供应总量的控制能力。实行土地资本运营,绝不是有地就卖,一卖了之。创新制度,实行土地资本运营,要有经营城市的眼光、经营城市的策略。具体运作中要注意:一是编制年度上地供应计划,市政府通过年度上地供应计划和土地出让计划,调节供需平衡,把握供应总量,这是市政府调控市场的重要手段;二是继续搞好土地综合开发,合理配置土地资源,争取更好的效益实现土地保值升值;三是实行"卖"和"养"并举,通过"养",优化土地开发环境,土地升值,为"卖"创造条件。总之,经营城市,土地资本运营是核心,要做好做足土地的文章。

(二) 创新机制, 拓展经营城市运作空间

经营城市的内涵十分丰富,既包括盘活存量,又包括开放市场吸纳增量。把市场经济法则引入城市建设领域,重在机制转换,要灵活运用拍卖、有偿使用、股权转让、租赁、抵押、授权经营、企业分立等多种形式盘活城市存量资产。同时,放眼国际、国内资本市场,大胆尝试,探索现代融资方式,激活城市增量资本。

第一,深化城建投融资体制改革。城市建设尤其是基础设施领域,历来是由地方政府"垄断"的领域,已成为城市建设加快发展的一大制约因素。当前,深化投融资体制改革,打破"垄断"局面,泛吸纳民间资本参与城市的建设和经营作势在必行。要允许跨越地区、跨越行业参与市政公用行业企业经营,要把深化城建投融资体制改革作为深化改革的重要方向。最近,建设部决定开

放市政公用行业市场，社会资金、外国资本均可参与市政公用设施建设，这是达州吸纳增量资本，加快城市建设的重要机遇。要把开放市政公用行业市场纳入全市招商引资的范围，并建立市政公用行业特许经营制度。还要策划新的融资方式，为城市建设向民间资本借力。总之，要以建立多渠道、多形式的投融资体制为方向，创新机制，运作城市资本，开拓新的路子。

第二，深化公用事业改革。达州城市公用事业主要有天然气公司、自来水公司、公共交通公司，面向中心城区20多万居民，承担了繁重的供气、供水和公共交通任务。但是，企业也普遍存在人浮于事、经营不善、效率不高、发展困难等问题。随着中心城区扩大，这批企业势必还会遇到更多的矛盾。深化改革，创新机制，把城市公用行业企业转到市场化轨道上来非常必要。城市公用事业，对非公益性、可经营性部分要推向市场；对公益性部分，经营中也要引进竞争机制。总的说，城市公用事业要改变传统的"事业化的运行管理"模式，考虑到城市公用事业服务的公共性等特点，改革的方向应该是完善公用事业产品（服务）的价格体系，开放市场，适度竞争，走社会化服务，产业化发展，市场化运作，企业化经营的路子。具体运作中，对现在的供水、供气及公共交通公司，要筹划有步骤地进行股份制改造，包括社会资金参股，扩充资金等，成为一种改革的思路。供水、供气实行产销分离，即制造与销售分开，以及公交线路实施特许经营权有偿出让等，也是有实践意义的改革思路。

第三，深化改革向多层次运作。深化改革，要面对政府可调控的城市资源，多层次运作，实现资源配置的市场化。经营城市，不仅要运作自然生成的、人力作用的有形资本，并且要运作延伸的无形资本，包括城市空间的各类广告权、广场、街道、桥梁等冠名权，文物古迹名称使用权等。对城市基础设施实行有偿使用和吸引社会资金进入基础设施领域，是世界各国通行的方法。推进资源配置市场化，要坚持公开、公平、公道、公正的原则，通过适度、有序的竞争，促进国有资产和民间资本的合理流动与分布，发挥市场在资源配置中的基础性作用。实行所有权和经营权分离，推进经营权有偿使用，完善出租汽车经营权有偿使用制度、公共厕所承包经营和经营权转让制度、公共停车场、加气站经营权转让制度以及城市绿地、园林的承包经营，都是可取的方向，总之，要通过多层次运作，把应该集中起来的资金集中起来，扩大城市的增量资金。

（三）创新思路，改善城市综合环境

在我国社会主义现代化建设中，企业的竞争已发展成从创产品名牌到创城市名牌，把城市推向市场又带动企业竞争。在激烈的市场竞争中，城市之间的竞争包括布局是否合理，功能是否完善，交通是否畅通，品位是高是低，这些都会影响城市整体的价值判断，影响城市的吸引力。以往，城市的招商引资，

比较强调优惠政策，现在，投资者的眼光逐渐倾向于城市综合环境的评估。城市的综合环境，不仅要看城市的自然条件、硬件设施，还要看市容市貌、市民素质，历史文化底蕴，社会治安状况、经济发展的宽松度等。也就是说，投资者看重的不再是一时的优惠政策，更看重综合环境。要把改善城市综合环境纳入经营城市的视野，创新思路，整合资源，以提高城市的整体价值，发挥城市品牌效应。要采取积极措施，实行多方协同，有步骤地对城市综合环境进行整治。

（四）创新体制，深化经营主体改革

经营城市，其客体是自然生成资本、人力作用资本及其延伸资本，而主体是城市政府，但政府不能直接运作，必须有一个代表政府作为经营主体的公司来运作。有了这样的经营主体，便于集聚、运营城市国有资本，形成规模效应，也便于平等的、有效地吸引社会资金参与城市建设。达州市政府授权，成立达州市投资公司，是深化改革的要求，也是达州市实施经营城市重要的步骤。

注册成立达州市投资公司，是经营城市从政府直接操作转向实体经营的标志。当然，作为参与城市建设的投资公司还是一个新生事物，还有待进一步完善。必须在明晰产权前提下，按照统一业主、统一管理、统一融资、统一建设、统一经营的原则，进行公司化运作。为适应当前加快城市建设市场化的要求，投资公司要深化改革，加强自身建设，建立和完善现代企业制度，真正使公司成为一个独立的法人实体和市场竞争主体。同时，要在资产所有权与经营管理权相分离的情况下，建立起既能保障投资者利益，又能适应市场经济快节奏运作，具有高效率的法人治理结构，创新经营机制。现在公司化运作还处在起步阶段，投资公司重在做实，要着力资金的集聚效应，形成一定规模的基金，并以项目融资为主要形式，大胆探索城市建设领域资本经营的路子。为加强公司的内部管理，要健全投资公司的效益评估机制，建立一定的程序，对投融资项目进行科学论证。同时，要对投资公司业务的一些不确定因素和带来损失的可能性进行识别、分析、规避、消除和控制，健全公司的风险防范机制。

（五）创新形象，提高城市竞争力

城市特色、城市品位、城市形象，在市场激烈竞争中，已成为影响城市资产经营，城建项目市场化运作以及城市经济发展的重要因素。没有良好的城市形象，城市就没有吸引力，经营城市也就失去了依托。经营城市，不仅要重视有直接收益的经营项目，还要塑造城市形象，把城市作为一个"品牌"来经营。完善城市功能、改善城市环境、提高城市品位，实现城市自身增值，从这个意义上说，城市"品牌"、城市形象是城市重要的无形资产。达州塑造自身良好的城市形象，一方面要以达州具有的比较优势为基础。能够体现达州区位优势的交通枢纽,已经基本形成,依托交通枢纽发展经济是周边地级以上城市无可比拟的优势,可以说是"九州通衢",寓意交通便捷,商机众多。另一方面要表达达州人建设经济强市的追求。达州要以工业文明、城市文明向川渝鄂陕结合地带"金三角"展示社会主义现代化建设的风貌,成为"巴山明珠"。以"九州通衢,巴山明珠"为城市形象,反映达州拥有最重要的优势和特有的经济文化环境,表达达州人建设经济强市的勇气和信念,以提高城市的竞争力。撤地建市以来,达州为提升城市形象,着力中心城区建设,大力推进城市建设市场化进程,运作一批标志性城建项目,取得了重要进展。

第一,达州行政中心外迁,建设西外现代化新城区。为改变达州旧城功能混杂,建筑高、大、密,基础设施严重超负荷运行的状况,达州市委、市政府决定行政管理中心率先"突围"外迁,在西外建设新城区,这是启动达州经营城市大动作。西外新区于 2001 年 2 月开工,以全程市场化运作推动,以地换路,以路兴城。首期实施马房坝片区规划用地 3 平方千米,基础设施先行,按高标准设计,以快速度建设。目前,长 1 060 米、宽 60 米的南北干道和长 1 320 米、宽 50 米的东西干道已竣工交付使用。市行政中心、市体育中心、市广电中心、金兰小区等一批重点工程进展顺利。

第二,以中心广场为依托,兴建现代商贸圈。旧城区原体育场及其附属建筑占地 54 亩,达州以存量换增量,盘活土地资产,招商引资 15 亿元,拆除归建筑,用 24 亩地建设中心广场,出让 28 亩地建商住楼。以中心广场为依托,兴建以购物为主,集购物、娱乐、餐饮为一体的现代商贸圈,人称达州"盐市口"。

第三,改造翠屏街,兴建步行街。翠屏街历来是旧城商业繁华地区,在达州周边地区都有一定知名度。以翠屏街拓宽道路为契机,精心组织,招商引资,改造两侧建筑,兴建购物和休闲相结合、有文化品位的步行街,人称达州"春熙路"。

第四,以仙鹤游园为依托,兴建洲河风景线。洲河在渠江上游,是市境内主要水系,是达州的母亲河。为改善城市生态环境和为居民休憩提供场所,沿洲河的仙鹤路一侧建设长 700 米欧式风格的仙鹤游园,滨河路一侧建设长 900 米廊桥,沿洲河以绿色为主题,建设长 3 000 米的风景线,人称达州"府南河"

四、 科学规划,强化城市规划的财富功能

四川省政府于 2002 年 7 月正式批复《达州市城市总体规划》(2000—2020 年),是达州城市建设、城市管理和城市发展的一件大事,也是经营城市,加快

经营城市 开创城市建设新局面——达州经营城市方略研究

达州中心城区建设的主要依据。城市规划对城市建设最大的作用在于它能指导城市合理布局，使各项建筑物和设施协调发展，能指导城市建设按科学合理的程序进行，取得好的经济效益、社会效益和环境效益，避免失误和浪费。从这个意义上说，一个好的规划本身就是一笔巨大的财富。《达州市城市总体规划》（2000—2020 年）修编完成之后，要进一步编制好详细规划。为了与经营城市相适应，在规划中继续强调城市规划的技术性、艺术性的同时，要增强规划的个性、经济性和公开性。要十分重视效益，通过合理的布局，使城市各种要素得到最优配置，城市的整体效能得到充分发挥。城市重大项目的规划要实行公开招标，并把规划的方案向社会公开，广泛征求意见。一方面可以集思广益，使规划更加完善；另一方面显现了拟开发地域的增值预期，有利于吸引民间资金，投资城市建设。目前，在规划中有以下几个问题，值得引起重视和研究：

一是城市定位问题。在《达州市城市总体规划》（2000—2020 年）中，对达州市发展总体目标，已经有明确的规定，即达州市的区域性定位是四川东部二级中心城市、川渝鄂陕结合部的经济强市；达州市的生态环境和景观定位是山水园林城市。对达州市尤其中心城区的经济特色如何定位需要讨论。经分析，依托交通枢纽地位的区位优势、川渝鄂陕结合部秦巴山区的地缘优势和农业资源优势，结合达城的商贸发展史，以及新一轮经济发展实行一、二、三次产业互动和城乡经济相融的路径，我们认为以流通经济和绿色经济为特色（详见附件达州发展建言）是比较合适的。至于达州的生态环境和景观定位是山水园林城市，我们无异议，只是在实施中如何把握山水园林城市的定位，还可以进一步讨论。达州中心城区目前建成区面积仅 17 平方千米左右，在新区开发中对一些山丘削平，以求"一马平川"，不仅土地整理费用相当大，并且失去山区也就失去山水园林城市应有的绿色景观、层次性景观，规划和建设中应该研究这个问题。在新一轮的新区开发中如果能够做到依山势而建，尽可能保留山丘，营造"城中有山，山在城中"，岂不也是有特色的城市景观吗？这些意见供编制详细规划时研究参考。

二是中心城区三大组团协调发展问题。达州中心城区随着南外片区建设、西外片区开发，旧县城传统的布局才真正打破，老城、南外、西外三大片区组团发展的格局初步形成。拓展城市发展空间，也为功能分区调整，建设好区域性中心城市揭开序幕。现在需要引起重视的是三大组团的功能定位，要进一步科学界定，否则就会导致新一轮的"功能混杂"。由于南外片区建设中，旧城的一批主要金融机构和市政府经济管理的职能部门迁入，同《达州市城市总体规划》（2000—2020 年）的规划布局要点已经发生出入，详细规划编制时应该进一步论证。我们初步的看法是老城片区以商业、旅游和居住为主，现代商贸为特色，由若干商贸圈组成，重塑达州商贸辉煌。西外片区以行政中心、文化中心、物流中心为主，重点发展现代物流业，营造具有现代化水准的新城区风貌。南外片区重点发展金融、交通。

三是加强规划管理提升城市形象问题。规划是城市政府合理引导和控制城市向正确方向发展的方法和手段，城市规划部门不仅要抓紧城市建设用地的审核与管理，包括建设项目合理选址、建设用地规划许可证的核发管理，并且要对建设工程进行规划管理。达州中心城区新一轮的建设，包括旧城改造和新区开发，要从旧城建筑物高、大、密的后果中吸取教训，从规划管理的源头上把好关，不仅要求建设工程严格按规划进行建设，还要重视城市的空间艺术和建筑物的风格。要从经营城市的视角，推出建筑精品，提升城市形象。具体运作中，重要建筑物和建筑群的规划要建立专家评估机制，不仅对建筑物的技术性、经济性进行评估，并且要对建筑物的艺术性进行评估，规划部门对建筑工程颁发许可证时要充分考虑专家的意见。

四是加强城市文化培育问题。达州的发展，在工业化、城市化进程中，正在经历从农业文明向工业文明、城市文明的转变。城市的崛起，不仅是先进生产方式、先进科学技术的重要载体，同时也是先进文化的载体。城市文化的培育是同城市社会的特点分不开的，城市社会的特点之一是从分散转向集中，生产的集中、经济交往的集中和人居的集中，具有相当的集聚规模；城市社会的特点之二是从封闭转向开放，现代的交通体系和信息网络使城市架起了同外部世界的桥梁。从分散转向集中是培育城市文化的动力因素，开放成为城市文化发展的外部条件。在市场经济条件下，城市引进先进生产方式替代陈旧的生产方式，用现代科学技术提高国民的科技文化素质，以及使现代的理念摧毁陈旧的传统，是一场深刻的社会变革，同时，也是城市文明形成和发展的过程，当然是一个比较长的渐进过程。现阶段，达州在经营城市中提升城市品位、重塑城市形象，城市文化培育已成为重要环节。要用新的理念、先进文化融入城市建设之中，使城市建筑风格既具有地方特色又体现现代风貌，同时，疏解旧城建筑群，在新区建设中合理布局、建设一批广场、花园，兼有草坪、雕塑，形成绿色与人文融合，以及要确定达州市树、市花，展示社会主义现代化建设的城市文明。同时，要加强城市管理和城市社区建设，在城市社区环境中不断提高市民的素质。城市社区建设是培育城市文化的重要基础工作。当前，城市文化培育，要把改善市容市貌和提高市民素质作为重要内容。加强城市文化培育，涉及面广，要在市政府领导下，统一规划、各方协同、市民参与，分步实施。

附件： 达州发展建言

达州地处四川东部，大巴山南麓，山区通向平原的过渡地带，境内渠江贯通嘉陵江、长江，自古为大巴山地区政治、经济、文化中心。新中国成立后，尤其改革开放以来，交通建设大跨越，已基本形成以襄渝铁路、达成铁路、达万铁路、达渝高速公路、国道210线和318线、渠江水运为主骨架的交通运输体系，交通枢纽地位日益凸显。据统计，2000年达州的客运总量达到8 822万人、货运总量达到3 316万吨，在全国地级以上262个城市中位居前列（见表1），在省内仅次于成都，在周边仅次于重庆。达州不仅是四川东出西进，通江达海的重要通道，并且是西安南下、重庆北上的必经之路。达州对四川乃至西部经济社会发展的战略地位极为重要。依托达州的地缘优势和现代交通框架，中心城市也已发展成为一座初具规模的工商业城市。经省政府批复的《达州市城市总体规划》（2000—2020年），确定达州市发展总体目标是建成四川东部交通枢纽和二级中心城市，嘉陵江上游生态屏障，川渝鄂陕结合部的经济强市，建成经济社会协调发展，人民生活水平显著提高的一个山水园林城市。应该说，达州的交通枢纽地位是达州发展最重要的优势。东出西进、南下北上，对投资者来说是一座商机众多的城市，创业的沃土，同时也是一座开放的城市，要善为策划，设定对策，营造亲商、安商、富商的氛围，以及进一步建设好山区公路，真正做到敞开山门，交通方便，吸引八方客商。

表1　　　　　　　交通运输总量（全国地级以上262个城市）

城市	客运总量（万人）	位次	货运总量（万吨）	位次
达州	8 822	37	3 316	123
成都	46 217	2	21 496	7
重庆	56 567	1	26 654	3
汉中	4 306	111	1 754	207
十堰	3 526	138	1 474	222
安康	4 250	116	2 408	168
巴中	1 943	212	857	252
广安	3 054	159	1 739	210

资料来源：《中国城市统计年鉴》（2001）

从经营城市的视角，就达州新的跨越式发展的大致思路，建言如下：

（一）达州的发展要十分重视重庆的经济吸引和经济辐射

从区位特点分析，重庆是长江上游的经济中心，西部唯一的直辖市。达州距重庆仅200多千米，处在重庆这座中心城市的强辐射地区，达州与重庆的经济联系非常密切。历来在达州与重庆两个商埠之间往返经商的人多，达州输往重庆的农副产品也很多，重庆的科技人员到达州咨询服务的不少，还有一些工厂与重庆的工业建立了专业化分工和协作关系。据有关部门统计，达州2002年的招商引资项目，重庆市占省外资金的64%。这种态势随着达渝高速公路通车和达万铁路建成，必将带来更多商机，有更大发展。对达州来说，成都的辐射当然重要，不过达州距成都稍远。达州借助中心城市发展自己要"左右逢源"，既接受重庆、又接受成都的辐射，尤其要靠市场化运作打破行政区划界限，在主动接受重庆的辐射上下功夫。在战略上要十分明确，主动承接重庆的产业梯度转移；建设优质的、无公害的农副产品生产基地，为重庆提供菜园子；对农村劳动力进行专业技术培训，为重庆提供劳务输出；建设风景旅游景区争当重庆的"后花园"。

（二）达州的发展要面向川渝鄂陕结合部的"金三角"地带

达州以建设川鄂陕结合部的经济强市为目标，是十分正确的。历史上，达城是川鄂陕结合部方圆数百里2 000多万人口地区最重要的水陆码头，商贾云集、市场繁荣，其经济辐射远达汉中、安康、房县、合川、万县等广大地区。达城的成长与"金三角"息息相关。在当代，依托现代交通运输体系的形成和发展，经济联系将继续加强。对达州来说，"金三角"是一个更为广阔的市场，同时，也是达州发展可依托的腹地。我们必须看到达州中心城区是一座区域性的中心城市，它的辐射是超越达州行政区划的。现在，作为建设中的二级中心城市，要面向"金三角"发挥它的辐射功能和传导作用，却面临"城市短缺"的现实，达州多年来囿于一个传统县城的布局，已经不能适应区域经济发展的要求。开放的达州，要加快中心城区建设，把开发"金三角"的"发动机"做大做强，发挥城市主导作用，同时要面向"金三角"广阔的腹地寻求商机，发展自己。

（三）达州的经济振兴要十分重视流通业的跨越

历史上，达州由于区位特点，能够为山区经济和平原经济提供互通有无，进行物资交流的场所，发展成为川渝鄂陕结合部最重要的商品集散地。改革开放以来，随着城乡改革的逐步深入，市场化进程的推进，造就了达州今天商贸的活跃，市场的繁荣。可以说，达州的成长史就是一部商贸发展史。就中心城区而言，以商贸为主的流通业和交通运输业，对地方财政的贡献率相当高，不可低估。我们应该看到流通业对中心城市经济发展的重要地位，流通经济是达州城市经济的重要组成部分。从发展态势分析，随着交通的进一步发展，达州商贸将会有更大的发展，人气旺、商机多，势必会带来投资热。达州完全有条件以流通经济为特色，依托交通枢纽发展成为"金三角"上的商贸城。还应该看到，大巴山的广大农村，从封闭转向开放，农副产品生产进一步市场化，迫切要求商贸在城乡经济相融过程更好地发挥纽带作用。流通经济是达州经济的一大特色。达州做大做强流通经济，促进山区经济市场化，带动区域经济发展，对此，我们要有足够的认识。当然，达州中心城区的商贸发展，不仅要面向当地居民的零售业，更要着重发展面向"金三角"这个区域的批发业，要依托大巴山的山区经济，建设好大型农副产品批发市场，以及培育一批在"金三角"地带有相当辐射能力的各类专业市场。要以发展大商业、大流通、大市场为方向，以及有序地推进流通现代化，营造达州商贸的更大繁荣。

（四）达州的经济振兴要着力培育绿色经济

把达州建设成为川渝鄂陕结合地带"金三角"的经济强市，是新世纪头20年达州经济社会发展的重要目标，也是达州全面建设小康社会的重要任务。达州要从农业大市转向经济强市，关键是工业化。就达州的农村分析，改革开放以来，丰富的农业资源经过多年的开发，已经逐步建设成一批相对集中，成片布局的商品生产基地，包括优质粮油基地、优质畜禽基地、优质苎麻基地、优质茶叶基地、优质果品基地、优质蔬菜基地以及中药材生产基地。随着嘉陵江上游生态屏障的建设，大巴山地区生态环境将得到进一步改善，对发展无公害、无污染的农副产品更具有比较优势。贯彻党的十六大精神，走新型工业化道路，达州应面向大城市，以促进农业产业化经营为切入点，扶持一批龙头企业，实行一、二、三产业互动，大力培育绿色经济。应该认识到，培育绿色经济也是提高大巴山农副产品品质的必由之路。要依托大巴山丰富的农业资源，立足农产品的深加工、引进现代生产技术、采用标准化检测手段，以及以小企业大集群方式发展规模经营，开发科技含量比较高的、附加值也比较高的、无污染的绿色产品，打造品牌，谋求市场效应。培育绿色经济要突出食品工业和医药工业以及开发旅游资源，通过培育绿色经济推进达州工业结构和经济结构的调整是一项可取的对策。达州完全有条件以绿色经济为特色经济，在结构调整中实现新的跨越。

（五）建立孵化楼是加快工业园区建设、吸引科技人才的一种选择

达州新一轮的工业园区开发，注意到了提高产业的科技含量是十分必要的。尤其是中心城区的人口相当集中，科技工业园要开发一批污染小的、耗能少的、科技含量高的轻型工业。从其他城市的实践来看，开辟工业园区，招商引资，进入园区投资建厂是一种形式；建立孵化楼，也称创业服务中心，培育一批科技型企业，又是一种形式，两种形式具有互补性。建立孵化楼，有利于新一轮的工业发展同科技创新体系结合起来，实施科技兴市战略。孵化楼更适合科技

人员转化科技成果的初创，逐步建立民营科技企业。孵化楼建设，可以是政府投资也可以民间投资，由公司运作，为民营科技企业初创阶段提供必要的条件。孵化楼是吸引大城市科技力量参与工业园区开发比较有成效的形式，还可以为工业园区建设增添后继力量。

（本文是达州市人民政府委托项目课题成果，研究报告由过杰和罗宏翔执笔，本报告已被采纳，并刊登在2003年6月24日达州市《政府工作通讯》第23期）

古蔺县域经济发展战略研究报告

党的十六大确立了全面建设小康社会的目标,制定了21世纪头20年我国现代化建设的宏伟蓝图。新世纪头20年是古蔺前所未有的战略机遇期。开展古蔺县域经济发展战略研究,是古蔺脱贫致富,开创建设小康社会新局面的重要议程。

一、古蔺城乡经济发展趋势分析

古蔺县位于四川南缘,地处四川盆地与云贵高原过渡地带的乌蒙山系大娄山西段北侧,赤水河沿边界由南经东向北流入长江,使全县地域成半岛形伸入黔北,西面与泸州市叙永县毗邻,南、东、北三面与贵州省毕节、金沙、仁怀、习水、赤水接壤。境内海拔为300~1 843米,地势西高东低、南陡北缓,"七山一水两分地",古蔺是典型的盆周山区县。气候四季分明,立体气候明显,地域差异大,常年平均降水量774.5毫米,冬春少雨,盛夏多雨,"十年九旱",古蔺又是一个严重的少水、缺水县。古蔺县面积3 182.3平方千米,总人口740 840人,其中农业人口682 815人。资源禀赋系数比较高,耕地75万亩,人均拥有量1.1亩以上,还有大量非耕地,多种矿藏资源和动、植物资源。可是,多年来由于毁林开荒、水土流失、生态失调,导致灾害频繁,尤其是1978年、1979年,连续两年遭受大旱,人均全年占有粮食降到195千克,人均全年集体分配仅45元。古蔺成了全省有名的"三靠"(吃粮靠返销、财政靠补贴、生产靠贷款)县。改革开放,搞活经济,才给古蔺带来了生机、带来了希望。

回顾20多年来,思想解放促进改革开放,改革开放推动经济发展,古蔺经济大体经历了三个发展阶段:

第一阶段,20世纪70年代末至20世纪80年代初期。党的十一届三中全会恢复实事求是的思想路线,极大地教育了干部,促进了思想解放,古蔺县尤其是对1978年和1979年灾情的深刻反思,对"毁林开荒、越垦越荒、单一抓粮,粮经俱伤"的局面,森林植被率下降,导致干旱越来越严重的后果,达成共识,果断地调整"以粮为纲"的农业生产方针,这是古蔺农业的重大转折。1980年春,四川省委对古蔺县适时地推行了"两个大包干",使长期停滞不前的农业生产得到很快恢复,出现了转机。1983年,粮食总产量创历史最高水平,达

27 498万千克，工农业生产发展，财政收入增长，一举摘掉30年来"财政倒补县"的帽子，农民吃饭问题初步解决。

第二阶段，20世纪80年代中期和后期。1984年起，古蔺被列为全省的农村综合改革试点县，财政实行定额上缴100万元，其余增长部分全部留县，5年不变，对按计划收购的农副产品，确定合理的收购基数，基数完成之外留县。对一些工业生产项目和非生产项目建设，审批权下放到等。在试点的5年时间，虽然有两年遭受严重自然灾害，粮食减产，烤烟减收，可是，与改革试点前相比，县域经济仍出现较大幅度的增长势头。1988年，工农业总产值达到21 517万元，增长97.62%，年均增长19.37%，粮食产量达到17 899万千克，再超历史最高水平。尤其是工业在改革中起步，"基础在农业，致富在工业"成为城乡居民的普遍认识，乡镇企业的联办、户办企业大量涌现。在改革试点中，还对流通体制进行初步改革，发展了一大批个体工商户，形成一支活跃在场镇和边远山村，服务生产，从事运销活动的商业大军，边贸市场、集贸市场也应运而生，农村市场获得恢复和发展。

第三阶段，20世纪90年代初，尤其是1992年以来。邓小平同志视察南方讲话使广大干部进一步解放思想。深化改革，扩大开放，学习巴中经验，"不愿苦熬，但愿苦干"，加快了山区经济发展。大家认识到，山区人民要脱贫致富奔小康，仅靠现有耕地深度开发是不现实的。山区虽然经济基础脆弱，社会发育程度比较低，但是山区有丰裕的非耕地资源。古蔺县从1994年开始，在辨识县情的基础上，出台一系列政策措施，大胆实施"双非"战略，放手发展非公有制经济和鼓励开发非耕地资源，建立县域经济新的经济增长点，开辟农民增收新的收入源。"双非"战略实施，当年见效。古蔺出现城里人、乡下人竞相开发非耕地的热潮，3年间，开发14.5万亩非耕地。不仅实现农民增收，县财政增收的预期，并且造就了一批种养大户，形成"市场牵大户，大户带千家"的新格局，把农村改革引向深入，以市场配置资源促进了农村产业结构调整。与此同时，古蔺有一批建制镇先后列入省、市小城镇综合改革试点，有力地推动了农村经济非农化和人口城镇化。在这一阶段，全县稳步推进国有企业、城镇集体企业和乡镇企业的产权制度改革，宏观经济体制各方面的改革也全面实施。

改革开放为古蔺经济注入了无限活力，古蔺县能够在战胜自然灾害中迅速恢复，也有力地推动了各项建设事业的发展，为脱贫致富奔小康初步夯实基础。

——以公路为主的交通运输体系初步形成。古蔺境内山路崎岖，交通不便，相对封闭，是县域经济发展的重大制约因素。1957年叙古公路通车，开始有汽车入境。改革开放以来，尤其是学巴中经验归来，敞开山门，大办交通，采取多种运作方式修筑公路、提高路面质量和提高通行能力，大力加强基础设施建设。到2000年为止,古蔺县拥有公路里程1 463千米,乡村公路4 232千米,85%的行政村修通村级公路,在公路里程中,四级以上公路145千米,有高级路面铺装的里程77千米。以县城为中心,连接邻近的贵州省赤水、习水、仁怀及省内泸州市叙永,初步形成公路网。尤其是途径古蔺双沙镇的大(贵州大万县)纳(四川纳溪县)高等级水泥公路建成和叙古、古郎公路按二级水泥路面改造工程完成,古蔺对内、对外交通已大为改观。与此同时,邮电通信也得到不断改善,29个乡(镇)程控电话全面开通,装机总容量达到13 192门,其中县城装机总容量为9 000门。广播电视工程也做到村村通。公路交通和邮电通信等基础设施建设的"瓶颈"有所缓解,为远离中心城市,相对封闭的山区经济融入大市场,初步改善了条件。

——以治水为主的农田水利基础设施建设成效显著。古蔺境内山峦起伏,沟峪纵横,河谷深切的复杂地形和海拔高低悬殊而形成的立体气候明显,造成灾害频繁发生,破坏农业生产,影响人民生活,极大地制约了县域经济发展。多年来,古蔺县十分重视水利建设。改革开放以来,把治水兴县,搞好水利基础设施建设作为安民兴邦的人事来抓,作为国家"八七"扶贫攻坚的首要任务,兴利除害,因地制宜建成一大批各类水利工程,以及引水渠堰、提水站等,实现水利工程灌溉面积21.37万亩,占全县总田面积31万亩的68.9%,此外,还有提灌面积1.12万亩。全县旱涝保收面积达到11.5万亩。与此同时,建成一大批农村饮水工程,架设各类输水管道,改造和建设场镇供水站,解决农村37.8万人和28.95万头牲畜的饮水困难。以治水为主的水利基础设施建设,1997年以来,以"长治"工程启动为龙头,对县境内赤水河流域的17条小流域进行综合防治,治理面积已达451.5平方千米,建成石坎坡式梯田52 544亩,营造水土保持林40.48万亩。1998年,龙爪河引水工程启动,解决县城供水、农田灌溉为主,兼有发电和旅游、环保等综合效益,被誉为"生命工程"。古蔺以治水为主的水利基础设施建设,改善生态环境,兴利除害,发挥应有的社会效益和经济效益,提高了对自然灾害的防御能力。

——开发小水电为建立能源工业打下基础。古蔺县电力工业建设从1957年开始起步,以就地开发水能资源,建立水电站为主要途径,从无到有,从小到大,显现农村电气化的前景。到2000年,已建成小型水电站24座,拥有装机容量14 631千瓦,年供电量可达7 118万千伏小时。全县614个行政村通电率达98.7%,户通电率达90%。小水电的兴起,带有明显的小流域经济发育的特征,就地开发水能资源,不仅为满足居民的生活用电需要,并且供应小水泥、小煤矿以及农副产品加工。1997年6月叙永至古蔺全长45千米的110千伏送变电工程竣工投产,结束古蔺电力单网运行的历史。电力作为工业发展的基础产业部门，古蔺以开发小水电为主的能源工业兴起，为农村工业化和城镇经济发展打下了一定的基础。

——小城镇基础设施改善，县城新区开发启动。20世纪50年代，古蔺县一批建制镇先后列入小城镇建设试点，太平、二郎、双沙、护家、水口、桂花、大村为省级试点镇，观文、德跃、龙山、石宝、永乐为市级试点镇。据统计，10年间，小城镇建设成功地直接转移了农村剩余劳动力1万多人，间接转移3万人以上。小城镇建设在一些产业发展比较好的试点镇，以道路建设带动旧房改造、拓展新区，基础设施明显改善，二郎、双沙等镇更为显著。改革开放以来，古蔺县城在20世纪80年代城镇建设主要在旧城，对6条街、10条路、9条巷拓宽铺平，路面采用六角形水泥板；改建、新建民居达18万平方米，占全城建房面积的37%；增添供水、供电设施以及新建了一批教育、文化、卫生设施。20世纪90年代为适应改革开放新的发展形势，解决旧城居住密集，设施陈旧，功能混杂等问题，着手对古蔺县城总体规划进行修编，加快古蔺县城建设，扩大城市规模。在县城东区（旧城）控制规划和西区（新区）路网规划完成后，开发4.93平方千米的新区，以高等级的金兰大道启动为标志，古蔺县城建设进入一个新阶段。

回顾改革开放20多年的历程，分析城乡经济的发展，必须看到脱贫致富在古蔺还是一项艰巨的任务。全县614个行政村中，目前人均可支配收入1 000元1 000元以下的贫困村仍有427个，占70%；贫困人口48万人，占全部农村人口的71%（其中，人均收入625元以下的贫困人口13.5万人，占全部农村人口的20%）。通过扶贫实现温饱年年都有进展，而灾后返贫的也比较多。尚未实现温饱的贫困人口主要分布在赤水河各地带的干旱区、石山区、少数民族地区，那里交通闭塞、耕地匮乏、生态恶化、文化教育落后，地缘贫困是古蔺的主要原因。2002年2月，古蔺被确定为国家扶贫开发工作重点县，有157个村被确定为省级扶贫村。然而，就古蔺县县域经济的演进而论，正在经历三个转变：从封闭向开放的转变，自给半自给经济向商品经济的转变，以农业为主的经济结构向以工业为主的经济结构的转变。进入新世纪，开局良好，经济总量2001年突破14亿元大关后，2002年继续增长，第一产业在国内生产总值中的比重下降为37.71%，第二、三产业在国内生产总值中的比重上升为30.26%、32.03%；工业产值在工农业总产值中的比重，从1980年的24%提高为2002年的52%；非农业人口占总人口的比重，从1980年的6.3%提高为2002年的10%左右；地方财政收入、城乡居民储蓄存款余额、农民人均可支配收入均保持平稳增长势头。古蔺县域经济发展虽然相对缓慢，但是，市场化、工业化和城市化仍然是城乡经济发展的主要趋势，能不能把握住县域经济发展的大趋势，是脱贫致富奔小康的关键所在，包括一批贫困人口实现温饱和提高收入水平问题，也只有在发展中才能得到逐步解决。

二、古蔺经济发展现状及其特征

改革开放以来，经过20多年发展，古蔺县域经济发生了比较大的变化，从现状分析，有以下主要特征：

（一）经济总量不断扩张，发展水平偏低

经过20世纪80年代的恢复发展和20世纪90年代的加快发展，古蔺县的经济总量得到不断扩张，"九五"期间的国内生产总值从1995年的89 217万元增长为2000年的139 875万元，年均增长8.1%。虽然保持了良好的发展势头，但是同全省年均增长8.8%、全市年均增长9.3%的速度相比，则经济发展速度相对缓慢。5年间古蔺的经济总量占全省的份额也从3.5%下降为3.48%、占全市的份额也从8.86%下降为8.05%。从古蔺县三次产业在"九五"期间的增长速度分析，第一产业增加值年均增长6.5%，比同期全省年均增长4.2%的速度，高出2.3个百分点；第二产业增加值年均增长8.1%，比同期全省年均增长11%的速度，低2.9个百分点；第三产业年均增长17.3%，比同期全省年均增长9.4%的速度，高出7.9个百分点。可以认为第二产业的增长速度较低，是全县经济总量增长相对缓慢的主要原因。还要看到，经济总量虽然不断扩张，可古蔺是一个人口大县。2001年国内生产总值突破14亿元大关，全县74万人口的人均国内生产总值仅1 920元，只相当于泸州市的50.1%、全省的36.6%；人均地方财政一般预算收入仅117.9元，相当于泸州市的66.3%、全省的36.7%；农村居民人均可支配收入1 731元，相当泸州市的76.4%、全省的87.1%；人均储蓄存款余额765元，相于泸州市的26.4%、全省的83.1%，古蔺县经济发展水平偏低由此可见（以上见表1、表2）。

表1　　　　　　　　　　1996—2002年古蔺县经济发展速度情况表

指标名称	"九五"时期年均增长率(%)				2001年增长率(%)				2002年增长率(%)			
	全国	四川省	泸州市	古蔺县	全国	四川省	泸州市	古蔺县	全国	四川省	泸州市	古蔺县
国内生产总值	8.3	8.8	9.3	8.1	7.3	9.2	7.2	1.5	8	10.6	9.5	2.8
第一产业增加值	3.5	4.2		6.5	2.8	2.4	1.9	-2.8	2.9	4.8		1.7
第二产业增加值	9.8	11.0		8.1	8.7	12.3	7.5	-0.1	9.9	14.3		-3.6
第三产业增加值	8.2	9.4	17.3	7.4	10.2	11.1	10.0		7.3	10.0		11.9
工农业总产值				6.6								
工业总产值		9.6	8.4		8.9(增加值)	12.5(增加值)	6.9(增加值)	-4.3	10.2(增加值)	13.3(增加值)		-7.2
农业总产值	6.0	4.7		6.1	4.2	2.6		-5.2		4.8		2.3

资料来源：《中国统计年鉴》、《四川统计年鉴》、《古蔺县统计年鉴》，2001年全国、四川省、古蔺统计公报。

表2　　　　2001年古蔺县与泸州市、四川省、全国人均指标比较　　　　单位：元

指标		古蔺县	泸州市	四川省	全国
人均国内生产总值		1 920	3 835	5 241	7 543
人均地方财政一般预算收入		117.9	177.8	321.4	
城镇居民人均可支配收入			6 565	6 360	6 859.6
农村居民人均纯收入		1 731	2 267	1 987	2 366.4
人均农业总产值		720.72	856.07	1 697.69	2 051.26
人均工业总产值		758.73	2 128.35		
人均储蓄存款余额		765.04	2899.96	3 709	5 780
恩格尔系数	城镇居民		39.12	40.22	37.94
	农村居民	60.73	55.98	54.74	47.71

资料来源：《四川统计年年鉴（2002）》、《中国统计年鉴（2002）》、《古蔺县统计年鉴（2001）》

（二）产业结构逐渐调整，工业发展缓慢

古蔺县在经济总量扩张的同时，三次产业的构成也有所调整。"九五"期间，第一产业在全县国内生产总值中的比重，从 1995 年的 45.5% 下降为 2000 年的 39.7%；第二产业从 35.8% 下降为 33.8%；第三产业从 18.7% 上升为 26.5%。5 年间，第一产业的比重下降 5.6 个百分点，21 世纪开局继续下降，以农业为主的县域经济结构得到逐渐调整。与此同时，第二产业则处在不稳定状态，主要是工业出现下滑，工业增加值比重从 1995 年的 32.8% 下降为 2000 年的 25.5%，21 世纪开局还继续下滑。虽然工业下滑有市场变动等原因，但是应该看到工业发展缓慢是古蔺县域经济发展的突出问题（见表3、表4、表5）。

以农业主的古蔺县域经济，粮、猪生产居重要地位。2001 年全县农林牧渔业总产值 83 091 万元，农业和牧业分别占比 48.4% 和 47.5%，其中粮食生产占种植业产值的 64.1%，养猪占牧业产值的 74.5%。粮食和养猪两项占农业总产值的 63.6%。草食类牲畜发展相对缓慢。受耕地质量和水资源缺乏等因素的制约，农作物单位面积产量普遍偏低。谷物单位产量仅为泸州市平均水平的 56%；油料作物单产仅为泸州市平均水平的 72.1%；烤烟生产仅为泸州市平均水平的 81.9%。

表3　　　　　　　　古蔺县国内生产总值构成变动表

年份	第一产业（%）	第二产业（%）			第三产业（%）
			工业	建筑业	
1995	45.5	35.8	32.8	3.0	18.7
1996	45.1	35.0	31.9	3.1	19.9
1997	44.0	36.0	30.9	5.1	20.0
1998	40.8	36.6	30.4	6.2	22.6
1999	38.5	37.5	30.6	6.4	24.5
2000	39.7	33.8	25.5	8.2	26.5
2001	38.0	32.4	23.6	8.7	29.6
2002	37.7	30.3	21.5	8.8	32.0

注：本表按当年价计算

资料来源：历年《古蔺县统计年鉴》以及《古蔺县2002年统计公报》

表4　　古蔺县国内生产总值构成与泸州市、四川省和全国的比较

单位:%

地区	1995年 第一产业	第二产业	工业	建筑业	第三产业	2001年 第一产业	第二产业	工业	建筑业	第三产业	2002年 第一产业	第二产业	工业	建筑业	第三产业
古蔺县	45.5	35.8	32.0	3.0	18.7	38.0	32.4	23.6	8.7	29.6	37.7	30.3	21.5	8.8	32.0
泸州市	35.3	36.9	31.7	5.2	27.8	25.8	38.2	28.2	10.0	36.0					
四川省	39.0	39.2	33.3	5.9	31.8	22.2	39.7	31.8	7.9	38.1	21.1	40.6	31.8	8.8	38.3
全国	20.5	48.8	42.3	6.5	30.7	15.2	51.1	44.4	6.7	33.6	14.5	51.7	44.9	6.9	33.7

注：本表按当年计算

资料来源：《古蔺县统计年鉴》、《泸州统计年鉴》、《四川统计年鉴》、《中国统计年鉴》、古蔺县、四川省、全国2002年统计公报。

表5　　古蔺县从业人员构成与泸州市、四川省和全国的比较

单位:%

地区	1995年 第一产业	第二产业	第三产业	2001年 第一产业	第二产业	第三产业
古蔺县				76.96	6.69	16.34
泸州市	64.9	17.5	17.6	62.7	12.9	24.5
四川省	61.8	19.4	18.8	58.7	14.6	26.7
全国	52.2	23.0	24.8	50.0	22.3	27.7

资料来源：《中国统计年鉴》、《四川统计年鉴》

古蔺县的工业以轻工业为主，白酒生产独大。2001年全县工业总产值100 612.3万元，其中轻工业占比68.28%。轻工业又以饮料制造业为主，其中郎酒集团和仙潭酒厂两家占了轻工业产值的72.2%；此外医药制造业占比6.53%，食品加工业占比5.75%。轻工业以农副产品为原料的生产占96%。从

行业构成分析,全县工业依次是:饮料制造业,占比53.64%,非金属矿物制造业,占12.96%;煤炭采选业,占比5.61%;电力生产和供应业,占比4.52%;医药制造业,占比4.46%;食品加工业,占比3.93%;非金属矿采选业,占比3.01%;交通运输设备制造业,占比2.51%;化学原料及化学品制造业,占比2.19%;家具制造业,占比1.07%。这10个行业的工业产值占全县工业总产值的93.9%。全县规模以上工业企业10家,即郎酒集团、郎中药业、仙潭酒厂、铁桥水泥公司、金彩印刷公司、古蔺煤矿、古蔺供电公司、古蔺发电总厂、蔺丰实业公司、供排水公司,这10家企业的产值占全县工业总产值的59.47%。郎酒集团是大型企业,其他9家都是小型企业。古蔺县以低科技含量、低附加值的传统工业为主,工业产品结构比较单一,企业规模普遍偏小。

(三) 基础设施大有改善,"瓶颈"尚未解除

经过多年的努力,古蔺县的公路交通建设、邮电通信建设、广播电视工程建设,以及水利基础设施建设,都取得明显的进展,发展的条件大有改善。鉴于古蔺县所处特殊的区位状况和山区经济自身的发展条件,对外对内的交通问题仍然比较突出。不仅到周边成都、重庆、贵阳、昆明4个经济比较发达的大城市要运行7~8小时才能通达,即使到达泸州、宜宾也要运行3~4小时,并且同接壤的贵州省赤水、习水、仁怀、毕节等县(市),公路交通也尚未达到"畅通"。总的说,公路干线等级低、通行能力弱,尤其通往黄荆生态旅游区的公路路况比较差,影响旅游业发展,对外交通仍在相当大程度上制约着县域经济发展。对内的交通、通信,全县614个行政村,还有43个村未修通乡村公路,534个村未开通程控电话。全县电话普及率为12.7部/100户。水利基础设施建设,虽然成效显著,但骨干蓄水工程少,大旱期的水源保证率仍比较差。全县还有病险水库17座,水利工程的渠道损毁也很严重,尚有8.96万人口严重缺水。古蔺县城南岸和鱼化、金星、双沙等江河抵御自然灾害能力差,尚待整治。治理水土流失,建设赤水河流域生态屏障虽有很好的进展,但据遥感测定,全县水土流失面积达1 600多平方千米,占全县面积的50%以上,治理的任务还很重。

(四) 城镇化率低,县域发展中心建设滞后

据2001年的资料(见表3、表5)分析,古蔺县非农劳动力占总劳动力的比重为23.43%,创造当年国内生产总值62%的份额;占总劳动力76.9%的农业劳动力,创造当年国内生产总值38%的份额。这反映古蔺县域经济仍是以农业为主的经济结构,经济非农化程度比较低。再按统计口径分析,2001年古蔺县总人口1 741 029人,其中非农业人口57 521人,占总人口的7.76%(城建部门资料为12.06%),当年农业人口为1 683 508人。农村人口,不仅人均可

支配收入低，仅1 731元，并且恩格系数相当高，为60.73。按照联合国粮农组织确定的标准，恩格尔系数（即家庭用于食品支出与家庭生活消费总支出的比值）在30%以下为最富裕，30%~40%为富裕，40%~50%为小康，50%~60%为温饱，60%以上为绝对贫困。古蔺的城镇化水平比较低，而农村人口的生活状况也比较差。古蔺县辖12个建制镇和17个乡，20世纪90年代小城镇建设试点，曾争取到省、市12个试点镇，而县域经济的发展中心建设相对滞后。县政府驻地古蔺镇非农业人口聚集规模按统计口径为2.9万人，如果包括非户籍的常住一年以上人口、县城建成区内农民，约4.7万人。近几年，交通运输业、商贸业、制造业以及各项社会事业发展，以行政管理中心为主的旧县城布局，很明显不能适应县域经济作为发展中心的要求；多年来以"见缝插针"搞建设导致建筑过于密集，也不能适应居民改善人居环境，提高生活质量的需要，现有的功能设施，更不能适应古蔺对外开放，创新形象，优化投资环境的要求。

以上对古蔺经济发展现状主要特征的分析，应该是欠发达地区（贫困落后地区）县域经济谋求振兴，在新世纪推进市场化、工业化和城市化的历史起点。

三、古蔺经济发展比较优势的评价

区域经济发展状况取决于其产业发展状况，在市场经济背景下，各个区域的产业发展必须按照科学合理的区域分工进行，即各个区域要在充分利用区域经济优势的基础上实行专门化生产，并通过区际贸易实现其专门化部门生产的产品价值，以及满足本区域不能生产或生产不利的产品的需求，从而扩大区域的生产能力和竞争力，增进区域效益。县域经济是我国区域经济的一个层次、一种类型。无论从区域经济学的理论原则，还是从改革开放以来各地县域经济振兴，走上市场化、工业化和城市化发展道路的实践经验，都表明扬长避短，发挥优势是制定县域经济发展战略最基本的要求。所谓区域优势，就是一个地区所客观存在的比较有利的自然、经济、技术和社会条件以及在这些条件基础上形成的具有跨区域意义的产业部门。如果拥有某些比较有利的条件，如某种自然资源，但缺乏其他生产要素与之匹配，还没有形成现实生产力，那么只是潜在意义上的优势。区域优势，既是一个相对的概念，即一定的区域优势存在于同其他区域的比较之中，又是一个动态的概念，即一定的区域优势的变化存在于技术变革、要素流动和市场的变动之中。

古蔺县域经济振兴，要以发挥自己的优势为思路，制定相应的产业政策。把握好古蔺在泸州市、四川省乃至全国地域分工中的位置，坚持以比较优势最大、相对生产成本最低的标准确立自己的支柱产业，推进具有相对优势且已初具规模的产业和企业发展壮大，努力培育当地具有优势要素支撑、市场前景又比较好的产业和企业的发展，同时限制不具备相对优势的产业和企业发展。对此，我们以区域经济研究中常用的区位商值对古蔺县比较优势所在进行评价。区位商值是指一个地区某一行业产业占该地区总产出的份额与全国同一行业产出占全国总产出的份额之比。由于取得某些数据存在困难，因此用区位商值来显示区际贸易数据，隐含着两个假定：一是以全国的产出结构代表全国的消费结构，各地区的最终产品消费结构等于全国的消费结构；二是各地区的总消费等于总产出，进口额等于出口额。尽管由于受数据可得性的限制，区位商值仍然是目前普遍使用衡量各地区产业的市场竞争力，识别地区比较优势的基本方法。

表6　　　　　　　　1996年古蔺县主要工业行业区位商值
（按独立核算工业企业增加值计算）

行业	古蔺县工业增加值（当年价）（万元）	全国工业增加值（当年价）（亿元）	区位商值
国内生产总值	105 564	68 594	
煤炭采选业	101.2	684.90	0.10
食品加工业	83.5	712.18	0.08
食品制造业	94.4	290.07	0.21
饮料制造业	14 895.3	457.41	21.16
印刷业	350.2	170.17	1.34
化学原料及化学制品制造业	262.5	1 188.62	0.14
医药制造业	892.5	356.92	1.62
非金属矿物制品业	458.2	1 055.20	0.28
电力生产和供应业	383	1 317.28	0.19
自来水生产和供应业	37.7	100.40	0.24
木材及竹材采运业	57.9	89.85	0.42
纺织业	127.6	1 039.96	0.08
造纸及纸制品业	110.9	329.21	0.22
木材加工及竹、藤草制品业	13.3	143.33	0.06

资料来源：《古蔺县统计年鉴（1996）》、《中国统计年鉴（1997）》。

表7　　　　　　　　　2001年古蔺县主要工业行业区位商值
（按全部国有及规模以上非国有工业企业增加值计算）

行业	古蔺县工业增加值（当年价）（万元）	全国工业增加值（当年价）（亿元）	区位商值
国内生产总值	142 057	95 933.3	
煤炭采选业	60.0	698.65	0.06
医药制造业	1 980.8	722.43	1.85
饮料酒制造业	15 990.9	642.56	16.81
印刷业	204.5	243.98	0.67
化学原料及化学制品制造业	216.6	1 601.27	0.09
非金属矿物制品业	868.9	1 211.88	0.48
电业生产和供应业	392.6	2 696.30	0.10
自来水生产和供应业	99.2	161.96	0.41

资料来源：《古蔺县统计年鉴（2001）》、《中国统计年鉴（2002）》。

从表6和表7中的数据可以得出以下结论：

第一，总体上看古蔺县具有比较优势的工业行业较少，1996年有饮料制造业、医药制造业、印刷业三个行业具有比较优势，2001年只有饮料制造业和医药制造业具有比较优势。

第二，从1996年到2001年，古蔺县饮料制造业的增加值占国内生产总值的比重虽然从14.1%下降到11.3%，但仍然保持了支柱行业的地位，区位商值虽然从21.16下降到16.81，但其比较优势仍然十分明显。

第三，医药制造业的增加值占国内生产总值的比重从0.85%上升到1.39%，区位商值从1.62上升到1.85，不仅保持了比较优势，而且有所加强，表现了良好的成长性。

第四，印刷业增加值占国内生产总值的比重从0.33%下降到0.14%，而且丧失了比较优势（区位商值从1.34下降到0.67）。

第五，非金属矿物制品业增加值占国内生产总值的比重从0.43%上升到0.61%，区位商值从0.28上升到0.48，虽然仍不具有比较优势，但表现了较好的成长性。

区位商值的分析帮助我们对古蔺现实优势进行了判断，而从要素相对丰裕的程度考察古蔺的潜在优势，目前主要是一些资源优势，如果有其他要素和市场条件的配合，也可能成为古蔺具有比较优势的产业。

（一）矿产资源

古蔺矿产资源十分丰富，有无烟煤、硫铁矿、铁矿、铜、磷、钾、高岭土、石膏、白云石、方解石、大理石、石英砂岩等，尤以无烟煤储藏量大。

古蔺县有丰富的优质煤炭资源，古（蔺）叙（永）煤矿开发的重点就在古蔺矿段。古叙矿区是四川省目前唯一尚未规模开发的低硫、特低磷、中高发热量的大型优质无烟煤矿区，具有丰富的发展煤化工的独特资源。该矿区已探明的低硫、特低磷、中高发热量的无烟煤储量达34亿吨，占全省已探明煤炭储量的29%煤层气1 001亿立方米，占全省的28%；硫铁矿储量32亿吨，占全省的41%。目前，全省原煤产量5 358万吨。由于近几年四川省经济发展较快，电煤需求增长十分迅速，煤炭供应处于偏紧局面，无烟煤供求矛盾更为突出。根据古叙矿区煤炭的化学分析，还有开发甲醛、二甲醚、煤质活性炭以及电石等高附加值项目的资源。目前，以古叙煤田为基础，"煤电路化"综合开发已进入启动程序。

除煤炭资源外，古蔺县还拥有发展建材工业的大量资源。优质石灰石藏量丰富，分布面占总面积的60%；大理石的分布也比较广，经探测以"古海玉""蔺墨玉"、"蔺棘红"的经济价值较高，石膏品位达90%，藏量估计为4.89万吨。

（二）生物资源

古蔺境内适宜亚热带、温带各种植物、动物生长。具有输出意义而经济价值比较高的植物资源有烤烟、中药材、茶叶和多种经济林木。低山窄谷和中山槽谷地带，适宜发展"云烟型"烤烟，是省内重要的烤烟生产基地；中山峡谷地带，适宜中药材生产，境内药用植物达247种，以天冬、金银花、厚朴、吴芋、黄连、天麻等出产最多；低山窄谷地带还适宜发展茶叶；白果、板栗、杨梅、杜仲、生漆、倍子林、红枣等多种经济林，适宜在海拔800米以上宜林荒山和退耕地发展。古蔺山区具有发展草食类牲畜比较好的自然条件，赤水河上游沿岸生态好，草山比较多，最宜发展山羊和黄牛，而古蔺又是优良品种马头羊、川南黄牛的产地。以繁殖仔猪为特点的畜牧业生产，在赤水河流域两岸的农村已拥有广阔的市场，具有进一步开发的价值。

（三）旅游资源

古蔺旅游资源丰富，有世界同纬度唯一的黄荆原始森林自然景区及十节瀑布群，有号称"川南绝景"的红龙湖省级森林公园以及火星森林公园等独具山区特色的风景旅游资源。有13 000多年前的远古人类遗址及几百万年乃至上亿年的动植物化石群，有千变万化的喀斯特地形及神秘幽深的天然溶洞，有以红色文化为主线的中国工农红军四渡赤水革命传统教育基地，还有赤水河秀丽的山川、美酒文化、田园风貌、苗寨风情。这里，旅游资源丰富，类型多样，其中尤以黄荆风景区和赤水河红军长征文化和酒文化最具特色和开发潜力。

黄荆自然风景区位于古蔺西北部，距县城 50 多千米，景区面积 433 平方千米，森林面积占景区总面积的 94%，景区分布着四峰、七岭、三十八溪和大小数十个瀑布，该地是以绿色为主题，山水兼备，国内罕见的生态旅游区。红军长征途中，中央红军曾在古蔺一带转战 54 天，为纪念"四渡赤水"著名战役分别在太平镇老鹰石渡口和二郎滩口建立纪念碑，太平镇建立了四渡赤水陈列馆，是中央命名的"全国爱国主义教育基地"，太平镇是以人文景观为主，人文景观与赤水河流域自然风光结合的旅游名胜。二郎镇是以赤水河两岸的自然风光和酒文化为背景，郎酒生产为依托，进入世界吉尼斯的巨型石刻"美酒河"为特色景观的风景名胜区。

（四）劳动力资源

古蔺县农业人口占总人口比重在 90% 以上，乡村劳动力达 39.6 万人。农村住户平均每人经营耕地面积 0.94 亩，平均每个劳动力经营耕地 1.7 亩，劳动力人均粮食产量 565.7 千克。全县大于 25 度的坡耕地 25 168 公顷，占全部耕地面积的 55.4%，全部退耕还林还草之后，人地矛盾将更为突出。据有关专家估计，我国现有农村剩余劳动力占乡村总劳动力 40% 左右。如果按这个比例推算，古蔺县现有农村剩余劳动力约 15.8 万人，显然随着 25 度坡耕地逐年实现退耕还林还草，农村剩余劳动力数量还要增大。劳动力资源丰富，是古蔺经济发展的重要特点之一。2001 年城镇各单位新增从业人员 1 091 人，其中从农村招收仅 76 人。可见，劳务输出是农村剩余劳动力转移的重要途径。据有关部门估计，2002 年古蔺向县外输出劳务约 11.5 万人次，其中还包括短期在外打工的人员，如果按常年打工人员折算，人数将相应减少。总的说，古蔺县劳务输出的潜力还比较大，据 2001 年农民家庭全年人均总收入 2 318.03 元分析，其中工资性收入 727.45 元，外出从业的工资性收入为 530.15 元，占全部工资性收入的 72.9%，占总收入的 22.9%。劳务输出、外出务工是实现农民增收的重要因素，同时也是转移农村剩余劳动力的重要方向。古蔺县劳动力资源丰富，劳动力价格相对低廉，无论是劳务输出还是发展劳动密集型产业，都是有利条件。

四、古蔺经济发展战略选择

新世纪起始，古蔺县脱贫致富奔小康面临的国际国内环境是机遇和挑战并存。国际方面，和平与发展仍是当今时代的主题，国际总体格局将继续向多极化发展，经济科技竞争在国际关系中的重要作用将继续提高；经济全球化、新科技革命和相应的结构调整这三大趋势将进一步增强，并对世界经济发展产生决定性影响。国内方面，我国经济在总体上仍可能处于阶段性的需求相对不足的状况，告别短缺经济，相对过剩时代到来，买方市场初步形成；区域间、城市间以及城乡间的经济发展不平衡，将导致经济发展差距进一步扩大；所有制结构调整的步伐加快，民营经济将会有更大发展空间；新型工业化将导致我国工业化新阶段，对技术创新的要求进一步加强；加入世界贸易组织后，对外开放的范围和程度将进一步发展，与世界市场的经济联系将更加密切；可持续发展将越来越受到重视，成为社会共识。

实施西部大开发是古蔺经济发展千载难逢的机遇。西部大开发，中央明确要求当前做好"五篇文章"，同时从资金投入和政策投入上向西部倾斜。就古蔺而言，机遇之一是四川省煤炭资源开发实行战略转移，古叙煤田实行"煤电路化"综合开发项目付诸实施，将有利于加快工业化进程；机遇之二是交通部投资（包括一部分国债）S309线古高路古蔺至仁怀段，加快基础设施建设，将有利于切实改善投资环境，加快相应地区的城镇化发展；机遇之三是实施退耕还林还草，建设长江上游赤水河流域生态屏障，将有利于推动农村产业结构的调整，发展草食型的畜牧业、中药材生产以及开发安全农产品；机遇之四是黄荆生态旅游区开发，纳入国家对西部旅游投资规划项目，将有利于开发旅游业，带来突破性进展；机遇之五是泸州化工城的规划和建设，将有利于促进周边包括古蔺在内的地区科技进步，带动产业结构的调整和优化。参与西部大开发，古蔺把握新的机遇，谋求新的发展，要重新考虑古蔺战略定位及其发展模式。

（一）古蔺战略定位

古蔺因唐元和元年（公元806年）曾置蔺州而得名。唐以来，这座小城有着久远的历史，其间隶属也几经变迁，直至清宣统元年（公元1909年）始置古蔺县，至今已有近百年历史。1949年12月10日古蔺解放。新中国成立以来，古蔺工农业生产和各项建设事业取得许多成就，县域经济发生了比较大的变化，但仍然是一个典型的农业县。古蔺县城作为县政府的驻地，也仍然是一个以县域行政管理为中心的布局。改革开放以来，县域经济逐渐出现市场化、工业化和城市化的趋势，尤其是西部大开发战略实施，古蔺的战略地位将发生一些重要的变化：一是随着S309线古高路古蔺至仁怀段的改造和建设、X014线古赤路改造、护家至双沙公路改造，古蔺在川黔结合地带交通地位凸现；二是随着古叙煤田开发和煤炭资源综合利用项目启动，古蔺将成为我省重要的能源生产基地；三是随着郎酒在全国名酒行业率先通过生产、安装和质量保证模式（ISO9002）国际质量认证，获得"绿色食品"标志使用权，以及朗中制药优良制造标准（GMP）改造完成，将提升古蔺在省内外白酒业、制药业生产基地的地位；四是随着黄荆生态旅游区的开发和川渝黔环型旅游线的建设，古蔺将成为川渝黔结合地带重要的旅游基地。可以确定，在新世纪的头20年，古蔺在川黔结合地带的赤水河流域，将发展成为重要交通通道、重要集贸中心、工业生产基地和生态旅游胜地。

实施西部大开发，实现跨越式发展，四川省委、省政府提出在依托特大城市——成都的同时，建设和发展一批大城市、一批中等城市、小城市以及加强小城镇建设，推进成都为中心的城镇密集区、攀枝花为依托城镇密集区和川南城镇密集区，完善四川的城镇体系，这是一项重要的战略步骤。古蔺以其经济发展的态势判断，古蔺不仅是县域的经济活动中心，并且历来与其周边，包括川黔结合地带广大山区有着频繁的经济交往，密切的经济联系。对此，我们应该根据实施西部大开发以来，古蔺战略地位发生的变化，在县城的改造和建设问题上，要有新的认识。实施西部大开发，发挥中心城市作用，古蔺处在川南城镇密集区经济辐射的前沿。把古蔺县城建设好，发挥它"二传手"的传导作用、转移农村劳动力的分流作用和城市文明"窗口"的示范效用，将加强古蔺在川南和川黔结合地带赤水河流域经济发展中的地位。

（二）古蔺经济发展阶段判断

发展经济学以工业发展水平为依据，揭示从农业社会向工业社会的转变，将经历若干不同的发展阶段渐次演进。以古蔺县2001年统计资料分析：第一，古蔺县人均国内生产总值1 890元，相当于230美元，低于1996年世界低收入国家490元的水平；第二，工业化率（第二产业占国内生产总值比重）为32.4%，低于我省20世纪90年代撤县建市时普遍达到35%以上的水平；第三，农村居民恩格尔系数60.73，在温饱线以下；第四，城镇化率（按统计口径计算）为7.76%，低于1996年世界低收入国家城市化率29%的水平。据此判断，古蔺虽然出现了市场化、工业化和城市化趋势，但是经济发展的历史起点比较低，充分显示了起步阶段初始的特征。审视古蔺经济振兴的进程，从走出传统的农业社会，实现经济起飞，到建成发达的工业社会，将大体上经历如下三个战略阶段：

第一阶段——起步阶段。这个阶段的主要任务是完成经济起飞前的必要准备。着重在县域经济对内对外开放，提高开放度的条件下，培育和开拓市场，加快市场化进程，促进城乡、内外物资交流和生产要素自由流动，增强城乡经济的活力。同时，加强各项基础设施建设，大力改善投资环境，加快县城建设，促进城乡产业发展，开发一批新建企业，改造一批现有企业，扶持一批有基础同时又有前景的扩张型企业以及科技含量比较高的企业，大幅度提高古蔺经济总量，增强城镇经济实力。

这一阶段，在古蔺经济发展现有基础上，再经历5~10年，完成以上主要任务，为经济起飞做好必要准备。

第二阶段——成长阶段。这一阶段就是经过必要准备转入起飞的阶段。着重以市场为导向，注重提高古蔺工业的素质，进一步发展有比较优势的产业，建立对区域经济行带动力的支柱产业，拓展一批在区内外市场有竞争力的"拳头"产品，逐步建立城乡协作，工农结合的工业体系。同时，适应工业的发展，调整三次产业结构，提高第三产业层次，逐步形成既为生活服务又为生产服务，功能比较完善的服务体系，进一步增强古蔺城镇经济的综合实力，发挥城镇经济的主导作用。这一阶段时间相对长一些，大体上是20年或20年以上，不仅经济总量进一步扩大，更要实现经济素质的提高。

第三阶段——发达阶段。这个阶段是按照我国第一次现代化的要求完成工业化任务。要在前一阶段发展基础上，把古蔺经济进一步转到现代化轨道上来，主要有两方面的任务：一方面是依靠科技进步，技术创新，逐步改造传统产业，有步骤地发展新兴产业，以及建立现代农业体系；另一方面是进一步完善市场体系，不仅要有发达的商品市场，并且要有发达的要素市场，包括发达的科技市场以及科技咨询服务业。从而使古蔺城镇经济在相应的区域经济发展中，更好地发挥应有主导作用。古蔺将在21世纪中叶实现我国第一次现代化的各项目标。

以上不同的发展阶段，是互相衔接，不断递进，渐次发展的。每个发展阶段是一个过程，不同的发展阶段不能超越，而每个发展阶段将受主客观条件的影响延长或者缩短。鉴于实施西部大发战略，为古蔺经济加快发展直接提供的必要条件，新世纪头10年将是从起步阶段转入成长阶段，也就是转入"起飞"阶段的重要时期。

（三）古蔺经济发展路径取向

根据国内和国际经济形势的新变化、新特点，尤其是进入我国实现现代化建设第三步战略目标必经的承上启下发展阶段，完善社会主义市场经济体制和对外开放的关键阶段。古蔺经济作为一般区域经济，发展战略势必要有重大调整，要从资源导向转为市场导向、国家推动转为市场推动、传统优势转为后发优势，其发展方向无疑应以市场为导向，非均衡协调发展为选择。

从古蔺县情出发，分析古蔺县域经济发展的趋势和阶段性特征，以及实施西部大开发，新一轮发展拥有的条件，我们对古蔺经济起飞提供一种可供选择的发展思路：高举邓小平理论伟大旗帜，实践"三个代表"重要思想，坚持以人为本，治水兴县，民营立县，工业强县，"两通"活县，跨越发展。对这一发展思路，有必要对其内涵进行阐述：

邓小平同志指出"发展才是硬道理"。古蔺虽然已经出现市场化、工业化和城市化的趋势，并且进入了古蔺经济振兴的起步阶段，可是，古蔺县在新世纪推进市场化、工业化和城市化的历史起点比较低，大家面前还摆着这样那样的困难，可以说古蔺经济的新发展还处在"阵痛期"，如何渡过"阵痛期"，还是要靠发展。"大发展小困难，小发展大困难，不发展更困难"，发展是解决许多困难问题的关键。发展尤其是促进先进生产力发展，是全面建设小康社会的主题。

实践"三个代表"重要思想，以广大人民的根本利益为重，要坚持以人为本。在古蔺这样的贫困落后地区，脱贫致富，显然要以富民为本。但是只讲富民还是还够。县域经济发展中坚持以人为本，至少包括三方面内容，即不断提高城乡居民的收入水平、提高生活质量、提高科技文化素质。

古蔺是一个缺水的地区，同时，由于水土流失，生态失调，又是一个灾害频繁的地区。缺水、灾害频繁是贫困的成因。治水也不是一朝一夕的事情，具有全局性和长期性。治水兴县是古蔺提高抗御自然灾害能力的主要途径，是经济社会稳定发展的重要保障。实施西部大开发，虽然给古蔺带来了前所未有的机遇，但是新一轮的发展，与过去以国家为投资主体、靠中央财政转移支付为支撑是不同的，现在由中央必要的政策支持的同时，以企业为投资主体，多渠道筹集建设资金，要吸引非公有制经济的企业进入主战场。民营经济是县域经济的社会基础，民营立县是激活经济，凝聚商气的一面旗帜。工业发展缓慢和后续产业滞缓，是古蔺经济保持持续增长的薄弱环节。新世纪，加快工业化和城市化进程，工业化是动力，工业发展才能加强城镇建设的产业支撑。发展工业，在古蔺民间有强烈的要求，工业强县是县域经济振兴的根本途径。相对封闭的古蔺山区经济转向开放，融入大市场，大办交通最为重要。依托交通的发展，加强县内外物资交流，促进生产要素自由流动，发育市场。发展交通，搞活流通，"两通"是建设一个开放的、经济繁荣的古蔺最基本的条件。

以上提供选择的发展思路，相对于古蔺县委、县政府确定的建设新目标，也可以说是发展的路径。坚持以人为本，治水兴县，民营立县，工业强县、"两通"活县，跨越发展，是一个整体，有着内在的联系。以人为本是古蔺经济发展战略的出发点，治水兴县，民营立县，工业强县，"两通"活县是路子，跨越发展是目的。

五、战略目标、战略重点和战略布局

（一）战略目标

新世纪头 20 年，为全面建设小康社会，大体上可以分两步走，前 10 年为夯实基础，积极发展的时期，经济总量在 2000 年基础上翻一番；后 10 年为加快发展，全面建设的时期，经济总量在 2010 年基础上再翻一番。新世纪前 10 年，尤其是从现在起到 2007 年古蔺经济从农业县向工业县转变的重要时期，也是为古蔺经济起飞做好必要准备的重要发展时期。在此期间，要逐步建立比较发达和完善的基础设施，建立具有比较优势的产业体系，生态环境建设大见成效，经济结构调整有重要进展，各项社会事业得到较快发展。古蔺县委、县政府已经明确提出：把古蔺初步建设成为我省盆周山区的工业强县、生态大县、旅游大县和特色文化县。

经济总量增长目标。全县国内生产总量在 2000 年基础上，到 2007 年达到 28 亿元，5 年间年均增长 13.9%。

经济结构调整目标。全县一、二、三产业构成，从 2002 年的 37.72：30.26：32.02 调整为 2007 年的 28.21：39.64：32.14，形成二三一的新格局。

生态环境建设目标。到 2007 年森林覆盖率达到 48% 以上，水土流失得到有效控制，初步建成长江上游赤水河干流的生态屏障。

人民生活目标。到 2007 年农民人均可支配收入达到 2 300 元，城镇居民实际收入年均增加 6% 以上，人口自然增长率控制在 8‰ 以内。

城镇化率目标。农业人口向城镇非农业人口转移，以每年 7 000 人左右，提高一个百分点为目标，力争 2007 年城镇化率达到 15%。

（二）战略重点

古蔺立足于现有基础，实施西部大开发重点项目启动，三次产业互动，实现产业结构从资源启动型向结构转换型转变，拓展产业门类，延伸产业链，确定战略重点。古蔺经济发展的战略重点是继续夯实基础，壮大四个支柱产业、培育四个新的经济增长点。

1. 继续夯实基础

农业是国民经济的基础，始终要把农业放在国民经济发展的首位。改革开放以来，农业与国民经济之间的关系发生了巨大变化，但是农业的基础地位没有变，仍要强化。大力发展农业不仅是保障人民生活的需要，也是发展工业和其他产业的需要。以往只是过分强调了农业的产品供给功能，而忽视和弱化了它对社会应承担的生态环境服务功能，农业在国民经济中的功能定位不当，必须调整。古蔺的农业资源丰富,在缺水和灾害频繁的情况下,仍为农产品的供给作出了比较大的贡献。继续夯实农业基础,调整和优化农业结构,要从速度型转向效益型,逐步改变单纯追求数量的发展方式,全面调整农产品种和品质结构,把农业发展的重点放到不断提高农产品质量,增进经济效益和改善生态环境方面来。要坚持以市场为导向,优化农产品质量,尤其要重视打造生态农业,培育安全农产品,形成无公害农产品、绿色食品和有机食品的规模经营,并以发展质量效益型农业为方向。古蔺县继续夯实农业基础、在调整中发展,要坚持发挥优势,捏紧一个"拳头"(烤烟)、打好两张"王牌"(畜牧业和中药材生产)、建设四个基地(优质水果、优质绿茶、优质稻米、优质无公害蔬菜),形成特色。夯实农业基础,为强化农产品供给功能,要常抓不懈治水,切实改善农业的水利设施;为强化农业的生态环境服务功能,要坚持不断治理水土流失,造林种草搞好生态建设。

在继续夯实农业基础设施的同时,要继续加强交通、通信的基础设施建设,大力改善投资环境。要以对外的公路交通干线的兴建和改造为主要任务,加快建设古蔺到贵州、重庆、泸州的畅通路网体系;要抓紧县境内国道、省道、县道的养护和改造,消灭隐患,改善路况,提高通行能力;要加大力度推进乡村公路建设,提高乡村公路到村的通达率。邮电通信,要以完善、配套、提高为重点,提高农话普及率和移动通信覆盖率,提高邮政传输效率、服务质量和现代化管理水平。

2. 壮大四个支柱产业

——饮料酒业。古蔺饮料酒业所创工业增加值,占到全县当年工业增加值的47.5%,区位商值达16.81,最具有比较优势。酒业生产,一头带动农户,促进农业产业化经营,一头联系着配套工业,对地方经济的发展带动比较大。尤其郎酒获得"绿色食品"标志使用权,将提高市场竞争力。面对白酒市场严峻的竞争态势,在稳定中求发展应是当前酒业发展的方向。

——医药制造业。古蔺医药制造业以中成药生产为主,所创工业增加值,占到全县工业增加值的5.9%,区位商值达到1.85,也具有比较优势。医药制造业是我省鼓励发展的重点产业之一。郎中药业依托古蔺丰富的中药材资源,带动农户种植药材取得成效,已成为古蔺农业产业化经营中有发展前景的龙头企业。拓展中成药生产品种应是壮大古蔺医药制造业的发展方向。

——能源工业。目前,古蔺的电力工业和煤炭采选业的工业增加值只占全县工业增加值的1.3%。我省工业重点项目古叙煤田开发以及永乐坑口电站建设,不仅将改变古蔺电力短缺状况,并且将成为我省重要的能源工业基地。

——建工建材产业。以水泥生产为主的建材业,其工业增加值占全县工业增加值的2.5%；建筑业的增加值占全县国内生产总值的8.7%。2001年第二产业增加值占全县国内生产总值的32.4%，其中建工和建材占第二产业增加值的34.57%，建材工业的区位商值呈上升势头，具有成长性。古蔺有比较丰富的发展建筑材料的资源，随着基础设施建设的规模扩大和房地产开发，建工建材市场前景也看好。如果德耀特种水泥厂招商引资成功，古蔺的建材工业不仅将规模扩大，而且科技含量也将大大提高。

3. 培育四个新的增长点

——化工。古叙煤田开发，以综合利用为途径，充分利用煤层气有很大的发展前景。化工是建设西部化工城鼓励发展的产业，投资泸天化绿源醇业有限责任公司，是古蔺一大举措。煤化工、煤层气开发以及煤电综合利用发展电石生产，将是古蔺新的经济增长点。

——食品加工业。古蔺的农业资源比较丰富，无论种植业还是养殖业有许多发展食品加工的原料，农产品初加工也是提高附加值，实现农民增收的重要途径。要鼓励乡镇企业、农民专业合作经济组织，以及专业大户发展食品加工，培育新的经济增长点。对品质好、有特色、有市场竞争力的绿茶、香米等，要打造品牌，促进规模经营。适应市场的新需求、新特点，要以古蔺良好的生态环境为依托，培育一批绿色食品和有机食品。

——印刷包装业。古蔺印刷业有一定基础，尤其金彩印务公司投入生产，为印刷业开拓了新的方向。适应市场需求的形势变化，无论为大工业配套还是面向广大乡镇企业，发展印刷包装业不失为一种方向。

——旅游业。古蔺旅游资源丰富，又将纳入川渝黔环形旅游线的开发，有把旅游业培育成为新的经济增长点的条件，黄荆原始森林、八节洞、普照山、红龙湖一线的自然生态旅游；太平镇红军长征四渡赤水、天地宝洞、美酒河一线的历史文化旅游，都颇具特色。以培育旅游业为目标，积极推进基础设施建设，着力景区开发的同时，还要着手策划开发有古蔺特色的旅游纪念品，推出有古蔺特色的美食，以增进经济效益。开发旅游业，重在策划，要加快商业化运作，培育市场主体，以求内外联动，形成气候。

（三）战略布局

区域经济的开发，随着基础设施建设的推进，尤其是交通干线逐步形成，一般从点式开发、点轴开发，再向网式开发演进；与此同时，城镇地域空间结构也经历离散阶段、极化阶段、扩散阶段、成熟阶段等不同发展阶段。从古蔺县域经济发展的态势出发，战略布局要坚持城市化与工业化相结合，城镇建设与产业发展相匹配的原则，有重点、分阶段推进。鉴于古蔺经济发展近十年正处在点式开发向点轴开发转变，城镇地域空间从离散阶段转入极化阶段的实际状况，县域经济的极化发展的全局性非常重要；同时，有步骤地推进点轴开发，战略布局应以建好一点，三线展开，分步实施，建立现代城镇体系为选择。

1. 建好"一点"

建设好一点，就是要加强县域经济发展中心的建设。古蔺从农业为主的经济结构逐步转向以工业为主的经济结构，也就是分散的、落后的生产方式转向集中的、现代的生产方式，以规模经济和聚集经济为特征的城镇经济在县域经济中成为主导。加强县城的城镇建设，完善功能设施，为产业发展提供更好的外部条件，为企业投资提供更好的发展环境，凝聚人气和商气，成为强有力的发展中心，这是古蔺县域经济实现跨越发展的迫切要求。城镇建设，县城是重点。按总体规划要求，2010年建成区面积达到9.11平方千米。在科学规划前提下，加快城镇建设，扩大城镇聚集经济规模是主题，要策划项目，加大招商引资力度，以加强城镇建设的产业支撑和增加就业机会。旧城改造与新区开发的关系上，要从新区开发着手，为调整功能分区，疏解旧城负荷创造条件。旧城改造要在商业集中的街道起步，以干道建设带动旧房改造。疏解旧城负荷要"拆二建一"，增辟绿地，以改善人居环境。县城建设中，为求人与自然的和谐统一，要依山傍水营造景观，实现山、水、园（包括广场）、林的协调发展。要建设好一批标志性工程，包括拥有现代风貌的狮子坝客运中心，展现新古蔺风采的金兰大道，以购物为主、购物与休闲为一体的蔺胜步行街，以绿色为主题的滨河柳廊花园，富有城市文化特色的金兰广场（中心广场）等。

适度超前加强古蔺县城建设，要创新城市形象，提高城市品位，突出城市特色。把城市形象理念贯穿到古蔺的规划、环境布局、建筑设计，以及培育城市文化的过程中去，使古蔺有更好的发展环境，以打造古蔺的品牌，启动无限商机。古蔺城市建设，形象如何设计，我们提出的初步方案是"金兰多姿，赤水明珠"。我们在古蔺调查研究中发现，曾经是蔺草丛生的荒野山地竟是名贵花种兰花的产地之一，为此古蔺人非常自豪。"金兰多姿"是借兰花清纯、高雅、花中独秀以喻城市之美，美化城市。古蔺因地制宜建设好城市，既要有时代气息又要有地方特色，反映古蔺人全面建设小康社会的信心，在赤水河畔托出一件闪闪发光的城市精品。"金兰多姿，赤水明珠"的形象设计对内有凝聚力，对外有吸引力，可供选择。

2. "三线"展开

依托交通干线为发展轴把产业发展和城镇建设更好地结合起来，建设产业带，发挥城镇集聚效应，以带动农村经济发展，是现阶段古蔺县域经济以点轴推进的重点开发思路。依托交通干线为发展轴三线先后展开，一线沿古蔺河以叙古—古郎二级公路为发展轴，包括乌龙、箭竹德耀、古蔺、玉田、永乐、太平、二郎等乡镇的地域，沿线重点发展饮料制造、医药制造、能源生产、建材生产、食品加工以及旅游业。另一线沿 S309 线古蔺通往仁怀公路为发展轴，包括护家、龙山、鱼化、石宝、水口等乡镇，沿线有开发煤炭、煤层气、大理石等矿藏资源的条件，以及发展粮油食品加工等基础。再一线沿 321 国道为发展轴，包括双沙、马蹄等乡镇，以边贸市场为主，开发以地缘经济、通道经济为特色的第三产业，相继开发煤炭、建材等矿产资源。2007 年以前着重建设县域发展中心的同时，相对集中力量，应率先开发乌龙至二郎一线，尤其要建设好从德耀经古蔺至二郎镇的 52 千米工业走廊，可以称为古蔺新一轮发展的"第一梯队"。古蔺经护家、龙山、鱼化、石宝至水口镇一线，为古蔺县域的腹心地带，应以 S309 线的改造和建设为契机，逐步开辟为产业带，可以称之为"第二梯队"。三线展开，要分步实施。

3. 建立现代城镇体系

古蔺除县城古蔺镇之外有 11 个建制镇。11 个建制镇，拥有非农业人口 3 000 人以上、工业总产值 3 000 万以上的镇有 2 个（二郎镇、太平镇）；非农业人口 2 000 人以上、工业总产值 2 000 万以上的镇有 1 个（双沙）；非农业人口 1 000 人以上、工业总产值 500 万以上的镇有 5 个（大村镇、龙山镇、石宝镇、永乐镇、德耀镇）；非农业人口 700 人以上，工业总产值 800 万以上的镇有 3 个（观文镇、水口镇、丹桂镇）。这批建制镇，从发展态势分析，已经在产业发展中经历了传统的农贸型城镇转变为工贸型城镇，其他乡政府驻地的集镇，大体上仍保持着传统农贸型的特点，非农产业发展比较差。随着产业的开发，还会有许多变化，如永乐镇成为县城工业疏散地则产业将迅速发展，规模将迅速扩大；黄荆现在是乡政府驻地的集镇，随着旅游业开发将进入小城镇序列；石屏也是乡政府驻地的集镇，但非农产业发展比较好，非农业人口也比较多，随古叙媒田石屏一井动工，小城镇建设步伐也势必加快。古蔺城镇化的基本思路应该是以县城为核心，产业发展比较好、非农人口聚集规模比较大、各有分工、各具特色的中心镇为重点，乡镇（集镇）为基础，有序地推进，逐步形成布局合理，功能互补，协调发展的现代城镇体系。

六、战略措施

（一）更新观念，开拓发展新局面

古蔺县改革开放以来的实践表明，什么时候思想解放一些，改革开放步子大一些，什么时候县域经济发展就快一些。20 世纪 80 年代，古蔺县被列为全省农村综合改革试点县之一，曾大展风采；20 世纪 90 年代，古蔺县实施"双非"战略，加快经济发展，也曾受到全省关注。对此，我们应该有所启发。

古蔺远离中心城市，导致经济"边缘化"，发展滞后，观念上的封闭也成为发展的重要障碍。进入新世纪，开拓发展新局面，既要破除安于现状，不求进取的封闭观念，又要改变自我封闭的思维方式以及运作方式。要把握住县域经济发展的主要趋势，更新观念，在创新中实现跨越。更新观念，重要的是确立以市场为中心的发展观。要用市场经济观念重新审视县情，看到市场对县域经济发展的约束越来越强。在我国商品短缺状况基本结束后，决定经济发展的因素不再是有什么资源，能生产什么，而是市场需求什么，生产什么有比较优势。必须强化市场意识，自觉地把县域经济融入大市场，按市场经济的要求定位县域经济发展方向。要完善市场机制，促进产业互动，城乡经济相融，培育县域经济发展的增长点。要看到单纯靠农业和农村经济总量的增长，发展县域经济的时代已经过去，必须以市场为中心，把农业和农村经济纳入城镇经济的产业轨道。还要启动市场化运作方式加快城镇建设，培育县域经济发展中心，以城镇经济带动县域经济发展，改变县域经济传统的发展模式。确立以市场为中心的发展观，要破除陈旧的观念，引进新的理念，按"政府创造环境，多元发展经济"的新思路，逐步构建起以县城为经济社会发展中心，骨干企业为支撑、效益型农业为基础、市场体系为纽带的县域经济新格局，从而实现"富民强县"的目标。

（二）优化环境，大力发展非公有制经济

在"九五"期间，古蔺县在全省县域经济综合评价中，34个山区县，1997年、1998年、1999年连续三年曾进入第16位、18位、17位。古蔺县"九五"期间经济发展出现好势头的重要原因是大胆实施"双非"战略，鼓励发展非公有制经济和开发非耕地资源。进入新世纪，大力发展非公有制经济仍然是现实的选择。县域经济发展要摆脱计划经济时代"等、靠、要"的旧思维，唯有走多元发展经济，民营为主的路子。事实上，随着国有企业改革的深化，退出竞争性行业，国有经济民营化，特别是郎酒集团和郎中药业改制，民营立县的架构已经初步形成。

目前，加快非公有制经济的发展，重点要解决民营经济发展的环境问题。地方政府要注意营造民营经济发展的体制环境、法律环境和政策环境，要继续以"低门槛、轻税负、多扶持"为思路，大力推动非公有制经济发展。一是继续实行"低门槛"政策，新一轮发展中要按照放宽投资领域、放宽市场主体准入、放宽企业冠省名和市名的限制、放宽企业经营范围和经营方式的精神，对非公有制经济实行"十不限"政策，即不限发展比例、不限发展速度、不限经营方式、不限经营规模、不限从业员、不限经济区域、不限行业管理、不限经

济性质、不限经营地址、不限投资数额。对新设立的非公有制企业，按有关规定，实行"两个允许"，即允许注册资本分期到位；允许根据项目性质不同，以灵活多样方式取得所需土地使用权。同时简化审批手续、减少办事环节，给予更多的方便、更好的服务，变"事难办"为"事好办"、"事快办"。二是继续实行"轻税负"政策，切实执行有关农村税费改革的各项规定，对从事种植业、养殖业、林业、牧业、水产业的私营企业，其销售自产的初级农产品，免收增值税；非公有制经济从事县城开发建设，可享受县政府规定的有关税费优惠政策；对下岗失业人员从事个体经营，按规定减免有关各项税费。三是继续实行重点扶持政策，对一批符合产业政策，带动性大的或者产品的市场前景好，企业活力又比较强的个体大户、私营大户，从多方面给予扶持。同时，制定必要的政策，鼓励和扶持科技人员兴办民营科技企业。加快非公有制经济发展，要给予投资者一视同仁、平等竞争的发展环境。鼓励私营企业以多种形式参与国有企业改制、改组，使企业在转制中增加非公有制经营主体，发展一批跨地区、跨行业、跨所有制，以及有核心竞争优势的企业集团。并鼓励各类投资主体兴办私营经济园区或专业批发市场。

（三）突出优势，做大做强工业经济

县域经济的振兴，商品经济的充分发展，是不可逾越的阶段，工业化也是不可逾越的阶段。做大做强工业是古蔺县加快经济发展的必由之路。目前，古蔺县工业产值占工农业总产值的比重仅50%多一点，工业增加值在地区生产总值中的比重仅21.5%；10个规模以上工业企业所创工业增加值在全县工业增加值中的比重为60.5%。工业发展缓慢，工业经济规模偏小。而乡镇工业的基础仍较脆弱，据统计，3 470个乡镇工业企业，从业人员平均仅4人，年产值平均仅10.1万元。

必须看到，古蔺的工业发展还处在以资源启动为主的工业化初期，通过规模的扩大，谋求总量的增长，应该是主要方向。要以面向市场，立足资源，突出优势，培育品牌，在做大的基础上做强为思路。第一，要以规模以上骨干工业企业为重点，开发一批新建企业和改造一批现有企业，以我省煤炭资源开发的战略转移为契机，做好煤、电、气、化、路综合开发项目，是近几年做大工业经济规模的关键；以郎酒和郎中药业改制后活力增强，发挥后发优势为契机，加快技改步伐，调整营销战略，做好品牌，是近几年提高工业经济素质的重要项目。第二，要实行发展与提高并重的方针，进一步促进乡镇中小企业的发展。乡镇中小企业发展，要以农副产品加工为重点，发展一批，提高一批，鼓励采用新工艺、新技术，提高产品科技含量，逐步淘汰落后工艺和设备，推出新产品。乡镇中小企业尚未完成改制的要继续完成。对市场前景比较好，基础条件

又比较好的乡镇中小企业，要给予必要的扶持。乡镇中小工业企业发展，要鼓励同农业产业化经营更好结合，为"一村一品"、"一乡一品"作出贡献。要鼓励和支持乡镇中小工业企业向小城镇集中，培育集群经济，做大规模，做强实力。第三，招商引资，加大投资力度。古蔺工业发展缓慢的重要原因是投入过少。进一步打破封闭，扩大开放，引进资金，引进技术，以加大投资力度，是做大做强工业经济的重要途径。要根据县域经济发展的产业政策，策划和包装一批招商项目，同时在用地、税费、融资等方面制定相应的政策，鼓励到古蔺投资。要大胆地从山区走出去，到中心城市去招商，到大市场去招商。县要设立招商引资的专职机构，对招商引资有贡献者要实行奖励。

（四）培育特色经济，积极推进农业产业化

农业产业化经营，是解决小生产与大市场矛盾的有效途径，也是农村实行两个根本性转变，走向现代化的现实途径之一。改革开放以来尤其是近几年，古蔺的农业产业化经营有一定发展。以公司＋农户、业主开发经营、专业合作经济组织（协会＋农户）为主要形式。仅据烟草公司、郎中药业公司、箭竹马头羊繁殖场、群华食品加工厂、赤河公司5家比较典型的公司＋农户统计，带动农户25 000多户，约占全县农户的14％。农业产业化经营在分散农民的市场风险、农产品优化品种和提高品质，实现增收等方面已经有显著成效。

推进农业产业化经营，是培育和壮大特色产业，加快县域经济发展的迫切要求。要从山区特点出发，经过科学规划，围绕优势，采取有力措施，打造特色经济，做好农业产业化经营这篇文章。围绕优势推进农业产业化，重点是烤烟业，关系到农民全年5 000万元以上、国家税收1 000万元以上的收入；畜牧业，在农业总产值中比重达到43％，农民人均可支配收入中的比重达到70％，草食类牲畜发展前景尤其看好；中药材生产，以赶黄草的种植为原料，"肝苏"产品已经形成品牌、种植形成规模，龙头企业带动，开辟了农业产业化的前景；甜橙和茶叶也有发展的基础和条件。培育特色经济，省、市对农业基础设施建设，要加大资金支持力度。当前，推进农业产业化经营，要抓住以下几个环节：一是要继续放活土地经营权，促进农村土地的合理流转。流转形式要允许多样化，以利于土地资源的合理配置和充分利用，鼓励土地向种养大户集中，发展规模经营。目前古蔺的农村专业户普遍规模比较小，商品农业发展很不够。要看到专业化生产、区域化布局是农业产业化经营的基础，通过土地流转制度的改革，促进专业户、专业村的发展，才能真正建立起优势农产品的商品生产基地。

二是要着力培育龙头企业。实行贸工农一体化，龙头企业是农业产业化经营的重要环节。目前，古蔺的农业产业化经营成型（一条龙形的经济）的太

少，带动力强的更少。培育和壮大龙头企业，要同发展非公有制经济、乡镇企业"二次创业"结合起来。尤其要看到，古蔺的农民专业合作经济组织（协会＋农民）在农村经营体制创新、提高农民收入、建设现代农业等方面的积极作用，值得引起重视，应该因势利导，给予有力的政策支持，同时加强专业合作经济组织的自身建设。

三是要逐步提高经营水平。推进农业产业化经营，既要允许因地制宜，采取不同形式发展，即使一些专业大户带动的初级形式，也应鼓励；又要对那些公司＋农户或协会＋农户比较成型，经营机制尚不完善的项目，给以必要的指导和帮助，逐步建立"利益共享，风险共担"的机制，逐步规范化，提高经营水平。

（五）办好边贸市场，发展地缘经济

古蔺县与贵州省毕节、金沙、仁怀、习水、赤水等县、市接壤，赤水河两岸文化传统相近，自古以来经济往来频繁。改革开放以来，依临长江的川南地区，加快基础设施建设，出现泸州、自贡、内江、宜宾等城市群体发展的态势，又以高速公路、铁路贯通成都、重庆两个特大城市，川南与黔北的经济发展形成明显的势差，互补性加强，导致赤水河两岸的一批交通口岸集贸市场的繁荣。近几年，赤水河两岸的县、市，以文化为主题或以贸易为主题、以发展横向经济联合为主题，开展交流与合作，进一步推动了地缘经济的发展。

要看到古蔺地处川南与黔北结合部把这种特殊的地缘优势转化成经济优势，也是县域经济发展的一个平台。古蔺实施"两通活县"，要在大力推进交通建设，增辟对外通道的同时，依托通道和交通口岸加强市场建设，办好边贸市场，以带动三产业发展，同时，要鼓励农村的运销专业户深购远销，沟通流通渠道，活跃山区经济。太平边贸市场以及马蹄、水口、丹桂、二郎等边贸市场都有比较好的基础，目前要进一步完善设施建设，结合小城镇建设，制定必要的优惠政策，加大力度招商引资，策划"洼地效应"。贯通对外交通口岸的主要公路通道，也可以发展地缘经济为目标，发展商贸、服务以及仓储等，开发通道经济。发展地缘经济，搞活山区市场，还要以"政府策划，市场运作"的方式，策划好主题，选择好时机，举办交易会、展销会等不同形式的会展经济。

（六）着力生态建设，营造绿色品牌

古蔺的林业资源丰富。可是，历史上曾一度由于过度砍伐，森林覆盖率从新中国成立初期的49%下降到1975年的10.6%，付出了沉重的代价。改革开放以来，在大力进行治水的同时，采取多种形式，推进造林工程，绿化山区，林地覆盖率逐步回升。近几年，以"长治"工程为龙头，启动赤水河流域天然保护工程和退耕还林工程，水土流失的治理面积逐步扩大，营造的水土保持林

面积逐步增加,森林覆盖率恢复到44%以上,古蔺县步入人工造林先进县的行列。治水、造林、绿化,着力生态建设,关系着建设长江上游生态屏障的大局,也是古蔺抗御自然灾害,脱贫致富的大事。必须看到,改善环境,生态建设,在古蔺山区尤其具有长期性和艰巨性,要常抓不懈,坚持不断,经过多年甚至几代人的努力才能真正实现目标。

着力生态建设,树立古蔺的新形象,加快县域经济发展的重要途径。要强化市场观念,确立品牌意识,打好古蔺的绿色品牌。第一,要同开发旅游产业结合起来。古蔺旅游资源的开发,以自然风光为特色,即使某些景区拥有人文景观的资源,也是以自然风光为支撑,能够给游客融入大自然的享受。要把生态旅游的理念贯穿到景区的开发,建筑的设计、环境的布局,以及旅游项目中去。第二,要同培育特色经济结合起来。古蔺山区无工业污染、无公害,生态好,就拥有发展绿色产品的天然优势。对投资非耕地资源开发,种植经济林木、栽培中药材,以及种草从事畜牧业,要以退耕还林、退耕还草的相关政策对待,给予鼓励。要以生态食品的理念,指导建设优质农产品的商品生产基地,以及畜牧业的发展,以绿色为特点,培育和壮大特色经济,提高市场占有率。第三,县城以及小城镇建设中,要把生态家园的理念引进房地产开发,从建设生态环境良好的示范小区入手,结合城镇环境的整治,改善城镇居民的居住环境。在新一轮的工业发展中,要采取有效措施,防止工业污染,搞好环境保护。

(七) 促进科技进步,加快教育事业发展

改革开放以来,古蔺的科技、教育事业取得了长足进步。在20世纪末的2000年,小学学龄儿童入学率达到99.9%,向各类大、中专院校输送的合格新生达到906人。2000年10月,经省检查组检查验收,全县"普九"、"双基"教育合格达标。成人教育、幼儿教育和特殊教育事业也得到稳步发展。进入新世纪,古蔺中学创建为省级示范性普通高中,全县教育的教学质量也有进一步提高。为脱贫致富奔小康,开拓发展新局面,要在巩固"两基"成果的同时,大力发展成人教育和现代远程教育,加强当地科技人员和管理人员的培育。古蔺现在每年有11万人次在县外务工经商,绝大多数是青壮年,由于缺乏专业劳动技能,外出务工的农民平均收入水平偏低,对此,要引起足够的重视。要鼓励和支持社会力量办学,开展职业技能教育,包括与有关部门协同兴办培训中心,为外出务工的农民工进行短期培训,使他们具有一技之长,以提高务工的收入水平。

促进科技进步,实施泸州市"45233"科技行动计划,要十分重视科技兴农,为适应我国加入世界贸易组织的新形势、农业科技示范园区要以落实好农产品质量标准建设项目和标准化示范为重要环节,开发优质的农副产品,创造

条件争取国家绿色食品认证。建设优质的农产品商品生产基地,要大力推广优良品种,加强实用技术培训,以及指导病虫害的防治。科技兴农尤其要与农业产业化经营更好地结合。推进科技进步,要加大科技投入的力度,鼓励有条件的企业,进入中心城市的科技产品市场,引进科技成果转化为生产力。在新一轮发展中,开辟工业园区,以科技工业园为好,注重工业产品的科技含量,同时,要按照的关政策规定,大力发展民营科技企业。在加强对现有科技人才培养提高的同时,积极从县外引进人才,要按照"不求所有,但求所用"的思路,创造一些必要的条件,吸引县外的科技人才,到古蔺承包项目或短期工作,以及建立科技奖励机制,以激励先进,加大科技创新力度。要坚持不断地开展卓有成效的科普活动,增进科学技术知识,逐步提高城乡居民的科技文化素质。

(八) 全方位经营城市,加快城镇化进程

近几年,古蔺县抓紧完成了县城总体规划修编以及制定详细规划;及时建立了城镇规划区内国有土地收购储备制度;开始启动了县城新区建设,以及小城镇建设也取得成效。但是,全县的城镇化水平低,尤其是县城建设相对滞后,已经成为制约县域经济发展的突出问题。确立新的理念,经营城市,走城镇建设的新路子,是加快城镇化的必要选择。经营城市是我国从计划经济向市场经济"转型"时期的产物。全方位经营城市,重要的是更新观念,摆脱计划经济的旧思维,确立市场经济的新理念。经营城市是完善社会主义市场经济体制的要求,要在城市建设领域打破长期以来投资主体单一、由政府独揽的旧格局,实现城市资产资本化、投资主体多元化、融资方式多样化、运作方式市场化,建立城市运营的新机制。古蔺是我省欠发达地区,县域经济发展和城市建设的最大制约因素是资金严重短缺,要在争取国家多方面扶持的同时,加快改革步伐,用市场机制运作城市资产,盘活存量,吸纳增量,对构成城市空间和城市功能的各种资本,进行积聚、重组和运营,谋求资源优化配置和效益最大化,为城市建设筹集资金。经营城市重点要放在县城建设,从新区开发入手,加强基础设施建设,整合资源,完善功能,改善环境,建设古蔺县域的发展中心。深化改革,实施经营城市理念。第一,城市规划必须坚持市场经济观念。始终把城市作为一种资源、把城建作为一种产业,科学谋划,既讲投入又讲产出,还要满足居民的物质文化生活需要。尤其要强化城市规划的财富功能,既要讲求规划的科学性,又要讲求规划的经济性,以及讲求规划的社会性,注重公众参与。第二,以地生财,筹集建设资金。土地是县城建设最大的一笔资源。经营城市,要以土地经营为核心。县政府建立土地收购储备管理委员会,全权负责县城规划区内土地的收购、储备、供应等重大事项的决定。土地收购储备机构,通过土地整理和综合开发,以涵养土地级差收益,营造土地卖方市场,并

通过依法管理城市土地，垄断土地一级市场。对规划区内储备的城市土地，分别不同区段和不同情况，实行招标、投标、拍卖或挂牌出让，使土地获得最大增值，为县城基础设施建设提供资金保障。第三，整合城市资源，拓展经营城市的运作空间。古蔺县城经过多年的发展，尤其近几年新区建设启动，旧城改造以及天然气化成功推进，市政基础设施明显改善，城区"三环五纵三横"市政道路网即将形成，无论是有形资产还是无形资产有很大的整合空间，要分别不同情况，采取市场化运作方式，通过经营权转让，加快资金积聚，促进县城建设滚动发展。第四，开放城市公用行业市场。深化投融资体制改革，打破城市建设历来的"垄断"局面，要按照"谁投资，谁受益"原则，允许跨地区、跨行业参与市场公用行业企业经营，把广泛吸纳民间资本，参与城市的建设和经营作为深化改革的方向。要把开放公用行业市场纳入全县招商引资的范围，并建立市政公用行业特许经营制度。现有的城市公用事业要改变"事业化的运行管理"模式，进行必要的改革，走社会化服务，产业化发展，市场化运作，企业化经营的路子。总的说，经营城市，贵在创新，发挥市场在城市建设中的作用，要从体制、机制以及运作方式进行一系列改革。

七、建言献策

古蔺是欠发达地区，国家扶贫开发工作重点县。在新世纪头20年，为脱贫致富奔小康，全面建设小康社会，虽然有着前所未有的机遇，但是古蔺推进市场化，工业化和城市化的历史起点比较低，摆在面前的困难也比较多。对古蔺这样一个远离中心城市，相对封闭，比较贫困，以农业为主的县域经济实现工业强县的目标来说，要立足于依靠内生力量是完全必要的，然而，只强调自我积累，滚动发展，无疑仍然是比较缓慢的。随着我国市场化改革的进程，全国统一市场的形成和发展，以及经济全球化的趋势，古蔺参与西部大开发，势必要谋划县域经济发展的对外开放体系，实行借助外力以更好启动内力的战略，才能追赶上工业化、城市化的历史潮流，实现经济起飞。对此，我们建言献策如下：

（一）过境高速公路线路选择问题

古蔺地处内陆，远离中心城市，既不沿江又不沿线（铁路、高速公路等交通干线），是导致相对封闭，经济发展"边缘化"的主要原因。正在规划从四川通往贵州的高速公路通过古蔺，将是带动县域经济发展的重大机遇。据了解，过境高速公路的线路可以有三种选择：一是从叙永入境，经古蔺县城沿古（古蔺）郎（二郎）路出境，沿线地质状况不太好，河谷地带用地也比较紧张。此线几乎是沿县境而过，如选这条线路，刚建成的古郎路还可能被占用；二是从叙永入境，经古蔺县双沙镇和马蹄镇出境，此线通过古蔺的一角，如选这条线路，321国道现在四川出海的辅助通道可能被占用；三是从叙永入境，经古蔺县城穿过龙山、鱼化、石宝、山口等镇，线路走向大体上同S309线相一致，出境到贵州仁怀，此线路造价相对高一些，但地质状况比古郎路要好一些。对此，我们认为第三种选择为比较好的方案，无论从工程技术角度考虑线路的安全可靠性比较好，还是从线路穿越资源富集地区对地方经济带动性比较大。第三种线路选择，经古蔺县城沿S309线走向出境到仁怀，经济效益和社会效益都比较好，也符合贵州在仁怀构筑机场，同高速公路衔接的思路，请省里有关方面充分考虑。

（二）古叙煤田 "煤电路化" 综合开发问题

以古叙煤田为基础，以泸州电厂为中心，以隆叙铁路为关键以及未来煤化工的综合开发项目，经过科学论证已经进入启动程序。古叙煤田综合开发启动是古蔺经济振兴的重要机遇。必须看到，古蔺县目前还处在工业化的初期，投资开发重点项目的带动非常重要。为适应县域经济发展新的形势，解决古蔺电力供应短缺和平衡四川电力结构，以比较低的成本把煤炭转化为电能，都应该支持古蔺在永乐建设120万千瓦坑口火力发电站的项目。古叙煤田综合开发，对古蔺蕴藏丰富的煤层气开发有重要经济价值要引起足够的重视，应该支持古蔺对煤层气勘探立项，为后续的开发项目做好准备。省里有关方面对古叙煤田综合开发在古蔺的重点项目和配套项目，给予支持是十分必要的。

（三）加强水利设施建设问题

古蔺是一个资源型缺水和工程性缺水都表现突出的地区，无论是农业的发展、农民的增收，还是影响居民生活、防汛抗旱，继续实施"治水兴县"，加强水利设施建设极为重要。目前，龙爪河引水工程的力度需要加大，一批病险水库急需整治和8.96万人的饮用水十分困难，还有县城防洪工程建设和鱼化、金星、双沙等低洼场镇的防汛设施都要加强，古蔺有1 600多平方千米的水土流失面积，治理步伐需要加大，每年都应增加治理面积。对此，省里有关方面应给予更多的支持。

（四）经营城市，创新体制问题

全方位经营城市，是把古蔺县城建设推向一个新的发展阶段。经营城市，其客体是自然生成资本、人力作用资本及其延伸资本，而主体是政府，但政府不能直接运作，必须有一个代表政府作为经营主体的公司来运作。有了这样的经营主体，便于集聚、运营县城的国有资本，也便于平等的、有效地吸引社会资本参与县城建设，这是深化改革，政府职能转变问题。根据其他地区经营城市的成功实践,我们认为组建古蔺县城市建设投资公司是必要的。运用市场化运作方式对城市资产进行有效运营,以城市建设项目融资和投资管理为主,探索多元化融资渠道,建立规范的市场化投融资管理机制,逐步形成职能完善,功能齐备、有较强市场开拓和经营能力的运作机制。应该说,注册成立古蔺县城市建设资公司,是经营城市从政府直接操作转向实体经营的标志,是经营城市的重要步骤,应给予支持。

(五) 邀请专家,建立科技顾问团问题

科技人员短缺是古蔺经济振兴的困难之一。按照"不求所有,但求所用"的思路,聘请专家结合项目、结合课题,到古蔺进行短期工作之外,县科技局、县科协以及各部门还可以探索灵活多样的方式,吸引专家到古蔺工作。由县委、县政府筹划,根据古蔺县科学技术和经济发展的需要,向省、市科研机构和高等院校邀请有关专家,建立科技顾问团,不失为科技兴县的一个措施。科技顾问团为决策者同专家之间建立沟通渠道,推进决策科学化和民主化,重点是对重要项目和重大事项进行和科学论证,围绕重要发展项目献计献策,结合重要发展项目进行讨论提出方案,也可以根据全县的发展规划,由县委、县政府提出委托研究的项目或课题,请科技顾问团的专家牵头,邀请有关科技人员或研究人员进行研究,提出报告,供决策参考。各地在建立科技顾问团,发挥专家的作用方面,已经有不少经验,可以借鉴。

(本文是古蔺县人民政府委托项目课题成果,由四川省城市经济学会和四川省城乡规划设计研究院合作,发展战略部分由学会的专家承担,城镇规划由规划院承担。本文定稿于2003年9月,由省社科联主持专家评审通过,被古蔺县人民政府采纳。本课题组成员有过杰、罗宏翔、彭代明,总报告由过杰执笔。)

后 记

　　这本文集，从改革开放以来30多年的时间里，选出约40万字的研究成果，包括论文、研究报告等，是我平凡人生中一种追求的体现，也是改革开放时代学术生涯的一段美好的回忆，无疑是一桩有重要意义的事情。我是一直牵挂着这件事，当我治疗恶性淋巴肿瘤告一段落，就又开始整理这130多项研究报告和论文。2012年年底，我从成都市高新区养老服务中心回校，开始同西南财经大学出版社洽谈出版事宜。早在2001年我和出版社就有一个合同，包括拨款的收据，合同有效期是10年，即2010年到期。其中，耽搁下来的原因就是我在2008年得了癌症，2008年5月开始治疗，无法顾及这件事情。从养老院回家以后，我着手考虑出版文集，这件事造成违约是我的责任，可是财大出版社只字不提违约，仍然同意出版，这就不能不使我十分感动。深感西南财经大学出版社的经营之道以及善待于我，这本文集后记中应将这一点加以说明，非常必要。

　　这本文集的出版是和出版社的编辑工作者的辛勤劳动分不开的。这本文集由责任编辑李晓嵩来初审，并由新老总编辑许德昌、方英仁来终审和复审，出版社的领导们也很重视这件事，特别还要感谢副总编辑曾召友同志。同责任编辑我们只是初次交往，但在几次交谈中从他对《天府春来早》书名的确定开始，我就感到他有创新精神，用市场眼光分析问题、看待问题。在新一代编辑身上我看到了希望和出版社的前景，这里我要谢谢各位编辑，你们辛苦了！

　　还有，我们的课题研究大多数以团队出现，以往的研究成果及其出版，对我和团队成员都是一件高兴的事情。团队成员们，感谢你们的支持！

　　最后，我还要提起我的妻子梁温泽，她工作家务双肩挑，在繁忙的工作的同时家务也一把抓，在晚上和假日抄写稿件，十分辛苦，我的《城市经济学》一书她就抄了20万字，那本抄成书稿的复印件还收藏在家里。在此也要说一声您辛苦了！

过　杰

2013年12月